Susanne Klemm

Straßen für den Steirischen Erzberg

Forschungen zur geschichtlichen Landeskunde der Steiermark

herausgegeben von der

Historischen Landeskommission für Steiermark

Band 51

LIT

Susanne Klemm

Straßen für den Steirischen Erzberg

Archäologisch-historische Altstraßenforschung in der Steiermark, 16.–18. Jahrhundert

LIT

Umschlagbilder: Stadtmuseum Eisenerz (Foto: Alice Schumacher)
und Dr. Susanne Klemm

Die Realisierung dieser Publikation wurde ermöglicht
durch folgende Einrichtungen:

Das Land Steiermark
→ Wissenschaft

bmvit

BDA
BUNDESDENKMALAMT

HLK STEIERMARK
HISTORISCHE LANDESKOMMISSION FÜR STEIERMARK

Archäologie & Communication

Bibliografische Information der Deutschen Nationalbibliothek
Die Deutsche Nationalbibliothek verzeichnet diese Publikation in der Deutschen Nationalbibliografie; detaillierte bibliografische Daten sind im Internet über http://dnb.d-nb.de abrufbar.

ISBN 978-3-643-50202-5

Krotenthallergasse 10/8
A-1080 Wien
Tel. +43 (0) 1-409 56 61
Fax +43 (0) 1-409 56 97
e-Mail: wien@lit-verlag.at
http://www.lit-verlag.at

LIT VERLAG Dr. W. Hopf
Berlin 2011
Verlagskontakt:
Fresnostr. 2
D-48159 Münster
Tel. +49 (0) 2 51-620 320
Fax +49 (0) 2 51-922 60 99
e-Mail: lit@lit-verlag.de
http://www.lit-verlag.de

Auslieferung:
Deutschland: LIT Verlag Fresnostr. 2, D-48159 Münster
Tel. +49 (0) 2 51-620 32 22, Fax +49 (0) 2 51-922 60 99, e-Mail: vertrieb@lit-verlag.de
Österreich: Medienlogistik Pichler-ÖBZ, e-Mail: mlo@medien-logistik.at

Inhaltsverzeichnis

Vorwort

Die vorliegende Buch „Straßen für den Steirischen Erzberg“ entstand auf Basis von archäologischen Grabungsergebnissen und Baubeobachtungen aus den Jahren 1997–2002. Es waren dies Rettungsgrabungen und Baubeobachtungen im Zuge von diversen Bauarbeiten in den Gemeinden Eisenerz, Vordernberg, Palfau und Gams bei Hieflau. Geländebegehungen weiterer Altstraßen, die in Vordernberg und zum Teil in Eisenerz, aber auch in den Gemeindegebieten von Kalwang und Wildalpen liegen, folgten im Sommer 2008. Im Zuge der Recherchen war es zudem möglich, ältere Befunde aus Vordernberg und Hieflau in die Ergebnisse einzubinden.

Diese Arbeiten führte ich als selbstständige Archäologin mit Büro in Eisenerz durch. Meine ständige Anwesenheit in diesen Jahren vor Ort und andere Tätigkeiten in der Region erlaubten mir, einige Aufschlüsse sozusagen im „Vorbeifahren“ zu dokumentieren. Andernfalls wären sie verloren gegangen. Es brauchte einiges an Überzeugungskraft, die archäologisch-historische Bedeutung der neuzeitlichen Altstraßen den verantwortlichen Stellen und ihren Vertretern, dem Bundesdenkmalamt, den Gemeinden und natürlich den Bauträgern, zu vermitteln. Außerdem brauchte es einen gewissen Mut, alleine wegen des Arbeitsaufwandes angesichts der zur Verfügung stehenden finanziellen Mittel, größere Flächen zu öffnen, wie dies in Palfau (Schnitt 3) und in Vordernberg (Schnitt 1) der Fall war, um aussagekräftige Befunde zu erhalten.

So ist es umso erfreulicher, dass ein Abschnitt des Erzweges in Vordernberg Stein für Stein in ein neues Bett bei der Laurentiröst, etwa 50 m vom ursprünglichen Fundort entfernt, versetzt werden konnte. In Palfau wurde die einmalige Chance mit großzügiger Unterstützung der Landesbaudirektion genützt, einen Abschnitt der Dreimärktestraße in situ zu konservieren, doch leider konnte seitens der Gemeinde dieses Projekt bis dato nicht abgeschlossen werden. Dies ist insofern bedauerlich, als dieser Altstraßenfund ein für Österreich bislang einzigartiges sichtbares Denkmal des Straßenbaus in der Neuzeit ist.

In Österreich gab es vor 1997 keine diesbezüglichen archäologischen Forschungen für die Neuzeit, alle früher getätigten archäologischen Befunde von – insbesondere mit Steinen gepflasterten – Altstraßen wurden „den Römern“ zugeschrieben und damit auf Jahrzehnte hin abgestempelt. Diese einmal eingebürgerten Zuordnungen sind sehr langlebig, dauerhaft in der Erinnerung verankert und schwer zu modifizieren, nicht nur in der Bevölkerung; auch bei Wissenschaftlern der früheren Generationen war dies festzustellen. Etwas Gutes hatte dies jedoch: Wäre man bei der Fundmeldung 1997 nicht von der Annahme einer „Römerstraße“ ausgegangen, wäre es vielleicht nie zu diesen archäologischen Untersuchungen in Vordernberg und in deren Folge zu den weiteren Forschungen meinerseits gekommen. Es war mir daher besonders wichtig, die dokumentierten archäologischen Befunde in ihren historischen Kontext zu stellen und diesen gesichert mit entsprechenden Quellen zu belegen.

Aus meiner Sicht als Verfasserin ist mit der Vorlage der nachstehenden Ergebnisse ein erster Schritt getan, nach Jahrzehnten der Stille um das Thema der Verkehrswege für das steirische Eisenwesen wieder auf diesen Gegenstand aufmerksam zu machen und bestenfalls zukünftige Forschungen anzuregen.

Es gibt keine wissenschaftliche Arbeit, die alleine bewerkstelligt werden kann, insbesondere dann, wenn die finanziellen Mittel beschränkt und immer wieder erkämpft werden müssen. Die Mitarbeit freiwilliger Helfer, interessierter Personen aus der Bevölkerung oder persönlicher Freunde, von Mitgliedern der Freiwilligen Feuerwehr und von Gemeindemitarbeitern wie in Palfau und Vordernberg waren von unschätzbarem Wert und verhalfen den Arbeiten vor Ort auch zu ihrem Erfolg. Ihnen allen sei ganz besonders gedankt und sie seien an dieser Stelle auch namentlich gewürdigt.

An erster Stelle sei Markscheider i.R. Ing. Johann Resch† für seine Vermessungsarbeiten 1997 in Vordernberg gedankt; es war dies unsere letzte Zusammenarbeit. Ich danke Alfons Angerer und Rotraud Berger, Vordernberg, für die Fundmeldung 1997 und für weitere Informationen. Besonderer Dank gilt der Freiwilligen Feuerwehr Vordernberg, insbes. Karl Söllner,

Peter Hobecker und Christian Wiegisser und den Gemeindearbeitern von Vordernberg Josef Neuhold und Rudolf Neuhold. Ferner danke ich: Heinz Hörtner, Vordernberg, für Hinweise zur Klärung des Verlaufes der Kommerzialstraße auf der Vordernberger Seite und der älteren Straße oder „alten Straße" im Gebiet des Präbichls und der Weidau; Hubert Wörnschimmel, Eisenerz, für seine tatkräftige Mitarbeit und Begleitung auf Begehungen auf der Eisenerzer Seite des Passes; Mitarbeitern der Firma Hitthaller+Trixl Baugesellschaft m.b.H., Leoben, und der Post & Telekom Austria AG für Informationen über Beobachtungen während der Bauarbeiten 1997; den Präbichl Bergbahnen GmbH & Co KG für die Unterstützung der Grabungsarbeiten 1998, insbesondere Christian Schwab für sein Verständnis und seine Hilfe; der Baubezirksleitung Bruck a. d. Mur HR DI Werner Friedrich für Informationen und Unterstützung bei Vermessungsarbeiten durch Amtsrat Ing. Peter Schneidhofer; ganz besonders meinen jungen Mitarbeiterinnen und Mitarbeitern 1997–1999 aus Eisenerz, Vordernberg und Trofaiach, Reinhold Hiebl, Michael Frank, Wolfgang und Markus Schnedhuber, Ludwig Metzenrath, Elisabeth Wagner, Martina Wimmer, Andreas Eberhard, und meinen Mitarbeiter/innen Volker Lindinger, Sebastian Hänsel, Markus Scheuhammer, Helga Steinacher; den Mitarbeitern der Firma PRIMA GmbH, Eisenerz, die mit großer Geduld die Steinpflasterung des Erzweges 1998 wiederaufbauten und anderen Mitarbeitern der Firma PRIMA GmbH, die in Palfau 1999 mitarbeiteten.

Mein besonderer Dank gilt Hon.-Prof. Dr. Diether Kramer, damals Steiermärkisches Landesmuseum Joanneum, Ur- und Frühgeschichtliche Sammlung, für die Einsichtnahme in die Ortsakte Vordernberg und Altbürgermeister Dir. Günther Speer, Gemeinde Vordernberg, für die tatkräftige Unterstützung durch seine Gemeindemitarbeiter bei der Bergung 1997 und die Realisierung der Rekonstruktion des Erzweges 1998 wie für die Unterstützung der Grabungsarbeiten 1998. Dem heutigen Bürgermeister Walter Hubner danke ich für das mehrfach gezeigte Interesse für „seine" Post- und Kommerzialstraße in Vordernberg und die Förderung meiner Arbeit 2008.

Die archäologischen Rettungsmaßnahmen in Palfau wurden erforderlich, als Wolfgang Scheiblechner aus Palfau am 3. Mai 1999 mir den Fund persönlich meldete. Eine noch am selben Tag stattfindende Begehung der Baustelle bestätigte seine erste Vermutung, dass ein mit Steinen gepflasterter, älterer Straßenkörper bei einem Straßenausbau der B 25 Erlauftalstraße angefahren worden war. Dank des großen Verständnisses des Bauträgers, des Amtes der Steiermärkischen Landesregierung, Landesbaudirektion Fachabteilung 2a, und hier sei insbesondere DI Gert Küttner genannt, wurden umfangreiche Baubeobachtungen und die Freilegung und Dokumentation dreier Grabungsschnitte während der Bauarbeiten möglich und großteils seitens der Landesbaudirektion finanziert. Die Gemeinde Palfau, Dank sei Bürgermeister Franz Danner gesagt, unterstützte die Arbeiten durch Bereitstellung von Grabungsarbeitern und Grobwerkzeug. Zu danken ist auch dem örtlichen Bauleiter Johann Maierhofer und den Mitarbeitern der Firma ILBAU (seit September 2000: STRABAG AG).

In den Jahren 2000 und 2001 wurden Baubeobachtungen im Zuge von Projekten der Steweag Wasserkraft- und Elektrizitäts-AG (seit April 2002: Steweag-Steg GmbH) entlang der Erlauftalstraße B 25 in Palfau und Gams bei Hieflau und entlang der Salzastraße L 714 und der Hochschwabstraße B 24, Palfau, durchgeführt. Die Steweag Wasserkraft- und Elektrizitäts-AG übernahm die Finanzierung der Baubeobachtungen, den Mitarbeitern vor Ort, Edwin Fruhmann und Klaus Buder, sei für die gute Zusammenarbeit und Peter Kern von der Firma Kaim für die reibungslose Kooperation gedankt. Meine Grabungsmitarbeiter in Palfau waren erneut Wolfgang Schnedhuber, Eisenerz und Reinhold Hiebl, Trofaich, sowie Herwig Trappberger, Leoben und Helmut Huber, Hieflau, beide Fa. PRIMA Gmbh, Eisenerz. Mein ganz besonderer Dank gilt jedoch Wolfgang Scheiblechner, der die Grabungsarbeiten und die Dokumentation in diesen Jahren ehrenamtlich und laufend tatkräftig unterstützte.

Die Beauftragung und eine teilweise Finanzierung dieser Rettungsgrabungen erfolgte durch das Bundesdenkmalamt, Landeskonservatorat für Steiermark. Meinem Kollegen UD Dr. Bernhard Hebert sei vielmals gedankt, nicht nur für die Unterstützung in diesen frühen Jahren, sondern auch für seine Unterstützung bei der Entstehung dieses Publikationsprojektes. Als ich 2008 überlegte, eine zusammenfassende Darstellung meiner Altstraßenuntersuchungen zu verfassen, war es UD Dr. Bernhard Hebert, der als Mitglied der Historischen Landeskommission den geschäftsführenden Sekretär Univ.-Prof. Dr. Alfred Ableitinger und

Univ.-Prof. Dr. Günther Jontes, gleichfalls Mitglied, für mein Anliegen interessierte. Der Werkvertrag mit der Historischen Landeskommission öffnete mir weitere Tore für die Finanzierung der noch offenen Arbeiten.

Förderungen der Stadtgemeinde Eisenerz, Altbürgermeister Prof. Dr. Gerhard Freiinger, und der Marktgemeinde Vordernberg, Bürgermeister Walter Hubner, sowie eine Förderung des Bundesministeriums für Verkehr, Innovation und Technologie erlaubten eine Verdichtung und Vertiefung der Forschungen 2008/2009.

Auf den Geländebegehungen im Sommer 2008 begleiteten mich Wolfgang Scheiblechner, Palfau, und Bernhard Heigl, Hieflau, mit großer Ausdauer, Geduld und Begeisterung für „meine" alten Straßen. Bernhard Heigl übernahm für mich zusätzlich die Transkriptionen der neu recherchierten historischen Quellen im Steiermärkischen Landesarchiv in Graz. Dr. Franz Mittermüller, Steiermärkisches Landesarchiv, unterstützte in dankenswerter Weise unsere Recherchen. Petra Scheiblechner hatte bereits 1999 zur Altstraße von Vordernberg im Steiermärkischen Landesarchiv in Graz und im Österreichischen Staatsarchiv in Wien recherchiert. Für die Antworten auf mehrere Anfragen in den 1990er Jahren und in 2008 in verschiedenen Abteilungen des Österreichischen Staatsarchivs sei ebenfalls gedankt. Meine Mitarbeiterinnen Ulrike Schuh und Dea Svoboda unterstützten mich mit großem Engagement in der Endphase, insbesondere bei der gemeinsamen Erstellung und Umarbeitung der Grafiken. Ihnen gehört ein ganz besonderes Dankeschön meinerseits.

Mein Dank gebührt vor allem den Grundbesitzern beziehungsweise deren Vertretern, die mir 2008 gestatteten, die Privatstraßen zu befahren und meine Geländebegehungen durchzuführen; allen voran sei die Eisenerzer Waldgenossenschaft, Vorstand Karl Moser, die VOEST Alpine Erzberg GmbH, Eisenerz, Dr. Friedrich Hainzl, die Hans Pengg'sche Forst- und Gutsverwaltung, Thörl, DI Mag. Gottfried Pengg und Oberjäger Hubert Lasser und die Forstverwaltung Albrecht Hohenberg, Eisenerz, Walter Butter, genannt.

Archäologische Forschung arbeitet heute meist interdisziplinär, im konkreten Fall wurden zusätzlich mineralogisch-petrographische, metallographische und zoologische Untersuchungen durchgeführt und in diese Publikation eingebunden. Bei meinen wissenschaftlichen Kooperationspartnern möchte ich mich daher am Schluss dieses Vorwortes bedanken:

Dr. Hassan Neinavaie, damals GEOÖKO, Büro Dr. Herbert Pirkl, Eisenerz, übernahm die mineralogisch-petrographische Untersuchung eines typischen Pflastersteins von Vordernberg. Dank des Bundesdenkmalamtes, Landeskonservatorat für Steiermark, konnten diese und die metallographischen Untersuchungen finanziert werden. Die metallographischen Untersuchungen von Eisenstücken von der Altstraße in Palfau und anderen Fundstücken aus Palfau übernahmen ao.Prof. Dr. Roland Haubner und Dr. Susanne Strobl, Institut für Chemische Technologien und Analytik der Technischen Universität Wien.

Besonderer Dank gilt Dr. Erich Pucher und seiner Mitarbeiterin Gerda Distelberger, Archäozoologische Sammlung, Naturhistorisches Museum in Wien, die die Tierknochen der Grabungen in Vordernberg und Palfau kostenlos bestimmten. Aufgrund der meist sehr kleinstückigen und fragmentarischen Erhaltung der Tierknochen war eine umfassendere Auswertung nicht möglich. Ihre Bestimmungen und Ergebnisse sind daher in den Fundkatalogen sowie der Beschreibung und Auswertung der Funde aufgenommen.

Meinen besonderen Dank möchte ich Univ.-Prof. Dr. Herwig Friesinger, Obmann der Prähistorischen Kommission, Österreichische Akademie der Wissenschaften, aussprechen, dass ich zwischen zwei an der ÖAW angesiedelten Projekten in der Endphase der Verfassung dieser Publikation die Infrastruktur der Prähistorischen Kommission nutzen konnte.

Meinem Auftraggeber und Herausgeber, der Historischen Landeskommission für Steiermark und dessen geschäftsführendem Sekretär Univ.-Prof. Dr. Alfred Ableitinger gilt mein außerordentlicher Dank für sein Vertrauen, für sein Verständnis und seine Unterstützung während der Abschlussarbeiten dieses Buches. Es ist eine besondere Freude für mich, dass meine Studie mit ihrem historischen Thema und archäologischen Schwerpunkt von der Historischen Landeskommission herausgegeben wurde.

Wien, im Juli 2010

Susanne Klemm

1. Einleitung

Die reichen Eisenerzlagerstätten am Steirischen Erzberg, ihre bergmännische Ausbeutung, die Produktion und der Handel von Eisen und den aus Eisen gefertigten Waren haben die Geschichte großer Teile des Landes Steiermark nachhaltig geprägt. Im Kerngebiet des Steirischen Erzberges entstand ein Verkehrsnetz von Wegen und Straßen, Verkehrswege, die sich im Laufe von rund 1000 Jahren herausbildeten. Sie dienten sowohl dem Vertrieb von zahlreichen Eisensorten und aus Eisen hergestellten Produkten als auch dem Transport von Holzkohle, dem alleinigen Energieträger bis in die Zeit um 1900, und dem Handel von Waren aller Art zur Versorgung der Berg- und Hüttenleute. Sie sind seit ihrer Entstehung bis heute einer steten Entwicklung unterworfen. Es ist auch nicht auszuschließen, dass manche dieser Verkehrswege ihren Ursprung in prähistorischer Zeit haben, zumal Kupfererzvorkommen im Nahbereich des Steirischen Erzberges bereits zu dieser Zeit intensiv abgebaut wurden.

Die vorliegende Studie ist das Ergebnis archäologisch-historischer Forschungen, die die Verfasserin aufgrund von Rettungsgrabungen und Baubeobachtungen in den Jahren 1997–2002 im Gebiet des Steirischen Erzberges durchführte und im Sommer 2008 durch weitere Geländebegehungen und Archivrecherchen ergänzte. Es wird im Laufe der folgenden Beschreibung und Diskussion der Wege und Straßen im Kerngebiet des Steirischen Erzberges darzulegen sein, aus welchen Gründen die einzelnen Wege und Straßen entstanden, wann, ob und wie sie heute erkennbar sind, wie sie baulich ausgeführt waren, welche Bedeutung sie zu gewissen Zeiten inne hatten und warum sich diese Bedeutung wandelte. Am Beispiel der Straßen über den Präbichl, eines Abschnittes der so genannten Eisenstraße, wird dargestellt, wie Änderungen in der Linienführung durch neue Anforderungen und technische Möglichkeiten über die Jahrhunderte entstanden.

Altwege- und Altstraßenforschung ist eine interdisziplinäre Forschungsrichtung, die Archäologie, Geschichtswissenschaft und historische Geographie gleichermaßen beschäftigt. Ergebnisse der Sprachwissenschaft sind für die Klärung der Bezeichnungen *Weg* und *Straße* und der im Laufe der Jahrhunderte geprägten Bezeichnungen für verschiedene Arten von Wegen und Straßen und der Verwendung der Bezeichnungen in Schriftquellen unverzichtbar.

Das Wort Weg (weg, lat. *via*) wird im Deutschen Wörterbuch der Brüder Grimm als eine *„zum verkehr gerichtete strecke“* bezeichnet, *„eine strecke die man durchmiszt um zu einem ziel zu gelangen, durchmessung einer strecke* [...]“[1], in seiner ursprüngliche Bedeutung als *„ein längsstreifen der erdoberfläche, der für den menschlichen verkehr hergerichtet ist (oder dazu regelmäszig benutzt wird).* weg *ist der allgemeinste ausdruck, dem sich* strasze, gasse, pfad, steig, steg *unterordnen. gewohnheitsmäszig aber so gebraucht, dasz es sich einerseits von* strasze (gasse), *andererseits von* pfad, steig, steg *abhebt, ohne dass strenge unterschiede gemacht werden*“.[2]

Dem gegenübergestellt wird das Wort Straße (strasze, spätlat. *strata*) folgendermaßen definiert: *„mit dem entlehnten wort* strasze *bezeichnete man zunächst die von den Römern auf steingrund kunstvoll hergestellten wegverbindungen, dann auch andere von ähnlicher anlage, deren unterhaltung ursprünglich sache des reiches war* (via publica, regia), *während* weg *jede mit einem fuhrwerk oder pferd oder auch nur von fuszgängern passirbare weganlage sein kann*“[3].

Die Schreibweise *weeg* in den neuzeitlichen, für diese Studie verwendeten Quellen ist für süddeutsche und österreichische Quellen charakteristisch.[4] Vom Weg wurde der Pfad, der eine geringere Breite hatte und daher nicht befahrbar war, unterschieden.[5]

In den benützten historischen Quellen, insbesondere in jenen des 16. Jahrhunderts, werden beide Bezeichnungen verwendet, die Bezeichnung *weeg* auch dann, wenn der „Weg“ nachweislich befestigt und mit Fuhrwerken befahrbar war. Auf den Gebrauch der Termini wird im Einzelnen noch zurückzukommen sein.

Die Bezeichnung Altweg wurde in der vorliegenden Studie lediglich für jene Wege angewendet, die Hohlwegcharakter[6] hatten sowie für jene Wege, deren historische Bezeichnung auf *weeg* lautet, so für den Erzweg oder „Arzt=fuhr=weeg“ in Vordernberg. Als Altstraße wurden jene Wege benannt, die bereits zur Zeit ihrer Nutzung nachgewiesenermaßen ausdrücklich als *strassen* bezeichnet wurden und auch nachweislich befestigt oder speziell hergerichtet waren. Mit dieser Terminologie wird dem allgemeinen Gebrauch in der archäologisch-historischen Straßenforschung im deutschen Sprachraum gefolgt.

---

1 Grimm/Grimm 1854–1960, Bd. 27, Sp. 2852.
2 Grimm/Grimm 1854–1960, Bd. 27, Sp. 2854.
3 Grimm/Grimm 1854–1960, Bd. 27, Sp. 2854.
4 Grimm/Grimm 1854–1960, Bd. 27, Sp. 2853. Vgl. dazu die Bezeichnung *Arzt=fuhr=weeg* für Erzweg in Kap. 6.
5 Grimm/Grimm 1854–1960, Bd. 27, Sp. 2855.
6 Vgl. dazu Grimm/Grimm 1854–1960, Bd. 27, Sp. 2858.

2. Das Untersuchungsgebiet

Der Steirische Erzberg liegt im nördlichen Teil der Ostalpen, geologisch betrachtet am Übergang von den Nördlichen Kalkalpen zur südlich anschließenden Schieferzone der paläozoischen Grauwackenzone, die insbesondere reich an Kupfer- und Eisenerzlagerstätten ist (Abb. 1). Die Lagerstätte am Steirischen Erzberg führt karbonatisches Eisenerz, Siderit- und Eisenspatvorkommen, die mit Ankerit, einem Eisen-Magnesium-Karbonat in stark wechselnder Intensität verwachsen sein können („Rohwand").[7]

Die Grauwackenzone durchzieht die Ostalpen in ihrer gesamten Ost-West-Erstreckung in wechselnder Breite. Der Steirische Erzberg selbst befindet sich im Nordosten der Eisenerzer Alpen, ein Gebirgszug, welcher im Norden von den Tälern des Erzbaches und der Enns (Gesäuse), im Süden vom Palten- und Liesingtal begrenzt wird. Im Westen der Eisenerzer Alpen schließt die breite Talschaft des Ennstales von Selzthal bis Stainach an, im Osten das Trofaiacher Becken und das Gebiet der Stadt Leoben im Murtal.

Die höchsten Gipfel reichen bis über 2000 m über NN, so das Hochtor mit 2372 m, der Zeiritzkampel mit 2126 m oder der Eisenerzer Reichenstein mit 2166 m. Nördlich der Eisenerzer Alpen liegen die Ennstaler Alpen zwischen der Enns, im Bereich von Hieflau und Altenmarkt, und dem Pyhrnpass, östlich an diese anschließend der im Norden von der Salza begrenzte Hochschwab, ein weitläufiges Hochplateau mit dem Ebenstein mit 2123 m und dem Hochschwab mit 2277 m über NN als höchste Erhebungen. Im Süden der Eisenerzer Alpen sind die Niederen Tauern mit den Rottenmanner Tauern und den Seckauer Alpen zu nennen.

Dieser nördliche Teil des Bundeslandes Steiermark, auch Obersteiermark genannt, reicht vom Semmering und Wechselgebiet im Osten bis nach Schladming im Westen. Ein weit verzweigtes Netz von Autobahnen (A) und Landesstraßen (B, L)[8] liegt heute über dem Bundesland Steiermark. Seit dem Jahr 2002 wurden die dem Bund unterstellten Straßen – die Bundesstraßen, z.B. die B 115 Eisenstraße – den Ländern unterstellt und sind nun Landesstraßen höherer Ordnung im Vergleich zu den übrigen Landesstraßen, z.B. die L 714 Salza Straße (Abb. 2 und 4).

Zwei Autobahnen durchqueren heute die Steiermark, im Osten die A 2 Süd Autobahn, die von Wien über den Wechsel nach Graz, von dort weiter über den Packsattel nach Kärnten und Italien führt, im Wes-

Abb. 1: Der Steirische Erzberg von Westen, September 2008.

7 Umfer 2008, 48.

8 Die offizielle Schreibweise der Straßen ist unterschiedlich, z.B. die B 115 Eisen Straße oder B 115 Eisenstraße; in der vorliegenden Publikation wurde die zweite, lesbarere Version B 115 Eisenstraße gewählt.

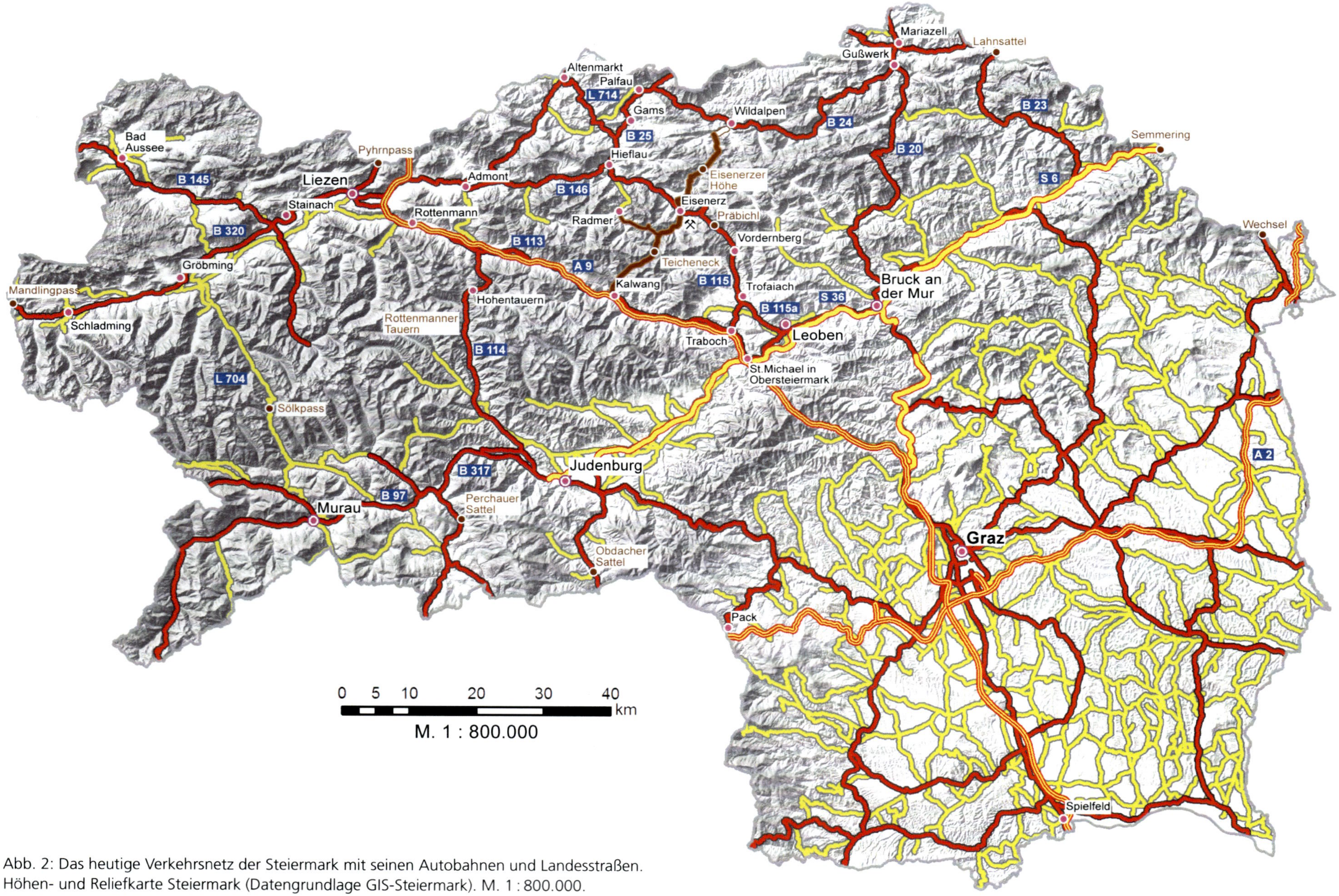

Abb. 2: Das heutige Verkehrsnetz der Steiermark mit seinen Autobahnen und Landesstraßen. Höhen- und Reliefkarte Steiermark (Datengrundlage GIS-Steiermark). M. 1 : 800.000.

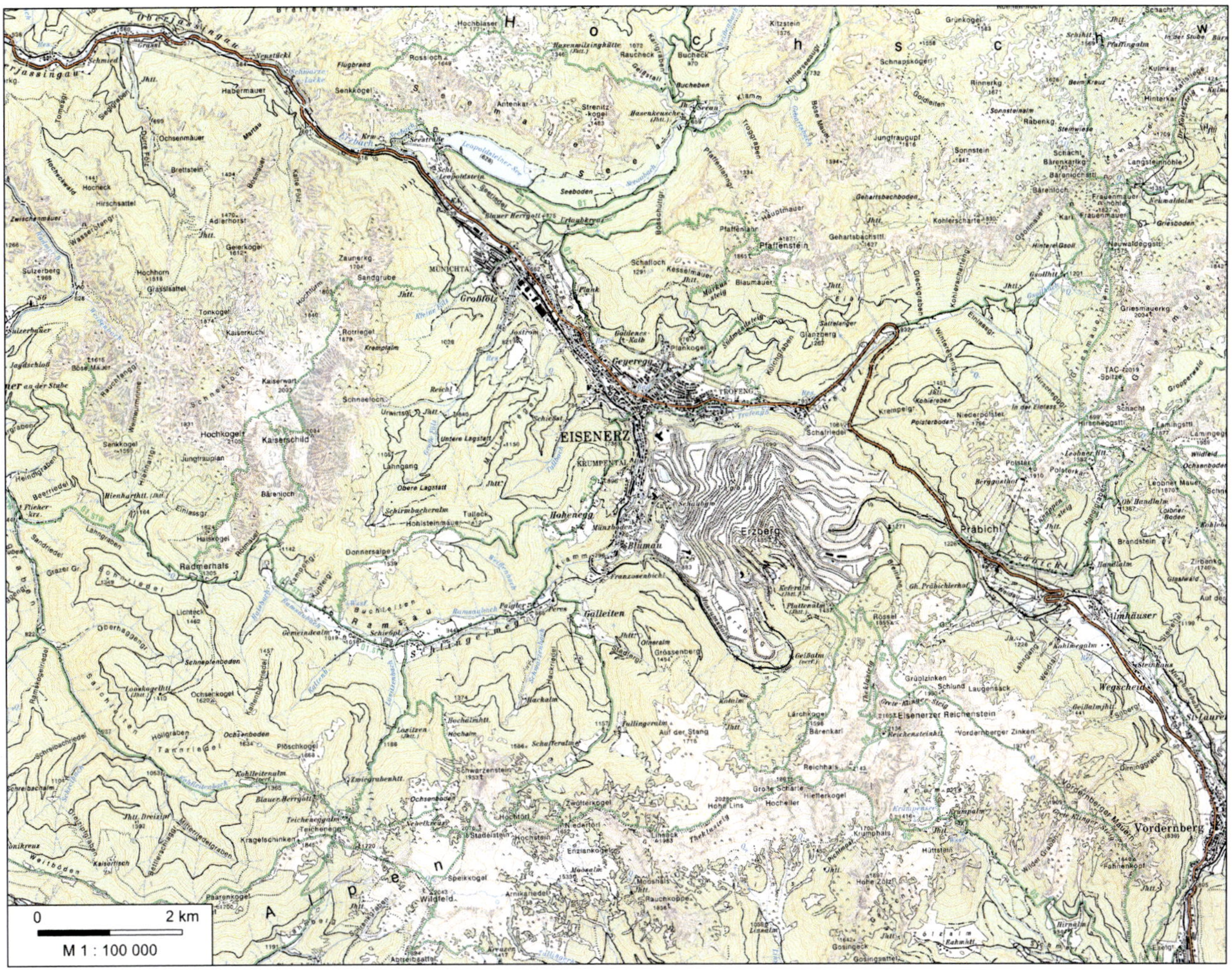

Abb. 3: Die Lage des Steirischen Erzberges und die heutige Stadt Eisenerz (Plangrundlage ÖK 50 © BEV). M. 1 : 100.000.

ten die A 9 Phyrn Autobahn, die vom Linzer Raum über den Pyhrnpass, bei Liezen das Ennstal durchquert und weiter durch das Palten- und Liesingtal und den Gleinalmtunnel über Graz nach Slowenien führt.

Eine NE-SW gerichtete Querverbindung bilden in der Obersteiermark heute die S 6 Semmering Schnellstraße und die S 36 Murtal Schnellstraße von St. Michael über Judenburg nach Scheifling, die dort in die B 317 Friesacher Straße als Anschluss nach Kärnten übergeht. Die Querverbindung von der A 10 Tauern Autobahn im Bundesland Salzburg zur A 9 Phyrn Autobahn bei Liezen bzw. B 113 Schoberpass Straße ist die B 320 Ennstal Straße, die durch das obere Ennstal führt.

Als weitere Nord-Süd Verbindungen sind im Osten die B 20 Mariazeller Straße von Kapfenberg über Mariazell nach St. Pölten, die B 23 Lahnsattel Straße über den Lahnsattel nach Niederösterreich und die B 115 Eisen Straße von Traboch über Eisenerz nach Steyr in Oberösterreich zu nennen mit der B 115a Donawitzer Straße als Fortsetzung der B 115 Eisenstraße von Trofaiach nach Leoben. Von der B 115 Eisen Straße zweigt heute bei Landl die B 25 Erlauftal Straße nach Niederösterreich ab, die über Palfau und den Mendlingpass nach Göstling, Scheibbs und Purgstall bis zur A 1 West Autobahn führt. Die Landesstraße L 714 Salza Straße verbindet Palfau mit Großreifling im Ennstal, während die B 24 Hochschwab Straße die B 25 Erlauftal Straße mit der B 20 Mariazeller Straße beziehungsweise Palfau mit Gußwerk nahe Mariazell verbindet.

Abb. 4: Österreichkarte. Lage von Eisenerz. M. 1 : 7.500.000.

Westlich der A 9 Phyrn Autobahn führt die B 145 Salzkammergut Straße von Pürgg-Trautenfels über Bad Aussee nach Gmunden und zur A 1 West Autobahn in Oberösterreich. Die Gebirgsstraße über den Sölkpass, die L 704 Erzherzog Johann Straße, verbindet das Ennstal bei Gröbming mit Murau, eine weitere Gebirgsstraße, die B 114 Triebener Straße über den Rottenmanner Tauern, verbindet das Paltental mit Judenburg.

Die besondere geographische Lage des Steirischen Erzberges (Abb. 3 und 4) bildete die Voraussetzung für die Entwicklung nicht nur der heutigen Stadt Eisenerz und der Marktgemeinde Vordernberg, sondern auch all der Wege und Straßen, die zum Erzberg hin- bzw. vom Bergbaugebiet am Erzberg in alle Richtungen wegführten.

Der Steirische Erzberg mit seiner heutigen Gesamthöhe von 1465 m, er hatte ursprünglich eine Höhe von 1537 m[9], liegt in einem engen Talkessel, umgeben von bis knapp über 2000 m hohen Bergen am Nordostrand der Eisenerzer Alpen im Verwaltungsbezirk Leoben, Steiermark. Im Norden begrenzen die Ausläufer der Nördlichen Kalkalpen mit der Seemauer (Roßloch 1649 m), dem Pfaffenstein (1871 m) bis zur Frauenmauer (1827 m) das Tal. Im Osten reihen sich die knapp über 2000 m hohen Gipfel der Eisenerzer Alpen mit dem Eisenerzer Reichenstein (2136 m), der Hohen Lins (2028 m), dem Schwarzenstein (1953 m), dem Stadelstein (2070 m) und dem Wildfeld (2043 m) aneinander bis zum Teichenegg, einen 1720 m hohen Sattel, und zum Kragelschinken (1845 m). Westlich dieses Höhenrückens liegt das Krumpental, ein schmales Tal, das von der heutigen Stadt Eisenerz nach Süden führt, um dann nach Westen zu biegen und schließlich in der Eisenerzer Ramsau, einem kleinen Hochtal auf knapp über 1000 m SH zu enden. Die südliche Begrenzung der Eisenerzer Ramsau verläuft vom Kragelschinken über eine Reihe niedrigerer Anhöhen, dem Plöschkogel (1668 m), Ochsenboden (1643 m), Ochsenkogel (1620 m) bis zum Radmerhals, einen weiteren Sattel mit 1305 m Höhe. Die westliche Begrenzung reicht schließlich vom Halskogel mit 1624 m bzw. dem Hochkogel (2105 m) und dem Kaiserschild (2084 m) und dessen Ausläufer bis zum engen Tal des Erzbaches im Nordwesten des Talkessels von Eisenerz. Dem Höhenzug des Kaiserschilds sind die Donnersalm (1539) mit dem Tulleck (1412 m) bzw. die Täler der Großen und Kleinen Fölz vorgelagert.

Von Süden, von der Eisenerzer Ramsau kommend, mündet der Ramsaubach im Stadtgebiet in den Trofengbach (auch Präbichlbach), der knapp unterhalb des Präbichls, eines 1227 m hohen Passes nordöstlich der Stadt, entspringt und durch den Gerichtsgraben zwischen den Nordhängen des Eisenerzer Reichenstein und des Steirischen Erzberges im Süden und dem Polster im Norden westwärts fließt. Nach dem Zusammenfluss mit dem Ramsaubach wird er heute Erzbach genannt.[10] Dieser fließt am Fuße des Pfaffensteins und der Prossen Richtung Westen und mündet schließlich bei Hieflau in die Enns. Der Seebach entwässert vom Leopoldsteinersee am westlichsten Rand des weitreichenden Ortsgebietes in der Katastralgemeinde Münichtal in den Erzbach.

9 Jugoviz 1894, Beilage 2 und 6. – Pirchegger 1937, 7. – Die Spitze des Erzberges wurde 1907 abgetragen.

10 Die Benennung der Bäche ist auf den Karten nicht einheitlich. So wird der Trofengbach auch Präbichlbach genannt, der Ramsaubach auch Erzbach.

3. Der historische Hintergrund

Als Nachweise für den Beginn einer Besiedlung der Eisenerzer Alpen und der sie umgebenden Talschaften sind neben mehreren archäologischen Einzelfunden gesicherte Siedlungsspuren seit dem Spätneolithikum zu nennen. Da der derzeitige Forschungsstand jedoch trotz intensiver punktueller Forschung nach wie vor äußerst lückenhaft ist, können nur Besiedlungsschwerpunkte in bestimmten Zeitphasen beschrieben werden.

Betrachtet man die Fundsituation im Gebiet von Leoben, in den Eisenerzer Alpen, im Palten-/Liesingtal bis in das obere Ennstal, so weisen mehrere archäologische Fundstellen auf eine Besiedlung im Spätneolithikum, in der Mittleren Bronzezeit, der Urnenfelder-, Hallstatt- und Latènezeit, in der Römischen Kaiserzeit sowie im Frühen Mittelalter hin.[11]

Aus dem weitläufigen Gebiet der Stadtgemeinde Eisenerz kennen wir lediglich aus der Eisenerzer Ramsau zahlreiche Fundstellen, die einen Kupfererzbergbau und eine Kupfererzverhüttung in prähistorischer Zeit, nach ersten Erkenntnissen mit einem Schwerpunkt in der Mittleren Bronzezeit, nachweisen. Einzelfunde von Eisenerz, Vordernberg und der Radmer aus der Mittleren Bronzezeit, es handelt sich um je ein Lappenbeil vom Typ Freudenberg aus allen drei Orten und einer Kugelkopfnadel vom Präbichl/Vordernberg, sind die einzigen weiteren Nachweise einer Begehung des direkten Umfeldes des Steirischen Erzberges in prähistorischer Zeit.

Die oftmals zitierten „römischen Funde“ von Eisenerz sind Münzen[12] und vor allem der ursprünglich in die Römische Kaiserzeit datierte, aber nachgewiesenermaßen spätmittelalterliche Eisenschmelzplatz auf der Feisterwiese am Südostrand des Steirischen Erzberges[13]. Ebenso gab es keine „Römerstraße“, die durch Vordernberg zum Steirischen Erzberg führte (vgl. Kap. 6).

Diese Thematik soll hier explizit angesprochen werden, da die vermeintliche Tatsache, die „Römer“ hätten am Steirischen Erzberg Eisenerz abgebaut in der heimatkundlichen wie in der archäologischen und historischen Fachliteratur mehr als ein Jahrhundert lang herumgeisterte, auch wenn grundsätzlich nicht ausgeschlossen werden kann, dass dies doch der Fall war. Dies bleibt jedoch offen, bis gesicherte archäologische Nachweise vorliegen. Zur Frage der „Römer“ auf dem Steirischen Erzberg sei noch auf Kap. 6 verwiesen.[14]

Ähnlich steht es mit der Frage einer frühmittelalterlichen Besiedlung von Eisenerz. Diese und einen damit verbundenen Eisenerzabbau können wir bis heute weder archäologisch noch historisch belegen. Der einzige Anhaltspunkt aus archäologischer Sicht für eine so frühe Eisenerzgewinnung sind wenige Keramikfragmente von der Grabung einer als Schmiede interpretierten Fundstelle am Fuße des Präbichls in Vordernberg.[15] Die ältesten Funde frühmittelalterlicher Gräberfelder aus Trofaiach und Proleb, heute ein Ortsteil von Leoben, datieren in die spätere 2. Hälfte des 8. Jahrhunderts.[16] Die Belegung anderer Gräberfelder der Obersteiermark, z. B. von Hohenberg, beginnt in der Mitte des 8. Jahrhunderts.[17] Eine Inschrift in der Oswaldikirche in Eisenerz mit der Jahreszahl 712 wurde von Historikern bereits als Fälschung aus 1580 erwiesen.[18]

Die frühesten schriftlichen Quellen setzen im Raum Leoben erst um 900 ein; im Jahr 904 erfolgte eine Schenkung der königlichen Höfe von Göß und Schladnitz bei Leoben, heute Teil des Stadtgebietes von Leoben, mit all den hörigen Bauern der Umgebung an Arpo, Sohn des Kärntner Grafen Otakar.[19] Der älteste historische, wenn auch indirekte Hinweis das Eisenerzer Gebiet betreffend liegt von der Geschichte des Frauenstiftes in Göss vor: Das Benediktinerinnenstift, das 1004 gegründet wurde, hatte nachweislich seit dem späten 12. Jahrhundert Grundbesitz im Krumpental (Eisenerz)[20], welcher auf eine Schenkung aus dem Jahr 904 zurückgehen könnte.

Die weiteren historischen Quellen zur Geschichte von Eisenerz setzen erstmals im 12. Jahrhundert ein, verstärkt jedoch erst ab dem 13. Jahrhundert. In diesen frühen Quellen wird von dem Ort „Leuben“ oder „Lubene“, wo „Erz gegraben“ wird, gesprochen. Das Eisen des Steirischen Erzberges wird in diesen frühen

11 Klemm 2003, bes. 12ff. – Klemm 2006. – Klemm 2010a.

12 Klemm 2003, 46ff. – Siehe dazu Loehr 1929, 4, Anm. 3.

13 Klemm 2003, 58 (FP 60108.006) mit sämtlicher Literatur. Es ist auch die Schreibweise „Feistawiese“ geläufig.

14 Klemm 2010c.

15 Schmid 1932, 50ff. – Weitere Literatur bei Klemm 2003, 65 (FP 60364.007).

16 Gutjahr 2000, 129f. und Szameit 1992, 824ff.

17 Nowotny 2005, 234f.

18 Pirchegger 1927, 10.

19 Pirchegger 1937, 10.

20 Amt Krumpen am Erzberge, vgl. dazu Pirchegger 1937, 10f. – Dieser Besitz liegt südlich des Zentrums der Stadt Eisenerz, in der KG Krumpental, SG Eisenerz. Vgl. dazu auch Kap. 7.

Abb. 5: Der Steirische Erzberg und der Markt Eisenerz um 1649. Ausschnitt aus einem Stich von Matthias Merian. (Nach Pirchegger 1937)

Quellen anfänglich als „Eisen aus Trofaiach“ und der Erzberg „Eisenbergwerk bei Leoben“ betitelt.[21] Auch der Vordernberger Bach, der am Präbichl entspringt und bei der heutigen Stadt Leoben in die Mur entwässert, wurde bis in das 17. Jahrhundert die „Leuben“ genannt.[22]

Die älteste Nennung einer dörflichen Ansiedlung in Eisenerz gegen Ende des 13. Jahrhunderts spricht von einem „Dorfe im innern Eisenerzt“[23]. Die heutige Stadt Eisenerz, seit 1448 Markt und seit 1948 Stadt, entwickelte sich auf dem Standort dieser dörflichen Ansiedlung am nordwestlichen Fuß des Erzberges. Die Marktgemeinde Vordernberg entstand den Quellen nach aus einer Ansiedlung südöstlich des Erzberges bzw. des Präbichl-Passes. Die Ortsbezeichnungen leiten sich von ihrer geographischen Lage in Bezug zu Leoben ab. Von Leoben aus befand sich Vordernberg „vor“ dem Erzberg bzw. auch „vor“ dem Präbichl, Innerberg (Eisenerz) in dem tiefen Talkessel „dahinter“.

Die Archäologie konnte bedauerlicherweise bisher kaum etwas zur mittelalterlichen Stadtgeschichte von Eisenerz beitragen. Spätmittelalterliche Keramikfragmente, in geringem Umfang vom eigentlichen Stadtgebiet, in größerer Menge von der Schlosswiese beim Leopoldsteinersee bekannt, sind neben einer Reihe von mittelalterlichen Eisenschmelzplätzen und Meilergruben zur Holzkohlengewinnung die spärlichen Zeugnisse aus dieser Zeitphase.[24] Zu nennen wäre noch der vielfach bekannte und bereits genannte, einzige bisher archäologisch untersuchte, spätmittelalterliche Eisenschmelzplatz auf der Feisterwiese im südöstlichen Bereich des Erzberges.[25]

Von Innerberg/Eisenerz aus wurde das Erz an der Nordwestseite bzw. im unteren Teil des Erzberges abgebaut, die Vordernberger hatten ihre Abbaugebiete im Südostteil des Erzberges und in der oberen Hälfte

21 Bittner 1901, 460, Anm. 2 (Eisen von Trofaiach), 461, Anm. 2 (Eisenbergwerk bei Leoben).

22 Pirchegger 1937, 12.

23 Pirchegger 1937, 11 (1282 und 1294).

24 Klemm 2003. – Klemm/Nelle u.a. 2005. – Klemm 2010b.

25 Ausführliche Zusammenstellung der Literatur in Klemm 2003, 58 (FP 60108.006). Die Korrektur der Datierung erfolgte durch G. Sperl, z.B. Sperl 1979. Zuletzt erneut irrtümlich als frühmittelalterlich bezeichnet in Günther 2008, 51.

bis zum Gipfel. Diese Aufteilung entstand wohl wegen des Erztransports aus rein praktikablen Gründen, da der Präbichl, ein Pass von 1227 m für den Transport nach Vordernberg zu überwinden war. Im Jahr 1448 wurde die Ansiedlung in Innerberg zum Markt erhoben, seit dem Jahr 1449 ist Vordernberg Markt, jeweils also Markt mit eigenem Richter und Rat, der Erzberg selbst blieb eine Einheit. Erst am 25. Juli 1524 wurde die so genannte Ebenhöhe (1186,60 m) festgesetzt, die die Abbaureviere von Innerberg/Eisenerz und Vordernberg bis um 1900 endgültig trennte.[26]

Im späten Mittelalter und in der frühen Neuzeit entwickelte sich eine intensive Abbautätigkeit am Steirischen Erzberg. Mit der Umstellung der Erzverhüttung vom Rennofen zum mit Wasserrad betriebenen Stückofen entstanden eine Reihe von Radwerken entlang der Bäche in Eisenerz (insbesondere im Krumpental, dort mit eigenem Fluter) und in Vordernberg.[27] (Abb. 5)

Am Tiefpunkt des Innerberger Eisenwesens 1625 vollzog die Regierung eine Fusion der drei Glieder des Eisenwesens, der Innerberger Radmeister (Roheisengewinnung), der von diesen belieferten Hammermeister (Weiterverarbeitung) sowie der Steyrer Eisenhändler oder „Verleger" (Verkauf, Finanzierung). Es entstand die Innerberger Hauptgewerkschaft[28], eines der größten Eisenhüttenunternehmen der Welt und der gewaltigste Großbetrieb Österreichs[29]. Der immer umfangreichere Erzabbau, der Transport von Roheisen und Holzkohle zu den Eisen verarbeitenden Betrieben an den Flüssen und Bächen in der Steiermark, Oberösterreich und Niederösterreich und der Vertrieb der aus Eisen erzeugten Produkte in immer weiter entfernte Gebiete Mitteleuropas sowie die Versorgung der Berg- und Hüttenleute mit Gütern des täglichen Lebens ließen schließlich eine Reihe von Verkehrswegen und somit ein Verkehrsnetz entstehen, dessen Kernzone in den folgenden Kapiteln zu beschreiben ist.[30]

26 Bittner 1901, 468ff. – Pirchegger 1937, 86. – Höhenwert der Ebenhöhe nach Köstler/Slesak 1996, 32. Später erfolgte eine Berichtigung des Wertes. Die heutige Pyramidenform des Erzberges entstand seit 1890, als der stufenförmige Tagebau eingeführt wurde. 1907 waren es 60 Stufen mit 12 Metern Höhe, 1928 halbierte man die Anzahl der Stufen mit 24 m Höhe.

27 Sperl 1984a und 1984b.

28 1881 wurde die „Innerberger Hauptgewerkschaft" in die „Österreichische-Alpine Montangesellschaft" (ÖAMG) eingegliedert. Der Bergbau am Steirischen Erzberg wird nun von der VA Erzberg GmbH geführt. Die Stahlwerke sind seit 1973 im Konzern VOEST-ALPINE AG zusammengefasst.

29 Mittermüller 1996, 72, vgl. auch Fußnote 73.

30 Z. B. Tremel 1954 und 1969. – Csendes 1971. – Kirnbauer 1968.

4. Archäologisch-historische Straßenforschung in der Steiermark

Bereits A. v. Muchar[31] beschrieb im 1. Band seines 8 Bände umfassenden Werkes zur Geschichte des Herzogthums Steiermark (1844–1874) archäologische Funde aus der vorchristlichen Zeit und der Römischen Kaiserzeit. Funde der Römischen Kaiserzeit, z. B. Münzfunde, wurden immer wieder als konkrete Nachweise von „Römerstraßen" herangezogen. Außerdem galten mit Steinen gepflasterte, ganz allgemein als „alte" Straßen angesehene Wege oder auch andere Altwege als „Römerwege" oder „Römerstraßen", wie dies in der Einleitung bereits angesprochen wurde. Vielfach wurde dies nicht hinterfragt. Erst die moderne archäologische und historische Forschung beschäftigt sich immer mehr mit der Aufdeckung der vermeintlichen „Römerstraßen" und datiert sie aufgrund neuer Quellen in ganz andere Zeitperioden, meist in die Neuzeit.[32] In der vorliegenden Studie werden zwei Beispiele mit dieser Thematik präsentiert, in Kapitel 6 die Altstraßen über den Präbichl, in Kapitel 9 die Altstraße über die Eisenerzer Höhe, beide auf unterschiedliche Weise als „Römerstraße" bzw. „Römerweg" benannt. Andererseits gab es in den letzten Jahren auch verstärkt Forschungen zu Altstraßen, die nachweislich in der Römischen Kaiserzeit gebaut und in Verwendung waren. Jüngste Forschungen in Niederösterreich und Tirol sind an dieser Stelle zu nennen[33], Ergebnisse aus der Steiermark werden im Folgenden noch beschrieben.

Einen großen Aufschwung erhielt die steirische Altwegeforschung durch Funde von Metallsondengehern seit mehr als 10 Jahren. Eine sukzessive Zusammenarbeit mit der archäologischen Forschung förderte die intensive Auseinandersetzung mit dieser Thematik, besonders im Dachsteingebiet und im Ausseerland am Nordostrand des Dachsteingebietes. Das Bundesdenkmalamt, Landeskonservatorat Graz, führt seitdem ausgedehnte Forschungen zu Altwegen, ihrer Nutzung in prähistorischer Zeit und in der Römischen Kaiserzeit durch.[34] Ein archäologischer Befund zum Straßenbau, der Befund eines römerzeitlichen Knüppelweges, sei hervorgehoben.[35]

Das Dachsteingebiet selbst ist seit langem Gegenstand der Altwege- und Altstraßenforschung. F. Stadler publizierte 1982 einen Beitrag zu Saumwegen und Salzsteigen an der Dachstein-Ostseite und kartierte diese Wege sowie zahlreiche prähistorische Funde u. a. entlang der Traun zwischen Hallstatt und Aussee sowie der Kainisch-Traun von Bad Aussee Richtung Gröbming.[36] Die Ausbeutung der Salzvorkommen von Hallstatt und Aussee seit prähistorischer Zeit und vor allem auch seit dem Mittelalter ließen diese Wege entstehen. F. Mandl baute auf diesen Kenntnissen auf und beschrieb mehrere Fußwege über das östliche Dachsteingebirge auf Höhen bis zu 1700 oder 2200 m über NN, die in das Ennstal führen, und nannte zahlreiche Hufeisenfunde aus dem Mittelalter und der Neuzeit, in erster Linie auf Almen gefunden.[37]

Andere archäologische Untersuchungen entlang von Altwegen, wie von einem Altweg mit römischen und jüngeren Fundstücken am Fuße des Grimming[38] oder Altwege- und Altstraßenbefunde bei Wörschach[39], seien genannt. Auf den Altstraßenbefund vom Rötelstein, Wörschach, wird noch zurückzukommen sein.

Die Nord-Süd-Verbindungen über die Niederen Tauern beschäftigten die provinzialrömische Forschung seit langem. W. Modrijan[40] befasste sich 1961 umfassend mit dem Thema römerzeitlicher Straßen in der Steiermark, doch auch er wusste von dem großen Aufwand für Geländebegehungen und der Schwierigkeit exakte Linienführungen bestimmter Streckenabschnitte zu erfassen. Dies gilt im Besonderen für die in der Tabula Peutingeriana eingezeichnete und im Itinerarium Antonini beschriebene Straße von Aquileia an der Adria nach Ovilava (Wels) und Lauriacum (Enns) im Donauraum, von der er wie andere der Meinung war, dass sie bei Hohentauern über die Niederen Tauern führen musste. A. Leitner, der sich mit der B 114 Tauern Straße, einer historisch bedeutenden Nord-Süd-Verbindung über die Niederen Tauern von Trieben im Paltental über Hohentauern nach Judenburg, auseinandersetzte, beschrieb eine Variante dieser Nord-Süd-Strecke von Möderbrugg über Bretstein und das 1861 m hohe Reitereck nach Strechau westlich von Rottenmann. Diese Strecke ist in Luftlinie kürzer

31 Muchar 1844–1874 mit einem Register von Göth 1874. – Muchar 1844, 207ff., Verbreitungskarte der römischen Fundstellen in der Steiermark.

32 Kap. 6, Eisenstraße. – Z. B. Hebert 2005a. – Klemm 2000a, 165, Anm. 55, Richtigstellung der Datierung von Vetters 1953. – Kühtreiber 2003.

33 Walde/Grabherr 2006. – Vier Beiträge im neuen Band Jg. 38 Römisches Österreich, Wien 2008.

34 Zusammenfassend Hebert 2006. – Windholz-Konrad 2008. – Siehe dazu auch Grabherr 2001, 98ff.

35 Hebert 1998b.

36 Stadler 1982, 7ff.

37 Mandl 1996, 122ff. – Mandl 2003b, 189f.

38 Windholz-Konrad 2003, 511ff.

39 Mandl 2006a und 2006b.

40 Modrijan 1961, 103ff.

als jene über Hohentauern und Trieben nach Rottenmann.[41] Der im Zickzack angelegte Weg über das Reitereck ist noch erhalten. Für die frühe Neuzeit beweist die Quellenlage den Neuausbau der Straße vom „Rottenmanner Tauern“[42], d.h. vom heutigen Hohentauern, nach Trieben und die Reparatur eines Nebenweges von Hohentauern über die Hölleralm und Kreuzbergalm nach Schwarzenbach bei Trieben.[43] Anlass für die letztgenannten historischen Recherchen waren archäologische Untersuchungen zwischen Kreuzbergalm und Hölleralm durch das Bundesdenkmalamt 2003.[44] Die Frage der Linienführung der römerzeitlichen Straße über die Niederen Tauern ist nach wie vor ungeklärt.[45]

Ähnlich wie die Altstraße über das Reitereck gestaltet sich eine neuzeitliche Altstraße über den Sölkpass, gleichfalls ein im Zickzack parallel zur L 704 Erzherzog Johann Straße angelegter, teilweise mit Steinen gepflasterter Dammweg. Eine Vermessung und archäologische Untersuchung führte das Bundesdenkmalamt im Jahr 2000 durch.[46] Umfassende historische Untersuchungen liegen seit 1997 von O. Fraydenegg-Monzello und A. Ziegerhofer vor.[47]

Während in den vergangenen Jahren die archäologische Forschung lokale Verkehrsnetze oder einzelne Streckenabschnitte dokumentierte, befasste sich die historische Forschung seit langem mit den Verkehrswegen und der Beschreibung von Verkehrsnetzen und ihrer Nutzung durch den Handel, im Speziellen in Zusammenhang mit dem steirischen Eisenwesen. Hervorzuheben sind hier die Forschungen von O. Pickl[48] und F. Tremel[49]. Während das mittelalterliche Verkehrsnetz erst grob zu fassen ist, gibt es für die frühe Neuzeit bereits ein klares Bild eines Straßennetzes, das letztendlich bis heute seine Gültigkeit hat.[50] Eine ausführliche Darstellung des österreichischen Verkehrswesens vom 16.–18. Jahrhundert verfasste G. Otruba.[51] Zeitgenössische kartographische Darstellungen von Straßen in der heutigen Steiermark setzen am Anfang des 17. Jahrhunderts ein[52] und werden ab der 2. Hälfte des 18. Jahrhunderts zahlreicher.[53] Auch die allgemeinen historischen Quellen werden mit dem großzügigen Ausbau des Straßennetzes, insbes. der großen Handels- oder Kommerzialstraßen, durch Karl VI. und seiner Tochter Maria Theresia im 18. Jahrhundert und dem Ausbau des Postverkehrs sehr umfangreich und vielfältig.[54]

---

41 Leitner 1989, 1990a, 1990b, 1990c.

42 Auch Triebener Tauern genannt, insbesondere in Bezug auf die B 114 Tauern Straße vgl. Leitner 1989, 1990a, 1990b, 1991.

43 Hilzensauer 2004, 725ff.

44 Hebert 2004a, 2004b und 2005b.

45 Siehe dazu auch Hilzensauer 2004, 725ff. – Leitner nennt die Freilegung der „alten römischen Straße“, eines Prügelweges, zwischen Trieben und Hohentauern 1965; nahe liegend wäre eine Datierung ins Mittelalter (1990a, 21).

46 Hebert 2003, Abb. 1 auf 51f. und 80f.

47 Fraydenegg-Monzello/Ziegerhofer 1997.

48 Z.B. Pickl 1984, 1989 und 1992, 167ff.

49 Z.B. Tremel 1954 und 1958.

50 Tremel 1954. – Csendes 1971. – Pickl 1989 und 1992. – Pickl 1956. – Zu mittelalterlichen Straßen allgemein z.B. Csendes 1989.

51 Otruba 1989 mit ausführlicher Bibliographie.

52 Popelka 1924.

53 Mezberg 1782. – Müller 1786. – Reilly 1799. – Für das 19. Jahrhundert z.B. o.A., Spezialkarte 1842.

54 Arnberger 1966, 127ff.

5. Ausgangspunkt der Straßenforschungen und methodische Vorgangsweise

Ausgangspunkt der in dieser Studie vorgestellten Altstraßen war eine archäologische Rettungsgrabung 1997 in der Marktgemeinde Vordernberg, der weitere Rettungsgrabungen und Baubeobachtungen in den Jahren 1998–2002 in den Gemeinden Vordernberg, Eisenerz und Palfau aufgrund von mehreren Bauvorhaben, Kanalbau, Straßenbau, Kabelverlegungsarbeiten und Arbeiten für Schilifte und Schipistengestaltung folgten. In Vordernberg wie in Palfau waren es Fundmeldungen aus der Bevölkerung, in deren Folge die Verfasserin schließlich vom Bundesdenkmalamt, Landeskonservatorat für Steiermark, mit den Arbeiten betraut wurde. Die Verfasserin hatte seit 1996 ein Büro in Eisenerz eröffnet und konnte daher den Fundmeldungen vor Ort rasch nachgehen und die entsprechenden notwendigen Schritte setzen.

Der Wissensstand um diese Altstraßen war sehr unterschiedlich. In Vordernberg wurden der Fund einer gepflasterten Altstraße in Vordernberg-Friedauwerk 1926 und die bis 1997 immer wieder bei Bauarbeiten gefundenen Spurrillensteine von Wissenschaft und Bevölkerung als Funde einer „Römerstraße" tituliert[55], obwohl bereits G. Sperl 1990[56] die Zeitstellung der Altstraßenbefunde zurecht mit der Kommerzialstraße des 18. Jahrhunderts gleichgesetzt hatte. Die konsequent beibehaltene Bezeichnung „Römerstraße" hatte sicherlich auch ihren Ursprung in der im 19. Jahrhundert geprägten Annahme, dass bereits in der Römerzeit Eisenerz am Steirischen Erzberg abgebaut wurde. Dies ist aber bis dato durch keine archäologischen Befunde glaubhaft belegt. Außerdem wurden mit Steinen befestigte Wege von altersher fortwährend den „Römern" zugeschrieben.[57]

Die Entdeckung der Altstraße in Palfau war eine Folgeerscheinung der Grabungen in Vordernberg 1997/98, wo der Palfauer Kunstschmied Wolfgang Scheiblechner die archäologischen Befunde kennen lernte und bei Straßenbauarbeiten in Palfau in den Profilen die Reste einer gepflasterten Altstraße erkannte. Seine Tochter, die Historikerin Petra Scheiblechner, erstellte zu dieser Zeit gerade eine Ortsgeschichte von Palfau[58], in der auch der Bau der „Dreimärktestraße", heute B 25 Erlauftalstraße genannt, eingehend beschrieben wurde. Ein Zusammenhang des archäologischen Befundes mit der historischen Überlieferung schien nahe liegend. Anderweitige archäologische Befunde oder Funde, sei es aus prähistorischer Zeit oder einer nachfolgenden Periode, gab es bislang in Palfau oder der näheren Umgebung mit Ausnahme des spätmittelalterlichen Gagatbergbaus und einem neuzeitlichen Feuersteinabbau in Gams bei Hieflau nicht.[59]

Auf die ersten archäologischen Befunde 1997 im Gemeindegebiet von Vordernberg folgten intensive Recherchen seitens der Verfasserin zur Datierung der Befunde, zum gesamten historischen Hintergrund, zum Streckenverlauf im Allgemeinen und zur Linienführung im Besonderen. Zeitgenössische Reiseberichte, historische Kartenwerke, Sekundärliteratur und Archivquellen wurden herangezogen. Die verschiedenen Kartenwerke wie die Kartenblätter der Josephinischen Landesaufnahme 1764–1787, der Franziszeische Kataster von 1824 sowie diverse Ausgaben der Österreich-Karte (ÖK) im Maßstab 1:50.000 wurden miteinander verglichen und ausgewertet. Es zeigte sich, dass mit zumindest drei zeitlichen Ebenen – drei Ausbauphasen der Strecke über den Präbichl – nach einer noch älteren Begehung des Passes zurückgehend bis in prähistorische Zeit zu rechnen war.[60]

Diese systematische Vorgangsweise im Sinne einer regressiven oder rückschreibenden Methode als historischem Verfahren, welches in der Schweiz (IVS oder Inventar historischer Verkehrswege in der Schweiz) seit mehreren Jahrzehnten in der historischen Straßenforschung erfolgreich angewandt und stetig weiterentwickelt wird[61], die vom aktuellen Straßenbestand ausgeht und anhand von Kartenwerken, Sekundärliteratur und anderen Informationsquellen systematisch zurückgeht, wurde schließlich für den Abschnitt Trofaiach–Eisenerz der „Eisenstraße" im Detail durchgeführt, um den Altbestand der Kommerzialstraße aus dem 18. Jahrhundert mit der späteren alten B 115 und dem Neuausbau der B 115 in den 1970/1980er Jahren zu vergleichen bzw. von diesen zu differenzieren.

55 Schmid 1932. – Freudenthaler 1936. Vgl. dazu Kap. 6.

56 Sperl 1990.

57 Vgl. dazu die Ausführungen zur Bezeichnung Straße in der Einleitung.

58 Scheiblechner u. a. 1999.

59 Klemm 2001a und 2001b.

60 Vgl. den Fund einer Bronzenadel im Grübl (Präbichl) in Klemm 2003, 67 (FP 60364.017).

61 Zusammenfassend Doswald 2000. – Nach Herzig 1997, 107 ist das IVS ein Instrument für die Raum- und Landschaftsplanung, eine Bestandsaufnahme von schützenswerten Verkehrswegen und die Grundlage für eine vertiefende Auseinandersetzung mit der Verkehrsgeschichte der Schweiz. Ergebnisse des IVS dienen in der Schweiz nicht nur der Natur- und Landschaftspolitik und der Raumordnung sondern auch der Einbeziehung historischer Verkehrswege in den Tourismus (Schneider H. 1997, 141f.).

Die im Sommer 2008 durchgeführten Begehungen in der Weidau/Vordernberg ergänzten die früheren Untersuchungen. So erfolgte im Sinne der Methodik des IVS in Vordernberg eine Kombination von geographischer Querschnitts- und historischer Längsschnittsanalyse.

Für alle weiteren archäologischen Aufschlüsse der „Eisenstraße" (SG Eisenerz/Münichtal und OG Hieflau/Eckstall) wurden erneut sämtliche Kartenwerke und Informationsquellen punktuell herangezogen.

Die rückschreibende Methode wurde für die „Dreimärktestraße" in Palfau in ganz ähnlicher Weise durchgeführt. In beiden Fällen jedoch waren auch lokal vorhandene Kenntnisse in der Bevölkerung, wie Erinnerungen über jüngere Ausbauarbeiten der Bundesstraßen seit dem 2. Weltkrieg, von großem Nutzen, insbesondere um bauliche Veränderungen einzelner Wegabschnitte bzw. deren Spuren im Gelände besser und schneller zu erfassen und zu deuten.

Für die „Dreimärktestraße" gilt gleichfalls, dass nur einzelne Abschnitte punktuell und zwei Abschnitte (Bereich beiderseits der Wagnerbrücke, Abschnitt in der Mendling) eingehender untersucht wurden.

Ziel dieser intensiven Auseinandersetzung mit den Teilstücken der B 115 und B 25 war nicht nur die Datierung der archäologischen Befunde sondern auch die Dokumentation der Veränderungen in der Linienführung und die Identifikation der Spuren der älteren Bausubstanz (z. B. Stützmauern, Brücken), um anhand dieser Daten für zukünftige Bauvorhaben zu sensibilisieren.[62] Da dies die ersten archäologischen Untersuchungen von Bundesstraßen und ihren Vorgängerstraßen in Österreich waren, gab es keine Beispiele, auf die sich die Verfasserin hätte berufen können.

Den archäologischen Untersuchungen in Palfau 1999 und 2000 folgten weitere Baubeobachtungen in den Jahren 2000 und 2001, durch die nicht nur weitere Aufschlüsse der „Dreimärktestraße" (B 25) in Palfau und Gams bei Hieflau dokumentiert wurden, sondern Aufschlüsse der B 24 Hochschwabstraße und der Landesstraße L 714 Salzastraße wie des Kirchenwegs in Palfau[63]. Somit konnte das lokale bzw. regionale Verkehrsnetz durch weitere Wege unterschiedlicher Ordnung ergänzt werden.

Nachdem die beiden Hauptverkehrswege des 18. Jahrhunderts im Nahbereich des Steirischen Erzberges, die „Eisenstraße" (B 115) und die „Dreimärktestraße" (B 25), identifiziert und in Teilstücken beschrieben waren, gerieten die in Quellen des späten Mittelalters und des 16. Jahrhunderts und in historischer Fachliteratur genannten Straßen ins Blickfeld der Untersuchungen, namentlich die Straße über das Teichenegg von Eisenerz nach Kalwang und jene über die Eisenerzer Höhe von Eisenerz nach Wildalpen. Zudem waren ältere archäologische Befunde in Vordernberg aus 1926/1929 und 1979 noch nicht zugeordnet und eine ältere Trasse der Eisenstraße über den Präbichl vor dem Ausbau und der Erhebung zur Kommerzialstraße und kurz darauf zur Poststraße im 18. Jahrhundert noch nicht erfasst. Als Ergänzung zu den bisherigen Arbeiten fanden daher Recherchen, insbesondere auch Archivrecherchen und Geländebegehungen, allerdings keine archäologischen Grabungen, im Jahr 2008 statt.

Die Ausgangslage für die Erforschung der Straße über das Teichenegg südlich von Eisenerz bildete die mehrfache Nennung des Sattels Teichenegg in Quellen des späten Mittelalters und des Beginns der frühen Neuzeit. Da das gesamte Gebiet dieser Altstraße heute ausschließlich forstwirtschaftlich und teilweise noch für die Almwirtschaft genutzt wird sowie dem Wandertourismus dient, wurden ausgehend von der Österreich-Karte im Maßstab 1 : 50.000 (ÖK 50) sämtliche Kartenwerke, teilweise auch Revierkarten der Grundbesitzer, durchgesehen. Mehrere Geländebegehungen mit einer ausführlichen Dokumentation ergänzten die Archivrecherchen.

Ein archäologischer Altstraßenbefund am Rand des Stadtzentrums von Eisenerz (Krumpentalerstraße) aus dem Jahr 2002 ist als Abschnitt dieser Altstraße über das Teichenegg anzusehen, er gilt jedoch ebenso als ein Abschnitt der Straße in die Eisenerzer Ramsau, ein kleines Hochtal, von der der Weg weiterführt über den Radmerhals in das nächste Tal, genannt Radmer. Von dieser Altstraße, die seit dem späten Mittelalter große wirtschaftliche Bedeutung für die lokale Eisenindustrie hatte, wurden bis dato nur einzelne Abschnitte kartographisch dokumentiert.

Von ähnlicher wirtschaftlicher Bedeutung war die Straße über die Eisenerzer Höhe nach Wildalpen im Norden von Eisenerz. Der so genannte „Römerweg", ein Abschnitt entlang der Rohrmauer auf dem Weg zur Eisenerzer Höhe auf der Eisenerzer Seite, wurde als „Saumweg" in der Literatur bezeichnet. Nähere Informationen über seine Entstehung – außer Vermutungen, dass er bereits in der Römerzeit oder vielleicht schon früher bestanden habe – waren jedoch unbekannt. Die Vorgangsweise unserer Recherchen entsprach jener der Straße über das Teichenegg.

Das Ergebnis der hier vorzustellenden Forschungen ist ein lokales Verkehrsnetz im Kerngebiet des

---

62 Siehe dazu Klemm 2001c.

63 Kirchenweg in Palfau, unpubliziert: Befund eines geschotterten lokalen Altweges und eines älterenWeges zur Kirche durch die Grst. 702 und 696. Zeitstellung der Altwege unbekannt, wohl Spätmittelalter bis Neuzeit. Angaben zu den Fundstellen FP 67108.016: Land: Steiermark; Bezirk: Liezen; OG und KG Palfau; Kirchweg, Fundstelle 1, 2: Grst.-Nr. 1103/2, 694/1. – FP 67108.017, Grst.-Nr. 1103/2, Einzelfunde, Mistgrube der Kirche Palfau, vor allem neuzeitliche Keramik (19. Jhdt. u. a.). – FP 67108.018, Grst.-Nr. 1103/2, Einzelfunde Altweg/Pfarrhaus Palfau, neuzeitliche Keramik.

Steirischen Erzberges, das keineswegs den Anspruch auf Vollständigkeit erhebt. Dies betrifft das Nahgebiet ebenso wie das weitere Umfeld bis in das Ennstal im Westen oder Altenmarkt im Norden bzw. letztendlich die Gebiete in Oberösterreich und in Niederösterreich, die eng mit der Geschichte des Steirischen Erzberges und des Eisenwesens in Verbindung stehen.

Zukünftige Untersuchungen, speziell im Nahgebiet, in den Bereichen der Gebirgsübergänge, unter Anwendung des flugzeuggetragenen Laserscannings (ALS, Airborne Laser Scanning) wären wünschenswert, um weitere Übergänge nach Süden und Südosten zu suchen. Hier denkt die Prähistorikerin vor allem an die Erschließung der Eisenerzer Alpen in der Bronzezeit zur Ausbeutung der Kupfererzlagerstätten von Süden her, aber auch an Wege von lokaler Bedeutung, die in den historischen Quellen zum späteren Eisenwesen nicht explizit genannt sind. Dies betrifft ebenso Wege im Hochschwabgebiet nördlich von Eisenerz, westlich wie östlich der Eisenerzer Höhe, die nachweislich für die Almwirtschaft sowie für die Forstwirtschaft und die Holzkohlenproduktion im nächsten Umfeld des Steirischen Erzberges von größter Bedeutung waren.

Gemäß der Methodik der IVS wird im Abschluss der vorliegenden Studie eine Bewertung der Straßenbefunde auf Basis des historischen Befundes und des morphologischen Befundes, der Geländeaufnahme, diskutiert.[64] Frequenz, Dauer und Nutzung von Strecken, ihre Einbindung in ein Verkehrsnetz, die Bauweise von einzelnen Abschnitten sind dabei ebenso zu berücksichtigen wie ihre Bedeutung in historischen Zeitabschnitten.

Zur Darstellungsweise der untersuchten Straßen und ihrer Abschnitte

Als Kartengrundlage für die Übersichtskarten dienten die jeweiligen Ausschnitte der Österreich-Karte im Maßstab 1:50.000 (ÖK 50, © BEV). Gewisse Ungenauigkeiten, alleine aufgrund der Möglichkeiten der kartographischen Darstellung in diesem Maßstab, sind zu berücksichtigen. Ihr Vorteil liegt in der allgemeinen Wiedergabe der topographischen Verhältnisse, insbesondere da keine kostspieligen Vermessungen durchgeführt wurden.

Die einzelnen archäologischen Fundstellen, die vermessen wurden und von denen daher Landeskoordinaten vorliegen, wurden in den aktuellen amtlichen Kataster eingetragen (© BEV). Bei der Übernahme von Informationen aus dem Franziszeischen Kataster von 1824 zeigte sich, dass bei dem Übereinanderlegen des Franziszeischen über den aktuellen Kataster mit einem Fehler von 4–10 m zu rechnen ist.[65] Bei einzelnen Katasterplänen, z. B. von Vordernberg oder Palfau, gewinnt man dadurch den Eindruck, die archäologisch dokumentierte Altstraße läge außerhalb des Grundstückes im Franziszeischen Kataster, wo sie doch eigentlich in der jeweiligen Grundstücksparzelle der damaligen Straße liegen sollte. Diese Erkenntnis hat insbesondere für zukünftige archäologische und historisch-geographische Untersuchungen eine große Bedeutung, da immer alter und neuer Kataster berücksichtigt werden müssen. Die Kartenblätter der Josephinischen Landesaufnahme von 1764–1787 wurden ebenso in die Untersuchungen, vor allem in die Diskussion der Linienführung einbezogen, die Darstellungsweise und die Genauigkeit der damaligen Vermessung eignen sich jedoch nur bedingt zur Identifikation von archäologischen Befunden bzw. obertägig sichtbaren Geländebefunden.

Die Eintragung der einzelnen Fundstellen mittels Landeskoordinaten in den aktuellen amtlichen Kataster beruht auf Vermessungsarbeiten verschiedener Personen, die hiermit alle mit Dank genannt seien, Markscheider Ing. Johann Resch†, Leoben (KG Krumpental, Trofeng, Vordernberg), Dr. Anton Reithofer, Graz (KG Krumpental, Palfau, Vordernberg), Amtsrat Ing. Peter Schneidhofer, Baubezirksleitung Bruck a. d. Mur (KG Vordernberg) und Mag. Jorg Fürnholzer (KG Krumpental, Vordernberg). Luftbilder wurden lediglich für Vordernberg herangezogen, sie wurden einerseits von der Marktgemeinde Vordernberg (GIS-Steiermark) zur Verfügung gestellt, ältere befanden sich bei der Grabungsdokumentation von C. Eibner. Die Lage von Kanalbauten, Kabeltrassen, Straßenbauarbeiten beruht auf Plänen der Gemeinden Eisenerz und Vordernberg, der STEWEAG Wasserkraft- und Elektrizitäts-AG und des Amtes der Steiermärkischen Landesregierung, Landesbaudirektion Fachabteilung 2a (Palfau, Eisenerz).

64 Doswald 2000.

65 Freundliche Mitteilung DI Rudolf Hütter, GIS-Steiermark.

6. Die „Eisenstraße". Vorläufer der B 115 Eisenstraße

Die „Eisenstraße" führt von Leoben über Trofaiach und Vordernberg, über den Präbichl nach Eisenerz, weiter nach Hieflau, Landl, und Altenmarkt an der steirischen Grenze nach Oberösterreich, weiter über Kleinreifling, Kastenreith, Großraming, Reichraming, Losenstein und Garsten nach Steyr. Heute heißt der Abschnitt von Trofaiach nach Leoben B 115a Donawitzer Straße, und die Abzweigung von Trofaiach nach Traboch im Liesingtal ist Teil der B 115 Eisenstraße.

Die SSE-NNW gerichtete Straße stellt somit den Teil einer Fernverbindung vom Donauraum im Nordwesten mit Graz im Südosten dar. Auch verbindet sie die Strecke Wien–Klagenfurt (A 1 Süd Autobahn, S 6 Semmering Schnellstraße, S 36 Murtal Schnellstraße und B 317 Friesacher Straße) mit dem Donauraum bei Linz. Die archäologisch untersuchten Abschnitte befinden sich im Gemeindegebiet von Vordernberg, Eisenerz und Hieflau. (Abb. 6)

Die Eisenstraße verläuft von Steyr bis Hieflau parallel zum Ufer der Enns nach Süden und führt von Hieflau durch einen relativ schmalen Graben entlang des Präbichlbaches (auch Trofengbach, Erzbach) in den Talkessel von Eisenerz. Der Präbichl (SH 1227 m) als einziger Pass der Strecke Leoben – Steyr mit Höhenunterschieden von 490 m auf der nördlichen Eisenerzer Seite und insgesamt 387 m auf der südlichen Vordernberger Seite[66] stellte wohl die größte Herausforderung für den Bau eines Verkehrsweges auf dieser Strecke dar. Die inneralpinen Witterungsverhältnisse, besonders im Winter, machen die Überwindung des Passes trotz der sehr gut ausgebauten und breiten Straße auch heute noch immer zu einem Abenteuer. (Abb. 7)

Die Entfernung von dem heutigen Ortszentrum von Vordernberg zur Passhöhe beträgt per Luftlinie 5,3 km mit einem Höhenunterschied von 387 m. Das Vordernbergertal ist im Vergleich zur Nordseite des Passes ein breites Hochtal, durch das der Vordernbergerbach von Norden nach Süden fließt. Gleich nach Verlassen des Ortskernes war ursprünglich ein erster starker Geländeanstieg zu überwinden, der beim Neuausbau der B 115 ausgeglichen wurde. Ein steter Geländeanstieg bis zur Höhe des Ortsteils Almhäuser überwindet 253 Höhenmeter auf einer Strecke von 2 km. Den letzten Abschnitt vor dem Pass bildet der Talboden der Weidau, im Norden begrenzt von den Abhängen des Polsters, eines 1910 m hohen Berges, im Süden durch die Abhänge des Grüblzinken (1990 m). Lediglich der letzte Teil des Abschnittes von der Weidau zur Passhöhe, welche insgesamt eine Länge von 1,6 km und einen Höhenunterschied von 130 m hatte, war deutlich steiler.

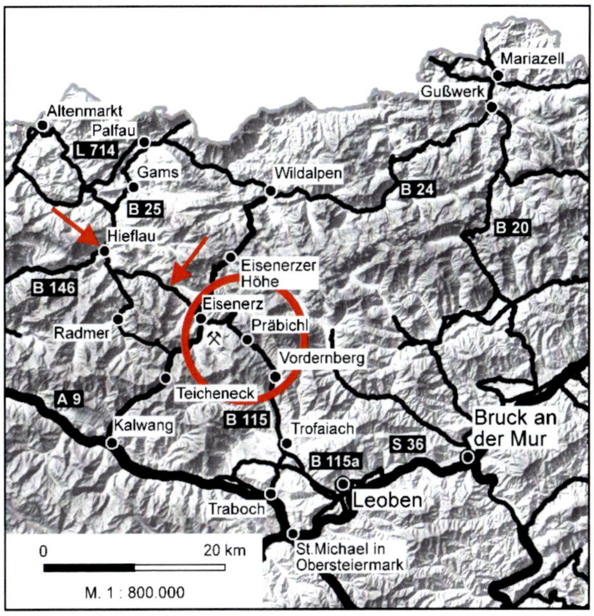

Abb. 6: Die „Eisenstraße". B 115 Eisenstraße.
Ausschnitt der Höhen- und Reliefkarte der Steiermark (Datengrundlage GIS-Steiermark). M. 1 : 800.000.

Das gesamte Gelände vom Pass bis zum Talboden der Weidau ist heute stark verändert. Im Bereich des Passes waren es die Anlage der Erzförderbahn im 19. Jahrhundert sowie der Bahnausbau um 1890, während vom Pass zum Talboden die Anlage einer Schiarena mit Schiliften und Abfahrten und der Neuausbau der B 115 das Gelände beinahe grundlegend seit den 1970er Jahren umgestalteten. Nur ein äußerst geringer Prozentsatz der Fläche erscheint lediglich mäßig verändert.

Der Pass selbst präsentiert sich heute gleichfalls durch die bereits erwähnten Transportwege, die Erzförderanlage, die Eisenbahn und die B 115 Eisenstraße merkbar gewandelt. Für die Höhe des Passes liegen unterschiedliche Daten vor, bei Jugoviz 1894 ist eine Höhe von 1238 m angegeben, auf der ÖK 50 (101 Eisenerz) aus dem Jahr 1947 ist eine Höhe von 1227 m eingetragen, heute misst der KT 1226,70 m.[67]

Die Eisenerzer Seite des Präbichls bildet ein schmaler, tief eingeschnittener Graben, der Gerichtsgraben,

66 Zentrum von Vordernberg SH 839 m, Ortsteil Almhäuser 1092 m.

67 Zur Höhe von 1227 m: KT 1226,70 m; ÖK 50, provis. Ausgabe Stand 1954; auf der ÖK 50, Stand 1965/1991 mit 1226 m angegeben; bei Jugoviz 1894, Beilage 2, ist eine Höhe von 1238 m angegeben.

der im Norden von den steilen Abhängen des Polsters, im Süden vom Nordostabhang des Erzberges begrenzt wird. Verkehrswege hatten nur beschränkte Möglichkeiten, den Höhenunterschied von 430 m und eine Strecke von knapp 3 km (Luftlinie Mitte Trofeng) von der Talsohle in der Trofeng bis zur Passhöhe zu überwinden. Heute ist der Gerichtsgraben durch den Abraum des Steirischen Erzberges in seinem nordwestlichen Teil zugeschüttet. Nur mehr ein Abschnitt unterhalb des Passes, etwa die Hälfte der Strecke ist heute noch begehbar.

Durch den Gerichtsgraben führte entlang des Präbichlbaches ein Weg, der bei Jugoviz 1894 „Grabenweg" genannt wird.[68] Bei dem 1962 von Markscheider Johann Resch vermessenen Abschnitt (FP 60108.010[69]) dürfte es sich um diesen „Grabenweg" handeln. Er wurde im Sommer 2008 von der Verfasserin unverändert angetroffen, begangen und dokumentiert.

Die andere Möglichkeit für die Anlage eines Weges befand sich auf der südlichen Talseite, am Nordostabhang des Erzberges, das Gelände war zwar steil aber bei weitem nicht lawinengefährdet wie die Abhänge des Polsters an der nördlichen Talseite. Hier befand sich die alte B 115 Eisenstraße (FP 60108.013), die nach der Passhöhe am Präbichl die Talseite wechselte und auf der Vordernberger Seite am Südhang des Polsters entlang führte (FP 60364.004). Die neue, in den 1970er/1980er Jahren erbaute Trasse der B 115 Eisenstraße führt vom Pass unterhalb der alten B 115, parallel zu dieser, und überwindet einen Teil des Höhenunterschiedes mithilfe einer großen S-Kurve im Talboden der Weidau. Auf der Vordernberger Seite bildeten der Talboden in der Weidau beziehungsweise die Hänge beiderseits des Tals Möglichkeiten für die Anlage von Verkehrswegen. Hingegen ist zu den genannten Möglichkeiten auf der Eisenerzer Seite noch eine vierte, nämlich die Option, einen Weg über den Erzberg selbst zu führen, zu nennen. Dies geht aus älteren Karten, zum Beispiel der Österreich-Karte von 1947 oder von Jugoviz 1894 hervor.[70] Dies ist aufgrund des 1820 eingeführten Tagebaus am Steirischen Erzberg heute nicht mehr zu überprüfen.

Die Josephinische Landesaufnahme 1764–1787 ebenso wie der spätere Franziszeische Kataster 1824 zeigen nur mehr eine Straßentrasse über den Präbichl, welche bis in die 1970er Jahre mit einer Ausnahme – dem Bau der so genannten „Notstraße" 1960 im Gerichtsgraben – unverändert blieb. Dies war die aus heutiger Sicht – alte – B 115 Eisenstraße. Die Notstraße war erforderlich geworden, um Platz für den Abraum des Steirischen Erzberges zu gewinnen, bis schließlich der neue Abschnitt über den Pass – die „neue" B 115 Eisenstraße – gebaut wurde. Eine Abzweigung vom Pass zum Erzberg ist gleichfalls auf der Josephinischen Landesaufnahme 1764–1787 ebenso wie auf dem Franziszeischen Kataster 1824 eingetragen.

Im Folgenden werden die archäologischen Befunde und Funde seit den ersten Aufschlüssen im Jahr 1926 bis zum Jahr 2008 eingehend beschrieben, die in den Gemeinden Vordernberg, Eisenerz und Hieflau dokumentiert wurden.

6.1 Forschungsgeschichte

Erste archäologische Altstraßenbefunde wurden 1926 im Ortsteil Friedauwerk–Südbahnhof der Marktgemeinde Vordernberg dokumentiert. Sie wurden vom Werkmeister der Telegraphen-Erhaltungssektion Leoben Josef Reisner als „Römerstraße" angesprochen. Josef Freudenthaler aus Leoben, dem die Befundaufnahme zu verdanken ist, fragte bei Walter Schmid, Landesmuseum Joanneum, nach, ob es sich auch wirklich um eine Römerstraße handeln könnte. Dem wurde nicht widersprochen.

Ähnlich bezeichnete W. Schmid 1926 einen Altweg vom Ortsteil Almhäuser durch die Weidau zum Präbichl führend als „Römerstraße". A. Jugoviz, Ober-Ingenieur der Oesterreichisch-Alpinen Montangesellschaft, bewarb in seinem „Illustrierten Führer auf der Bahnlinie Eisenerz-Vordernberg", dessen 3. Auflage 1894 erschien, unter anderem einen Spaziergang „nach der Römerstraße (Sackzugweg), in der Weidau, unmittelbar beim Bahnhofe beginnend" und einen weiteren „nach der Römerstraße zu den Almhäusern".[71] Dies dürfte als Hinweis gelten, nach dem im Volksmund in der Weidau ein als älter erkannter Weg bereits vor mehr als 100 Jahren als Römerweg benannt worden war.[72] Die ältesten Fundstücke, die auf einen Altweg im Bereich des Präbichls zwischen Vordernberg und Eisenerz hinwiesen, waren Hufeisen, Münzen und Gerätschaften, die beim Bahnbau Vordernberg–Eisenerz 1888–1890 zum Vorschein kamen; bedauerlicherweise können die einzelnen Fundstücke nicht mehr mit Sicherheit genauen Fundorten zugeordnet werden.[73]

---

68 Jugoviz 1894, Beilage 6.

69 FP 60108.010: durchlaufende Nummerierung der archäologischen Fundstellen nach Klemm 2003, vgl. Abkürzungsverzeichnis.

70 Österreich-Karte, Nr. 101, Provisorische Ausgabe 1946, 1947, BEV Wien. – Jugoviz 1894, Beilage 6.

71 Jugoviz 1894, 88.

72 Diese Bezeichnung wurde jedoch nie auf einer Österreich-Karte eingetragen.

73 Johann Krainz, Verzeichnis der beim Eisenbahnbau Eisenerz=Vordernberg gefundenen Gegenstände, den 18. August 1890. Museum der Stadt Eisenerz. – Von der großen Zahl an Hufeisen unterschiedlicher Form, Größe und Alters in der Sammlung des Museums der Stadt Eisenerz stammt jedoch der Großteil vom Erzberg selbst. Vgl. das Inventar von J. Krainz, Section I, Funde u. Ausgrabungen, angelegt im Jänner 1888 (Museum der Stadt Eisenerz).

Abb. 7: Eisenstraße. Präbichl.

1 Der Steirische Erzberg, Ansicht vom Polster Richtung Krumpental und Eisenerzer Ramsau.

2 Das Vordernberger Tal, Ansicht vom Polster Richtung Südosten.

3 Der Bereich des Passüberganges, Ansicht vom Polster Richtung Grübl und Reichenstein (August 2008).

Der eigentliche Ursprung der Bezeichnung „Römerweg"/„Römerstraße" für diese Altwege und Altstraßen liegt also entsprechend weit zurück und dürfte auf der damaligen, weit verbreiteten Annahme beruhen, dass bereits die Römer am Steirischen Erzberg Bergbau betrieben, obwohl keinerlei archäologische Funde vom Erzberg oder seiner engsten Umgebung dies belegen. Die wenigen Münzfunde und die beiden kleinen Gefäßfragmente, die sich im Museum der Stadt Eisenerz befinden und in die Römische Kaiserzeit datieren, können zurzeit keineswegs als Nachweise einer Bergbautätigkeit in dieser historischen Periode herangezogen werden.[74]

Noch 1979 bezeichnete Clemens Eibner, damals Universität Wien, einen Hohlweg in der Weidau als „Römerweg", ein Grabungsschnitt erbrachte jedoch keine Ergebnisse.[75] Hingegen war es C. Eibner möglich, in der Talmulde der Weidau die Spuren von zwei Altwegen nachzuweisen (siehe Kap. 6.1.1.2).

1990 gelang es Gerhard Sperl, Erich Schmid-Institut für Festkörperphysik der Österreichischen Akademie der Wissenschaften in Leoben, den Befund von Friedauwerk 1926 richtig zu datieren und als Abschnitt der Post- und Kommerzialstraße aus dem 18. Jahrhundert zu identifizieren.[76] Dies wurde jedoch weder von der Forschung noch von der Bevölkerung in Vordernberg zur Kenntnis genommen, sodass die Verfasserin im Jahr 1997 aufgrund einer Fundmeldung, eine Römerstraße sei gefunden worden, vom Bundesdenkmalamt den Auftrag bekam, dieser Meldung nachzugehen. Es folgten umfassende Baubeobachtungen und Grabungen in der Marktgemeinde Vordernberg während des Kanalbaus sowie dem Ausbau der Schiarena in der Weidau in den Jahren 1997–1999, Recherchen über den weiteren Verlauf der historischen Kommerzialstraße in Vordernberg und Baubeobachtungen in Eisenerz 1999. Hermann Nitterl, Malermeister und Kustos des damaligen Heimatmuseums in Hieflau stellte der Verfasserin zudem die Dokumentation von interessanten Altstraßenbefunden in Hieflau aus dem Jahr 1989 zur Verfügung.

In den folgenden Ausführungen werden die Altfunde von 1926–1979 und die Befunde von Hieflau 1987–1989 als Teil der Forschungsgeschichte vorangestellt, es folgen die Dokumentation von Altwegen von der Weidau und vom Präbichl durch den Gerichtsgraben nach Eisenerz im Sommer 2008, im Anschluss daran die archäologischen Untersuchungen der Kommerzialstraße aus dem 18. Jahrhundert zwischen Vordernberg und Hieflau mit den Untersuchungen des so genannten Erzweges in Vordernberg und Befunden aus Eisenerz 1999. Die Altfunde werden schließlich gemeinsam mit den Neufunden aus 1997–1999 und 2008 in einer umfassenden, historischen Interpretation zusammengeführt.[77] (Abb. 8)

6.1.1 Archäologische Befunde in der Gemeinde Vordernberg 1926–1979

6.1.1.1 Die Befunde von Friedauwerk 1926–1950

Im Jahr 1926 stieß man erstmals bei Friedauwerk im Gemeindegebiet von Vordernberg, VB Leoben, auf eine mit großen Steinen gepflasterte Altstraße (Abb. 8). Aus einem Brief von J. Freudenthaler an die Direktion des Landesmuseums Joanneum vom 3. August 1926[78] geht hervor, dass der Werkmeister der Telegraphen-Erhaltungssektion Leoben Josef Reisner einen römischen Straßenzug vermutete.

3. August 1926

Arbeiter der Telegraphen-Erhaltungs-Sektion Leoben stießen bei Ausbesserungs- und Verstärkungsarbeiten an der Straße Präbichl–Leoben wiederholt auf „Steinblöcke", die an der oberen Seite glatt gescheuert und künstlich aneinander gefügt schienen. Nachdem sich diese Beobachtungen vom Südbahnhof Vordernberg bis Friedauwerk mehrmals wiederholten, verständigte der Werkmeister Josef Reisner den Schulrat Josef Freudenthaler.

J. Freudenthaler konnte sich bei km 13 selbst davon überzeugen, dass in 0,90 m Tiefe die Steine in sehr festem Gefüge lagen und kaum verrückt werden konnten.

Daraufhin wurde am 3. August 1926 bei km 13,7 eine größere Grube, am bergseitig gelegenen Straßenrand, ausgehoben, um die Sache besser beurteilen zu können. In 1,20 m Tiefe stieß man auf das Straßenpflaster. Die Oberfläche der Steine war glatt gescheuert, die verschieden großen Steine „fest und gut ineinandergefügt". Nur mit Mühe wurde einer der Steine aufgehoben, worauf sich ein Untergrund aus „Schotter" zeigte.

74 Klemm 2003, 13f. und 58 (FP 60108.006 und FP 60108.007), 46f. (FP 6/11/00000.003 - 6/11/00000.005). – Vgl. Jandaurek 1954, 123ff. Zur Thematik der Datierung von Altwegen mithilfe von Münzen: Kühtreiber 2003, 240 mit Anm. 177. – Auch der Fund eines Spurrillensteins in St. Michael wurde der Römerzeit zugeschrieben (Jontes 1975, 10); er könnte vielmehr von einer spätmittelalterlichen/neuzeitlichen Straße stammen, abhängig von der genauen Fundsituation entweder von der Salzstraße oder der Semmeringstraße.

75 Freundliche Mitt. C. Eibner, Grabungsdokumentation Vordernberg 1979.

76 Sperl 1990, 10.

77 Publizierte Vorberichte: Klemm 1997a, 1998a, 1999a, 1999b, 1999c, 1999j, 2000a, 2000e, 2000g, 2001c, 2002, 2009. – Klemm/Nitterl 1998.

78 Ortsakte Vordernberg, StLM Joanneum.

Abb. 8: Eisenstraße. Altwege und Altstraßen über den Präbichl. Übersichtskarte der Fundmeldungen, Grabungen und Geländebegehungen 1926–2008, Stand 02/2009 (Plangrundlage ÖK 50 © BEV). M. 1 : 50.000

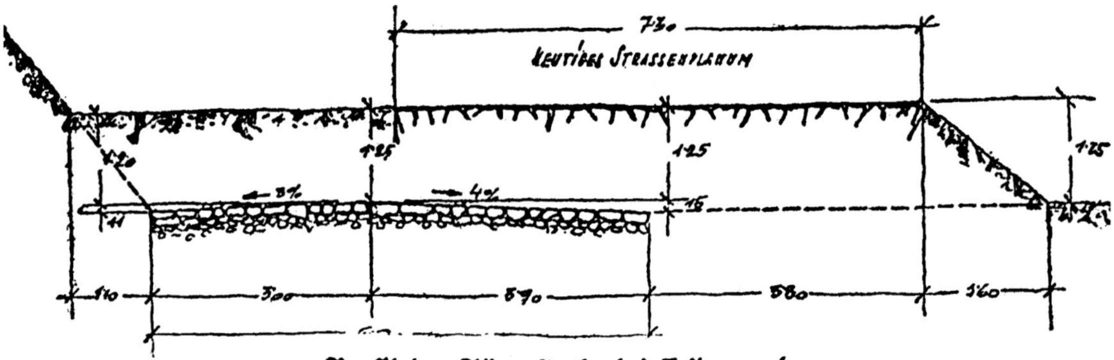

Profil der Römerstraße bei Fridauwerk.

Abb. 9: Querprofil der Altstraße in Friedauwerk, MG Vordernberg, 1926. (Nach J. Freudenthaler 1936)

In der losen Aufschüttung der damaligen Straßendecke wurde ein „Eisenringteil oder Haken" gefunden, der ins Landesmuseum eingesandt wurde.[79] In dem zitierten Brief fragte J. Freudenthaler gleichzeitig an, ob die Vermutung, es handle sich hier um eine „Römerstraße", zutreffen würde und lud Walter Schmid, Landesmuseum Joanneum, ein, die Fundstelle zu besichtigen.[80]

5. August 1926

Am 5. August 1926 besichtigte W. Schmid die Baustelle in Vordernberg. In seinen Notizen[81] beschrieb er seine Beobachtungen: „Stein des Straßenaufbaus 32 : 16 : 20 (tief), sonst unförmig, an der Oberfläche glatt, an der Fuge ebenfalls behauen, Kalk, Straße 1,22 m unter dem Straßenniveau, 73 cm oberhalb der Straße nach Schotter noch Schottersteine, rund und viele kantig, dann lehmige eisenschüssige Erde, dann 20 cm Humus. Die Oberfläche der Straße eben, die Steine glatt, die Steine roh behauen, aber gut gefugt, hart an dem Berghange". Er verfolgte bei dieser Gelegenheit den weiteren Verlauf der Straße Richtung Präbichl und nahm an, dass die Trasse dieser alten Straße mit jener der Bundesstraße übereinstimmen müsste.[82]

24. August 1926

Am 24. August wurde die bereits am 5. August besichtigte Baugrube quer über die Straße erweitert. Die Baustelle, die „Versuchsgrube" bei km 17,730 [sollte wohl 13,730 heißen][83] der (alten) Eisen-Bundesstraße unweit Friedauwerk, blieb einige Tage offen, was zu erheblichen Verkehrsbehinderungen führte. Die Grabungsarbeiten wurden durch Arbeiter der Telegraphen-Erhaltungs-Sektion Leoben unter der Leitung des Werkmeisters Josef Reisner durchgeführt, zuletzt stellte die Firma Pittels Neffe Negrelli, Baumeister Stephan Berger, zwei Arbeiter zur Verfügung. Noch am selben Tag konnte das Ende des Straßenpflasters erfasst und dokumentiert werden. Eine detaillierte Beschreibung des Befundes enthält ein Protokoll von Baurat Schmid, J. Freudenthaler und Oberlehrer Kunzmann.[84] Nach zwei Photos, genauen Messungen und der Entnahme von Steinproben wurde die Baugrube wieder zugeschüttet (Abb. 9 und 10).

Die Altstraße war nach Auskunft der Ausgräber näher dem Berghang gelegen als die spätere Bundesstraße. Eine Aufschüttung von 1,20 bis 1,40 m konnte in diesem Bereich beobachtet werden. Gegen die Bergseite zeigte sich in 0,55 m Höhe ein schmaler dunkler Streifen, der von den Ausgräbern als „Schlacke?"[85] bezeichnet wurde, darüber lagen 0,30 m Schotter und 0,40 m Erde. Gegen die Mitte und zur Talseite reichend beobachtete man eine einheitliche, durchgehende Schicht aus festem, hartem „Bruchschotter (Kalk?)".

---

79 Ortsakt Vordernberg StLM Joanneum, Brief J. Freudenthaler an die Direktion des Landesmuseums Joanneum vom 3.8.1926.

80 Ortsakte Vordernberg, StLM Joanneum, Brief J. Freudenthaler an die Direktion des Landesmuseums Joanneum vom 3.8.1926.

81 Ortsakt Vordernberg StLM Joanneum, Notiz vom 5.8.1926.

82 Vgl. auch Schmid, 1932, 201f.

83 Korrigiert bei Modrijan 1957, 12.

84 Ortsakte Vordernberg, StLM Joanneum, Brief J. Freudenthaler an W. Schmid vom 25.8.1926 mit einem Protokoll über die am 24. August 1926 abgeschlossene Aufdekkung der Römerstraße bei km 17,730 der Eisen-Bundesstraße bei Friedauwerk, von Baurat Schmid, J. Freudenthaler und Oberlehrer T. Kunzmann. Ortsakte Vordernberg StLM Joanneum und Schmid 1932, 33f. und 199ff., mit Abb. 22 und 24. – Vgl. auch Beiträge von Freudenthaler 1936 und in der Obersteirischen Volkszeitung aus 1936 (Ortsakte Vordernberg StLM Joanneum).

85 Es dürfte sich um die Reste der Bitumen-Spritzdecke handeln, die auch in den Profilen von Schnitt 2–4/1998 und 1999 beobachtet werden konnte.

Abb. 10: Die Altstraße von Friedauwerk, MG Vordernberg, 1926. (Nach W. Schmid 1932)

Es wurde eine Straßenbreite von 6,90 m festgestellt. 1926 war die Bundesstraße im Vergleich dazu 7,30 m breit. Der höchste Punkt der gesattelten Straße befand sich 3 m vom bergseitigen Straßenrand entfernt, hingegen betrug der Abstand zum Straßenrand auf der Talseite 3,90 m; das Gefälle gegen den bergseitigen Rand betrug 3 % (10 cm), zur Talseite hin 4 % (15 cm).

Das Straßenpflaster bestand aus unterschiedlich großen Steinen und war sorgfältig gelegt, so dass zum Ausfüllen der Fugen und Zwischenräume kleinere Steine unnötig waren. Am bergseitigen Rand werden die Pflastersteine als plattig beschrieben, mit Ausmaßen von 30 × 25 cm, H. 12 cm; 32 × 20 cm, H. 15 cm; 35 × 30 cm, H. 20 cm. Aufgrund der im Vergleich größeren Steine des Untergrundes in diesem Bereich sprechen die Ausgräber von einer Doppellage großer Steine mit plattiger Form, während in der Straßenmitte und am anderen Straßenrand die Steine keilförmig zugeschlagen waren.

In der Straßenmitte waren sie hochgestellt, mit einer Größe von 20 × 15, H. 20 cm; 40 × 30 cm, H. 16 cm; 55 × 35 cm, H. 15–20 cm. Am talseitigen Außenrand waren sie zum Teil keilförmig (20 × 30 cm, H. 25 cm) und weniger keilförmig (40 × 20 cm, H. 20 cm). Der Straßenuntergrund wird als grober Bruchschlegelschotter mit Steinen mit einer Korngröße von 5–30 cm beschrieben.

Die Oberfläche der Steine war glatt, vereinzelt etwas gewölbt mit abgerundeten Kanten, es gab auch solche mit natürlichen Bruchflächen. Die Oberfläche erschien insgesamt relativ gleichmäßig. Spurrillen wurden keine beobachtet. Das Fehlen einer Befestigung des Straßenrandes wurde gleichfalls im Protokoll betont.

1950

Einem Schreiben J. Freudenthalers an W. Modrijan vom 2. Mai 1950[86] ist zu entnehmen, dass man wieder auf die Altstraße gestoßen war. Vermutlich handelte es sich um Straßenbauarbeiten, die in diesen Jahren erfolgt sind[87], da W. Modrijan sich um eine Auskunft von der Straßenmeisterei in Leoben bemühte.

Notizen W. Modrijans vom 4. Mai 1950[88] zufolge besichtigte er die Fundsituation und notierte die km 13,8–13,9 und 14 und fertigte Skizzen von Spurrillensteinen in natürlicher Größe an (bei km 13,95). Ihre Größe mit mindestens 30 cm Breite und Höhe, bei einem anderen Stein mit einer Spurrille von 8 cm Breite an der Basis, 14 cm Breite an der Oberkante und 3 cm Tiefe entsprach durchaus anderen Befunden. Aus dem publizierten Bericht von Modrijan 1957[89] geht hervor, dass es sich hier ebenfalls um den Abschnitt Südbahnhof Vordernberg/Friedauwerk handelt.[90]

Modrijan beschreibt außerdem, dass zwei parallele Spurrillen im Abstand von 0,14 m bis 0,15 m auf zwei Fahrbahnen schließen lassen. Auch hier betrug die Straßenbreite fast 7 m. Bei km 14,2 waren 3 m der Straßenbreite freigelegt worden, von Hafning aus gesehen etwa unterhalb der damaligen Straßenmitte gegen die Böschung zu.[91]

Bis 1997

Seitdem dürfte man in der Marktgemeinde Vordernberg im Bereich der Laurentistraße (nördlich des zentralen Ortsgebietes) bis zum Ortsteil „Almhäuser" bei Bauarbeiten, diversen Kabelverlegungen usf. wiederholt auf ein altes Straßenpflaster gestoßen sein, wie die Verfasserin während der Kanalbauarbeiten 1997 von Anrainern erfahren hat. In den Gärten der Anrainer waren 1997 auch mehrfach Spurrillensteine von früheren Bauarbeiten zu finden.

86 Ortsakte Vordernberg, StLM Joanneum.

87 Freundliche Mitteilung HR DI Friedrich, Bundesbaubezirksleitung Bruck/Mur, 1998.

88 Ortsakte Vordernberg, StLM Joanneum.

89 Modrijan 1957,14.

90 Aus dem Notizbuch im Ortsakt Vordernberg, StLM Joanneum, dessen Seiten einzeln aufgeklebt wurden und somit aus der ursprünglichen Reihenfolge gelöst wurden, geht nichts Genaueres hervor. Der einzige Hinweis ist, dass W. Modrijan km 14 in Friedauwerk nennt. Erstaunlich ist, dass in diesem Bereich Spurrillensteine dokumentiert werden konnten, insbesondere da 1926 von dem Fehlen von Spurrillen die Rede war. Vgl. zu dieser Thematik auch die Befunde der Ausgrabungen von 1998.

91 Modrijan 1957, 14.

6.1.1.2 Weidau, Präbichl 1926–1979

Weidau 1926/1929

W. Schmid nannte in seinen Notizen vom 5. August 1926 außerdem noch eine „römische Straße“, die „oberhalb der Almhäuser links beim Almwirt“ weiterführt[92]. Er verfolgte diese Spuren einer Altstraße, die im nördlichen Teil des Ortsteiles Almhäuser der Marktgemeinde Vordernberg nach Westen abbiegt und parallel zum Bahndamm bzw. südlich von diesem verläuft, durch die Talmulde Weidau (seit 1997 Schiarena Präbichl) und weiter Richtung Präbichl und beschreibt sie zum Teil als „grünen Weg“ (Abb. 9, 17).[93]

Vermutlich 1929[94] beobachtete er am Präbichl, unterhalb des Sattels, auf dem gleichen Niveau wie die damalige Straße, an der Nordseite der damaligen (Bundes-)Straße zwischen Straße und Böschung des Sortiergeleises einen aus Bruchsteinen aufgebauten Straßenkörper 0,75 m unter dem damaligen Niveau. Die Breite betrug jedoch nur 0,75 m. W. Schmid interpretierte diesen Befund als eine zu einem „Saumweg“ herabgekommene Straße.[95]

Am 16. Juli 1929 zeigte ein zweiter Schnitt unterhalb des Bahnhofsgebäudes am Präbichl ebenfalls einen alten, mit großen Steinen (59 : 50 cm) gepflasterten Straßenkörper. Die genaue Lage ist bedauerlicherweise unbekannt. Hier schien die Breite von 2,86 m jedoch vollständig vorhanden zu sein. Als Untergrund der Straße werden eine 7 cm mächtige Schotter- und Lehmschicht beschrieben. Zwischen den großen Blöcken befanden sich kleinere. Die Pflastersteine selbst waren vom Gebrauch glatt abgeschliffen. Hier beobachtete W. Schmid auch Spurrillen in den Steinen; die Spurbreite betrug 1 m, die Tiefe der Spurrille 4 cm, die Spurrillenbreite an der Sohle 6 ¼ cm.[96]

W. Schmid versuchte, den Verlauf dieser – wie er vermutete – „römischen“ Straße weiter durch den Gerichtsgraben nach Eisenerz zu verfolgen. Desgleichen scheinen in den Notizen Angaben auf, die den Verlauf auf der Vordernberger Seite betreffen. So spricht er von einer Ausweiche im Wald, unterhalb derer Steine wären, im Gegensatz zum „grünen Weg“ weiter unten in der Talmulde.[97] Dieser Befund ist insofern von großem Interesse, als er durch die Begehungen im Sommer 2008 durch die Verfasserin und die Interpretation der Grabungsergebnisse von C. Eibner 1979 bestätigt werden konnte (siehe nachstehende Beschreibung und Kap. 6.2.1)

Weidau 1979

Vom 30. Juli 1979 bis 24. August 1979 untersuchte Clemens Eibner Spuren von Altwegen in der Weidau, neben dem eigentlichen Weg Richtung Präbichl (Abb. 8, 17).

Diese Untersuchungen erfolgten im Hinblick auf den großzügigen Neuausbau der Eisenstraße B 115, durch den die neue Straßentrasse nach Süden und damit teilweise in die Talmulde der Weidau verlegt wurde. Der in der Talsohle geplante Bau einer großzügigen S-Kurve der neuen B 115 befand sich im Bereich der bereits von W. Schmid begangenen Altwege. C. Eibner legte mehrere Schnitte an, doch nur in Schnitt 2/Weidau war ein Befund mit Wegspuren vorhanden (FP 60364.018)[98]. (Abb. 11–12)

Im Nordteil des Schnittes 2/Weidau zwischen Laufmeter 6 und 9,50 waren direkt nach Abhub des Humus, Schicht (1), im anstehenden Lehm mehrere parallele, breite und dunkle Verfärbungen, als Reste der Schicht (3) in Schicht (4) erkennbar. Zwischen Laufmeter 1 und 4,60 befand sich hingegen eine einfache, sehr unregelmäßige Steinlage aus bis zu 30 cm langen, plattigen Bruchsteinen, Schicht (2). Zwei parallele, 14–30 cm breite dunkle Verfärbungen lagen in einem Abstand von 70–95 cm in der Steinlage (Abb. 6, 7)[99]. Die Schichten (4) bis (11) sind als anstehender Boden zu interpretieren. Der Rest eines zugespitzten Holzpfostens (12) bei Laufmeter 0,6 stammt von einem rezenten Zaun.

Es handelt sich um die Reste zweier Wege. Der mit Bruchsteinen ausgelegte Weg ist der alte Weg zur Fleischhackeralpe (vgl. Kap. 6.2.1 Altwege Weidau 2008, Abb. 17). Die dunklen Verfärbungen im Nordteil zwischen Laufmeter 0 und 3,5 hingegen laufen annähernd parallel zur noch benützten Wegtrasse (Abb. 10, 11) und sind als Fahrspuren zu interpretieren, die durch ein Ausweichen vom eigentlichen Weg herrühren.

Keramikfunde, ein Rand- und ein glasiertes Bodenstück, gefunden beim Putzen des Straßenniveaus (Fnr. 18) bzw. in der Nähe des Straßenkörpers (Fnr. 21) datieren nach C. Eibner in das 16. oder 17. Jahrhundert.[100]

---

92 W. Schmid, Notiz in der Ortsakte Vordernberg StLM Joanneum, nicht datiert, 1926.

93 Es dürfte sich hier um die Wegtrasse handeln, die C. Eibner 1979 etwas weiter westlich untersuchte.

94 W. Schmid, Notiz, Ortsakte Vordernberg StLM Joanneum: nicht datiert, aber vermutlich aus dem Jahr 1929.

95 Schmid 1932, 201.

96 Schmid 1932, 210 und Notiz in der Ortsakte Vordernberg StLM Joanneum, ohne Datum.

97 Vgl. dazu weiter unten im Text die Beschreibungen über den Verlauf des „Erzweges“ und der „Kommerzialstraße“.

98 Klemm 2003, 67 (FP 60364.018).

99 Die Höhenwerte des Schnittes 2/Weidau, Grabung C. Eibner, sind keine Absoluthöhen, sondern nach den Höhenschichtlinien auf dem Plan der prospektierten neuen B 115 und den Nivellements der Grabung berechnete Werte.

100 Freundliche Mitteilung C. Eibner. Originale Grabungsdokumentation C. Eibner 1979. Die Keramik (Fnr. 18, 21) konnte im Frühjahr 2009 nicht persönlich eingesehen werden.

Abb. 11: Grabung C. Eibner 1979, Talboden Weidau.

1 Übersicht von Norden.

2 Schnitt 2/Weidau, Blick von Norden.

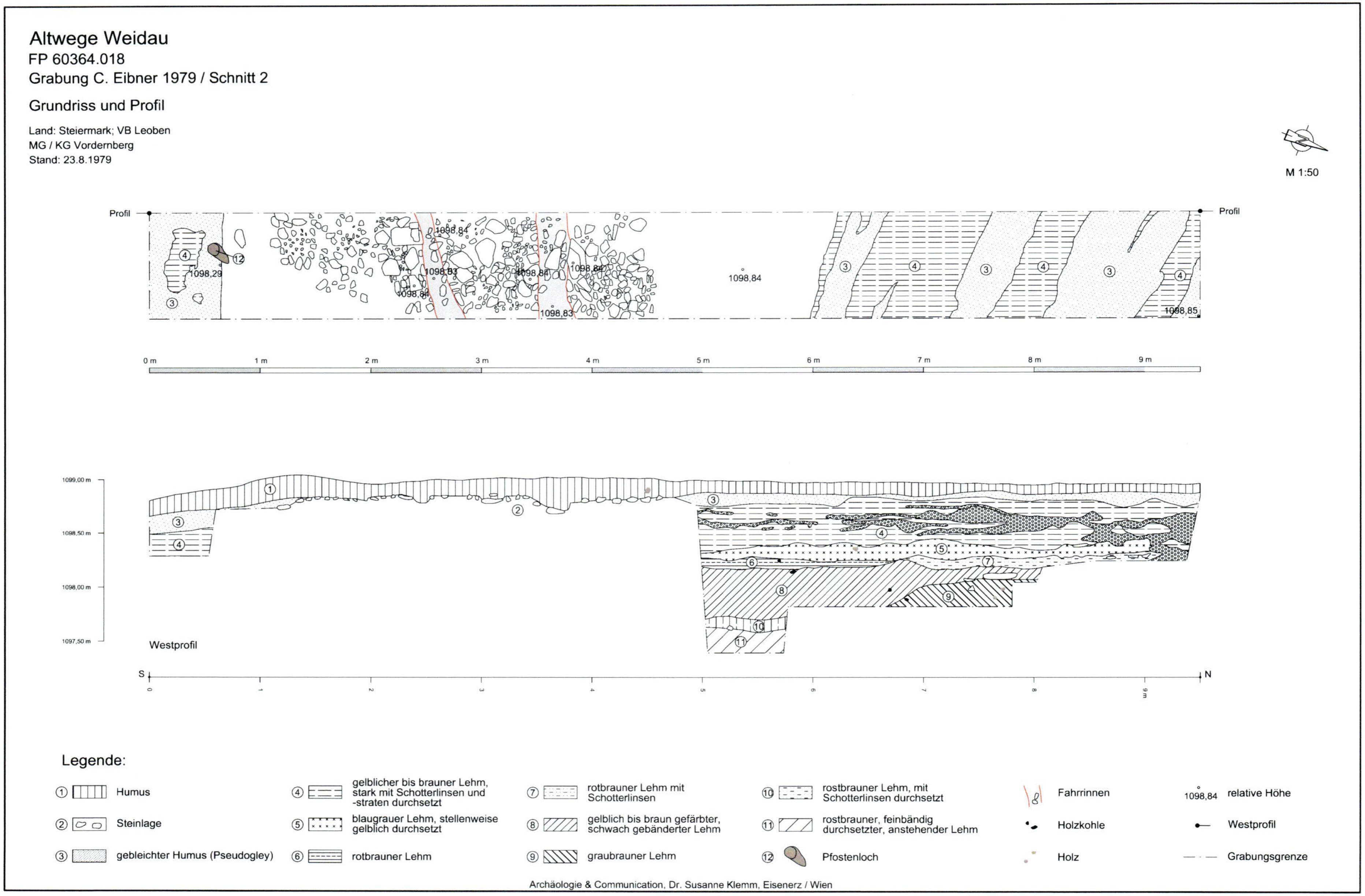

Abb. 12: Eisenstraße. Altweg Weidau. Vordernberg. Grabung 1979, C. Eibner. Schnitt 2, Planum 1 und Westprofil. M. 1 : 50.

6.1.2 Archäologische Befunde in der Gemeinde Hieflau 1987–1989

In den Jahren 1987–1989 dokumentierte Hermann Nitterl, damals Kustos des Heimatmuseums und Malermeister in Hieflau zwei Befunde im Bereich des Eckstall, früher Ofenstein, an der nördlichen Ortsausfahrt von Hieflau an der B 115 Eisenstraße (Abb. 6, 8). Die erste Fundstelle FP 60102.003 befand sich direkt am Ennsufer, die zweite Fundstelle FP 60102.001 oberhalb dieser (Abb. 13).[101]

Fundstelle 1, FP 60102.003

1987 und 1988 dokumentierte H. Nitterl an der nördlichen Ortsausfahrt Richtung Landl, am Fuße des Eckstalls, direkt an der Uferböschung der Enns Schrämspuren im Fels. In der senkrechten Felswand, ca. 0,70 m vom Ufer entfernt, waren 0,12 und 0,20 m hohe stufig abgesetzte Schrämspuren sichtbar. Die Schrämspuren waren noch auf einer Länge von 3,50 m erhalten, die Breite der „Stufen" betrug 0,15 m bei der tieferen und 0,08–0,25 m bei der höheren Stufe. Dieser Befund wurde im Zuge der Verbreiterung der B 115 Eisenstraße im Februar 1988 mit Felssteinen überlagert (Abb. 14).

Fundstelle 2, FP 60102.001

Im August 1989 erfolgte der Bundesstraßenausbau der B 115 Eisenstraße in Hieflau. An der nördlichen Ortsausfahrt Richtung Landl, am Fuße des Eckstalls (so genannte Eckstallkurve) wurde die Trasse der alten Bundesstraße abgesenkt. Dabei wurde ein alter Straßenkörper angeschnitten. Der erhaltene Fahrbahnrest wurde von H. Nitterl am Wochenende freigelegt und fotografisch dokumentiert. (Abb. 15, 16)

Im 0,40 m hohen Profil zeigte sich ein mehrphasiger Schichtaufbau aus mindestens drei Schichten unter der rezenten Asphaltdecke über einer aus dem Fels geschrämten Altstraße (Abb. 15/1 mit H. Nitterl).

An der aufgehenden Felswand waren die Schrämspuren ca. 0,50 m hoch erhalten. Von der Fahrbahn waren zwei parallele, in den Fels eingetiefte Spurrillen, ca. 0,40–0,50 m vom bergseitigen Straßenrand entfernt, sichtbar. Die Spurrillen waren ca. 12 cm breit wannenförmig ausgefahren. Im Bereich des Straßenrandes waren die breiten Schrämspuren gleichfalls noch deutlich zu sehen (Abb. 16).

Außerdem wurden einzelne große, an der Oberfläche stark abgerundete Steine mit Spurrillen geborgen. Sie könnten von der zweiten, nicht mehr vorhandenen Spurrille der Fahrspur oder von einem mit Steinen gepflasterten Bereich der Altstraße in der Nähe des Aufschlusses stammen (Abb. 15).

101 Klemm/Nitterl 1998. – Angaben zu Fundstelle FP 60102.001 (Altstraße Eckstall): Land: Steiermark; VB Leoben; OG Hieflau, KG Hieflau; Grst. 480/1. – Angaben zu Fundstelle FP 60102.003 (Altweg Ennsufer/Eckstall): Land: Steiermark; VB Leoben; OG Hieflau, KG Hieflau; Grst. 480/1.

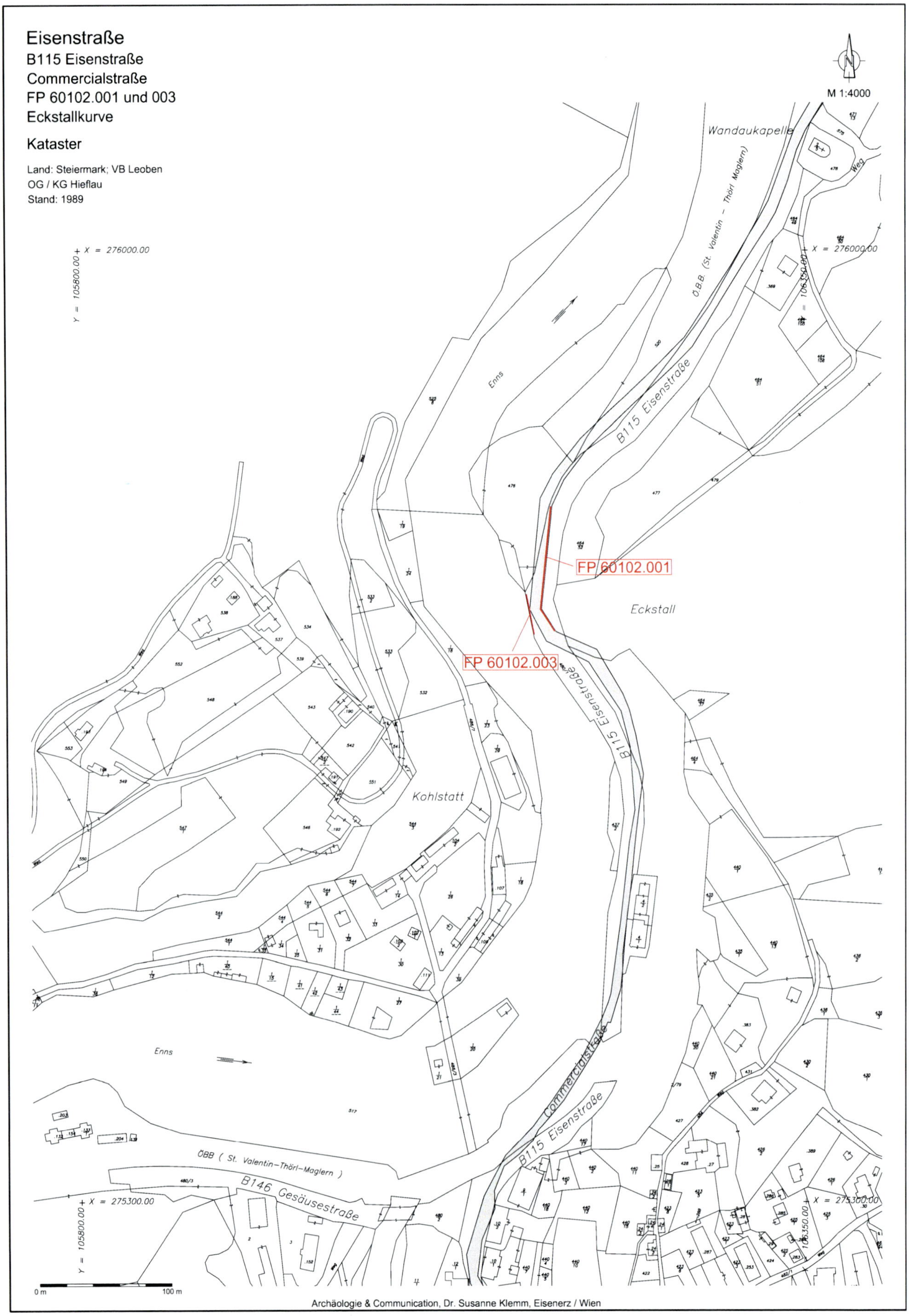

Abb. 13: Eisenstraße. Kommerzialstraße. Hieflau, Eckstallkurve. Baubeobachtung Hermann Nitterl 1987–89. Kataster. M. 1 : 4000.

Abb. 14: Eisenstraße.
B 115 Eisenstraße. Hieflau, am rechten Ufer der Enns, 1987.

1 Altstraßenreste am Ennsufer, unterhalb der B 115 Eisenstraße.

2 Schrämspuren im anstehenden Fels. Blick von Osten.

3 Detail mit Schrämspuren.

Abb. 15: Eisenstraße.
B 115 Eisenstraße und Kommerzialstraße. Hieflau, Eckstallkurve
Baubeobachtung H. Nitterl 1989.

1 Profil mit Aufschüttungen über der Altstraße, mit H. Nitterl.

2, 3 Spurrillensteine.

Abb. 16: Eisenstraße.
B 115 Eisenstraße und Kommerzialstraße. Hieflau, Eckstallkurve. Baubeobachtung H. Nitterl 1989.

1 Altstraßenreste im anstehenden Fels, Ansicht von Norden.

2 Schrämspuren und Spurrillen in der Fahrbahn, anstehender Fels, Ansicht von Norden.

3 Schrämspuren in der Felswand, Ansicht von Westen.

1

2

3

6.2 Altwege über den Präbichl, Gemeinden Vordernberg und Eisenerz

Umfassende Bauarbeiten für die Schaffung der so genannten Schiarena (vgl. Abb. 8, 17) veranlassten die Verfasserin am 19. Oktober 1997 eine Begehung der Baustelle durchzuführen.[102] Es war jedoch nur mehr möglich, mehrere parallele Hohlwege, die mit gefällten Bäumen und Astwerk angefüllt waren, fotografisch zu dokumentieren. In dem durch die Baggerarbeiten aufgegrabenen Erdreich, dem anstehenden mittelbraunen, sehr festen Lehm, befanden sich auch größere Steinblöcke, allerdings gelang kein Nachweis von Spurrillensteinen.[103] Da die Hohlwege weiter nicht mehr gefährdet schienen, waren archäologische Untersuchungen zu diesem Zeitpunkt nicht mehr notwendig. Erst im Sommer 2008, nachdem alle Puzzlesteine zusammengetragen waren, führte die Verf. gezielte Begehungen in der Weidau bzw. im Gerichtsgraben auf der Eisenerzer Seite des Präbichls durch.

6.2.1 Altwege in der Weidau, Geländebegehungen 2008

Bei den Geländebegehungen 2008 sollten die vorhandenen Daten überprüft und wenn möglich ergänzende Erkenntnisse gewonnen werden. Diese Zielvorgabe wurde auch erreicht, sodass eine Einmessung der vorgefundenen Hohlwegabschnitte durch J. Fürnholzer für das Bundesdenkmalamt, Landeskonservatorat Graz, vorgenommen wurde. Die Darstellung auf dem aktuellen Kataster stellt eine Zusammenführung von Daten aus älteren und aktuellen Luftbildern[104], dem Franziszeischen Kataster aus 1824 (grau hinterlegte Trasse), aktuellem Kataster und der Neueinmessung und Kartierung durch die Verfasserin im Sommer 2008 dar. (Abb. 17, 18)

Altwege Weidau, FP 60364.020 und 60364.021

Die vorgefundenen Altwegabschnitte wurden zwei Fundstellennummern zugeordnet.[105] Der gemäß dem Kataster, Österreich-Karten und älteren Luftbildern ersichtliche, ältere Weg erhielt die Fundstellennummer FP 60364.020. Vier Gruppen von kurzen Wegabschnitten wurden als Fundstellen 1–4 von FP 60364.020 bezeichnet. Der im Jahr 2002 ausgeschobene Weg nördlich von diesem wurde die Nummer FP 60364.021 zugeordnet. Der breite Traktorweg dient primär dem Wintersport (Schiabfahrt, Rodeln) und der Holzbringung. Ein paralleler, erhaltener Hohlwegabschnitt wurde als Fundstelle 1 bezeichnet.[106]

Der Weg FP 60364.020 mit einer Breite von 2,50 bis 2,90 m zeigte an der Oberfläche groben Schotter mit etwas Bewuchs. An zwei Stellen wurden Spurrillen gefunden, die Spurrille bei Nr. 1 auf einem möglicherweise in situ befindlichen Felsblock war nur schwach ausgeprägt, der kleinere Stein Nr. 2 befand sich nicht mehr in situ; beide Stellen lagen im Bereich des westlichsten Abschnittes Fst. 4 (Abb. 18 und 20/1.2).

1997 wurde nach Mitteilung der Gemeindearbeiter hier gleichfalls der Kanal durch die Wegtrasse gelegt. Die ursprüngliche Wegbefestigung ist daher nicht mehr überprüfbar. Die südlich des heutigen Weges liegenden Hohlwegabschnitte der Fst. 4 weisen eine Tiefe von 1–1,30 m auf, die Sohle misst bei Profil 1 ca. 0,60 m, bei Profil 2 ca. 1,50 m (Abb. 21/3). Das Areal östlich von diesen bzw. südlich des heutigen Weges wurde für den Wintertourismus umgestaltet. Ob es eine Verbindung zu den Abschnitten Fst. 2 und 1 ursprünglich gab, bleibt offen.

Fundstelle 3 von FP 60364.020 umfasst drei kurze Wegabschnitte, der westlich gelegene mit Profil 2 ist nur max. 0,5 m tief eingeschnitten, an der Sohle ca. 1 m breit, der längere, weiter östlich gelegene ist anfangs im Osten sehr flach ausgeprägt mit einer Breite von ca. 1 m an der Sohle. Bei Profil 1 ist er als deutlicher Hohlweg erkennbar mit einer Sohlenbreite von nur 0,60 m (Abb. 21/2). Der kurze NS-gerichtete Abschnitt ist gleichfalls relativ schmal. Von den beiden Wegabschnitten bei Fst. 2, FP 60364.020, ist der südliche durch den heutigen, breiten Weg zur Hälfte zerstört bzw. zugeschüttet, der nördliche wies eine Breite von mindestens 1,40 m an der Sohle auf.

Der südlichste Weg des Hohlwegbündels von Fst. 1, FP 60364.020, ist ebenfalls durch die rezenten Baumaßnahmen teilweise zugeschüttet und dient wohl heute eher als Straßengraben. Die Hohlwege sind auf

102 Die Verf. hatte im Sommer 1997 gerade mit den ersten Altstraßenuntersuchungen in Vordernberg begonnen (vgl. Kap. 6.3). Im Herbst 1997 führte die Verf. daher erst umfassende Recherchen im Landesmuseum und über ältere Grabungen in Vordernberg durch (vgl. Kap. 6.1).

103 Es wurde einzig eine Meilerstelle näher dokumentiert: Klemm 2003, 64 (FP 60364.006 Kohlenmeiler).

104 Grabungsdokumentation C. Eibner 1979 und Luftbilder des Luftbildarchivs des Instituts für Ur- und Frühgeschichte an der Universität Wien. Ich danke meinem Kollegen M. Doneus für die Einsichtnahme. Aktuelles Luftbild von www.gis.steiermark.at, zur Verfügung gestellt von der MG Vordernberg.

105 Angaben zu den Fundstellen FP 60364.020 und 60364.021: Land: Steiermark; VB Leoben; MG und KG Vordernberg; Grst.-Nr. 26/1.

106 Freundliche Mitteilung Bürgermeister Walter Hubner, Vordernberg.

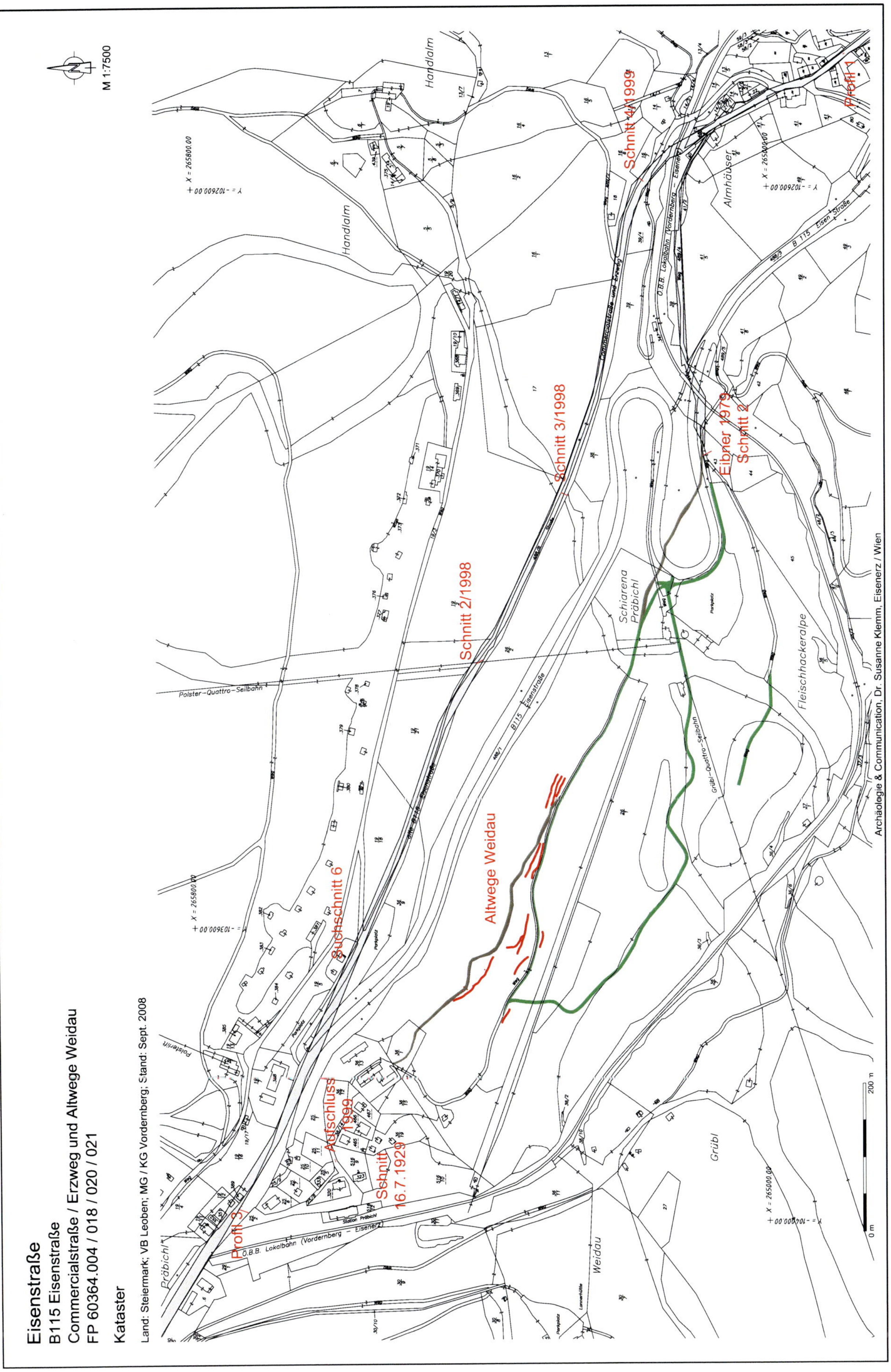

Abb. 17: Eisenstraße. Altstraßenfunde in Vordernberg, 1926–2008. Kataster. M. 1 : 7500.

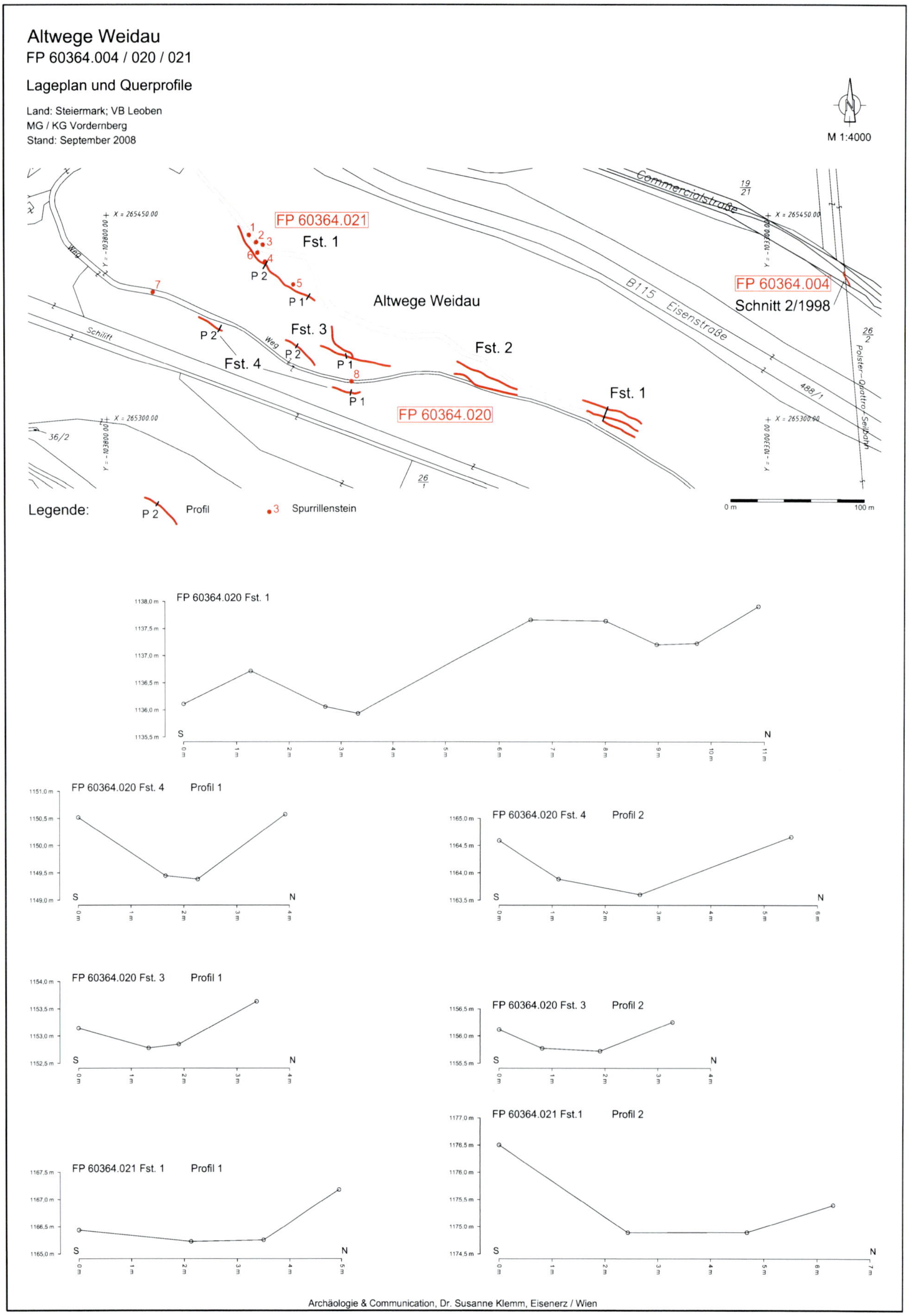

Abb. 18: Eisenstraße. Altwege Weidau. Vordernberg. Begehung 2008. Lageplan, M. 1 : 4000, und Querprofile der Hohlwege, M. 1 : 50.

eine Länge von 47 m mit einem Höhenunterschied von 5 m erhalten und waren bei der Aufnahme stark verwachsen. Der mittlere Hohlweg war am besten erhalten, mit einer Mindestbreite an der Sohle von 1 m. Eine Breite von ca. 0,80 bis 1 m hatte auch der nördlich gelegene Hohlweg. Die Einschnitttiefe liegt bei 0,50 bis 1, 30 m. (Abb. 21/1)

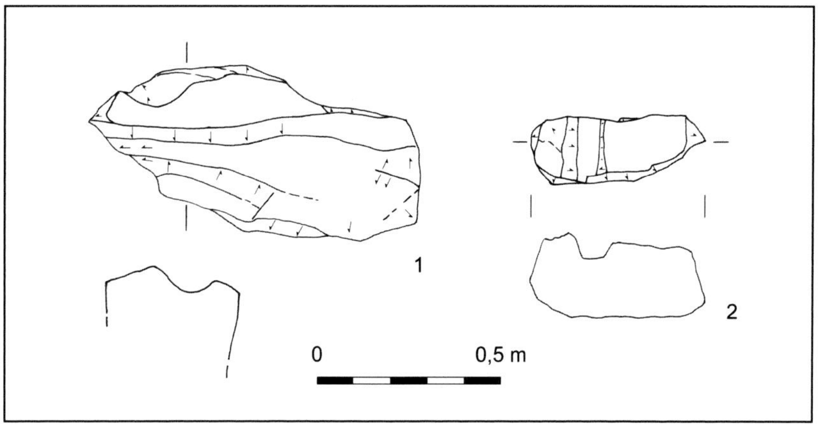

Abb. 19: Eisenstraße. Altweg Weidau, FP 60364.021, Spurrillensteine. M. 1 : 20.

Der Weg FP 60364.021 hat eine Breite von etwa 2,50 m und mündet in den bereits genannten Weg. Im westlichen Teil liegt parallel zu dem Traktorweg ein 80 m langer Hohlwegabschnitt, Fst. 1 von FP 60364.021 (Abb. 22/1). Das Teilstück überwindet 15,5 Höhenmeter. Die Sohle des Hohlweges misst ca. 1,40 m bis 2,25 m, wie dies auch den Querprofilen 1 und 2 (Abb. 18) zu entnehmen ist. Der Hohlweg ist vom Südende bei Profil 1 bis kurz vor Profil 2 bergseitig tiefer eingeschnitten, am nördlichen Ende des Abschnittes jedoch bergseitig flach auslaufend, dafür talseitig (nach Süden hin) deutlich tiefer eingeschnitten. Die Tiefe variiert und kann bis über einen Meter ausmachen. Die im höher gelegenen Nordteil oberflächlich gefundenen Spurrillensteine Nr. 1–3 und Nr. 6 könnten von diesem Teil des Weges oder auch von dem nördlichen mit Sicherheit zerstörten Abschnitt stammen. Die Spurrillensteine Nr. 4 und 5 befanden sich gleichfalls nicht in situ sondern lagen seitlich in der Böschung (Abb. 19, 22/1.3).

Die Fortsetzung nach Süden konnte nicht mit Gewissheit verfolgt werden, denkbar ist eine Fortsetzung über die nördlich gelegenen Hohlwegabschnitte von Fst. 3 (FP 60364.020) und den nördlichen Abschnitt von Fst. 2 (FP 60364.020). Das Gelände zwischen FP 60364.021, Fst. 1 und FP 60364.020, Fst. 3 ist jedoch relativ steil abfallend, außerdem unterscheidet sich der Hohlwegcharakter deutlich durch die schmale Sohle, ersichtlich bei Profil 1 der Fst. 3.

6.2.2 Altweg im Gerichtsgraben, Geländebegehungen 2008

Nördlich des Präbichlbaches im schmalen Gerichtsgraben hatte Markscheider Ing. Johann Resch 1962 bei einer Geländeaufnahme des Gerichtsgrabens einen Altweg, FP 60108.010, der sich in unmittelbarer Nachbarschaft eines mittelalterlichen Eisenschmelzplatzes (FP 60108.001)[107] befand, vermessen.[108] Diesem Hinweis folgten wir bei unseren Begehungen am 11. August 2008 und am 29. August 2008. Wie sich herausstellte, setzte sich der Weg nach Südosten bis knapp unterhalb des Präbichl-Passes entlang des Baches fort; bedauerlicherweise fehlte dieser Teil des Vermessungsplanes auf der vorhandenen Fotokopie.[109] Etwa 900 m, etwas weniger als ein Drittel des Altweges sind heute noch begehbar. (vgl. Abb. 17, 23)

Altweg Präbichl, FP 60108.010

Der Altweg liegt direkt am Fuße des Steilhanges vom Polster, nördlich des Präbichlbaches im Gerichtsgraben und parallel zu diesem.[110] Die Abhänge des Polsters sind sehr steil, bei Tourenschifahrern sind die steilen Rinnen berühmt, doch die Abhänge sind auch bekannt für die erhöhte Lawinengefahr im Winter. Mehrere kegelförmige Lawinenschutzbauten schützen heute die neue B 115 Eisenstraße, die oberhalb, parallel zu diesem Altweg den Hang des Polsters ent-

107 Klemm 2003, 57.

108 Um die Lage des Geländebefundes zu präsentieren, wurde erneut die Darstellung im aktuellen Kataster gewählt (Abb. 23). Die Einpassung des Franziszeischen Katasters aus 1824 in den aktuellen Kataster erwies sich jedoch im Bereich der KG Trofeng, SG Eisenerz, als problematisch. Der Fehlerbereich betrug weit mehr als der übliche von 4–10 m. Die Diskrepanz zeigte sich insbesondere in der Lage der alten B 115 Eisenstraße/Kommerzialstraße (FP 60108.013, Kap. 6.4.1) sowie der teilweise parallelen aber höher gelegenen Trassen von Zufahrtswegen zum Erzberg und auch der ÖBB-Bahnparzelle. Es wurde daher bei der Darstellung auf Plan Abb. 23 ein Kompromiss geschlossen, indem das Grundstück der alten B 115/Kommerzialstraße des Franziszeischen Katasters über den aktuellen, vermutlich ungenauen Kataster gelegt wurde. Gleichzeitig wurde ein Zufahrtsweg zum Erzberg, der möglicherweise ident ist mit der Trasse des alten Vordernberger Erzweges gemäß dem Franziszeischen Kataster übernommen.

109 Die Originalvorlage zu diesem Plan war bedauerlicherweise nicht auffindbar.

110 Angaben zur Fundstelle: Land: Steiermark; VB Leoben; SG Eisenerz, KG Trofeng; Grst.-Nr. 168/11, 168/25.

lang führt. Der Bösgraben, an dem der Altweg mehr oder minder abrupt endete, verbreiterte sich an dieser Stelle und hatte an der gegenüberliegenden Seite eine sehr steile Böschung. J. Resch hatte auf seinem Vermessungsplan eine Geländekante parallel zum Bach vermessen, die als Rest eines Weges bzw. Fortsetzung desselben Richtung Eisenerz angesehen werden konnte. Bei den Geländebegehungen spürte man diese Wegreste mehr als man sie sah. Die Begehungen folgten dem Bach nicht weiter nach Nordwesten.

Vielmehr konzentrierten wir uns auf den Abschnitt zwischen Bösgraben und Passhöhe. Beim Bösgraben hat der Altweg anfangs die Form eines Hohlweges, dann teilweise auch eines Hangweges bis zu der neuzeitlichen Meilerstelle FP 60108.011. Beim Bösgraben selbst misst die Sohle des Hohlweges 1,30 m bei einer Tiefe von ca. 0,55 m und einer Hohlwegoberkante von 3,20 m (Standort 2, Abb. 24/1). In der Kurve zum Bösgraben ist der Weg mit 0,70 tiefer eingeschnitten, die Hohlwegoberkante ca. 3,80 m breit, die Sohle gleich bleibend bei 1,30 m. Auf halbem Wege zwischen der Kurve im Bösgraben und der Meilerstelle ist die Wegbreite ca. 2 m, an anderen Stellen auch 2,40 m und die Wegform ein Hangweg. Die Trasse verlief relativ gerade bei gleich bleibender Breite. Parallel zu dieser Wegtrasse waren kurz vor der Meilerstelle noch zwei Terrassen in dem nunmehr nur sanft abfallenden Gelände zwischen Weg und Bach sichtbar. Es blieb unklar, ob es sich um weitere Wegabschnitte handelte.

Die Köhler nutzten sichtlich den breiten Hangweg, um mehrere liegende Meiler – sie bilden heute als Geländedenkmale langovale, niedrige Hügel – zu errichten.[111] Eventuell hatte der Weg an dieser Stelle bereits vor Anlage der Meiler eine größere Breite für eine Ausweiche (Standort 1, Abb. 24/2). Bis zu der Meilerstelle war der Weg nur gering ansteigend, nach der Meilerstelle wurde der Anstieg Richtung Pass stärker und mündete bald danach in einen engeren Hohlweg mit einer Sohlenbreite von 1,10 und 1,30 m, einer Hohlwegoberkante von 3 m bis 3,80 m und einer Tiefe von 0,60 m und 0,70 m. Der Hohlweg war in diesem Abschnitt auch sehr verwachsen. Dann öffnete sich das Gelände zu einer Art Talboden, wurde breiter und feucht. Der Wegverlauf war nicht deutlich erkennbar, der Präbichlbach dürfte hier mehrfach das Bett gewechselt haben und hinterließ auch mehrere Einschnitte, war aber im August 2008 nicht Wasser führend. Vor dem letzten Geländeanstieg war der Weg als Hangweg ausgebaut, bergseitig und talseitig befanden sich zahlreiche Steine, die eventuell als Stützmauern (Trockensteinmauern) interpretiert werden können. Sie könnten jedoch ebenso gut von einer Geröllhalde stammen, durch die der Weg gebaut wurde. Der Hang bis zur neuen B 115 war sehr steil, der lichte Hochwald von Steinen übersät. Die Wegbreite betrug 1,45 m auf einer Länge von 30,5 m. Die Stützmauer talwärts erschien stärker verstürzt. Die bergseitige Stützmauer machte auch den Eindruck, dass sie durch den Hangdruck verschoben war (Standort 6, Abb. 24/3).

Hier endeten die deutlichen Wegspuren. Der Graben verschmälerte sich beträchtlich, die Abhänge wurden steiler und es verwundert nicht, wenn der Weg hier abgekommen ist. Der letzte Wegabschnitt zur Passhöhe muss durch den Bahnbau zerstört worden sein.

111 Der so genannte *liegende Meiler* ist eine neuzeitliche Kohlenmeilerform, die auf den schwedischen Typ des „*liggmilor med balkro*" (oder frei übersetzt „liegende Meiler mit Bretterwänden") zurückgeht und etwa in der Mitte des 18. Jahrhunderts in den Ostalpen eingeführt wird. Vgl. Klemm/Nelle u. a. 2005.

Abb. 20: Eisenstraße. Altweg Weidau, FP 60364.020, Vordernberg. Fundstelle 4.

1 Wegtrasse, Ansicht von Osten.

2 Spurrillenstein Nr. 7 in Fundlage.

Abb. 21: Eisenstraße.
Altwege Weidau,
FP 60364.020, Vordernberg.

1 Fundstelle 1, Ansicht von Osten.

2 Fundstelle 3, östlicher Abschnitt.

3 Fundstelle 4, östlicher Abschnitt bei P1 links im Bild.

Abb. 22: Eisenstraße.
Altwege Weidau, FP 60364.021, Vordernberg. Fundstelle 1.

1 Ansicht von Osten.

2 Spurrillenstein Nr. 5 in Fundlage.

3 Spurrillenstein Nr. 6 in Fundlage.

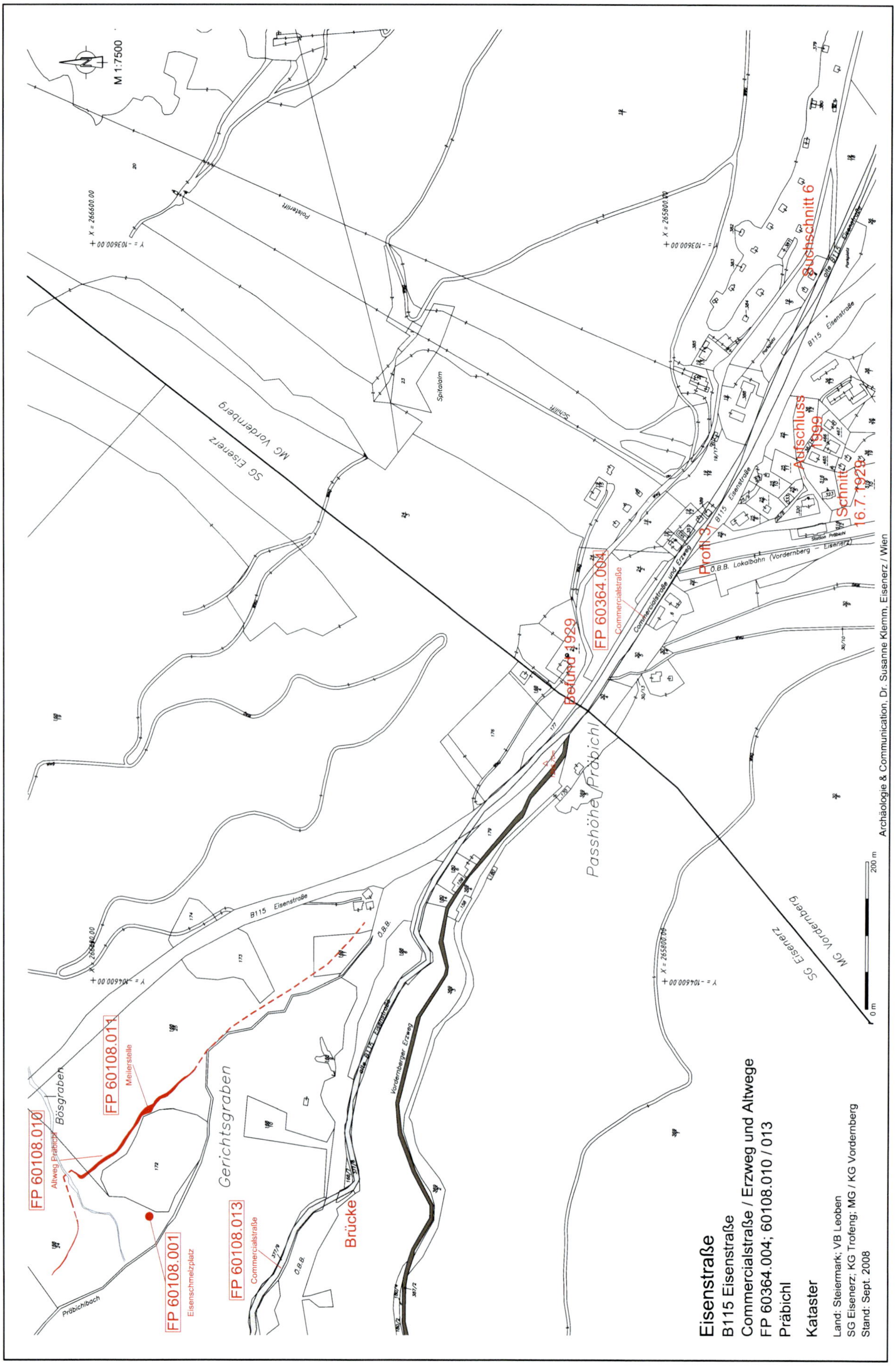

Abb. 23: Eisenstraße. Altwege Präbichl. Eisenerz/Gerichtsgraben, Vordernberg/Ortsteil Präbichl (Plangrundlage: Aktueller Kataster, Franziszeischer Kataster, Vermessung J. Resch, Leoben 1962). M. 1 : 7500.

Abb. 24: Altweg im Gerichtsgraben, FP 60108.010, Eisenerz.

1 Standort 2, knapp vor dem Bösgraben.

2 Standort 1 mit Meilerstelle FP 60108.011.

3 Standort 6 mit Trockensteinmauern.

6.3 Der Ausbau der Strecke Trofaiach–Eisenerz um 1750 – *Neue Comercial Strassen* und *Arzt=fuhr=weeg.* Archäologische Befunde in der Marktgemeinde Vordernberg

Während Kanalbauarbeiten im Sommer 1997 wurden Altstraßen im Gebiet der Marktgemeinde Vordernberg, VB Leoben, in der Laurentistraße und im Ortsteil Almhäuser, angefahren. Im Herbst 1998 folgten Bauarbeiten im nördlich anschließenden Gemeindegebiet, im Bereich Präbichl/Polster, wo bei Postkabelverlegungsarbeiten 1997 gleichfalls ein alter Straßenzug festgestellt werden konnte. Im Sommer 1999 schlossen weitere Untersuchungen im Zuge von Kanalbauarbeiten im Bereich des Passes sowie unterhalb der Handlalm bzw. nordwestlich des Ortsteiles Almhäuser an. (Abb. 8, 17)

Im Auftrag des Bundesdenkmalamtes, Landeskonservatorat für Steiermark und in Zusammenarbeit mit der Marktgemeinde Vordernberg führte die Verfasserin baubegleitende Untersuchungen durch. Parallel zu den Grabungsarbeiten 1997–1999 erfolgten Nachforschungen, insbesondere Archivrecherchen, Begehungen und Befragungen in der Bevölkerung, die der Klärung der Befunde seit 1926 dienten.

Die seit den Jahren 1997 bis 1999 bei Bauarbeiten laufend angeschnittenen und archäologisch untersuchten neuzeitlichen Altstraßen liegen auf der Strecke Trofaiach-Eisenerz, genauer zwischen Vordernberg und Eisenerz im Verwaltungsbezirk Leoben, Steiermark.

Der Präbichl mit einer Passhöhe von 1227 m (KT 1226,70 m) war seit jeher ein aufgrund der extremen Witterungsverhältnisse gefürchteter Passübergang. Selbst heute, nach dem Ausbau der „alten Bundesstraße“ in den 1970er und 1980er Jahren, welcher nicht nur das Gefälle wesentlich reduzierte, sondern auch eine völlig neue Linienführung mit sich brachte, und trotz guter Räumung, ist die Passstraße im Winter zeitweise nur mit großer Vorsicht befahrbar. (Vgl. Abb. 7)

6.3.1 Archäologische Befunde und Funde der Untersuchungen 1997 (Ortsteil Almhäuser, Laurentistraße)

Kanalbauarbeiten im Juli 1997 im Ortsteil Almhäuser am Fuße des Polsters bzw. des Präbichls brachten die ersten Spurrillensteine zutage, die Anlass für die Fundmeldung waren. Als baubegleitende Maßnahmen wurde der weitere Aushub verfolgt, die durchfahrene Altstraße in den Profilen der Künette dokumentiert und Profile einiger Spurrillensteine aufgenommen.

Im Anschluss daran wurde der Baufortschritt entlang der Laurentistraße beobachtet. Diese ersten Ergebnisse waren Anlass, an einer Stelle einen Schnitt anzulegen, um einen kompletten Befund zu erhalten (Schnitt 1/1997).

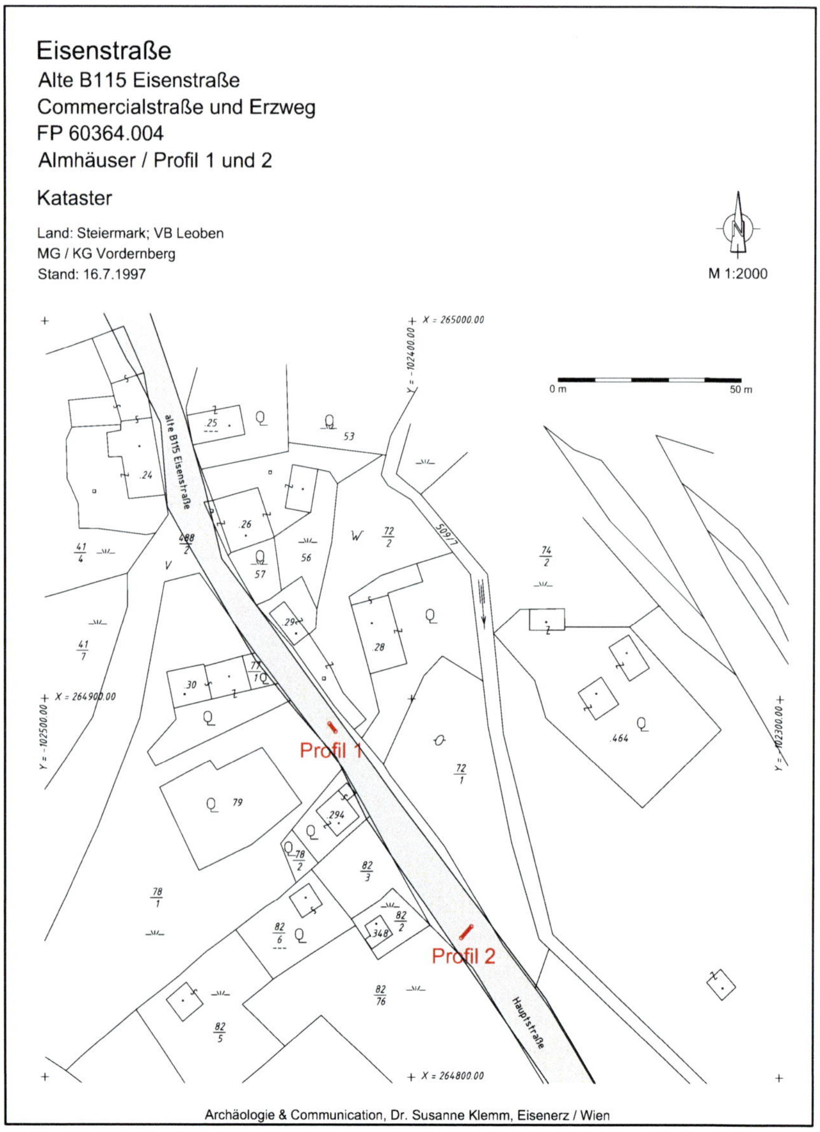

Abb. 25: Eisenstraße. Kommerzialstraße und Erzweg. Vordernberg, Ortsteil Almhäuser. Kanalbau 1997, Kataster, Lage der Profile 1 und 2. M. 1 : 2000.

6.3.1.1 Ortsteil Almhäuser 1997

Von 15. bis 29. Juli 1997 erfolgte die Bauaufsicht im Ortsteil Almhäuser aufgrund der Fundmeldung von Spurrillensteinen, von den Ansässigen als „Römersteine" bezeichnet, entlang der Kanalleitungstrasse, Bauabschnitt 06, im Abschnitt zwischen den Kanalschächten 293/3 und 293/4 (Parz. 488/2, Abb. 25)[112]. Die zum Teil sehr großen Steinblöcke wiesen tief in den Stein eingearbeitete Rillen auf, die von einer Wagenspur herrührten. Ihre Oberfläche war sehr glatt, die meist rauen und kantigen Seitenflächen liefen spitz zu, ein Zeichen, dass die Steine keilförmig zugeschlagen waren.

Die Künette war durchschnittlich 1,4 m breit und bis zu 2,5 m tief. Wie im Profil 1 (Abb. 25, 26) dokumentiert wurde, lag die horizontale, leicht geneigte Steinlage des Straßenpflasters an dieser Stelle 0,65 – 0,80 m tief unter der Asphaltoberkante. Die seitliche Neigung entsprach hier in etwa jener der Asphaltdecke. Die künstlich zugeschlagenen Steine waren direkt in den anstehenden Boden, einen mittelbraunen, sandigen Lehm, der mit Steinen durchsetzt war, gesetzt. An keiner Stelle konnte ein Unterbau für das Pflaster festgestellt werden. Die Steine selbst hatten eine Höhe von durchschnittlich 20 – 25 cm und schienen dicht miteinander verkeilt (Abb. 27/1). Östlich des Kanalschachtes 293/6 konnte während einer Maschinenpause das Pflaster frei geputzt und photographiert werden (Abb. 27/2). Es war ungestört erhalten.

Der Verlauf der Altstraße folgt dem Verlauf der Hauptstraße. Nahe dem Gasthaus Langreiter jedoch, wo die Straße heute nach Westen abbiegt und über eine Brücke über die Eisenbahntrasse weiterführt, führte die Altstraße geradeaus nach Nordwesten (Abb. 8, zwischen Profil 1/1997 und Schnitt 4/1999). Südlich der Bahntrasse ist das Straßenpflaster zwischen den Häusern heute noch sichtbar. Die Tiefe unterhalb des heutigen Straßenniveaus beträgt demnach 0 bis nahezu 1 m. Das Gefälle war dementsprechend höher als das der späteren „alten" Bundesstraße B 115. Im Nordprofil bei Abschnitt Schacht 293/6 – 7 befand sich ein aus Steinplatten gemauertes Geviert von 1 m Breite und ca. 0,40 m Höhe direkt unter der ungestörten Schicht des Steinpflasters (Abb. 27/3).

Südöstlich von Profil 1 konnte bei Schacht 293/10 ein Querprofil beobachtet werden (Profil 2). Es konnten nur Photoaufnahmen gemacht werden (Abb. 25). Die Künette war ca. 3 m tief. Das Steinpflaster war bis zu einer Breite von etwa 4 m im Ostprofil, und bis zu 3,90 m im Westprofil sichtbar und befand sich

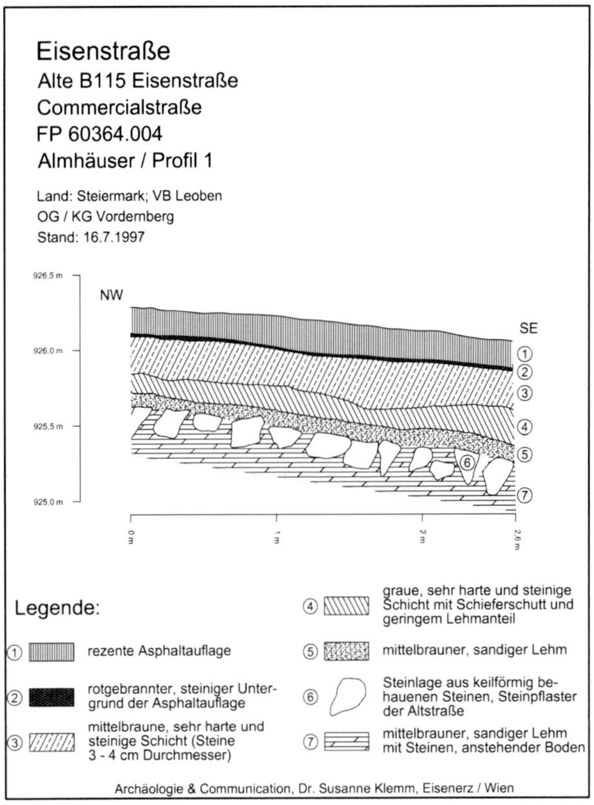

Abb. 26: Eisenstraße. Kommerzialstraße. Vordernberg, Ortsteil Almhäuser. Kanalbau 1997, Profil 1. M. 1 : 50.

bis 0,60 m unter der Asphaltoberkante. Ein eindeutiges Ansteigen der Oberkante der Steinlage von Süden nach Norden hin wies auf eine Wölbung bzw. seitliche Neigung der Fahrbahn hin. Die Schichtabfolge der Aufschüttung entsprach der weiter nördlich bereits dokumentierten Abfolge.

Nach der Gesamtschau aller Detailbefunde ist nun gesichert, dass im Ortsteil Almhäuser die Fahrbahnen der Kommerzialstraße und des Erzweges in einer einzigen Trasse verliefen, wie dies Kajetan Franz von Leitner beschrieb (siehe Kap. 6.5). Für die Steinlage in den Profilen der Künette längs der Straße, wie z. B. in Profil 1/Ortsteil Almhäuser, konnte nicht entschieden werden, um welche Fahrbahn es sich hier handelte. Die große Zahl von Spurrillensteinen, die von den Baumaschinen ausgeworfen wurden, ließ annehmen, dass durch die Bauarbeiten primär die Trasse des Erzweges in großen Teilen zerstört wurde. Die Aufschüttungen über der mit großen, zugerichteten Steinen gepflasterten Fahrbahn waren unterschiedlich mächtig, was bedeutet, dass die Altstraße ein stärkeres Gefälle als die heutige Fahrbahn hatte. Die an der Oberfläche abgerundeten Steine wurden in einem dichten Verband angetroffen. Ein Unterbau konnte an keiner Stelle beobachtet werden.

112 Die Pläne des Kanalbaus mit Eintragung der geplanten Kanalschächte befinden sich bei den Originalunterlagen der Rettungsgrabungen im Bundesdenkmalamt.

Abb. 27: Eisenstraße. Vordernberg, Ortsteil Almhäuser. Erste Befunde der Altstraße, Rettungsgrabung 1997.

1 Steinpflaster im Längsprofil der Kanalkünettte.

2 In situ erhaltenes Steinpflaster.

3 Längsprofil mit aus Steinplatten gebautem Kanal.

6.3.1.2 Laurentistraße 1997

Die heutige Laurentistraße beginnt am nördlichen Ende des Ortskernes des Marktes Vordernberg und führt parallel zur heutigen, neuen B 115 Eisenstraße Richtung Norden. Die Laurentistraße wurde während der Bauarbeiten 1997 in der gesamten Länge durchfahren. Bereits bei früheren Bauarbeiten waren Steine mit Spurrillen zu Tage gefördert und von den Anrainern liebevoll in den Gärten aufbewahrt worden. Während der Bauarbeiten 1997 wurde von der großen Zahl an Spurrillensteinen etwa 100 Stück aufgenommen, und insbesondere Breite und Tiefe der Spurrillen vermessen. Viele Steine wiesen an mehreren Seiten Spurrillen – Zeugen einer intensiven Benützung – auf (Abb. 28–31).

Ein Teilstück nördlich der St. Laurentius-Kirche wurde 1997 freigelegt und genauestens dokumentiert (Schnitt 1). Lediglich in dem noch weiter nördlich liegenden Abschnitt der Laurentistraße, kurz vor der Einmündung in die B 115 Eisenstraße, könnte der Erzweg heute noch komplett erhalten sein, da sich dort der Hohlweg sehr tief eingegraben hatte und der Erzweg bei den Bauarbeiten nicht erfasst worden sein dürfte.

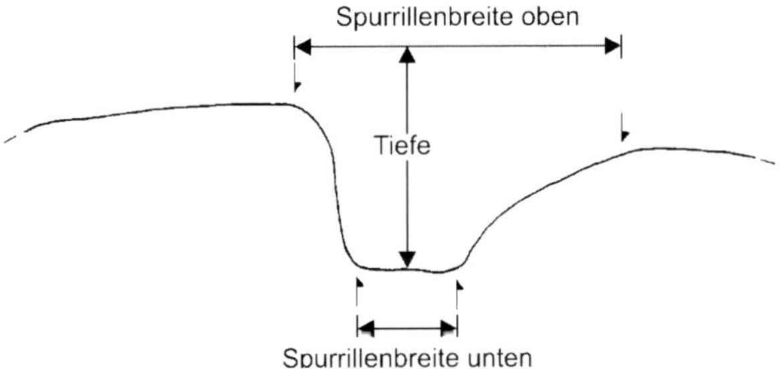

Abb. 28: Schema zur Aufnahme von Spurrillensteinen. M. 1 : 4.

Die Altstraße – oder der Altweg – lag bis 1,10 m unter der heutigen Oberfläche. Die Schichten über dem Steinpflaster bezeugen zahlreiche Aufschüttungen – die Laurentistraße war bis 1997 eine Schotterstraße und wurde nach den Kanalarbeiten 1997 erstmals asphaltiert. Auch hier konnte an keiner Stelle ein Unterbau beobachtet werden. Auffallend waren die zahlreichen sehr dünnen Schichten der Aufschüttung wie zum Beispiel bei Kanalschacht 244/3–244/4, südlich Parz. 64, des Altersheimes, die auf zahlreiche Ausbesserungsarbeiten hinwiesen.

Die Funde Laurentistraße 1997 (Abb. 32)

Die Reihung der Fundgegenstände folgt dem Straßenverlauf, beginnend am Südende der Laurentistraße. Sie stammen sämtlich aus dem Aushub, außer es ist anders angegeben. Die Bezeichnungen der Kanalschächte entsprechen den Plänen aus 1998.

Schacht 244–244/1
- Fnr. 1: BS; Ton; fein glimmerhältig; dicht, fein steinchengemagert; oxidierend gebrannt; klingend hart gebrannt; hellorangebraun im Bruch; Drehscheibe; Ofl. (innen): glatt; Ofl. (außen): glatt, hellorangebraun; Bemalung, innen umlaufendes Streifenmuster, abwechselnd rot-weiß-rot; Boden: eben; Erh.: 1 BS; erh. H. 23,5; rek. Bdm. 110; Wst. 5,5. (Abb. 32/1)

Schacht 244/1–244/3
- Fnr. 2.1: RS-Henkeltopf; Ton; fein steinchengemagert; oxidierend gebrannt; hart gebrannt; hellrot im Bruch; Drehscheibe; Ofl. (innen): glatt, dunkelbraun-schwarz glasiert; Ofl. (außen): glatt, orange-graubraun; Henkel: Bandhenkel, randständig, oval; Erh.: 1 RS mit Bandhenkel; erh. H. 67; Wst. 3. (Abb. 32/2)
- Fnr. 2.2: Nagel; Eisen; geschmiedet; Kopf langrechteckig (12 : 7), Schaft quadratisch (4 : 4); Erh.: vollständig erhalten, Ofl. geringfügig abgeplatzt; rostig; nicht konserviert; erh. L. 97. (Abb. 32/3)
- Fnr. 2.3: Holzstück; Holz; unbearbeitet; Holzstück mit halbkreisförmiger Ausnehmung; Erh.: 1 Stück.

Schacht 244/3
- Fnr. 6.1: Tierknochen; Prämolar, Rind; Erh. 1 Stück.
- Fnr. 6.2: Tierknochen; Fragment eines Röhrenknochens, unbestimmbar; Erh.: 1 Fragment.
- Fnr. 8.1: Nagel; Eisen; geschmiedet; Kopf langrechteckig (15,5 : 7), Schaft quadratischer Querschnitt (6 : 6); Erh.: vollständig erhalten, unterer Schaftteil eingerollt; rostig; nicht konserviert; erh. L. 55. (Abb. 32/4)
- Fnr. 8.2: Nagel; Eisen; geschmiedet; Kopf breitrechteckig (12 : 8), Schaft annähernd quadratisch (6 : 5); Erh.: Schaft abgebrochen; rostig; nicht konserviert; erh. L. 28,5. (Abb. 32/5)
- Fnr. 8.3: Nagel; Eisen; geschmiedet; Kopf langrechteckig (19 : 8), Schaft rechteckiger Querschnitt (7,5 : 4); Erh.: Schaft abgebrochen; rostig; nicht konserviert; erh. L. 33. (Abb. 32/6)
- Fnr. 8.4: Gürtelschnalle; Eisen; geschmiedet; rechteckig, Querschnitt rechteckig; Erh.: an einer Längseite gebrochen; rostig; nicht konserviert; erh. L. 31; erh. B. 22. (Abb. 32/7)
- Fnr. 8.5: Fragmente; Eisen; Erh.: zahlreiche kleine Fragmente; rostig; nicht konserviert.
- Fnr. 8.6: Tierknochen; unbestimmbar; Erh.: 1 Stück.

Schacht 244/3, 244/3a, 244/4
- Fnr. 20.1: BS; Ton; sehr dicht, fein steinchengemagert; oxidierend gebrannt; hart gebrannt; mittelbraunorange im Bruch; Drehscheibe; Ofl. (innen): feinkörnig, lebhaftbraunorange glasiert; Ofl. (au-

Abb. 29: Eisenstraße. Vordernberg, Laurentistraße. Rettungsgrabung 1997. Spurrillensteine des Erzweges.

1 Schacht 244/4–244/5.

2, 3 Schacht 244/3–244/4

Maßstab: Fluchtstange, Länge 0,6 m.

ßen): uneben, rötlichbraun-schwärzlichgrau; Boden: eben; Erh.: 1 BS; rek. H. 23; Wst. 5. (Abb. 32/8)
- Fnr. 20.2: RS; Ton; fein steinchengemagert; oxidierend gebrannt; klingend hart gebrannt; mittelbraunorange im Bruch; Drehscheibe; Ofl. (innen): glatt, mittelolivgrün-hellorangegelb glasiert; Ofl. (außen): glatt, grauoliv glasiert; außen irisierend, innen am Rand mittelolivgrüner breiter Streifen, irisierend; Rand: abgerundet; Erh.: 1 RS; rek. H. 41; rek. gr. Dm. 8; Wst. 4. (Abb. 32/9)
- Fnr. 20.3: Nagelschaft; Eisen; geschmiedet; Schaft rechteckig (4:2,5); Erh.: Kopf fehlt; rostig; nicht konserviert; erh. L. 62. (Abb. 32/10)
- Fnr. 20.4: Fragment; Eisen; geschmiedet; Erh.: 1 Stück; rostig; nicht konserviert; erh. L. 12; erh. B. 8; erh. D. 7.
- Fnr. 20.5: Fragment; Eisen; geschmiedet; Erh.: 1 Stück; rostig; nicht konserviert; erh. L. 25; erh. B. 11; erh. D. 7.
- Fnr. 20.6: Fragment; Eisen; geschmiedet; Erh.: 1 sehr kleines Stück; rostig; nicht konserviert:; erh. L. 9; erh. B. 8.
- Fnr. 20.7: Fragment; Eisen; geschmiedet; Erh.: 1 sehr kleines Stück; rostig; nicht konserviert. erh. L. 7; erh. B. 6.
- Fnr. 20.8: Fragment; Eisen; geschmiedet; Erh.: 1 Stück; rostig; nicht konserviert; erh. L. 19; erh. B. 9; erh. D. 9.
- Fnr. 20.9: Fragment; Eisen; geschmiedet; Erh.: 1 Stück; rostig; nicht konserviert; erh. L. 25,5; erh. B. 9; erh. D. 7.
- Fnr. 20.10: WS; Ton; dicht, fein steinchengemagert; oxidierend gebrannt; klingend hart gebrannt; lebhaftgraubraun-mittelorangebraun im Bruch; Drehscheibe; Ofl. (innen): feinkörnig, dunkelorangebraun glasiert; Ofl. (außen): glatt, dunkelgraubraun; Erh.: 1 Stück; erh. H. 47; Wst. 4.
- Fnr. 20.11: WS; Ton; dicht, sehr fein steinchengemagert; reduzierend gebrannt; hart gebrannt; graubraun im Bruch; Drehscheibe; Ofl. (innen): rauh, dunkelgraubraun; Ofl. (außen): rauh, braunschwarz; eingetiefte Verzierung, 2 horizontale feine, parallele Rillen; Erh.: 1 Stück; erh. H. 29; Wst. 5.
- Fnr. 20.12: Tierknochen; Radius, Rind; Erh.: 1 Stück.
- Fnr. 20.13: Tierknochen; Rippe, Rind; Erh.: 1 Stück.
- Fnr. 20.14: Tierknochen; Radius, juvenil, Schwein; Erh.: 1 Stück.
- Fnr. 20.15: Tierknochen; Rippen, Schwein; Erh.: 3 Stück.
- Fnr. 20.16: Tierknochen; unbestimmbar; Erh.: 4 Fragmente.

Schacht 244/5–244/6
- Fnr. 3: RS; Ton; fein sandhältig; oxidierend gebrannt; klingend hart gebrannt; hellbraun im Bruch; Drehscheibe; Ofl. (innen): glatt, lebhaftbraun glasiert; Ofl. (außen): glatt, lebhaftbraun glasiert; Erhabene Verzierung, unterhalb des Randes ein Buckel; Rand: verdickt; Erh.: 1 RS; erh. H. 20; Wst. 4,5. (Abb. 32/11)
- Fnr. 4.1: Fragment; unbekannt; Eisen; geschmiedet; rechteckig, plattig, versetzt übereinandergesetzt; Erh.: 1 Fragment; rostig; nicht konserviert; erh. L. 41,5; erh. B. 28,5.
- Fnr. 4.2: Fragment; Glas; Erh.: irisierend, leichter Anflug von Patina; weiß; erh. L. 29; erh. B. 24; erh. H. 4.
- Fnr. 4.3: Tierknochen; Knochen; unbestimmbar; Erh.: 1 Fragment.
- Fnr. 5.1: Tierknochen; Humerus, distal, Elch (Alces alces); Erh.: 1 Fragment.
- Fnr. 5.2: Tierknochen; Humerus, proximal, Elch (Alces, alces); Erh.: 1 Fragment.
- Fnr. 5.3: Tierknochen; unbestimmbar; Erh.: 1 Fragment.

Schacht 244/6–244/7
- Fnr. 7: Gesteinsprobe; Stein; Erh.: 3 Stück.
- Fnr. 9.1: Fragment; Eisen; geschmiedet; stabförmig, leicht aufgebogen, Querschnitt unregelmäßig; Erh.: 1 Stück; rostig; nicht konserviert; erh. L. 75; erh. B. 8; erh. D. 9.
- Fnr. 9.2: Schraubenkopf; Eisen; geschmiedet; Schaftdm. 11 mm, Kopfdm. 18 mm; Erh.: 1 Stück; rostig; nicht konserviert; erh. L. 32.
- Fnr. 9.3: Fragment; Eisen; geschmiedet; an einem Ende auslaufend, am anderen Ende breit und flach; Erh.: 1 Stück; rostig; nicht konserviert; erh. L. 51; erh. B. 12; erh. D. 7.

6.3.1.2.1 Schnitt 1/1997 Laurentistraße

In der Hoffnung auf einen kompletten Befund des Altweges wurde am 18. August 1997 mit Hilfe der Baumaschinen ein Schnitt von ca. 12 m Länge und anfangs 5,40 m Breite nördlich der St. Laurentiuskirche angelegt (Abb. 7, 33–39). Da sich die Steine des Straßenpflasters sehr bald am Nordende des Schnittes zeigten, konnte die Schnittbreite auf ca. 3 m reduziert werden. Die geringe Straßenbreite war der Beweis, dass es sich nicht um die Trasse der im Profil 2/Almhäuser dokumentierten Straße handelte.

Zwischen 18. und 25. August 1997 wurde ein Teilstück des Altweges von 11,50 m Länge freigelegt. (Abb. 34/1.2, 37, 38). Seine Gesamtbreite betrug 2,10 bis 2,20 m. Die Wegtrasse war mit unterschiedlich großen Steinen dicht gepflastert. Für die Fahrspur wurden besonders große Blöcke ausgewählt. Sie waren bis zu 80 cm lang, 57 cm breit und 42 cm hoch bzw. dick.

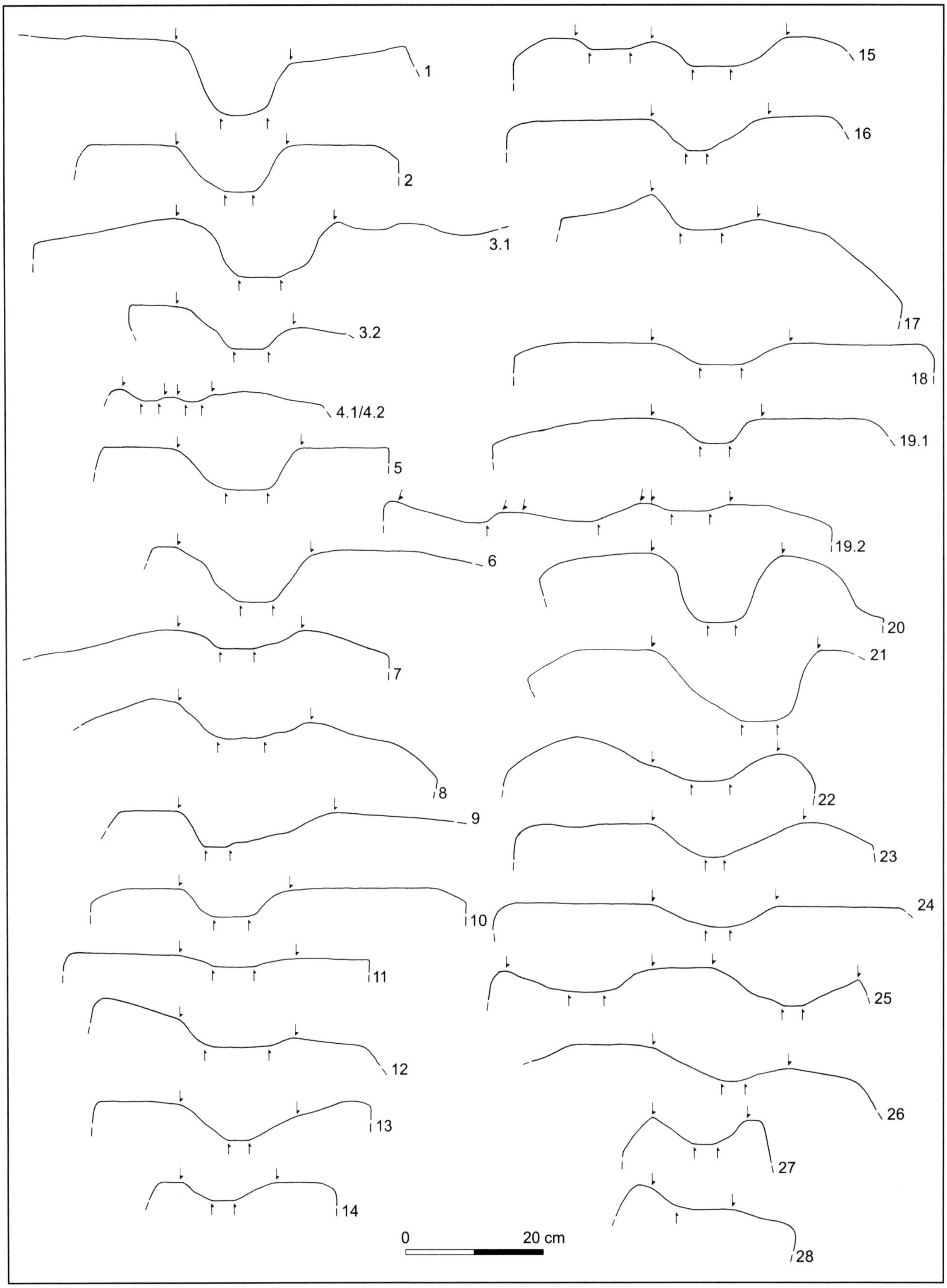

Abb. 30: Erzweg. Vordernberg, Laurentistraße. Profile von Spurrillensteinen, Teil 1. Baubeobachtung 1997. 1, 3, 4 Schacht 244/3–244/4. 2, 5–18 Schacht 244/4–244/5. 19–25, 27, 28 Schacht 244/5–244/6. 26 Schacht 244/6. M. 1 : 8.

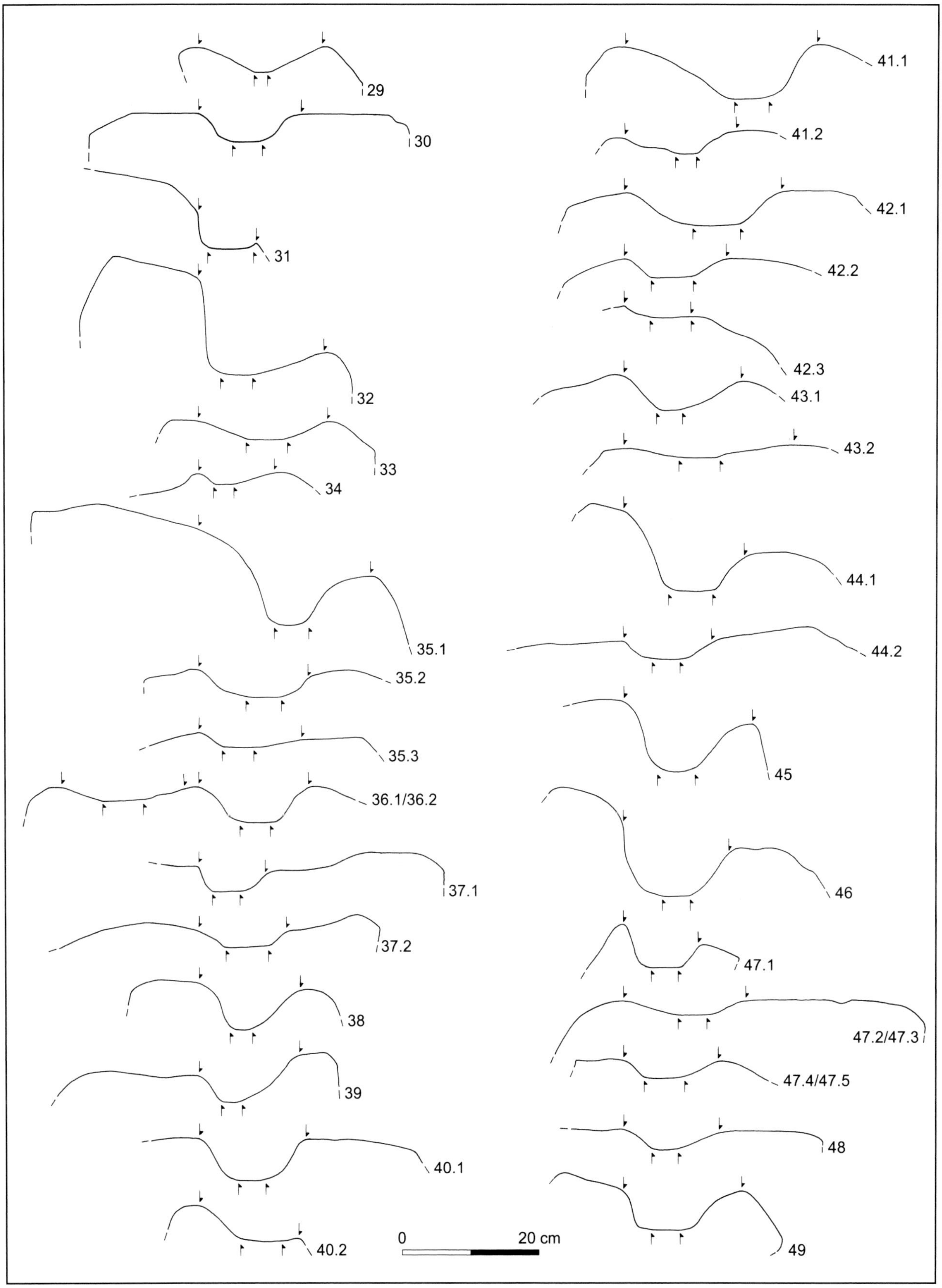

Abb. 31: Erzweg. Vordernberg, Laurentistraße. Profile von Spurrillensteinen, Teil 2. Baubeobachtung 1997.29 Schacht 244/5–244/6. 30–32, 34 Schacht 244/4–244/5. 33 Schacht 244/6–244/7. 35–39 Schacht 244/3–244/5.40–47 Schacht 244–244/1. 48, 49 Schacht 244/3–244/5. M. 1 : 8.

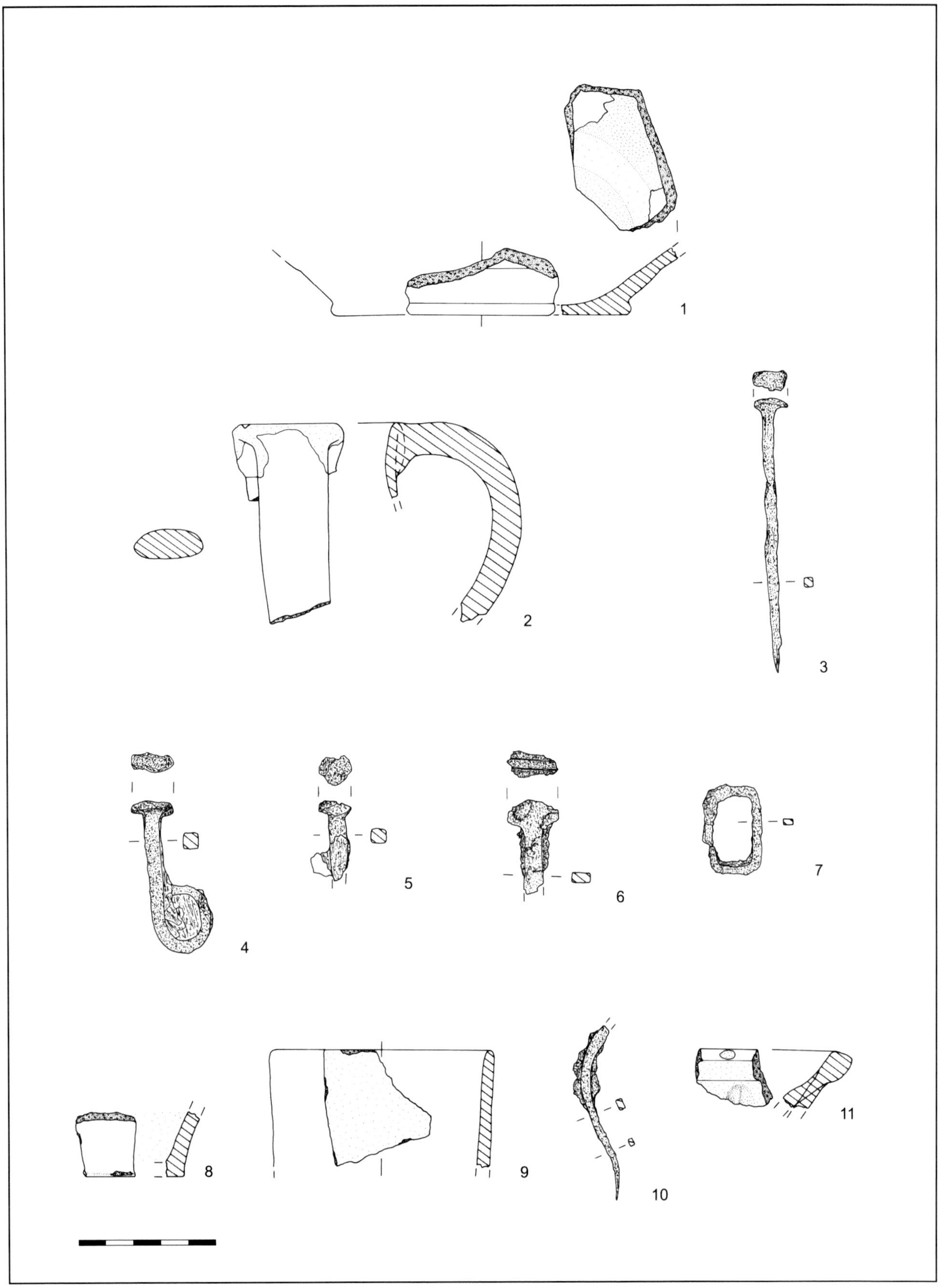

Abb. 32: Erzweg. Vordernberg, Laurentistraße. 1 Schacht 244–244/1. 2–3 Schacht 244/1–244/3. 4–7 Schacht 244/3. 8–10 Schacht 244/3, 244/3a, 244/4. 11 Schacht 244/5–244/6. 1, 2, 8, 9, 10 Keramik. 3–7, 10 Eisen. M. 1 : 2.

Die Höhe der Steine betrug bis zu 33 cm im mittleren Bereich des Weges. In der Straßenmitte waren kleinere Steine gesetzt worden. Hier herrschten langrechteckige Formen vor. Alle Steine waren an der Oberfläche stark abgerieben und an den Kanten abgerundet. Durch das Gewicht der schweren, erzführenden Wagen entstanden zum Teil sehr tiefe Spurrillen oder „Geleise“ in den Pflastersteinen, gleichzeitig wurden die Steine der Fahrspur tiefer in den Untergrund aus mittelbraunem, sehr festem, sandigem Lehm gedrückt und die Pflastersteine in der Mitte des Weges wurden dadurch merklich in die Höhe gedrängt (Abb. 36 und 39).

Beim Herausnehmen des Pflasters zeigte sich, wie in den Profilen der Künette bereits beobachtet, dass die keilförmig zugeschlagenen Steine direkt in den anstehenden Boden gesetzt wurden. Lediglich der Humus war in diesem Abschnitt abgetragen worden. Nach der Entnahme der Steine blieb eine große Zahl sehr kleiner Steine zurück, die ursprünglich entweder zum Verkeilen verwendet worden oder aber durch Frost und die starke Belastung von den Pflastersteinen abgeplatzt waren. Es zeigte sich auch, dass vielfache Reparaturen notwendig wurden: Spurrillen an mehreren Seiten der Steine, wie auch Bruchstücke von Spurrillensteinen in der Mitte oder seitlich im Pflaster bezeugten dies anschaulich. Steine wurden bei den Reparaturen gewendet oder auch nur gedreht.

Der Wegrand war durch schmälere, plattenförmig gebrochene und senkrecht gesetzte Steine befestigt, die an einigen Stellen mit kleineren Steinen an der Außenseite zusätzlich verkeilt waren. Diese Randsteine ragten deutlich über das Pflaster hinaus und waren mit einer Höhe von bis zu 43 cm wesentlich höher als die Pflastersteine (Abb. 35 und 39). Ein Straßengraben wurde nicht beobachtet.

Die Fahrspur wies unterschiedlich tiefe Spurrillen auf. Die Spurweite schwankte von 0,90 bis zu 0,96 m (jeweils von der Mitte der Spur gemessen). Die Breite der Fahrspur selbst maß 5,5–12 cm an der tiefsten Stelle. Die Spur war sehr holprig, wie dies im Längsprofil zu sehen ist. Das Gefälle – oder die Steigung – war relativ gleichmäßig und betrug etwa 10 %. Zwischen den Pflastersteinen waren zahlreiche kleine Eisenreste verborgen, vornehmlich geschmiedete, eiserne Hufnägel.

Die Funde von Schnitt 1/1997 (Abb. 40 und 41)

Die Reihung der Funde von Schnitt 1 auf den Abbildungen 40 und 41 wurde aufgrund der geringen Anzahl der Funde nach typologischen Gesichtspunkten vorgenommen. Während die Fundstücke auf Abb. 40 aus unterschiedlichen Schichten stammen, kommen alle Eisenobjekte Abb. 41/1–28 aus dem Füllmaterial zwischen den Pflastersteinen. Sie wurden beim Überputzen bzw. Abheben der Pflastersteine geborgen.

Schnitt 1/1997 Schicht 7 (Abb. 39)

- Fnr. 10.1: Nagel; Eisen; geschmiedet; Kopf: annähernd rechteckig (11 : 8), Schaft: rechteckig (4 : 2); Erh.: 1 Stück; rostig; nicht konserviert; erh. L. 11.
- Fnr. 10.2: Nagel; Eisen; geschmiedet; Kopf langrechteckig (11 : 3), Schaftdm. 4,5; Erh.: 1 Stück; rostig; nicht konserviert; erh. L. 39.
- Fnr. 10.3: Nagelschaftfragment; Eisen; geschmiedet; Schaft annähernd rechteckig (4 : 3); Erh.: 1 Stück; rostig; nicht konserviert; erh. L. 41.
- Fnr. 10.4: Schuhbeschlag; Eisen; geschmiedet; U-förmig, Breite des Beschlagreifens: 8; Erh.: 1

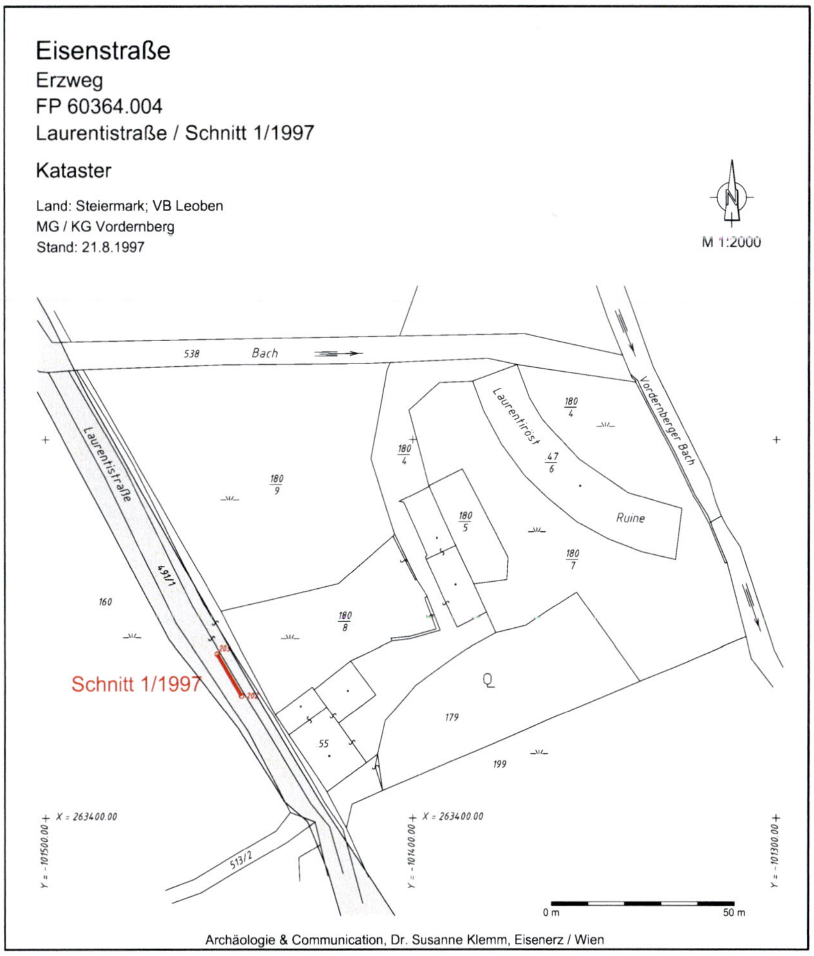

Abb. 33: Erzweg. Vordernberg, Laurentistraße. Rettungsgrabung 1997, Schnitt 1. M. 1: 2000.

Abb. 34: Erzweg. Vordernberg, Laurentistraße. Rettungsgrabung 1997, Schnitt 1.

1 Ansicht von Südosten, im Hintergrund der Polster.

2 Ansicht von Nordwesten.

3 Detail des Steinpflasters mit tief eingefahrenen Spurrillen.

Abb. 35: Erzweg. Vordernberg, Laurentistraße. Rettungsgrabung 1997, Schnitt 1.

1–3 Details des Straßenpflasters.

Abb. 36: Erzweg. Vordernberg, Laurentistraße. Rettungsgrabung 1997, Schnitt 1.

1 Hochkant gestellte Steine als Randbefestigung, so genannte *Leistensteine.*

2 Südprofil.

3 Nordprofil.

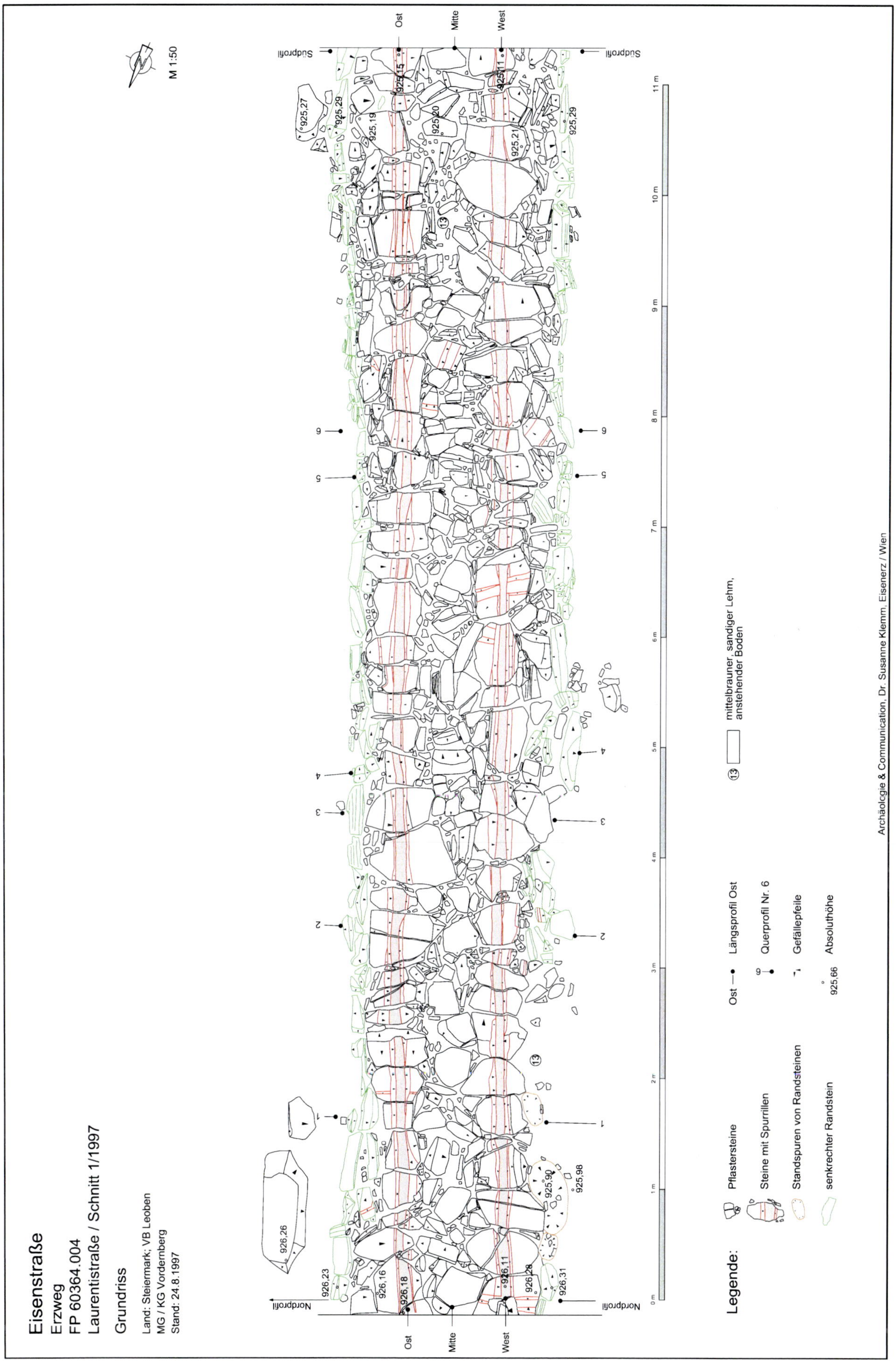

Abb. 37: Erzweg. Vordernberg, Laurentistraße. Grundriss Schnitt 1/1997. M. 1 : 50.

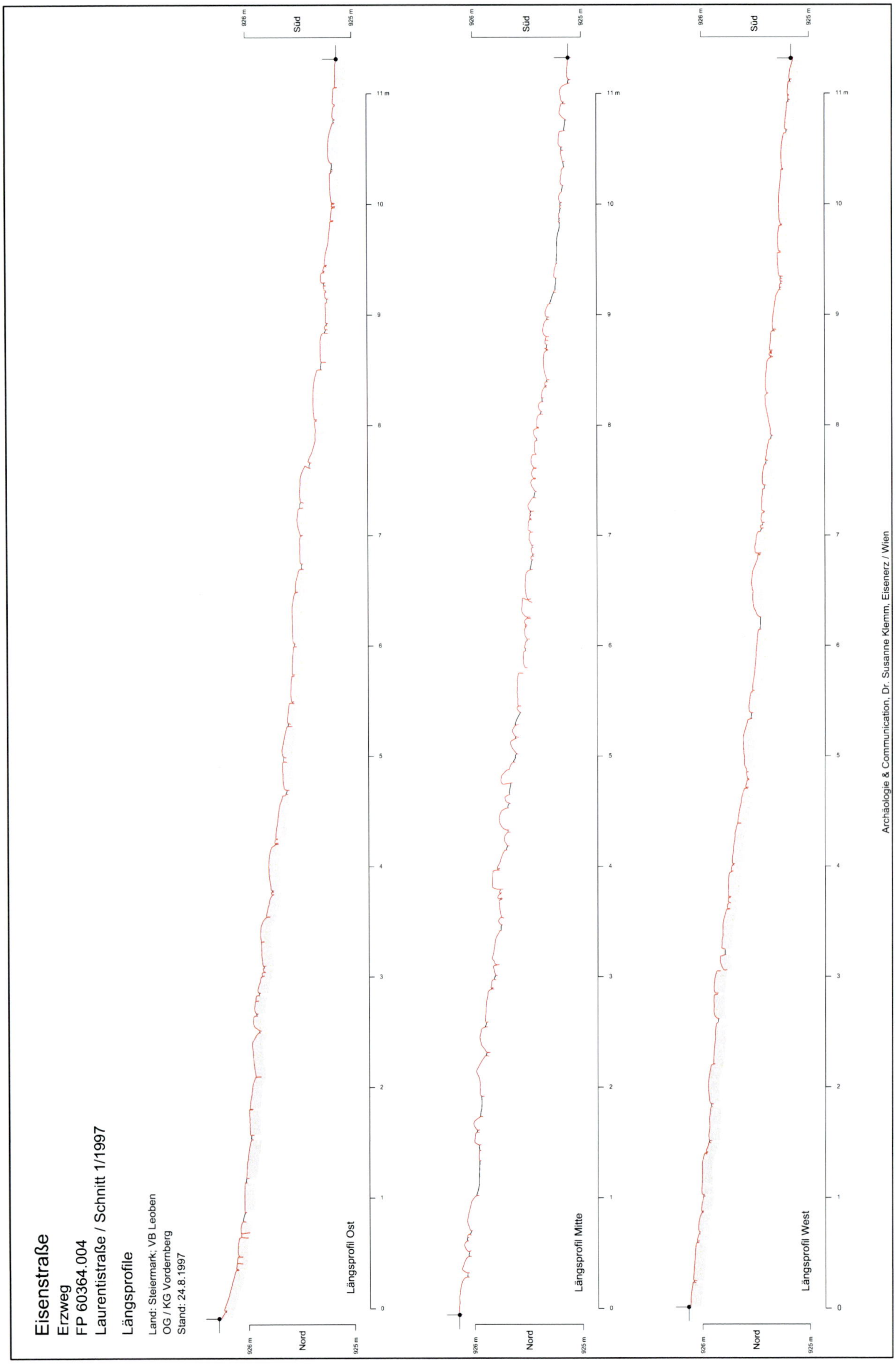

Abb. 38: Erzweg. Vordernberg, Laurentistraße. Längsprofile Schnitt 1/1997. M. 1 : 50.

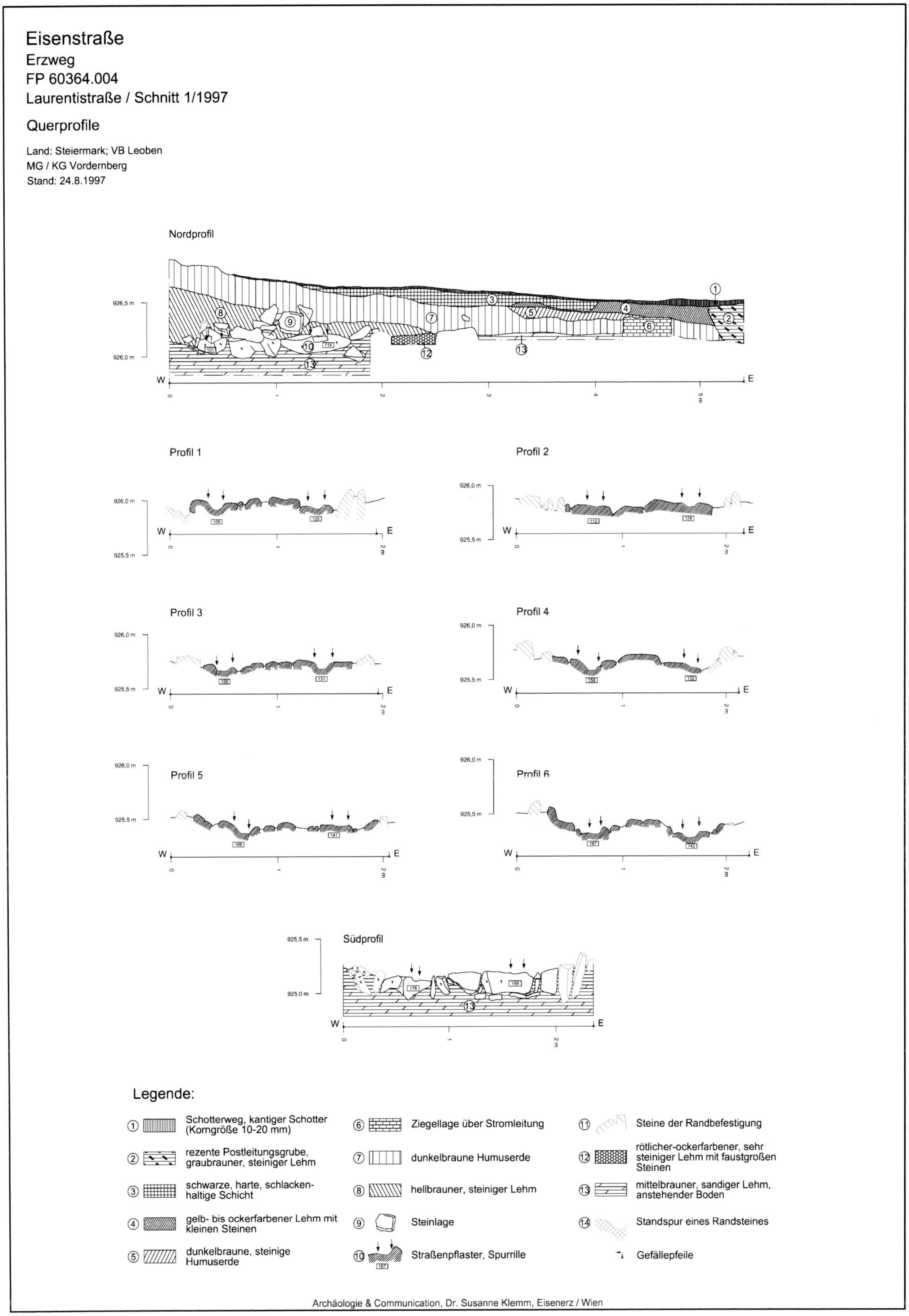

Abb. 39: Erzweg. Vordernberg, Laurentistraße. Querprofile Schnitt 1/1997. M. 1 : 50.

Stück; rostig; nicht konserviert; erh. L. 78; erh. B. 73; erh. D. 4.

- Fnr. 10.5: Nagel; Eisen; geschmiedet; Kopf rechteckig (14:17), Schaft rechteckig (8:6); Erh.: 1 Stück, Spitze abgebrochen, Schaft im stumpfen Winkel abgebogen; rostig; nicht konserviert; erh. L. 132.
- Fnr. 10.6: Schraube mit Mutter; Eisen; Schraubenkopf sechseckig, Dm. 20; Schaftdm.: 10; Erh.: 1 Stück; rostig; nicht konserviert; erh. L. 75.
- Fnr. 10.7: Nagel; Eisen; geschmiedet; Kopf fünfeckig, Kopfdm.: 14; Schaft rechteckig (5:4); Erh.: 1 Stück, Spitze abgebrochen; rostig; nicht konserviert; erh. L. 58.
- Fnr. 10.8: Fragment; Eisen; geschmiedet; Dm. 8:4; Erh.: 1 Stück; rostig; nicht konserviert; erh. L. 69.
- Fnr. 10.9: Nägel; Eisen; runder Schaft; Erh.: 24 Stück; rostig; nicht konserviert.
- Fnr. 11.1: RS, WS, BS-Topf; Ton; dicht, sehr fein glimmerhältig; sehr fein steinchengemagert; oxidierend gebrannt; klingend hart gebrannt; lebhaftrötlichorange-graubraun im Bruch; Ofl. (innen): glatt, dunkelgelbbraun-braunorange glasiert; Ofl. (außen): glatt, lebhaftrötlichorange-schwarz, dunkelgelbbraun glasiert; Mundsaum: Karniesrand; Boden: nach innen eingezogen; faßförmig; Erh.: zahlreiche RS, WS, BS, z. T. zusammengesetzt; erh. H. 209; rek. Rdm.: 190; rek. Bdm. 130; Wst. 4. (Abb. 40/1)
- Fnr. 11.2: WS, BS-Topf; Ton; oxidierend gebrannt; klingend hart gebrannt; lebhaftrötlichorange im Bruch; Drehscheibe; Ofl. (innen): glatt, dunkelocker-dunkelgraugrün glasiert; Ofl. (außen): glatt, lebhaftrötlichorange-schwarz; Glasur: gesprenkelt; Erh.: 9, WS, 6 BS, z. T. zusammengesetzt; erh. H. 57; rek. Bdm. 120; Wst. 3,5. (Abb. 40/2)
- Fnr. 11.3: HS; Ton; oxidierend gebrannt; hart gebrannt; weiß im Bruch; Drehscheibe; Ofl. (innen): abgeplatzt, hellgraugelb glasiert; Ofl. (außen): glatt, hellgraugelb glasiert; Henkel: Bandhenkel, gesattelt; Erh.: 1 HS; erh. H. 15; Wst. 6,5. (Abb. 40/4)
- Fnr. 11.4: RS; Ton; oxidierend gebrannt; hart gebrannt; orangeweiß im Bruch; Drehscheibe; Ofl. (innen): glatt, braungelb glasiert; Ofl. (außen): glatt, dunkelsiena glasiert; Mundsaum: verdickt; Erh.: 1 RS; erh. H. 13; Wst. 6. (Abb. 40/3)
- Fnr. 11.6: BS; Ton; klingend hart gebrannt; weiß im Bruch; Ofl. (innen): glatt, weiß glasiert Ofl. (außen): glatt, weiß glasiert; Rand: abgerundet; Boden: Standring; Erh.: 1 BS; rek. Bdm. 15; Wst. 5.
- Fnr. 11.7: WS; Ton; sehr fein steinchengemagert; oxidierend gebrannt; klingend hart gebrannt; hellorange im Bruch; Drehscheibe; Ofl. (innen): glatt, dunkelocker; Ofl. (außen): glatt dunkelgraugrün; Erh.: 1 Stück; Wst. 4.
- Fnr. 11.8: WS-Topf; Ton; sehr fein steinchengemagert; oxidierend gebrannt; klingend hart gebrannt; rötlichorange im Bruch; Drehscheibe; Ofl. (innen): glatt, dunkelocker-hellchromgelb glasiert; Ofl. (außen): glatt, braunorange; eingetiefte Verzierung, außen 2 Rillen; Glasur gesprenkelt; Erh.: 4 Stück, 2 davon zusammengesetzt; Wst. 3.
- Fnr. 11.9: RS, WS-Schale; Ton; sehr hart gebrannt; weiß im Bruch; Ofl. (innen): feinporig, weiß glasiert; Ofl. (außen): glatt, weiß glasiert; Bemalung, blaue Tupfen; Rand: abgerundet; an der Unterseite des Bodens: in 3 Zeilen: 56, Carlsbad, 5; Erh.: 3 RS, 3 WS, 1 WS mit Henkelansatz, 1 BS, z.T. zusammengesetzt; erh. H. 40; erh. Rdm.: 180; Wst. 5.
- Fnr. 11.10: Fragment-Flasche; Glas; Flaschenhals mit Schraubverschluss, am Flaschenhals Ziffer -> 1; Erh.: 1 Fragment; dunkelbraunorange; erh. L. 60; erh. B. 25.
- Fnr. 11.11: Fragment; Glas; Erh.: 1 Stück; dunkelgrünlicholiv; erh. L. 16; erh. B. 12; erh. H. 5.
- Fnr. 11.12: Schlacke; Erh.: 1 Stück; graugrün.
- Fnr. 11.13: Tierknochen; Metacarpus, Rind; Erh.: 1 Stück.
- Fnr. 11.14: Fragment eines Nagels; Eisen; geschmiedet; Kopfdm. 16:14; Erh.: Nagelkopf; rostig; nicht konserviert; erh. D. 8.
- Fnr. 11.15: Nagelschaftfragment; Eisen; geschmiedet; Schaftdm.: 4; Erh.: 1 Stück; rostig; nicht konserviert; erh. L. 20.
- Fnr. 11.16: Tierknochen; Lendenwirbelfragment, Rind?; Erh.: 1 Fragment.
- Fnr. 11.17: Tierknochen; Phalange (Seitenstrahl), Schwein; Erh.: 1 Stück.
- Fnr. 11.18: Tierknochen; Rippenfragmente, unbestimmbar; Erh.: 3 Fragmente.

Schnitt 1/1997 östlich der befestigten Straße, Schicht 7 (Abb. 39)

- Fnr. 15: Lederstück; Leder; 2 Lederstücke vernietet, Nieten Dm. 6; Erh.:1 Stück mit Kupfer- od. Bronzenieten; erh. L. 59,5; erh. B. 31. (Abb. 40/10)

Schnitt 1/1997 Aushub

- Fnr. 16.1: BS; Ton; fein sandhältig; oxidierend gebrannt; sehr hart gebrannt; mittelorange im Bruch; Drehscheibe; Ofl. (innen): glatt, mittelorange, dunkelgraugrün glasiert; Ofl. (außen): glatt, mittelorange; Bemalung, innen dunkelgelblichgrüne, schmale Streifen, horizontal u. schräg; Boden: eben; Erh.: 1 BS; erh. H. 25; Wst. 4,5. (Abb. 40/7)
- Fnr. 16.2: BS; Ton; fein glimmerhältig; dicht, fein steinchengemagert; oxidierend gebrannt; klingend hart gebrannt; mittelbraunorange im Bruch; Drehscheibe; Ofl. (innen): rau, mittelbraunorange, lebhaftgelbbraun glasiert; Ofl. (außen): glatt, mittelbraunorange; Glasur innen stark verwittert; Boden: eben; Erh.: 1 BS; rek. H. 18,5; rek. Bdm. 120; Wst. 5. (Abb. 40/8)
- Fnr. 16.3: Fragment eines Ziegels?; Ton; sehr dicht, sehr fein glimmerhältig; oxidierend gebrannt; sehr

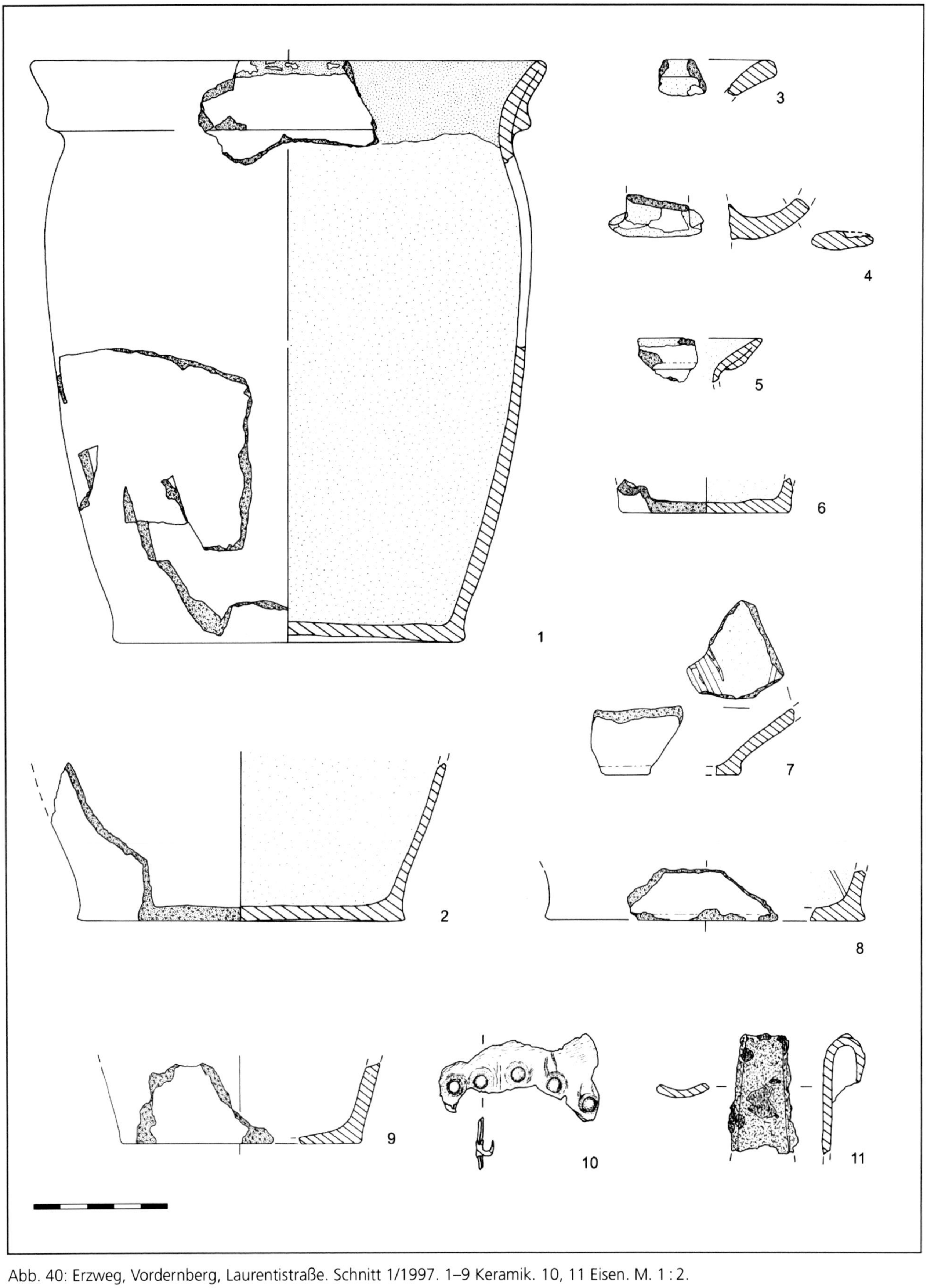

Abb. 40: Erzweg, Vordernberg, Laurentistraße. Schnitt 1/1997. 1–9 Keramik. 10, 11 Eisen. M. 1 : 2.

hart gebrannt; hellbraunorange im Bruch; Ofl. (innen): abgeplatzt; Ofl. (außen): glatt, hellbraunorange; Erh.: 1 Stück; erh. H. 17,5; Wst. 9,5.
- Fnr. 16.4: WS; Ton; klingend hart gebrannt; gelbweiß im Bruch; Ofl. (innen): abgeplatzt, gelbweiß, weiß glasiert; Ofl. (außen): glatt, weiß glasiert; Erh.: 1 WS; erh. H. 30; Wst. 5.
- Fnr. 16.5: Glas; Erh.: 1 WS; erh. H. 31.
- Fnr. 16.6: Nagel; Eisen; geschmiedet; Kopf quadratisch (13: 12), Schaft langrechteckig (5 : 2); Erh.: 1 Stück; rostig; nicht konserviert; erh. L. 45; erh. B. 13. (Abb. 41/10)
- Fnr. 16.7: Fragment; Eisen; geschmiedet; bandförmig, massiv; Erh.: 1 Stück; rostig; nicht konserviert; erh. L. 33; erh. B. 14; erh. D. 6.
- Fnr. 16.8: Nagel; Eisen; geschmiedet; Kopf langrechteckig (16 : 7), Schaft langrechteckig (7 : 3); Erh.: 1 Stück; rostig; nicht konserviert; erh. L. 40.
- Fnr. 16.9: Nagelschaftfragment; Eisen; geschmiedet; Schaft langrechteckig (2 : 4,5); Erh.: 1 Fragment, Kopf fehlt; rostig; nicht konserviert; erh. L. 35.
- Fnr. 16.10: Nagelschaftfragment; Eisen; geschmiedet; Schaft rechteckig (6 : ,5); Erh.: 1 Stück, Kopf fehlt; rostig; nicht konserviert; erh. L. 26,5; erh. B. 6; erh. D. 2,5.
- Fnr. 16.11: Nagelschaftfragment; Eisen; geschmiedet; Schaft rechteckig (7 : 4); Erh.: 1 Stück; rostig; nicht konserviert; erh. L. 66; erh. B. 7; erh. D. 4.
- Fnr. 16.12: Nagel; Eisen; geschmiedet; Kopf rechteckig (13 : 8); Schaft rechteckig (5 : 2,5); Erh.: 1 Stück; rostig; nicht konserviert; erh. L. 28; erh. B. 5; erh. D. 2,5.
- Fnr. 16.13: Nagel; Eisen; geschmiedet; Kopf langschmal (15 : 3), Schaft langrechteckig (7 : 3); Erh.: 1 Stück; rostig; nicht konserviert; erh. L. 19; erh. B. 15; erh. D. 3.
- Fnr. 16.14: Nagel; Eisen; geschmiedet; Kopf langrechteckig (11 : 4), Schaft langrechteckig (6 : 3,5); Erh.: 1 Stück; rostig; nicht konserviert; erh. L. 25; erh. B. 11; erh. D. 4.
- Fnr. 16.15: Knochen; Tierknochen; unbestimmbar; Erh.: 1 Fragment.

Schnitt 1/1997, Lm 0 – 1,5 m, Schicht 13 (Abb. 39), zwischen den Randsteinen
- Fnr. 12: BS; Ton; sehr dicht, sehr fein glimmerhältig; sehr dicht, fein steinchengemagert; reduzierend gebrannt; klingend hart gebrannt; dunkelgrau im Bruch; Drehscheibe; Ofl. (innen): feinkörnig; Ofl. (außen): feinkörnig; Erh.: 1 BS; erh. H. 29; rek. Rdm.: 90; Wst. 5. (Abb. 40/9)

Schnitt 1/1997 Schicht 13 (Abb. 39), zwischen den Pflastersteinen
- Fnr. 13.1: Nagel; Eisen; geschmiedet; Kopf: rechteckig (12 : 6), Schaft rechteckig (4,5 : 2); Erh.: Schaft abgebrochen; rostig; nicht konserviert; erh. L. 20. (Abb. 41/16)
- Fnr. 13.2: Nagel; Eisen; geschmiedet; Kopf langrechteckig (10 : 5), Schaft rechteckig (5 : 3); Erh.: Schaft gebogen, Spitze abgebrochen; rostig; nicht konserviert; erh. L. 64. (Abb. 41/23)
- Fnr. 13.3: Fragment; Eisen; geschmiedet; sehr massiv, Kopfteil verbreitert und umgebogen, quadratischer Querschnitt; rostig; nicht konserviert; erh. L. 47; erh. B. 8; erh. D. 7. (Abb. 41/27)
- Fnr. 14.1: Nagel; Eisen; geschmiedet; Kopf viereckig (9 : 11), Schaft rechteckig (5 : 2); Erh.: 1 Stück; rostig; nicht konserviert; erh. L. 44. (Abb. 41/18)
- Fnr. 14.2: Nagel; Eisen; geschmiedet; Kopf rechteckig (12 : 6), Schaft rechteckig (5 : 2); Erh.: 1 Stück; rostig; nicht konserviert; erh. L. 37. (Abb. 41/5)
- Fnr. 14.3: Nagel; Eisen; geschmiedet; Kopf viereckig (10 : 9), Schaft rechteckig (5 : 3); Erh.: 1 Stück; rostig; nicht konserviert; erh. L. 40. (Abb. 41/19)
- Fnr. 14.4: Nagel; Eisen; geschmiedet; Nagelkopf stark umgebogen, Kopf viereckig (15 : 10), Schaft rechteckig (5 : 2); Erh.: Schaft abgebrochen; rostig; nicht konserviert; erh. L. 30. (Abb. 41/1)
- Fnr. 14.5: Nagel; Eisen; geschmiedet; Kopf langrechteckig (18 : 5), Schaft quadratisch (4,5); Erh.: Schaft abgebrochen; rostig; nicht konserviert; erh. L. 35. (Abb. 41/25)
- Fnr. 14.6: Nagel; Eisen; geschmiedet; Form keilförmig, Schaft rechteckig (6 : 3); Erh.: 1 Stück, ev. fehlt auch Kopfteil; rostig; nicht konserviert; erh. L. 28. (Abb. 41/13)
- Fnr. 14.7: HS; Eisen; geschmiedet; Bandhenkel, gesattelt; Erh.: HS; rostig; nicht konserviert; erh. L. 44; erh. B. 27. (Abb. 40/11)
- Fnr. 14.8: Nagelschaftfragment; Eisen; geschmiedet; Schaft rechteckig (5 : 2); Erh.: Kopf fehlt; rostig; nicht konserviert; erh. L. 41.
- Fnr. 14.9: Nagelschaftfragment; Eisen; geschmiedet; Querschnitt rechteckig (5 : 2); Erh.: 1 Stück; rostig; nicht konserviert; erh. L. 49.
- Fnr. 14.10: Nagelschaftfragment; Eisen; geschmiedet; Schaft rechteckig (6 : 4); Erh.: 1 Stück; rostig; nicht konserviert; erh. L. 26,5.
- Fnr. 14.11: Fragment; Eisen; geschmiedet; langoval; Erh.: stark rostig; rostig; nicht konserviert; erh. L. 32; erh. B. 19; erh. D. 9.
- Fnr. 19.1: Nagel; Eisen; geschmiedet; Kopf länglich (16 : 5), Schaft rechteckig (5 : 3,5); Erh.: 1 Stück; rostig; nicht konserviert; erh. L. 39. (Abb. 41/22)
- Fnr. 19.2: Nagel; Eisen; geschmiedet; Kopf rechteckig (13 : 9), Schaft rechteckig (5 : 2); Erh.: 1 Stück; rostig; nicht konserviert; erh. L. 36,5. (Abb. 41/14)

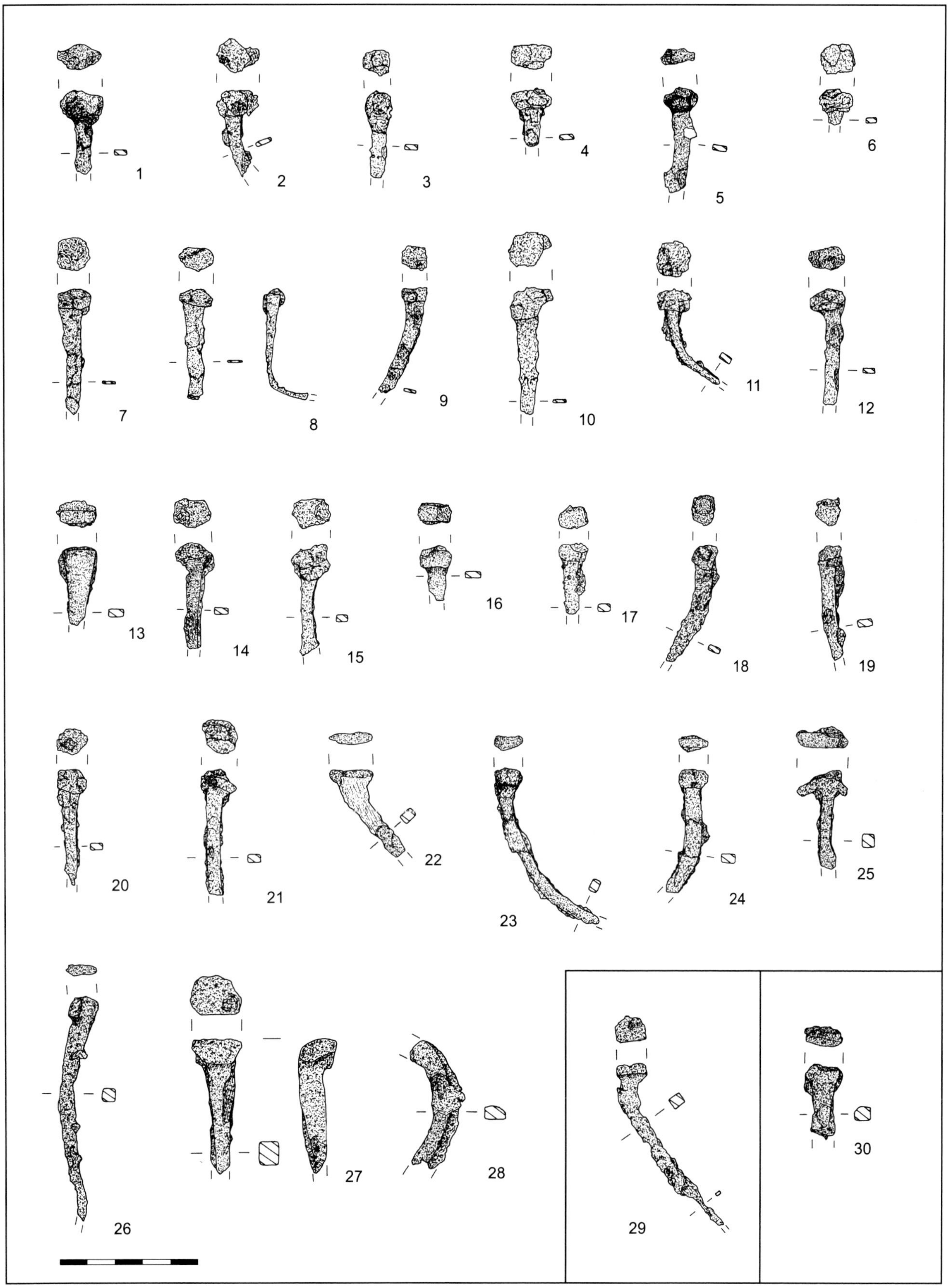

Abb. 41: Kommerzialstraße und Erzweg, Vordernberg. 1–28 Schnitt 1/1999, Laurentistraße. 29 Schnitt 2/1998, Polster/Rodelbahn. 30 Schnitt 3/1998 Polster/Rodelbahn. 1–30 Eisen. M. 1 : 2.

- Fnr. 19.3: Tierknochen; Scapula (unterer Rand), kleiner Widerkäuer, nicht näher bestimmbar; Erh.: 1 Fragment; erh. L. 39; erh. B. 14.
- Fnr. 21.1: Nagel; Eisen; geschmiedet; Kopf annähernd rechteckig (12 : 8), Schaft langrechteckig (5,5 : 1); Erh.: 1 Stück; rostig; nicht konserviert; erh. L. 39. (Abb. 41/8)
- Fnr. 21.2: Nagel; Eisen; geschmiedet; Kopf annähernd quadratisch (12 : 13), Schaft rechteckig (5 : 3); Erh.: 1 Stück; rostig; nicht konserviert; erh. L. 44,5. (Abb. 41/21)
- Fnr. 21.3: Nagel; Eisen; geschmiedet; Kopf breitrechteckig (14 : 11), Schaft rechteckig (4,5 : 2,5); Erh.: 1 Stück; rostig; nicht konserviert; erh. L. 40. (Abb. 41/15)
- Fnr. 21.4: Nagel; Eisen; geschmiedet; Kopf rechteckig (6 : 10), Schaft langrechteckig (5 : 2); Erh.: 1 Stück; rostig; nicht konserviert; erh. L. 31. (Abb. 41/3)
- Fnr. 21.5: Nagel; Eisen; geschmiedet; Kopf unregelmäßig viereckig (11 : 9), Schaft rechteckig (5 : 2,5); Erh.: 1 Stück; rostig; nicht konserviert; erh. L. 41,5. (Abb. 41/20)
- Fnr. 21.6: Nagel; Eisen; geschmiedet; Kopf breitrechteckig (11 : 9), Schaft langrechteckig (6 : 1,5); Erh.: 1 Stück; rostig; nicht konserviert; erh. L. 30,5. (Abb. 41/2)
- Fnr. 21.7: Nagel; Eisen; geschmiedet; Kopf rechteckig (11 : 6), Schaft rechteckig (5 : 3); Erh.: 1 Stück; rostig; nicht konserviert; erh. L. 25. (Abb. 41/17)
- Fnr. 21.8: Nagel; Eisen; geschmiedet; Kopf langrechteckig (11 : 5), Schaft rechteckig (6 : 3,5); Erh.: 1 Stück; rostig; nicht konserviert; erh. L. 44. (Abb. 41/24)
- Fnr. 21.9: Nagel; Eisen; geschmiedet; Kopf quadratisch (9 : 9), Schaft langrechteckig (5 : 1,5); Erh.: 1 Stück; rostig; nicht konserviert; erh. L. 40.
- Fnr. 21.10: Nagel; Eisen; geschmiedet; Kopf quadratisch (12,5 : 12), Schaft rechteckig (5 : 2,5); Erh.: 1 Stück; rostig; nicht konserviert; erh. L. 39. (Abb. 41/11)
- Fnr. 21.11: Nagel; Eisen; geschmiedet; Kopf rechteckig (14 : 8), Schaft rechteckig (5,5 : 2); Erh.: 1 Stück; rostig; nicht konserviert; erh. L. 21. (Abb. 41/4)
- Fnr. 21.12: Nagel; Eisen; geschmiedet; Kopf annähernd quadratisch (12 : 10), Schaft rechteckig (4 : 2); Erh.: 1 Stück; rostig; nicht konserviert; erh. L. 12,5. (Abb. 41/6)
- Fnr. 21.13: Nagelschaftfragment; Eisen; geschmiedet; Schaft rechteckig (5 : 3); Erh.: 1 Stück; rostig; nicht konserviert; erh. L. 56.
- Fnr. 21.14: Nagelschaftfragment; Eisen; geschmiedet; Schaft rechteckig (5 : 4); Erh.: 1 Stück; rostig; nicht konserviert; erh. L. 56.
- Fnr. 21.15: Nagelschaftfragment; Eisen; geschmiedet; Schaft rechteckig (4 : 2); Erh.: 1 Stück; rostig; nicht konserviert; erh. L. 22.
- Fnr. 21.16: Fragment; Eisen; geschmiedet; Erh.: 1 Stück; rostig; nicht konserviert; erh. L. 38; erh. B. 21; erh. D. 4,5.
- Fnr. 21.17: Fragment; Eisen; geschmiedet; Erh.: 1 Stück; rostig; nicht konserviert; erh. L. 22; erh. B. 20; erh. D. 3.
- Fnr. 21.18: Fragment; Eisen; geschmiedet; Erh.: 1 Stück; rostig; nicht konserviert; erh. L. 14; erh. B. 10; erh. D. 1,5.
- Fnr. 21.19: Nagel; Eisen; geschmiedet; Kopf rechteckig, Schaft rechteckig (3 : 1,5); Erh.: 1 Stück; rostig; nicht konserviert; erh. L. 25,5.
- Fnr. 21.20: Nagelschaftfragment; Eisen; geschmiedet; Erh.: 1 Stück; rostig; nicht konserviert; erh. L. 18; erh. B. 3,5; erh. D. 1.
- Fnr. 21.21: Fragment; Eisen; geschmiedet; Erh.: 1 Stück; rostig; nicht konserviert; erh. L. 18; erh. B. 5,5; erh. D. 2.
- Fnr. 21.22: Nagel; Eisen; geschmiedet; Erh.: 1 Stück; rostig; nicht konserviert; erh. L. 18,5; erh. B. 3; erh. D. 2.
- Fnr. 21.23: RS; Ton; fein glimmerhältig; dicht, fein steinchengemagert; oxidierend gebrannt; mäßig hart gebrannt; mittelorangebraun im Bruch; Drehscheibe; Ofl. (innen): feinkörnig, dunkelolivbraun-dunkelgrün glasiert; Ofl. (außen): glatt, graubraun, braunoliv glasiert; Mundsaum: ausladend, stumpf umgeklappt, nicht untergriffig; Erh.: 1 RS; rek. H. 16; Wst. 2,5. (Abb. 40/5)
- Fnr. 21.24: BS; Ton; dicht, fein glimmerhältig; dicht, fein steinchengemagert; oxidierend gebrannt; klingend hart gebrannt; lebhaftrötlichorange-lebhaftorangebraun im Bruch; Drehscheibe; Ofl. (innen): feinkörnig, dunkelbraun glasiert; Ofl. (außen): glatt, orangebraun-schwarz; Boden: eben; Boden innen ein Absatz; Erh.: 1 BS; rek. H. 12; rek. Bdm. 65. (Abb. 40/6)
- Fnr. 21.25: WS; Ton; dicht, sehr fein steinchengemagert; oxidierend gebrannt; mäßig hart gebrannt; mittelbraunorange im Bruch; Ofl. (innen): glatt, dunkelbraunorange glasiert; Ofl. (außen): glatt, mittelbraunorange; Bemalung, innen dunkelbraunoranger Untergrund, gelblichweiße und gelblichgrüne winzige Reste; Erh.: 1 WS; erh. H. 19; Wst. 6,5.
- Fnr. 21.26: Tierknochen; Lendenwirbel, Rind?; Erh.: 1 Fragment.
- Fnr. 21.27: Tierknochen; Dornfortsatz eines Lendenwirbels, Schwein; Erh.: 1 Stück.
- Fnr. 21.28: Tierknochen; unbestimmbar; Erh.: 5 Fragmente.
- Fnr. 21.29: WS-Ofenkacheln; Ton; dicht, fein steinchengemagert; oxidierend gebrannt; hart gebrannt; mittelbraunorange im Bruch; Ofl. (innen): feinkörnig, mittelbraunorange; Ofl. (außen); feinkörnig, mittelbraunorange; Erh. 8 WS; Wst. 6.
- Fnr. 21.30: RS; Ton, mäßig hart gebrannt; orangeweiß im Bruch; Ofl. (innen): feinkörnig, orange-

weiß – braungrau; Ofl. (innen):feinkörnig, orangeweiß, dunkelgrünoliv glasiert; Erh.: 1 RS; Wst. 4.

Schnitt 1/1997 Schicht 13 (Plan 5), zwischen den Pflastersteinen, beim Abhub des Pflasters

- Fnr. 17.1: Nagel; Eisen; geschmiedet; Kopf quadratisch (11,5 : 11,5), Schaft rechteckig (5 : 1); Erh.: 1 Stück; rostig; nicht konserviert; erh. L. 44. (Abb. 41/7)
- Fnr. 17.2: Nagel; Eisen; geschmiedet; Kopf langrechteckig (11 : 3,5), Schaft quadratisch (5); Erh.: 1 Stück; rostig; nicht konserviert; erh. L. 79; erh. D. 4,5. (Abb. 41/26)
- Fnr. 17.3: Fragment; Eisen; geschmiedet; gebogen, massiv; Erh.: 1 Stück; rostig; nicht konserviert; erh. L. 45; erh. B. 8; erh. D. 5. (Abb. 41/28)
- Fnr. 17.4: Nagelschaftfragment; Eisen; geschmiedet; Schaft rechteckig (5 : 3); Erh.: 1 Stück, Kopf fehlt; rostig; nicht konserviert; erh. L. 25; erh. B. 6,5; erh. D. 3.
- Fnr. 17.5: Nagelschaftfragment; Eisen; geschmiedet; Schaft rechteckig (8 : 6); Erh.: 1 Stück; rostig; nicht konserviert; erh. L. 41.

Schnitt 1/1997, Lm 11 m, neben Spurrillenstein 155

- Fnr. 18: Nagel; Eisen; geschmiedet; Kopf rechteckig (12 : 7), Schaft (5 : 1); Erh.: 1 Stück; rostig; nicht konserviert; erh. L. 40,5. (Abb. 41/12)

6.3.1.2.2 Die Rekonstruktion des Erzweges 1998 (Laurentistraße)

Das Teilstück des Erzweges wurde nach der Dokumentation im August 1997 Stein für Stein aus seinem ursprünglichen Bett herausgenommen und über den Winter zwischengelagert. Im Herbst 1998 wurde das Teilstück in Zusammenarbeit mit der Marktgemeinde Vordernberg parallel zur ursprünglichen Fundstelle als weitere Attraktion des *Erzwanderweges* nahe der Laurentiröst in Vordernberg originalgetreu wiederaufgebaut (Abb. 42).

Der *Erzwanderweg*, eine der touristischen Attraktionen von Vordernberg, vereint zahlreiche Denkmale des Erztransportes und andere montanhistorisch bedeutsame Bauwerke.[113] Das wieder aufgebaute Teilstück des *Arzt=fuhr=weeges* oder Erzweges ist nun das älteste Dokument bzw. Denkmal des Erztransportes vom Erzberg nach Vordernberg.

113 Köstler/Slesak 1996, 32ff., bes. 37ff.

6.3.2 Archäologische Befunde 1998 (Polster/Rodelbahn)

Im Herbst 1998 waren weitere Bauarbeiten für den Ausbau der Schipisten und Liftanlagen am Polster/ Präbichl geplant. Aufgrund von Kabelverlegungen der Post & Telekom Austria im Frühjahr und Sommer 1997 war bekannt, dass die Trasse der „alten Bundesstraße", die seit ihrer Auflassung als öffentliche Straße in den 1980er Jahren als Privatstraße zur Holzbringung und im Winter als Rodelbahn genutzt wird, im Bereich der geplanten Bauarbeiten ident mit der Kommerzialstraße sein müsste, wie dies bereits im Sommer 1997 im Ortsteil Almhäuser beobachtet werden konnte.

Aufgrund einer Karte aus dem Jahr 1755 (siehe Kap. 6.5.2) war anzunehmen, dass Erzweg und Kommerzialstraße in diesem Abschnitt direkt nebeneinander in einer durchgehenden Trasse angelegt waren. Eine Darstellung der *Neuen Comercial Strassen* und des *Arzt=fuhr=weeges* mit entsprechenden Fuhrwerken im rechten unteren Teil der Karte aus 1755 zeigt, wie dies vorzustellen sei. (Vgl. Kap. 6.5.2.2 und Abb. 65)

Im Zuge der Bauarbeiten wurde im November 1998 die Trasse der Kommerzialstraße aus der Mitte des 18. Jahrhunderts an zwei Stellen gequert (Abb. 8 und 43). Der erste Schnitt (Schnitt 2/1998) erfolgte in der Trasse des neuen Sesselliftes, der zweite Schnitt (Schnitt 3/1998) im Bereich der neuen Schipiste. Zuerst regnerisches und anschließend sehr schneereiches und sehr kaltes Wetter wie auch der Zeitdruck erschwerten die Arbeiten zusehends.

6.3.2.1 Schnitt 2/1998 (Polster/Rodelbahn)

Am 10. November 1998 wurde südlich der Schiliftstütze Nr. 4 eine 1 m breite Künette, die Straße schräg querend, angelegt (Abb. 43 – 45). Strom- und Telefonkabel für die Liftanlage sollten hier verlegt werden. In etwa 0,90 bis 1,1 m Tiefe befand sich das Steinpflaster der Altstraße. Der Straßenrand der Altstraße stimmte annähernd mit dem heutigen Straßenrand überein. Die nördlich bzw. bergseitig angelegte Wasserrinne aus Betonschalen hatte die Altstraße nicht berührt. Auch der südliche oder talseitige Straßenrand war vollständig erhalten. Im südlich angrenzenden Bereich hatte die von der Post & Telekom Austria (1997) angelegte Künette jedoch den Erzweg großteils zerstört, wie Spurrillensteine im Aushub bzw. der Verfüllung nahelegten. Spurrillensteine in dieser Form waren bereits vom Erzweg/ Laurentistraße 1997 bekannt. Das Steinpflaster des Erzweges konnte im Profil bis zur Künette, durch die Störung und den dort bereits abfallenden Hang jedoch nicht weiter verfolgt werden. Auffallend war, dass im Bereich der Kommerzialstraße nur in gerin-

Abb. 42: Rekonstruktion des Erzweges neben der Laurentiröst, Vordernberg, 1998.

1–3 Einsetzen des Steinpflasters.

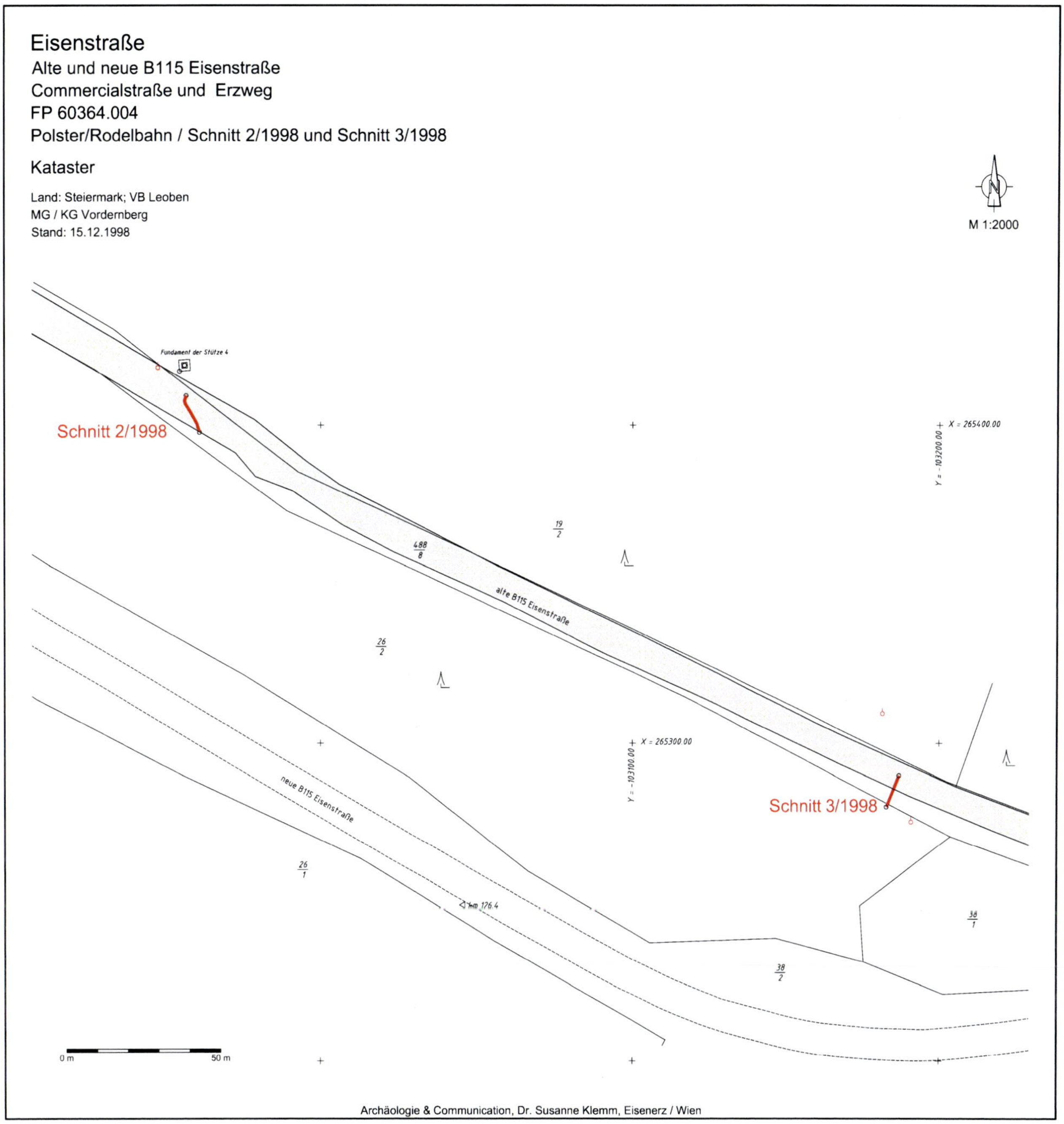

Abb. 43: Eisenstraße. Kommerzialstraße und Erzweg. Vordernberg, Polster/Rodelbahn. Kataster Schnitt 2/1998 und Schnitt 3/1998. M. 1 : 2000.

Abb. 44: Kommerzialstraße und Erzweg, Vordernberg. Schnitt 2/1998.

1 Ansicht von Südosten.

2 „Putzen" des Steinpflasters, Freiwillige Feuerwehr Vordernberg.

3 Das abgespritzte Steinpflaster.

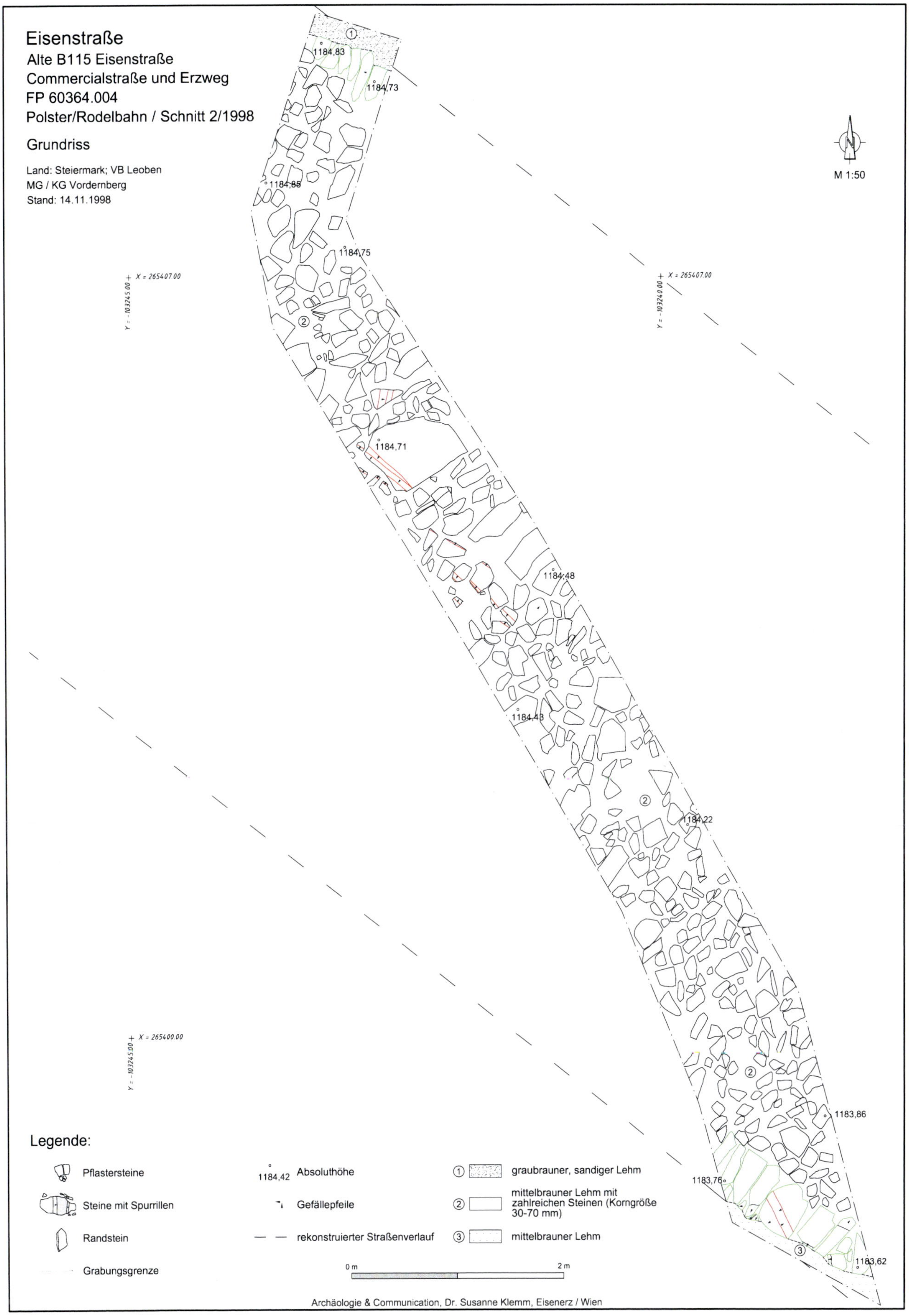

Abb. 45: Die Eisenstraße. Kommerzialstraße und Erzweg. Vordernberg, Polster/Rodelbahn. Grundriss, Schnitt 2/1998. M. 1 : 50.

gem Maße Spurrillen zu erkennen waren. Die Breite der Kommerzialstraße kann in diesem Bereich wegen des schräg angelegten Schnittes nicht mit Sicherheit angegeben werden. Sie war ca. 7 m breit. (Abb. 45)

Das Steinpflaster war durchgehend erhalten, ebenso die Randbefestigung. Während im Straßenpflaster Zwischenräume zwischen größeren Steinen mit kleinen, im Durchmesser 3–7 cm großen Steinen gefüllt waren, war der Straßenrand sorgfältig aus größeren, länglichen, eng aneinander gesetzten Steinen, die quer zur Fahrtrichtung gelegt wurden, gebildet. Die Breite (quer zum Straßenrand) der Randsteine betrug 10–22 cm, mit einer Ausnahme auch 38 cm, ihre Länge 40–50 cm, doch waren auch kleinere verwendet worden. Die Form der Pflastersteine an der Oberfläche war meist viereckig bis rechteckig, es kamen auch dreieckige und mehreckige, sehr unregelmäßige Formen vor. Ihre Größe war gleichfalls sehr variabel, die kleineren maßen beispielsweise 20 : 10 cm, 17 : 14 cm oder 16 : 13 cm, die größeren Blöcke konnten Maße von 40 : 20 cm, 57 : 24, 72 : 65 cm erreichen.

Das „Überputzen" mittels Abspritzen mit Wasser durch die Freiwillige Feuerwehr Vordernberg am 13. November 1998 ermöglichte, die ursprüngliche Farbe des für die Pflasterung verwendeten Gesteins zu erkennen (Abb. 44). Zumindest in diesem Bauabschnitt dürfte es sich großteils, wenn nicht ausschließlich, um einen grünlichgrauen, feinkörnigen Porphyroid (vgl. die Bestimmung in Kap. 6.3.2.2) handeln.

Die Wölbung des Pflasters zur Straßenmitte wurde in diesem schräg die Straße querenden Schnitt nur im nördlichen Teil andeutungsweise kenntlich. Das Gefälle betrug in diesem Abschnitt 8–10 %. Spurrillen waren nur an einer Stelle im nördlichen Teil eingefahren. Die durchwegs eher geringe Größe der Pflastersteine wie des kleinstückigen Füllmaterials lassen dennoch auf eine längere Benützungsdauer und zahlreiche Ausbesserungen schließen. Da das Straßenpflaster an dieser Stelle in situ verblieb – die Tiefe der Künette war ausreichend und die Kabel wurden darüber verlegt –, konnte für diesen Straßenabschnitt die mehrmalige Nutzung von Spurrillensteinen nicht nachgewiesen werden. Eine Ausnahme bildet ein Randstein des südlichen Straßenrandes (Abb. 45).

Die gesamte Aufschüttung über der gepflasterten Altstraße, Schicht (1), betrug in der Straßenmitte 0,93 m. Schicht (2) bestand aus sehr hart gepresstem, sehr steinigem, graubraunem Lehm und war ca. 15 cm mächtig. Darüber befand sich eine weitere, ca. 20 cm starke, relativ harte, steinige (Steine scharfkantig), hellbraune Lehmschicht, Schicht (3), die von einer 5 cm dicken, grauen bis schwärzlichen Schotterschicht mit Bitumenresten, Schicht (4), überdeckt wurde. Schicht (5) bestand aus rötlichem, durchgehend sehr lockerem, sandig-steinigem Material mit Steinen bis zu 15 cm Durchmesser. Sie war etwa 53 cm mächtig und in der oberen Hälfte etwas fester und dunkler. Den Abschluss bildete die heutige Straßenoberkante, Schicht (6), die ehemalige Asphaltdecke war nach Auflassung der Trasse als Bundesstraße entfernt worden. Am nördlichen Straßenrand schloss graugrüner, sandiger Lehm an, im südlichen Teil stand mittelbrauner, sehr fester Lehm, der auch größere Steinblöcke enthalten konnte, an, der hier vielerorts den anstehenden Boden bildet. Ein Unterbau des Straßenkörpers konnte in diesem Schnitt nicht beobachtet werden.

Die Funde von Schnitt 2/1998 (Abb. 41)

Da das Freilegen und das erste Überputzen des Straßenpflasters bei sehr feuchtem Wetter durchgeführt werden musste, war es durchaus möglich, dass weitere kleine Eisenteile oder andere Funde übersehen wurden.

Schnitt 2/1998 Straßenpflaster allgemein

- Fnr. 22: Nagel; Eisen; geschmiedet; Kopf breitrechteckig (11 : 9,5), Schaft quadratisch (5 : 5); Erh.: 1 Stück; rostig; nicht konserviert; erh. L. 67. (Abb. 41/29)

6.3.2.2 Schnitt 3/1998 (Polster/Rodelbahn)

Am 13. November wurde Schnitt 3 geöffnet und an den folgenden Tagen frei geputzt. Schnitt 3 wurde im selben Abschnitt der Trasse 260 m südöstlich in Richtung Almhäuser/Vordernberg zur Rohrverlegung der Beschneiungsanlage für die neue Schipiste notwendig. Diese Schipiste quert hier die Altstraßentrasse (Abb. 46–48).

In dem 1,20 m breiten Schnitt quer über die Straße lag das Straßenpflaster in 0,65 m bis 1,20 m Tiefe. Das Steinpflaster der Kommerzialstraße war in einer Breite von 6,70 m erhalten. Am bergseitigen Straßenrand waren ähnlich wie bei Schnitt 2/1998 längliche Steine quer zum Straßenverlauf verlegt. Einige dieser Steine fehlten. Der anschließende graue, sandige Lehm dürfte von einer späteren Störung herrühren, da in diesem Bereich die Betonschalen für die Entwässerung verlegt wurden. Ein senkrecht stehender Steinblock könnte aufgrund der Störung in diese Position gekommen sein, wenngleich es auch verlockend ist zu vermuten, dass es sich um einen der Blöcke der Straßenbegrenzung – einen Vorgänger der späteren „Leitpflöcke" – handeln könnte.

Von der leicht gewölbten Fahrbahn der Kommerzialstraße setzte sich die 2,10 m breite Fahrbahn des Erzweges deutlich durch eine 17 cm hohe Stufe ab. Es schloss eine horizontale, maximal 2,5 m breite und bis zu 0,30 m hohe Schicht aus drei Lagen kleinerer

Steine (ca. 18 : 15 : 10 cm) an. Sie setzte unterhalb der senkrecht gesetzten, wesentlich höheren Randsteine des Erzweges an. (Abb. 47/2.3 und 48)

Das Pflaster der Kommerzialstaße wie auch das des Erzweges entsprach den vorherigen Beobachtungen. Die Steine waren an der Oberfläche sehr glatt und die Kanten abgerundet. Die Zwischenräume waren mit kleineren Steinen wie bei Schnitt 2/1998 gefüllt. Ursprünglich waren zwischen den ausgesucht großen Steinblöcken für die Fahrspur der Erzwägen kleinere Steine verlegt worden. Durch die starke Wölbung in der Fahrbahnmitte des Erzweges wurden sie im Zuge der Freilegung irrtümlich vom Bagger erfasst. Die Spurrillen oder „Geleise" waren merklich in die Steine eingetieft. (Abb. 47/3)

Im mittleren Bereich der Kommerzialstraße verursachte die Verlegung der Postkabel eine Störung des Pflasters. Die erkennbaren, zum Teil sehr tiefen Spurrillen beiderseits dieser Störung liegen in einem Abstand von ca. 1,27 m (von der Mitte der Spurrille aus gemessen). Im nordöstlichen Teil der Fahrbahn waren an einzelnen Steinen gleichfalls ähnliche Abnützungen der Wagenräder zu sehen. Eine eindeutige Spurweite lässt sich jedoch nicht bestimmen. Die Spurweite des Erzweges in Schnitt 3 entsprach mit ca. 0,93 m dem Befund des Teilstückes in der Laurentistraße aus dem Jahr 1997 (Schnitt 1/1997). An der Sohle maßen die Spurrillen des Erzweges 5 – 7 cm, bei der Kommerzialstraße 7 – 10 cm, ein deutlicher Hinweis auf eine Nutzung durch unterschiedliche Fahrzeuge. Die Steigung der Straße von bis zu 10 % war auch hier beachtlich.

Die Aufschüttung über der Altstraße war variabler als in Schnitt 2. Aufgrund der Witterungsverhältnisse und des großen Zeitdruckes bzw. mangels ausreichender Finanzierung konnte das Profil nur fotografisch dokumentiert werden. Es war durchschnittlich 0,65 bis 1,20 m mächtig und kann folgendermaßen beschrieben werden (Abb. 46/3 und 47/1):

Die Aufschüttungen direkt über dem Pflaster der Kommerzialstraße, Schicht (1a), unterschieden sich von jenen über dem Pflaster des Erzweges, Schicht (1b). Über der Kommerzialstraße befand sich eine erste Schotterschicht, Schicht (2). Über dieser befand sich eine Lage „Grobschlag" – sehr große, bis zu 40 cm breite und 30 cm hohe, kantige Steinblöcke, der Schicht (3). Zwischen diesen Steinen befand sich Schotter geringerer Korngröße. Es folgte Schicht (4), scharfkantiger Schotter, welcher wohl als Unterlage für die als Schicht 5 aufgebrachte Bitumen-Spritzdecke diente. Die Schichten (6) und (8), rötlichbraunervioletter, sehr sandreicher, lockerer Schotter mit einer Korngröße von 10 – 150 mm waren durch eine ockerfarbene, steinige Lehmschicht getrennt. Die ehemalige Asphaltschicht der „alten Bundesstraße" fehlte, da sie wegen der Nutzung der Trasse als Rodelbahn hinderlich war. Die Aufschüttungen über dem Erzweg unterschieden sich deutlich, lediglich die Schichten (5) und (7) waren durchgehend erkennbar.

Das Pflaster der Kommerzialstraße war abgesehen von der Störung durch Postkabel vollständig erhalten. Auch die Erzwegtrasse war komplett vorhanden und wurde erst durch die Baggerarbeiten während der Freilegung beschädigt. Die Schotterschicht (2) ist vergleichbar mit den Schichten (2) und (3) von Schnitt 2, es handelt sich um hart zusammengepressten, steinigen Materialauftrag aus Kies und Lehm. Die Schichten (3)–(5) beschreiben eine bis in die Mitte des 20. Jahrhunderts in Österreich gebräuchliche Technik im Straßenbau: die sogenannte Packlage (vgl. Kap. 13). Noch in den 1930er und 1950er Jahren wurde „Grobschlag" beim Straßenbau verwendet.[114] Straßenbauarbeiten am Präbichl gab es mit Sicherheit in den 1930er wie in den 1950er Jahren. Die Präbichlstraße dürfte nach Auskünften aus der Bevölkerung bis nach dem Ersten Weltkrieg eine Schotterstraße gewesen sein. Die Schicht (5), die Bitumen-Spritzdecke, könnte daher aus der Zwischenkriegszeit stammen, die folgenden Schichten aus späterer Zeit.

Die Funde von Schnitt 3/1998 (Abb. 41)

Da die Pflasterung aus Zeitgründen bzw. witterungsbedingt mit dem Bagger ausgehoben wurde, konnten ev. weitere Kleinfunde zwischen den Spurrillensteinen bzw. in den Zwischenräumen nicht geborgen werden.

Schnitt 3/1998 Straßenpflaster allgemein

- Fnr. 23.1: Nagel; Eisen; geschmiedet; beim Kopfende verbreitert, ev. umgeschlagen, Schaft annähernd quadratisch (6 : 5); Erh.: 1 Stück; rostig; nicht konserviert; erh. L. 27. (Abb. 41/30)
- Fnr. 23.2: Nagelschaftfragment; Eisen; geschmiedet; Schaft quadratisch (6 : 6); Erh.: 1 Stück, beidseitig abgebrochen; rostig; nicht konserviert; erh. L. 35.
- Fnr. 23.3: Eisenobjekt; Eisen; geschmiedet; länglich; Erh.: 1 Stück, stark verkrustet; rostig; nicht konserviert; erh. L. 55; erh. B. 21,5; erh. D. 13.
- Fnr. 24: Gesteinsprobe; Stein; grünlichgrauer, feinkörniger Porphyroid mit richtungslos-körniger Textur; Erh.: 3 Stück.

Schnitt 3/1998 Straßenpflaster Erzweg

- Fnr. 25: Spurrillenstein; Stein; Erh.: 1 Stück.

Schnitt 3/1998 Aushub

- Fnr. 26: Glas; Erh.: 1 Fragment.

114 Ich danke Herrn HR DI Friedrich, Baubezirksleitung Bruck/Mur, für diese Informationen.

Abb. 46 Kommerizalstraße und Erzweg, Vordernberg. Schnitt 3/1998.

1 Übersicht von Nordosten.

2 Nahaufnahme von Nordosten.

3 Ostprofil mit jüngerer Packlage.

Abb. 47: Kommerzialstraße und Erzweg, Vordernberg. Schnitt 3/1998.

1 Übersicht von Norden.

2 Im Vordergrund „Sommerweg"/Fundament und Erzweg. Blick von Süden.

3 Fahrbahn des Erzweges mit abgesetzter Stufe zur Fahrbahn der Kommerzialstraße.

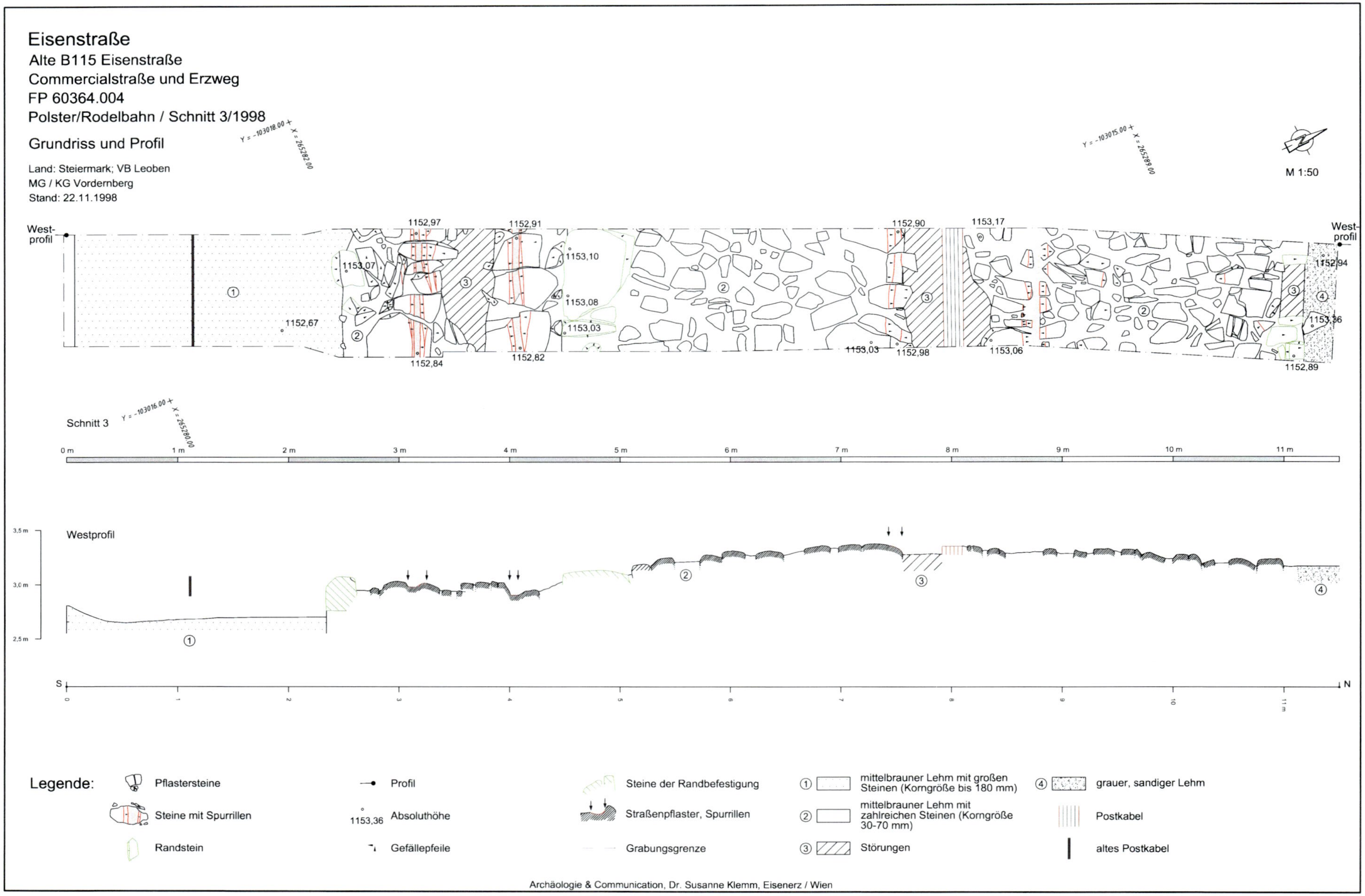

Abb. 48: Eisenstraße. Kommerzialstraße und Erzweg. Vordernberg, Polster/Rodelbahn. Grundriss und Westprofil, Schnitt 3/1998. M. 1 : 50.

Mineralogische Untersuchungen an einem Pflasterstein der Kommerzialstraße, Probe Nr. 60364.004-24 (H. Neinavaie[115])

Es handelt sich um einen grünlichgrauen, feinkörnigen Porphyroid mit richtungslos-körniger Textur. Aufgrund seiner Textur besitzt dieser Gesteinstyp eine relativ hohe Abriebfestigkeit. Der Porphyroid (Blasseneckporphyroid) ist im Gebiet Eisenerz – Vordernberg weit verbreitet, z. B. südlich Füllerkreuz und Dirninggraben/Vordernberg sowie Gerichtsgraben/Eisenerz und Rötzgraben/Hafning bei Trofaiach. Die Untersuchung im Mikroskop ergab folgenden Befund: Die Grundmasse besteht überwiegend aus rekristallisiertem, feinkörnigem Quarz-Plagioklaspflaster mit Einsprenglingen von Feldspat-Quarzgranoblasten (siehe Abb. 49/1). Die Einsprenglinge sind nicht selten kataklastisch und zeigen manchmal auch magmatische Korrosionserscheinungen (siehe Abb. 49/2). Als weitere Minerale treten untergeordnet Chlorit, Muskovit, Epidotminerale, Titanit, Leukoxen und Calcit auf. Ilmenit, Magnetit, Pyrit, Apatit und Zirkon stellen akzessorische Bestandteile dar.

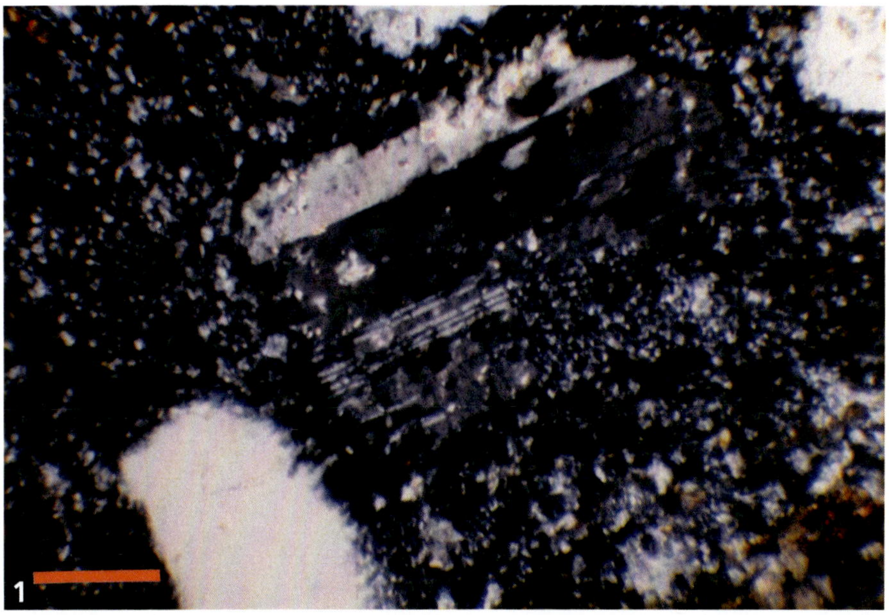

Abb. 49: Mineralogische Untersuchung eines Pflastersteins von Schnitt 3/1998 (Fnr. 24). Porphyroid.

1 Granoblastischer Plagioklas mit Zwillingslamellen (etwa Bildmitte), Quarz (weiß, unten links) und Titanit (rechts unten) in feinkörniger Grundmasse aus Quarz-Plagioklaspflaster. Polierter Dünnschliff, Nicols gekreuzt.

2 Kataklastisches Quarzkorn mit Rekristallistationserscheinungen (links im Bild), Plagioklas mit Zwillingslamellen und feine Einschlüsse von Serizit (oben rechts). Karbonat (unten Bildmitte) sowie feinkörnige Quarz-Plagioklaskornaggregate (Matrix). Polierter Dünnschliff, Nicols gekreuzt.

Maßstab: rote Leiste 0,05 mm.

115 Firma GEOÖKO Dr. Herbert Pirkl, Freiheitsplatz 1, 8790 Eisenerz (1999).

6.3.3 Archäologische Befunde 1999 (Polster, Präbichl)

Im Sommer 1999 wurde der Ausbau des Kanalnetzes in der Marktgemeinde Vordernberg im nördlichen Ortsgebiet fortgesetzt. In einem Schnitt nördlich des Ortsteiles Almhäuser, der für eine Querung des Kanals zur gegenüberliegenden Straßenseite angelegt wurde, wurde die Kommerzialstraße weiter untersucht. Auf der Passhöhe wurde die alte, mit Steinen gepflasterte Fahrbahn mit kleinen Suchschnitten gesucht, um eine Lage für die Kanalkünette zu finden, die die Altstraße nicht weiter zerstörte. Die archäologischen baubegleitenden Untersuchungen fanden im Zeitraum vom 26. Juli bis 19. Oktober 1999 statt.

6.3.3.1 Schnitt 4/1999 (Polster)

Nach den archäologischen Untersuchungen 1997 und 1998 waren mehrere Fragen offen geblieben, vor allem die Frage der Befestigung des Straßenrandes sowie die Frage nach einem Straßengraben bergseitig. Nördlich des Ortsteiles Almhäuser war bereits auf der Trasse der alten B 115/Neuen Kommerzialstraße ein Kanalschacht gesetzt worden (Abb. 17, Kap. 6.2). Angeblich hatte man dort keine gepflasterte Straße angetroffen. Wie sich jedoch herausstellte, war durch die Setzung des Kanalschachtes die Fahrbahn des angebauten Erzweges vollkommen zerstört, die Fahrbahn wie in den Profilen 1997 und in den Schnitten 1998 mit großen Steinblöcken dicht gepflastert.

Der Schnitt 4/1999 hatte eine Länge von knapp 8 m und eine Breite von maximal 2 m (Abb. 50–56). Eine hangseitige Verlängerung nach Nordosten war nicht möglich, da hier Stromkabel für die Versorgung des Schiliftes verlegt waren.

Das historische Straßenpflaster befand sich in einer Tiefe von ca. 0,75 bis 0,90 m unter der Asphaltoberkante. Von der Außenseite der Randsteine gemessen befand sich der rezente Böschungsfuß in 4,20 m Entfernung. Den nord- oder bergseitigen Straßenrand bildeten senkrecht gesetzte, eher schmälere Steine, die meist 6–23 cm, aber auch bis 27 cm über das Pflaster hinausragten und an der Außenseite mittels kleinerer Steine fest verkeilt waren. Dieser Randbereich war im Planum bis zu 0,50 m breit und Teil von Schicht (29). Eine bis zu 0,70 m hohe Packung aus kleinen unregelmäßig aufgebrachten Steinen, Schicht (35), verhinderte zusätzlich, dass die Randsteine ihre Position veränderten. Diese Schicht fiel zum Straßengraben hin schräg ab. Dieser war mindestens 2,5 bis 3 m breit und etwa 0,60 m tief. (Abb. 52/2, 54/3 und Westprofil Abb. 56)

An der Basis des Straßengrabens befanden sich mehrere große Steinblöcke und eine Zahl kleinere Steine; sie könnten von der Straßenpflasterung in einem höher gelegenen Abschnitt stammen und eingeschwemmt worden sein. Während die Schichten (25) und (39) mit Sicherheit, ev. auch Schicht (36), Teil des anstehenden Bodens sind, sind die Schichten (22), (26)–(28) und (30) als spätere Verfüllungen zu interpretieren. Es ist zu vermuten, dass der ursprünglich tiefere Straßengraben im Zuge der Straßenbenützung bei Reparaturarbeiten nicht mehr so tief ausgehoben wurde, so dass die Schichten (22), (23), (26), (27) und (30) die letzte Oberkante des Straßengrabens bildeten, bevor mit dem Material von Schicht (21) endgültig verfüllt wurde. Diese Verfüllung kann nach und nach passiert sein, da zahlreiche kleine Steine, die sichtlich dem Steinmaterial der Pflasterung entsprachen, enthalten waren. Denkbar ist auch, dass Schicht (35) Teil einer späteren Straßenreparatur zur besseren Befestigung des Straßenrandes war. (Abb. 56, Westprofil)

Die Fahrbahn der gepflasterten Altstraße war in der Mitte gewölbt und stieg zum Straßenrand hin wieder an. Die Bereiche zwischen den Spurrillen lagen beiderseits der Wölbung auf ähnlichem Niveau, möglicherweise waren an diesen Stellen die Pflastersteine aufgrund der Belastung mit der Zeit auch noch etwas stärker in den Untergrund gedrückt. Ein geringes Längsgefälle in Fahrtrichtung war gegeben. (Abb. 56)

Die Steine des Straßenpflasters hatten einen Durchmesser bis zu 75 cm, ihre Höhe betrug von 17 bis 44 cm, der Großteil hatte eine Höhe über 30 cm. Die zugerichteten Steine waren dicht miteinander verkeilt worden. Steine mit geringerer Höhe verwendete man demnach als Füllmaterial zwischen den großen Steinblöcken. Andererseits waren die Steinblöcke durch die starke Beanspruchung sichtlich oft gebrochen, was erst beim Herausnehmen der Steine zu beobachten war. Viele der kleinen Steine waren entweder Teile von großen Steinen oder bildeten ursprünglich zusammen größere Steine.

In der hangseitigen Hälfte der Fahrbahn waren deutliche Spurrillen vorhanden, mit einer Spurweite von 1,10 m, jeweils von der Mitte gemessen. Davon war die nördliche Spurrille mit einer Tiefe von 7 cm, mit einer Breite an der Oberkante von 30–38 cm und an der Basis bis zu 10 cm sehr stark ausgefahren. Im südlichen Fahrbahnteil waren die Spurrillen nur durch den stärkeren Abrieb auf einigen wenigen Steinen etwas hervorgehoben, eine Breite von 1–1,10 m kann auch hier abgelesen werden (Abb. 53/1, vgl. Planum und Süd-Nord-Profil auf Abb. 54).

Das Steinpflaster war in eine Schicht (29) aus dunkelbraunem, sehr hartem Lehm mit kleineren und größeren Steinen gesetzt worden. Sie lag über relativ lockeren, sehr steinigen, lehmigen bis sandig-lehmigen Schichten (37)–(39). Schicht (29) war im Vergleich sehr hart, was aufgrund der langen Benutzung der Straße erklärbar ist, und machte den Eindruck, dass sie Teil des anstehenden Bodens und nicht eigens aufgebrachter Untergrund für das Pflaster war. Über dem Straßenpflaster gab es mehrere Materialaufträge. Direkt über dem Pflaster Schicht (8), ein mittelbrauner Kies mit höherem Lehmanteil und sehr hart, die über die gesamte erhaltene Fahrbahnbreite und einen guten Teil des inzwischen verfüllten Straßengrabens aufgebracht worden war. Schicht (7), hellbrauner, harter Kies mit höherem Lehmanteil, wurde ähnlich großflächig über Fahrbahn und Straßengraben darüber aufgeschüttet. Unter der Bitumenspritzdecke Schicht (4) befanden sich die dünnen Schichten (5) und (6), Kiese mit Sand vermischt. Die dünnen Schichten (15)–(20), kiesig-sandige bis kiesig-lehmige Schichten, befinden sich zum Teil noch unter der Bitumenspritzdecke (4) bzw. an diese anschließend. Die Humusschicht (11) befand sich im Westprofil unterhalb von Schicht (4). Über letzterer wurde eine mächtige Kies-Sand-Schicht (3) aufgetragen. Zwischen der Asphaltdecke (1) und Schicht (3) befand sich teilweise rötlichbrauner, sehr lockerer Schutt, Schicht (2). Die mächtige Humusschicht (10) bedeckte die Wasserschale aus Beton für die Straßenentwässerung, sie befand sich innerhalb des Straßenrandes der gepflasterten Fahrbahn (Abb. 56, Ostprofil).

Spätestens bei der Asphaltierung der alten B 115 Eisenstraße wurde, wie aus beiden Längsprofilen, dem Ost- wie dem Westprofil (Abb. 56) hervorgeht, die Fahrbahn um knappe 2 m nach Süden verlegt, das heißt in etwa um die Breite des Erzweges, der mit der Fertigstellung der Dulnig'schen Erzförderbahn 1847, somit ab der Mitte des 19. Jahrhunderts, nicht mehr in Gebrauch war. Zu welchem Zeitpunkt die Fahrbahn so deutlich verschmälert wurde, lässt sich nur vermuten, frühestens ab der 2. Hälfte des 19. Jahrhunderts, möglicherweise erst im 20. Jahrhundert. Die Schichten (5)–(8) direkt über dem Straßenpflaster waren sehr hart zusammengepresst und präsentieren spätere Fahrbahnoberflächen. Sie dürften spätestens seit der Mitte des 19. und ev. bis in die Mitte des 20. Jahrhunderts aufgetragen worden sein.

Funde Schnitt 4/1999 (Abb. 56)

Von den wenigen Funden von Schnitt 4/1999 wurden nur die Stücke Fnr. 27, 32 zwischen den Steinen des Pflasters gefunden. Die Fundstücke Fnr. 28 stammen aus einer Schicht des Nord-Profils über dem Steinpflaster, Fnr. 30 aus dem Füllmaterial des Grabens. Fnr. 31 wurde im Humus, Fnr. 29 und 33 wurden aus dem Aushub aufgelesen. Die kleinen Steine von Fnr. 33 stammen wohl wie jene von Fnr. 32 aus den Zwischenräumen der Pflastersteine.

- Fnr. 27.1: Hufnagel; Eisen; geschmiedet; Kopf langrechteckig (11 : 4,5), Schaftquerschnitt langrechteckig (5 : 1); Erh.: rostig; nicht konserviert; erh. L. 30. (Abb. 51/1)

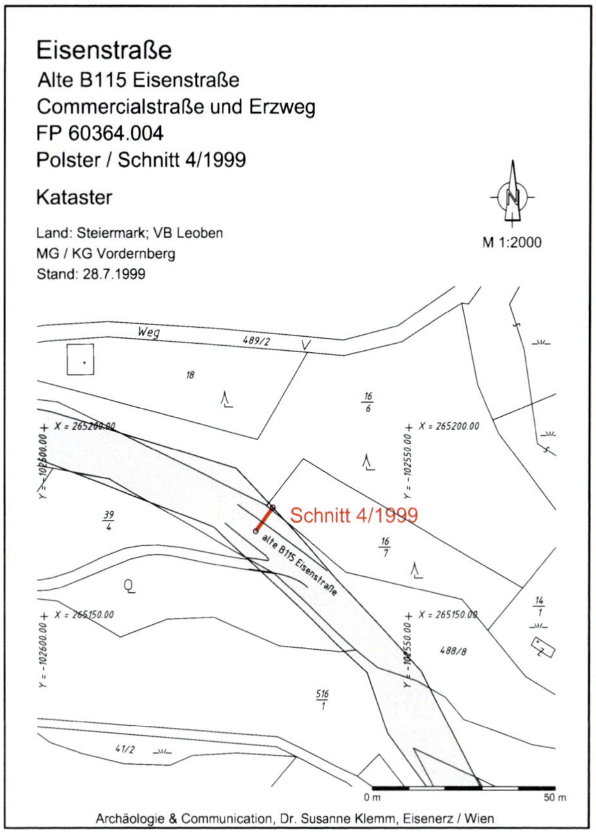

Abb. 50: Eisenstraße. Kommerzialstraße und Erzweg. Vordernberg, Polster. Kataster, Schnitt 4/1999. M. 1 : 2000.

- Fnr. 27.2: Nagel; Eisen; geschmiedet; Kopf langrechteckig (10 : 6), Schaftquerschnitt quadratisch (2 : 2); Erh.: rostig; nicht konserviert; L. 37. (Abb. 51/2)
- Fnr. 27.3: Nagelkopf; Eisen; geschmiedet; Kopf fünfeckig (10 : 6); Erh.: rostig; nicht konserviert; L. 10,5, B. 9, D. 7.
- Fnr. 27.4: Hufnagelschaft; Eisen; geschmiedet; Schaftquerschnitt langrechteckig (6 : 0,5), gebogen; Erh.: rostig; stark verkrustet; nicht konserviert; erh. L. 33.
- Fnr. 27.5: Eisenfragment; geschmiedet; annähernd dreieckiger Querschnitt, Unterseite gebogen; Erh.: rostig; nicht konserviert; L. 23, B. 14, D. 7.

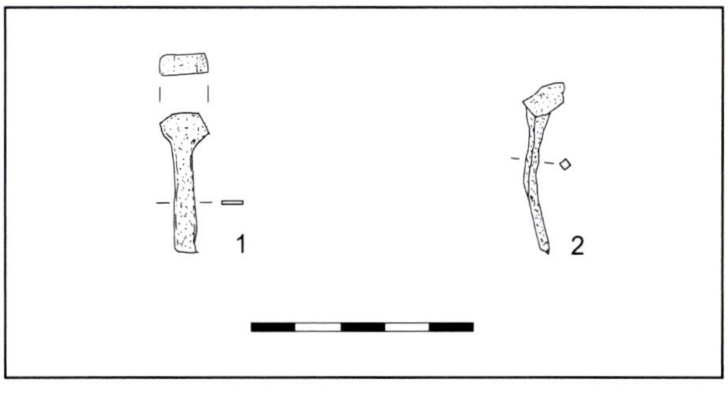

Abb. 51: Eisenstraße. Kommerzialstraße. 1, 2 Schnitt 4/1999; Eisen. M. 1 : 2.

Abb. 52: Kommerzialstraße, Vordernberg. Schnitt 4/1999.

1 Straßentrasse der alten B 115 Eisenstraße von Osten.

2 Straßenpflaster der Kommerzialstraße, Ansicht von Norden.

3 Spurrillen parallel zum bergseitigen Straßenrand. Ansicht von Süden.

Abb. 53: Kommerzialstraße, Vordernberg. Schnitt 4/1999.

1 Spurrillen im Steinpflaster.

2 Detail des Steinpflasters.

3 West-Ost-Profil, Abhub des Steinpflasters.

Abb. 54: Kommerzialstraße, Vordernberg. Schnitt 4/1999.

1 Ostprofil.

2 Westprofil.

3 Nördlicher Teil des Westprofils mit Straßengraben.

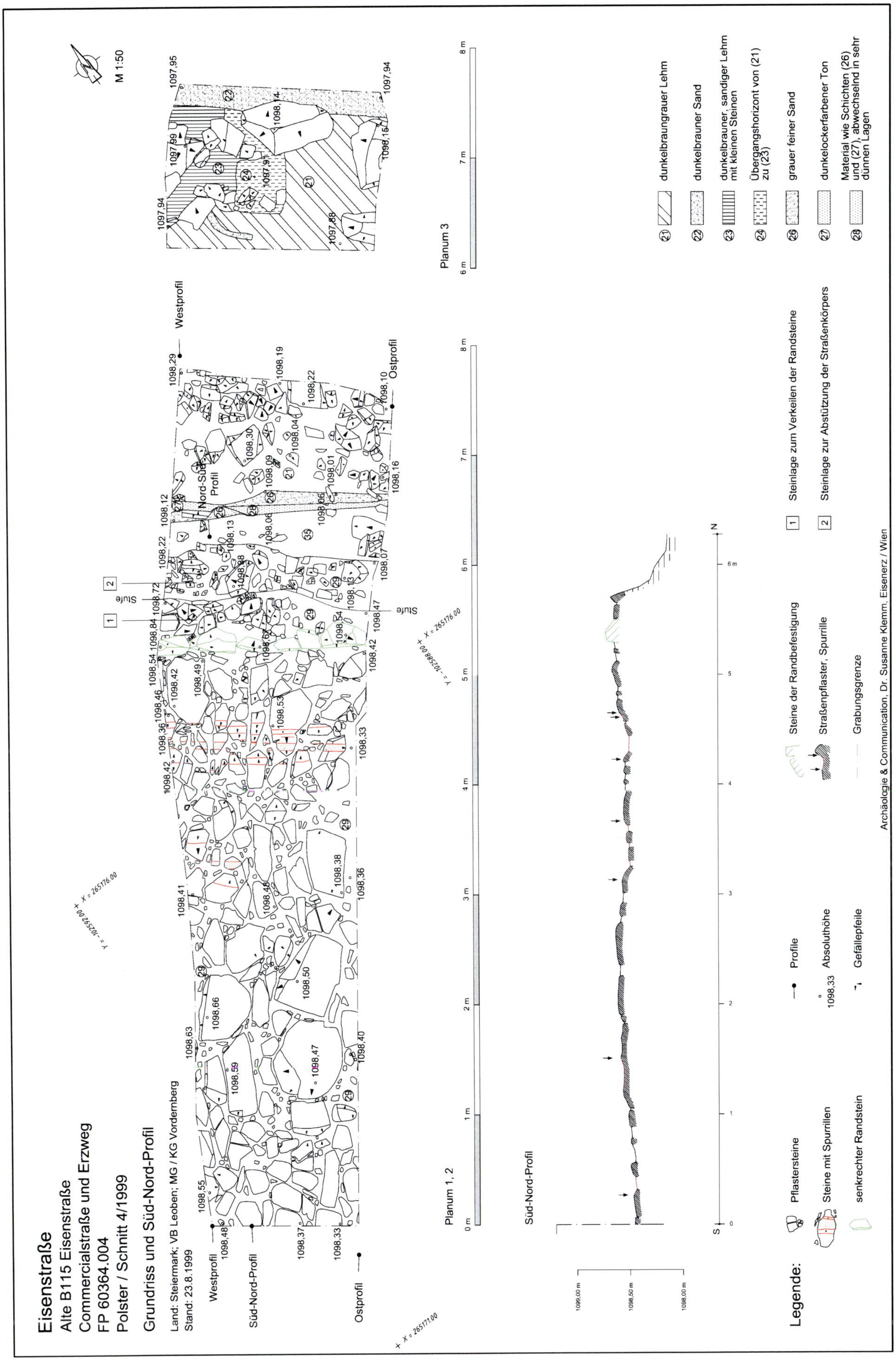

Abb. 55: Eisenstraße. Kommerzialstraße und Erzweg. Vordernberg, Polster. Grundriss und Süd-Nord-Profil, Schnitt 4/1999. M. 1 : 50.

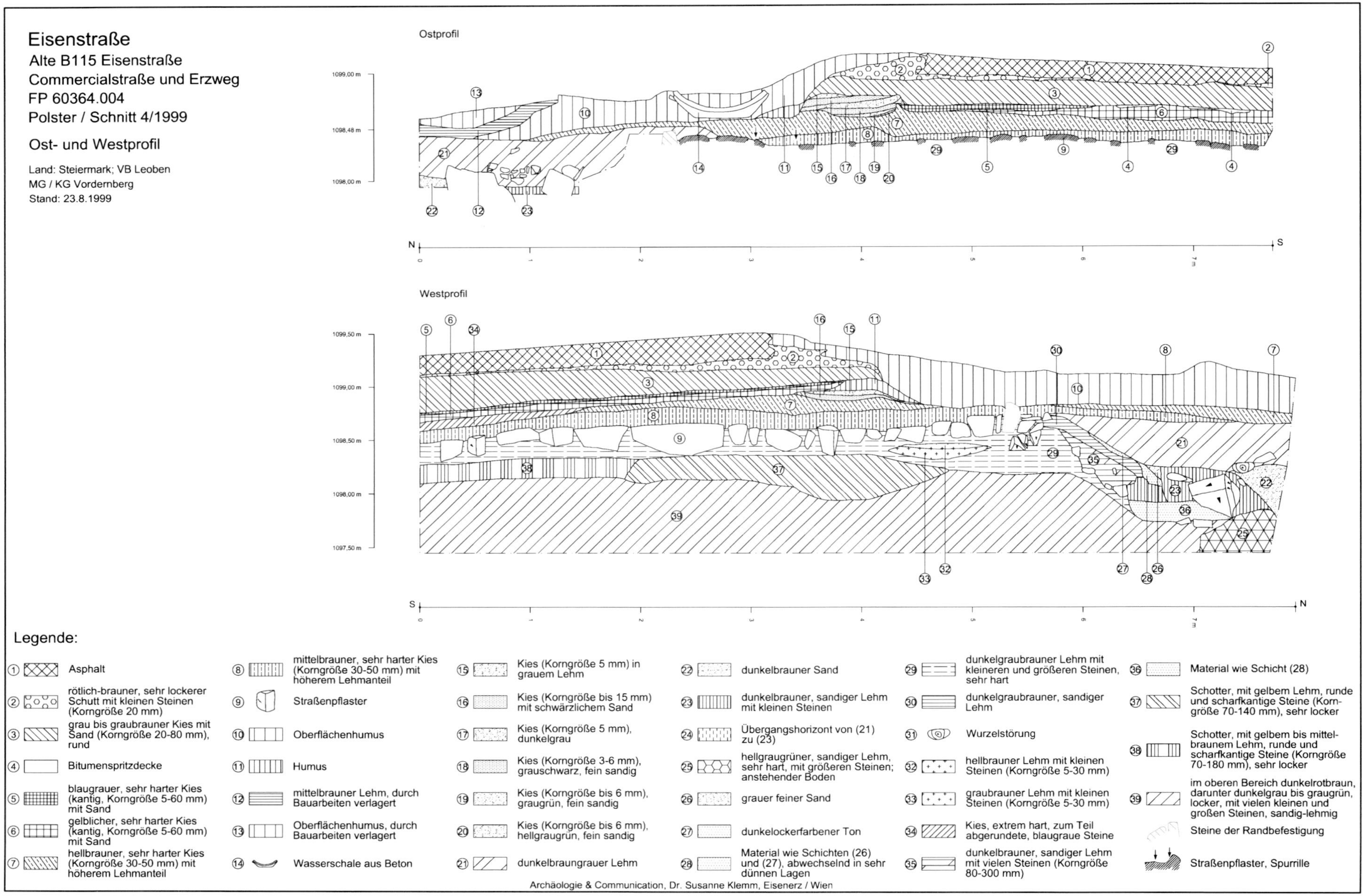

Abb. 56: Eisenstraße. Kommerzialstraße und Erzweg. Vordernberg, Polster. Ost-, Westprofil, Schnitt 4/1999. M. 1 : 50.

- Fnr. 28: Eisenobjekt; geschmiedet; massiv; annähernd rechteckig; Erh.: rostig; nicht konserviert; L. 33, B. 22, D. 12.
- Fnr. 29.1: Eisenschlacke; glasig, sehr leicht, porös; Erh. 3 Stück.
- Fnr. 29.2: Ofensteine (Eisen); Erh. 2 Stück; 1. Schiefer, schwarz, mit Schlackenhaut; 2. Schiefer, rötlich, mit Schlackenhaut auf zwei Seiten.
- Fnr. 30: Nagelschaft; Eisen; geschmiedet; Schaftquerschnitt annähernd quadratisch (5 : 4); gebogen; Erh.: rostig; stark verkrustet; nicht konserviert; erh. L. 38.
- Fnr. 31: Glasfragment.
- Fnr. 32.1 – 32.7: Gesteinsproben; eine Fläche besonders geglättet; 1: L. 65, B. 57, D. 35; 2: L. 63, B. 55, D. 40; 3: L. 71, B. 80, D. 59; 4: L. 85, B. 54, D. 46; 5: L. 42, B. 39, D. 25; 6: L. 53, B. 52, D. 35; 7: L. 72, B. 50, D. 45.
- Fnr. 33.1 – 33.4: Gesteinsproben; eine Fläche besonders geglättet; 1: L. 70, B. 55, D. 43; 2: L. 60, B. 50, D. 30; 3: L. 40, B. 40, D. 26; 4: L. 51, B. 31, D. 22.
- Fnr. 34: Gesteinsprobe; limonitisches Gestein, vollkommen zerfallen.

6.3.3.2 Befunde vom Präbichl 1999

Sechs kleine Suchschnitte wurden am 23. und 27. September 1999 maschinell angelegt, um den Verlauf der Altstraße zu klären und diese möglichst zu schützen. Aufgrund der Erkenntnisse, die aus den Suchschnitten gewonnen wurden, ergab sich eine neue Planung für den Kanal. Die Eintragung des Suchschnittes 6 in den Kataster erfolgte händisch auf Basis der Planunterlagen für den Kanalbau.

In Suchschnitt 6 (Abb. 8, 17, 57 und 58/1), etwa 1 m südöstlich der Holzstiege, die zum Haus der Paragleiter führte, lag in 0,70 m Tiefe das Straßenpflaster intakt in situ. Lediglich der nördliche Straßenrand dürfte durch die Postkabel beeinträchtig worden sein.

Am 12. Oktober 1999 war mit der Querung der neuen B 115 schon begonnen worden. Die Altstraße mit dem Straßenpflaster wurde in 0,80 m Tiefe festgestellt. Es waren bereits 7 m Künette geöffnet worden und der Kanal verlegt. Das Profil 3 (Abb. 8, 17, 57 und 58/2) befand sich 3,66 m vom Gehsteig am nördlichen Straßenrand. Die Steinpflasterung soll nach Aussage des Bauarbeiters noch bis 1,40 m Richtung Gehsteig gereicht haben.

Im Aufschluss unter der nördlichen Fahrbahnhälfte lag das Straßenpflaster der Altstraße ungefähr 0,80

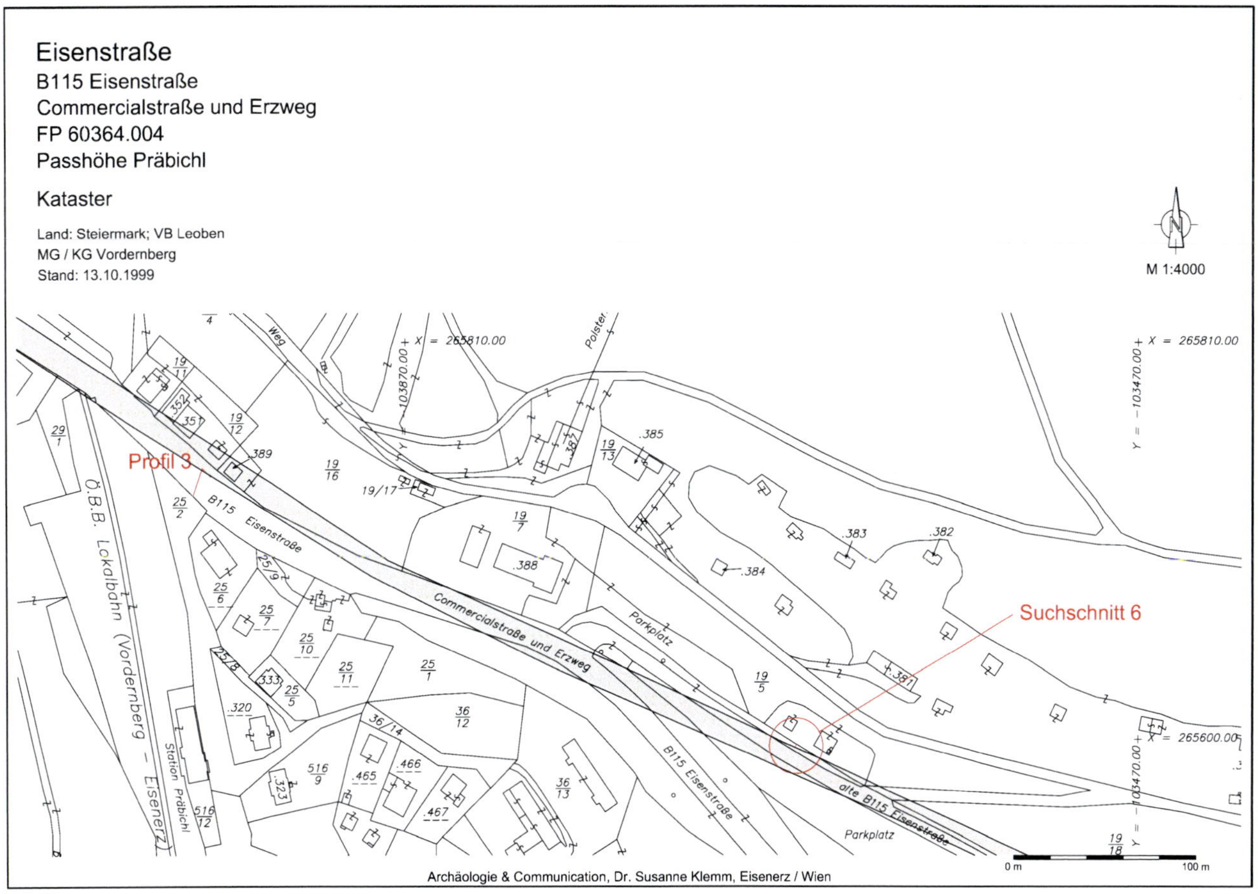

Abb. 57: Eisenstraße. Kommerzialstraße und Erzweg. Vordernberg, Präbichl. Baubeobachtung im Bereich des Passes 1999. Kataster. M. 1 : 4000.

Abb. 58: Eisenstraße. Kommerzialstraße. Präbichl. Baubeobachtung 1999.

1 Eisenstraße. Kommerzialstraße. Suchschnitt 6.

2 Eisenstraße. Kommerzialstraße. Passhöhe, Querprofil.

3 Weidauweg, Ortsteil Präbichl.

bis 0,85 m unterhalb der rezenten Asphaltoberkante, die Asphaltdecke (1) betrug 0,20 m. Es schlossen darunter eine ca. 0,30 m mächtige, hellbraune, sehr steinige Schicht (2) an, und eine mittelbraune Schotterschicht (3). Bis zu einer Tiefe von 0,68 m von der Asphaltoberkante stand eine durchgehende 17 cm mächtige Schicht aus kleinstückigem Gestein an, Schicht (4); es handelt sich um grünem Porphyroid mit einer Korngröße von ca. 80 mm. Es gab keinen Unterbau, die Pflastersteine wurden direkt in den anstehenden, mittelbraunen, relativ steinigen Lehm eingesetzt.

Da das Steinpflaster unter der heutigen südlichen Fahrbahnhälfte nicht mehr vorhanden war, ist anzunehmen, dass die Kommerzialstraße näher dem Fuß des Polsters lag als heute. Weder Spurrillensteine noch Hinweise auf die Fahrbahn des Erzweges waren vorhanden.

Am 19. Oktober 1999 gab es einen letzten Aufschluss des Weidauweges zwischen den Wohnhäusern am Präbichl, Richtung Weidau (Abb. 23, 58/3). Im nordseitigen Profil war eine Wegtrasse sichtbar. In einer Tiefe von ca. 80 cm unter der ehemaligen Oberfläche stand die älteste Schotterlage an. Sie war etwa 12 cm stark, aus scharfkantigem, eher sehr grobem Material. Eine weitere hellbraune Schicht aus einem feineren Schotter lag darüber, sie wurde durch eine Lehmschicht von einer Schicht mit eher senkrecht stehenden, kleineren, scharfkantigen Kalksteinen, ev. einer Art Packlage, getrennt. Letztere war überdeckt von einer feinen Schotterschicht (Abb. 58/3). Dieser Weg ist erst mit dem Ausbau des Präbichls im 20. Jahrhundert entstanden.

6.4 Archäologische Befunde der Kommerzialstraße in der Stadtgemeinde Eisenerz 1999–2000 und 2008

Die einzigen archäologischen Aufschlüsse der Kommerizalstraße wurden im Ortsteil Münichtal der Stadtgemeinde Eisenerz in den Jahren 1999 und 2000 dokumentiert. Es handelte sich hier mehr um Zufallsfunde bei Bauarbeiten. Geländebegehungen wurden im Sommer 2008 auf der Eisenerzer Seite des Präbichls durchgeführt, um den aktuellen Erhaltungszustand des noch erhaltenen Abschnittes der um 1750 neu ausgebauten Strecke der Kommerzialstraße zwischen Eisenerz und Trofaiach zu erfassen.

6.4.1 Geländebegehungen KG Trofeng, Eisenerz 2008

Auf der Eisenerzer Seite des Präbichls wechselt die Trasse der alten B 115 Eisenstraße oder Kommerzialstraße auf den Abhang an der Nordseite des Erzberges und führt durch den Gerichtsgraben in den Ortsteil Trofeng und Richtung Stadtzentrum von Eisenerz. Etwa zwei Drittel dieses Abschnittes sind heute unter Gesteinsschutt vom Erzabbau begraben. Seit dem Neuausbau der B 115 wurde die „alte" B 115 eine Privatstraße der VOEST Alpine Erzberg GmbH und wird vor allem für die Forstwirtschaft genutzt.[116] (Abb. 8, 23 und 59)

Die Fahrbahn der alten B 115 ist durchwegs noch asphaltiert, jedoch bereits seitlich zugewachsen, teilweise auch die Fahrbahn bereits mit Bewuchs versehen, mit Ausnahme der Mündung in die neue B 115 und der Einmündung in das Gebiet des Versturzes bzw. eigentlichen Werksgeländes der VOEST Alpine Erzberg GmbH. Insgesamt macht der gesamte Abschnitt den Eindruck des zeitlichen Verfalls und der spärlichen Nutzung. Die Asphaltbreite betrug an der engsten Stelle 5,60 m bis maximal 6,90 m an der breitesten Stelle. So betrug die Gesamtbreite der Straße bei der Kapelle 10,60 m bis zum Geländeabfall, die Asphaltbreite 6,10 m, der Abstand von den Stufen der Kapelle zum Leitpflock 7,10 m.

Bei der Überführung der Bahn über der alten B 115 (Standort 5) war die asphaltierte Fahrbahn nur 5,80 m breit, bis zur Böschung bergwärts betrug der Abstand 1,5 m, zur Böschung talwärts 1 m. Das Bankett zwischen asphaltierter Fahrbahn und Leitpflock war 0,55 m breit. An dieser Stelle befand sich eine hohe Brücke über einem tiefen Graben, die nur mehr auf 4 m Breite erhalten war; sie war talseitig bereits abgebrochen. Die Fahrbahnbreite im Brückenbereich betrug ursprünglich 6,90 m. Die Brückenmauer kurz vor der Eisenbahnüberquerung war bergseitig 0,50 m breit, talseitig ca. 0,60 m breit. Die Brücke zeigt einen hohen Bogen und ist sorgfältig mit Quadersteinen erbaut (Abb. 59/3, Standort 7). Östlich der Brücke war eine bergseitige Stützmauer noch erhalten. (Abb. 59/1, Standort 11)

6.4.2 Baubeobachtungen KG Münichtal, Eisenerz 1999–2000[117]

In den Jahren 1999 und 2000 war es durch Zufall möglich, zwei Aufschlüsse der Kommerzialstraße Leoben–Steyr oder B 115 Eisenstraße nahe der westlichen Gemeindegrenze in der KG Münichtal spontan zu dokumentieren (Abb. 6).[118]

Bei Straßenbauarbeiten im Juli 1999 wurde die Altstraße der Länge nach über ca. 600 m angefahren (Längsprofil, Aufnahme am 30. Juli 1999, Abb.

116 Angaben zur Fundstelle, FP 60108.013: Land: Steiermark; VB Leoben, SG Eisenerz, KG Trofeng; Grst.-Nr. 377/8, 377/9.

117 Klemm 1999b, 153, Abb. 18, 19. – Klemm 2003, 52.

118 Angaben zur Fundstelle FP 60105.003: Land: Steiermark; VB Leoben; SG Eisenerz; KG Münichtal; Grst-Nr.: 381/3, 381/4.

Abb. 59: Eisenstraße. Alte B 115 Eisenstraße/Kommerzialstraße. Eisenerz, Trofeng, 2008.

1 Brückenbereich bei Bahnüberführung (Standort 5).

2 Brücke aus Quadersteinen, 18. Jahrhundert (Standort 5).

3 Stützmauer (Standort 11).

60). Im Längsprofil des abgeschobenen Bereichs zwischen Bahntrasse und der bisherigen Straßentrasse der B 115 war das Straßenpflaster als Reihe senkrecht gestellter Steine ca. 0,40–0,60 m unter der bisherigen Oberfläche der B 115 deutlich sichtbar (Abb. 61/1.2).

Kurz vor dem ersten Bahnübergang, von Eisenerz kommend Richtung Jassingau, Gem. Hieflau, wurde am 11. Mai 2000 für die Hang- und Straßenentwässerung ein großes Betonrohr quer unterhalb der B 115 verlegt (Querprofil, Abb. 60, Abb. 61/3). Bei ca. 5,5–6 m vom hangseitigen, südlichen Straßenrand war in 1,40 m Tiefe das unterste Straßenniveau, im Westprofil auf ca. 0,70 m Länge als Steinlage sichtbar, ev. war dies der südliche Straßenrand. Im gegenüberliegenden Ostprofil befand sich unter anderem ein größerer Stein mit einer tiefen Spurrille in situ. Die Altstraße verlief ursprünglich sehr knapp entlang am Ufer des Erzbaches, es dürften bachseitig im Laufe der Jahre wiederholt Ausbesserungsarbeiten erfolgt sein, wie Störungen und Verfüllungen mit Hausschutt erkennen ließen.

Das Straßenpflaster war in eine graue, steinige Schicht gesetzt worden. Über der gepflasterten Altstraße befanden sich mindestens vier mächtige, schotterige Schichten, abwechselnd hellbraun und grau. Die Pflastersteine selbst hatten eine Höhe von mindestens 20 cm.

Die Altstraße ist im Abschnitt des Längsprofils komplett zerstört. Bedauerlich ist, dass es keine Möglichkeit gab, die Straßenbreite zu erfassen. Berücksichtigt man einen möglichen Fehlerbereich von 4–10 m zwischen Franziszeischem und aktuellem Kataster, so würde bei einer Verschiebung der Trasse vom Franziszeischen Kataster (grau) um einige Meter nach Süden das Längsprofil in der Straßenmitte liegen. Die Breite des Straßengrundstücks auf dem Franziszeischen Kataster betrug in diesem Bereich ca. 5,90 m, im Bereich des Querprofils ca. 6,80 m, Richtung Eisenerz ca. 6,30 m, Richtung Hieflau ca. 5,80 m.

Ein weiterer kleiner Aufschluss der Kommerzialstraße war 10 m östlich des Tores zur Kläranlage der Stadtgemeinde Eisenerz am Südrand der heutigen

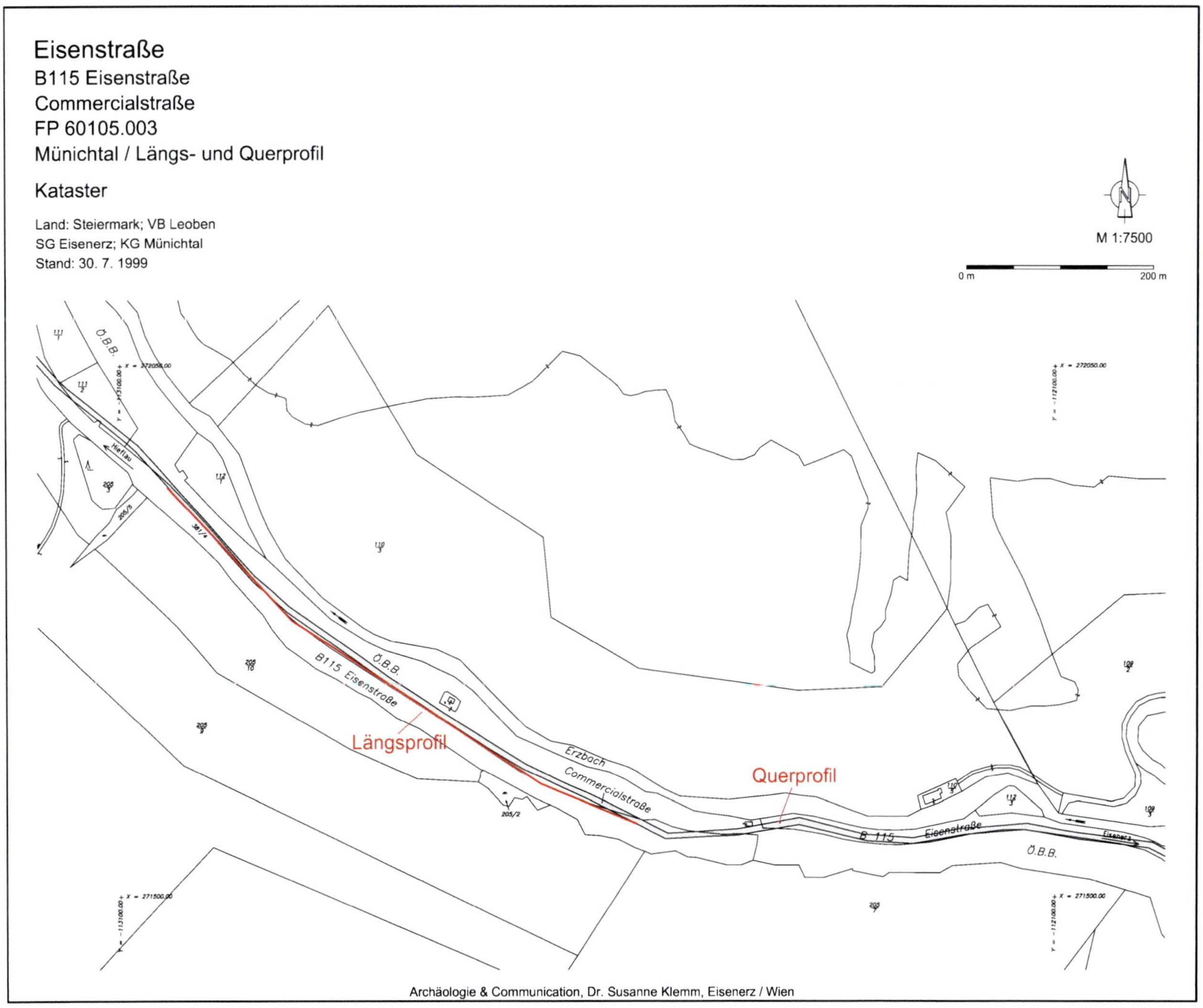

Abb. 60: Eisenstraße. Kommerzialstraße. Eisenerz, Münichtal. Bundesstraßenausbau Baubeobachtung 1999, Längs- und Querprofil. Kataster. M. 1 : 7500.

Abb. 61: Eisenstraße. Kommerzialstraße. Eisenerz, Münichtal.

1 Im Längsprofil parallel zum Bahndamm das Straßenpflaster der Altstraße.

2 Detail des Längsprofils.

3 Querprofil östlich des Bahnüberganges.

B 115 am 4. September 1999 während Bauarbeiten für den Kanal zu beobachten. Im Nordprofil der Kanalkünette war das Niveau des Straßenpflasters zu sehen, in etwa 0,40–0,50 m Tiefe unter dem heutigen Straßenniveau. Der Untergrund der Straße war eine graue, sandige Schicht, die zwischen und unter den Steinen deutlich sichtbar war. Darunter stand dunkelbrauner bis grauer Lehm mit größeren Steinen an. Die Pflastersteine hatten ebene Seitenflächen und wurden sichtlich zugeschlagen und entsprachen in der Größe in etwa den Steinen des Straßenpflasters vom Münichtal oder Palfau.

6.5 Historischer Hintergrund und Zeitstellung

Eine Zusammenführung und Identifikation der zahlreichen und sehr unterschiedlichen Befunde von der Eisenstraße, insbesondere von Vordernberg, ist vor allem durch historische Quellen möglich. Anfangs soll die Zeitstellung der archäologischen Kleinfunde diskutiert werden, die allerdings nur für den Abschnitt Laurentistraße (Schnitt 1, Erzweg) in Vordernberg relevant ist. Die Bauweise der Altstraßen wird im Anschluss an die Identifikation der Altstraßen zusammengefasst.

6.5.1 Die archäologische Datierung der Kleinfunde und Befunde

Für eine archäologische Datierung der Befunde können ausschließlich die Kleinfunde herangezogen werden. Sämtliche Kleinfunde der Ausgrabungen 1997, 1998 und 1999 weisen in die Zeit des späten Mittelalters und der Neuzeit. Der Hauptteil der Funde wurde 1997 während der Baubeobachtungen entlang der Laurentistraße geborgen, so vor allem die Keramikfunde mit der Ausnahme eines Bodenstückes Fnr. 12.1 (Abb. 40/9), das aus Schnitt 1/1997, Laurentistraße, aus dem Material zwischen den Pflastersteinen des Erzweges herrührt. Es dürfte zugleich das älteste Keramikfragment sein. Der Ton ist kennzeichnend für die spätmittelalterliche/frühneuzeitliche Schwarzhafnerware wie sie an vielen Fundstellen im inneralpinen Raum in der Steiermark bereits gefunden wurde. Als Beispiele können umfangreiche Fundbestände von der Schlosswiese am Leopoldsteinersee in Eisenerz und Keramik von St. Lorenzen bei Trieben genannt werden.[119] Die Laufzeit dieser Ware in der Region ist unbekannt. Das Fragment konnte beim Bau ebenso wie bei Reparaturarbeiten an seine Fundstelle gelangt sein. Dies gilt auch für weitere Keramikfragmente von Schnitt 1/1997 (Fnr. 21.23/Abb. 40/5; Fnr. 21.24/ Abb. 40/6), die der oxidierend gebrannten Irdenware angehören und eine Innenglasur aufweisen. Die übrigen Keramikstücke stammen aus Schichten, die im Zuge von Straßensanierungen aufgebracht wurden. Innenglasur in Gelb- bzw. Braun- und Grüntönen herrscht vor (z. B. Fnr. 11.1/Abb. 40/1; Fnr. 11.2/ Abb. 40/2; Fnr. 11.8; Fnr. 20.10; Fnr. 16.1/Abb. 40/7 und Fnr. 16.2/Abb. 40/8; Fnr. 20.1/Abb. 32/8), wie sie seit dem Spätmittelalter und der frühen Neuzeit üblich ist, sich zeitlich aber noch nicht genau eingrenzen lässt.[120] Eine beiderseitige, lebhaftbraune Glasur weist das Randstück Fnr. 3 (Abb. 32/11) auf, Fnr. 11.3 (Abb. 40/3) hingegen innen eine braungelbe, außen dunkelsiena-farbene Glasur.

Bruchstücke von weiten Schüsseln oder Tellern dürften Fnr. 1.1 (Abb. 32/1) und Fnr. 16.1 (Abb. 40/7) sein. Das Bruchstück Fnr. 1.1 gehört der sogenannten Malhornware an, die im 16. Jahrhundert an Verbreitung gewinnt und in der gesamten Neuzeit vertreten ist, jedoch gleichfalls derzeit noch nicht besser zeitlich einzugrenzen ist. Die jüngsten Stücke werden Fnr. 11.6 und Fnr. 11.9, die aus dem 20. Jahrhundert stammen dürften, sein.[121]

Sämtliche Metallgegenstände sind aus Eisen gefertigt.[122] Die Nägel sind bis auf Fnr. 10.9 (Schnitt 1/1997) geschmiedet, welcher einen runden Schaft aufweist und daher rezent ist. Den geschmiedeten Nägeln ist ein rechteckiger bis quadratischer Kopf gemeinsam, der Schaft ist meist rechteckig und kann sehr schmal sein (Abb. 41). Der Großteil der Eisenfunde wurde beim Freilegen des Erzweges in Schnitt1/1997 entdeckt, viele (Abb. 41/1–24) können als Hufnägel angesprochen werden. Sie weisen auf die Benutzung der Altstraße in Schnitt 1 – dem Erzweg – mit Pferdefuhrwerken hin, deren Pferde mit Hufeisen beschlagen waren. Andere Nägel (Abb. 41/25, 26) weisen einen quadratischen Schaftquerschnitt auf und wie Fnr. 17.2 (Abb. 41/26) einen längeren Schaft. Den letztgenannten Stücken vergleichbar sind die Eisennägel (Abb. 32/4.5), die aus einer höher gelegenen Schicht von Schnitt 1/1997 stammen. Die Eisenobjekte Fnr. 13.3 und 17.3 (Abb. 41/27, 28) können vom Wagen oder Geschirr der Pferde sein. Die Eisenfunde von Schnitt 2/1998 und 3/1998 (Fnr. 22.1, 23.1; Abb. 41/29, 30) ähneln den Nägeln von Schnitt 1/1997, Fnr. 14.5 und 17.2 (Abb. 41/25, 26).

119 Schlosswiese, KG Münichtal, SG Eisenerz: unpubliziert, vgl. Klemm 2003, 51 (FP 60105.001), in Bearbeitung Archäologie & Communication, S. Klemm, Wien. – Keramik aus Trieben: Klemm/Presslinger 2002.

120 Z.B. Scharrer 1997, 633ff. – Hebert/Lehner 1995, 310f.

121 Die neuzeitliche Keramik aus der Steiermark, insbesondere kleinerer Fundbestände wie dem vorliegenden, kann erst anhand gesicherter Befunde eingehender bearbeitet und zeitlich eingeordnet werden.

122 Die Bearbeitung erfolgte in nicht restauriertem Zustand.

Die restlichen Kleinfunde wie das Glasfragment (Fnr. 26) datieren in das 20. Jahrhundert und datieren damit die Zeit der Aufschüttungen. Das Lederstück Fnr. 15.1 (Abb. 32/10) dürfte von einer Schuhsohle stammen.

Von den Tierknochen, die E. Pucher, Naturhistorisches Museum Wien, bestimmte, seien zwei Stücke hervorgehoben. Es handelt sich bei den Fnr. 5.1 und 5.2 (Laurentistraße) um zwei Fragmente des Humerus von *Alces alces*/Elch, der auch im alpinen Raum noch bis in die frühe Neuzeit vorhanden gewesen sein dürfte. Die beiden Stücke könnten von ein und demselben Tier stammen.[123]

Zu erwähnen ist, dass dieser Ortsteil von Vordernberg nach historischen Quellen seit dem späten Mittelalter besiedelt war, in den Aufschüttungen daher durchaus Fundgegenstände aus dieser frühen Phase der Besiedlung erwartet werden dürfen.[124]

6.5.2 Die Identifikation der archäologischen Befunde mittels historischer Quellen

Die Zusammenführung der einzelnen archäologischen Befunde, insbesondere der Altfunde mit den neuen Grabungsbefunden aus 1997–1999 und der Geländebegehungen 2008 ist vor allem mit Hilfe der Ergebnisse der historischen Archivrecherchen möglich, denn erst durch diese konnten die Befunde zugeordnet und die einzelnen Altstraßen mit Gewissheit identifiziert werden.

6.5.2.1 Die Eisenstraße im Mittelalter und der Ausbau im 16. Jahrhundert

Die Passhöhe am Präbichl (Abb. 7/1) erfuhr eine massive Umgestaltung durch den Bau der verschiedenen Verkehrswege seit der frühen Neuzeit, insbesondere jedoch durch den Bau der Dungel'schen Erzförderbahn in den Jahren 1831–1847 und den Eisenbahnbau 1891. Die Erzförderbahn, die in den Jahren 1831/36 vom Erzberg zum Präbichl und 1844/47 weiter zu den Radwerken in Vordernberg[125] gebaut wurde, überquerte die Kommerzialstraße mittels einer Brücke, und führte parallel zu dieser dem Polsterabhang entlang zur Handlalm und von dort weiter an der Nordseite des Tals in Richtung des zentralen Ortsgebietes von Vordernberg.

Die Geländeaufnahmen für die Lokalbahn-Eisenerz-Vordernberg begannen 1886, der Bau war 1891 fertig gestellt und die Lokalbahn wurde alsbald als Bahnlinie von den Österreichischen Staatsbahnen (später ÖBB) übernommen.[126] (Vgl. dazu die Übersichtspläne Abb. 8 und 17)

Durch den Bau der Bahnlinie der Lokalbahn auf der Südseite des Passes und des Bahnhofes ebenda, wurde mit Sicherheit ein älterer, mit großen Steinen gepflasterter Weg zerstört, wie der bereits beschriebene Befund vom 16. Juli 1929 dokumentiert. Eine Verbindung dieses Altwegrestes mit dem Altwegesystem in der Weidau ist nahe liegend, denn auf der ÖK 50 (101 Eisenerz), Provisorische Ausgabe 1947, sieht man noch die Fortsetzung des heute bestehenden Weges in gerader Linie Richtung Bahnhof bzw. Pass.

Schwieriger gestaltet sich die Beschreibung der Fortsetzung dieses Altweges Richtung Eisenerz. Mit Sicherheit gab es einen Weg für den Erztransport über die Höhe des Präbichls und vom Pass zum Erzberg; auf der genannten ÖK 50 aus 1947 ist dieser Weg noch als „Erzstraße" bezeichnet; er ist auch auf der Josephinischen Landesaufnahme und dem Franziszeischen Kataster eingetragen.

Seit dem 25. Juli 1524 war der Steirische Erzberg in das (obere) Vordernberger und das (untere) Innerberger Revier geteilt.[127] Die so genannte Ebenhöhe liegt auf 1186,6 m über NN.

Auf der Eisenerzer Seite bietet sich nur der so genannte „Grabenweg", von dem ein Abschnitt dokumentiert wurde, als Altweg vom Pass nach Eisenerz an. Eine archäologische Datierung dieses Altweges ist allerdings zurzeit nicht möglich.

In den historischen Quellen scheint der Präbichl erstmals 1312 auf. Am 12. März 1312 verbietet Herzog Friedrich allen Bewohnern des Marktes Trofaiach und allen Arbeitern und Erzleuten in Vordernberg Eisen über den Präbichl und über Rottenmann zu führen.[128]

Seit dem 14. Jahrhundert berichten somit nachweislich die historischen Quellen von den Regelungen des Eisenhandels, d. h. welche Straßen für den Transport des Eisens benutzt werden durften und welche nicht. Damit verbunden war die Verpflichtung zur Abgabe einer Mautgebühr, die zum Teil dem Landesfürsten abzuliefern war und zum Teil zur Straßenerhaltung verwendet wurde.

Das Eisenerzer oder Innerberger Eisen ging üblicherweise nach Ober- und Niederösterreich, entlang der Enns nach Steyr, Oberösterreich, oder über das Mendlingtal nach Niederösterreich. Das Vordernberger Eisen ging nach Leoben, wurde demnach auch „Leobner Eisen" genannt und nach Westen durch das Paltental und das obere Ennstal über Radstadt entweder nach Salzburg und Oberbayern oder Tirol und von dort

123 Die Bestimmung der Tierknochen wurde freundlicherweise von Dr. Erich Pucher, Archäozoologische Sammlung, Naturhistorisches Museum Wien, am 8. März 1999 vorgenommen.

124 Köstler/Slezak 1986, 42ff. und Hörtner 1996.

125 Köstler 1980; siehe auch Köstler/Slezak 1986, 23ff., Tafel 2; dies. 1996, 32, Plan 2.

126 Köstler/Slezak 1996, 114f.

127 Pirchegger 1937, 86. – Köstler/Slezak 1986, 21.

128 Muchar 1859, Bd. 6, 190.

nach Schwaben oder Oberitalien verführt, ebenso nach Süden und Südosten über das Murtal in die Untersteiermark nach Marburg (Maribor), Pettau (Ptuj), Slowenien, und nach Ungarn, ebenso durch das Lavanttal nach Kärnten, Krain und Italien bzw. nach Norden und Nordosten über den Semmering nach Niederösterreich ins Viertel unter dem Wienerwald und gelangte über Wiener Neustadt und Wien bis nach Westungarn.[129] Dabei war den Vordernbergern wiederholt verboten, ihr Eisen über den Präbichl nach Rottenmann (Straße über das Teichenegg, vgl. Kap. 7) zu führen.

Über die Straßenerhaltung berichten die Quellen um 1500, dass die Eisenerzer verpflichtet waren, dass [...] *sy den weg und prugken machen von dem Prepuhl untzt an dem Hellenstain ennhalb der wanndprugken, auch von dem markht untzt gen Radmair bey den dreyn meyl wegs ungeverlich* [...].[130] Die Erhaltung der Straße vom Präbichl nach Vordernberg oblag den Vordernbergern.[131]

Im 16. Jahrhundert litten die Straßen in der Obersteiermark wiederholt durch starke Unwetter, welche mit den Klimaschwankungen in diesem Jahrhundert zusammenhingen.[132] So wurden zum Beispiel im August 1537 große Schäden an Straßen, Brücken und Schiffswegen, besonders auch am Erzberg *durch die Trafeng* (Trofeng) und den *Arzbach* (Erzbach) gemeldet, wobei auch Plähäuser und Hämmer sowie der Rechen zu Hieflau zerstört wurden.[133] 1539 wurde der Weg über den Präbichl als *ein Swaerer stainiger weeg uber den Prepuhl* beschrieben.[134]

Mitte des 16. Jahrhunderts wurde nun eine umfassende Reparatur der Straße über den Präbichl erforderlich, sodass von einem teilweisen Neubau der Straße gesprochen wurde, dies betraf insbesondere die Eisenerzer Seite des Passes.[135] Tremel merkt an, dass in den Mautaufzeichnungen aus den Jahren 1554–1557 in Vordernberg vorwiegend Wägen und nur selten Säume verzeichnet waren, in jenen von Eisenerz aus den Jahren 1542, 1546 oder 1552 Saumfahrten vorherrschten. Tremel schloss daraus, dass die Straße auf der Südseite des Präbichls weitaus besser befahrbar war als auf der Nordseite des Passes.[136]

Am 28. Januar 1563 gab Erzherzog Karl den Auftrag an den Amtmann Christoph Frölich in Eisenerz, damit *der weeg und der Straß über bemelten Prebüch* [...] *biß in Vordernperg gemacht und gepeßert werde*, da er in Kürze persönlich *mit Roß und Wagen* von Steyr über Eisenerz und den Präbichl nach Graz reisen wollte.[137]

Am 8., 9. und 10. Dezember 1563 fand schließlich eine Geländebegehung zur *Beschau und Berathschlagung aines wagenweg(s)* von Eisenerz zum Präbichl statt.[138] An der Begehung nahmen neben dem Amtmann Christoph Frölich und anderen Leonhart Prandtstetter teil. Prandtstetter war ein angesehener „Wegmeister" oder – wie man heute sagen würde – Straßenbauingenieur, der bereits ab 1554 die Straße über die Eisenerzer Höhe (vgl. Kap. 9), 1559–1563 den Ross- und Schiffsweg an der Enns von Steyr bis Haimbach und in Oberösterreich die Straße von Mauthausen zur böhmischen Grenze und von Linz nach Wilhering gebaut hatte.[139]

Bei diesen Begehungen im Dezember 1563 wurden drei Trassenvarianten vom heutigen Ortsteil Trofeng aus zum Präbichl beratschlagt. Die erste Variante führte an der rechten, südlichen Talseite des Gerichtsgrabens über *der Feister* (Feisterwiese?) und mündete ungefähr bei der ersten *Prugkhen* in den *Vordernpergische(n) Arztweeg*. Der Weg würde über mehrere Gräben führen, es wären demnach einige Brücken erforderlich, an steilen Stücken müsste der Hang abgegraben und eingeebnet, an anderen Stellen der Fels abgearbeitet werden, an die 500 Klafter müsste man mit Steinen pflastern und auch mit *starken Kophstainen* versehen. Der Wegbau über eine Länge von 2082 Klafter würde 95 Wochen mit 10 Knech-

129 Bittner 1901, 566ff. nennt wohl eher irrtümlich das 13. Jahrhundert, in dem die Regelungen für den Eisenhandel einsetzen. – Vgl. Mayer 1885, 165f. – Vgl. dazu folgende Quellenzitate: 1313, Friedrich der Schöne, die Vordernberger sollen ihr Eisen nicht über den Präbichl nach Rottenmann, sondern nach Leoben führen (Muchar, Bd. 3, 1846, 89). – 12. März 1314, Friedrich III. verbietet den Eisenarbeitern zu Vordernberg und Trofaiach ihr Eisen über den Präbichl zu führen (Zahn 1881, 46f. zitiert bei Bittner 1901, 470, Anm. 2). – Ein erzherzögliches Rescript v. 18.1.1373 betrifft die Ausfuhr von Eisen aus Eisenerz: *das Eisen aus dem perg gefurt sey, gen Reifling, und daselbs hab man es gelegt auf die Enns und sey darauf gefurt an den Casten* [...] *kain ander weeg* [...] (Schmidt, 1839, 35f.). – Auch nach den Erhebungen von Eisenerz/Innerberg 1448, und Vordernberg 1449 zum Markt wurde der Eisentransport gleich bleibend geregelt: Den Vordernbergern war es weiterhin verboten, ihr Eisen über den Präbichl zu transportieren. Bittner 1901, 470f.

130 Bittner 1901, 471, Anm. 1: 13.7.1480 und 30.9.1500, Maximilian I.

131 Z.B. Muchar 1867, Bd. 8, S. 523: 28.1.1553: Ferdinand verlieh dem Markt Vordernberg eine Mautstätte auf fünf Jahre, um durch diese Einnahmen den Weg über den Präbichl in stets fahrbarem Zustande zu halten.

132 Siehe dazu Hilzensauer 2004, 726 mit Anm. 27.

133 Muchar 1867, Bd. 8, 428.

134 Schmidt 1839, 234f., Nr. 63 („Amtsordnung des Eisenärzt in Innerberg bey Leoben" v. 31.8.1539, Kaiser Maximilian I.), vgl. dazu Muchar Bd. 8, 1867, 449.

135 Vgl. dazu auch Muchar 1846, 33.

136 Tremel 1961, 14. – Vgl. dazu auch Valentinitsch 1981, 252ff.

137 StLA, OBA Leoben, Sch. 70, Nr. 6.

138 StLA, OBA Leoben, Sch. 79, Nr. 107.

139 Valentinitsch 1981, 254, mit Anm. 15. – So forderte Erzherzog Karl z.B. die Eisenerzer auf, Prandstetter ihm zur Verfügung zu stellen, damit der den Weg von Laibach nach Triest besichtigen könnte (StLA, OBA Leoben, Sch. 81, Nr. 20, v. 13. März 1565 und Nr. 23 v. 20. März 1565).

ten in Anspruch nehmen und *ain Tausent vnd Funfzig Pfundt Pfennige* kosten.[140]

Die zweite Variante wurde neben der *alten strassen* überlegt, die jedoch noch teurer, nämlich auf 2500 Pfund Pfennige, kommen würde. Die dritte Variante würde gleichfalls mit großen Unkosten gebaut werden: *nach dem alten weeg* [...] *auf die lenkh hanndt in das gebürg zuruckhfaren müsste, alß dan fort, in der höch widerumb dem Präpühl zu.* Auch eine vierte Variante wurde überlegt, die jedoch ebenso nicht günstiger als 1000 Pfund Pfennige wäre. Man schlug daher vor, die Variante 1 in Betracht zu ziehen.

Der Schriftverkehr aus dem Jahr 1564 spiegelt Überlegungen zur Finanzierung der Straßenbauarbeiten wider.[141] Am 10. September bzw. am 11. September 1565 verordnete schließlich Erzherzog Karl *ainen andern guetten Neuen Wagenweeg* von Eisenerz auf die Passhöhe des Präbichls zu bauen, die Kosten wären aus den Innerberg'schen Amtsgefällen zu bestreiten. Der bisherige Weg wird als *Alter weeg und stickhln und steinigen art* beschrieben.[142]

Aus weiteren Schreiben vom 11. September 1565 geht ausdrücklich hervor, dass Prandtstetter mit dem Ausbau eines *Neuen Wagen Weegs* von Eisenerz bis zur Höhe des Präbichls beauftragt wurde und der Weg mit entsprechender Breite und Ausweichen errichtet werden sollte. Als Kosten wurde nun eine Summe von 980 Gulden genannt, Teilzahlungen sollten je nach Arbeitsfortschritt bezahlt werden.[143]

Ursprünglich war befohlen worden, *die gemösigen und waichen örter mit stainen nach aller notturfft auszupflasstern.* Als aber begonnen wurde, die ersten 30 oder 40 Klafter zu öffnen, wurde festgestellt, dass es wesentlich mehr *mösige örter vnd beim grundt vasst waich* gäbe als erwartet und der gesamte Weg bis zum Präbichl, dort wo der Untergrund eben nicht fest genug wäre, mit Steinen zu pflastern und *mit guetter hart schütt beschüttet* werden sollte. Prandtstetter verhandelte von neuem mit seinem Auftraggeber, da er diese Arbeiten nicht für die Summe von 980 Gulden durchführen könnte. Nach einer neuerlichen Besichtigung der Straßenbauarbeiten wurde die Gesamtsumme schließlich auf 1078 Gulden erhöht.[144]

Im Sommer 1566 waren die Bauarbeiten des neuen Wagenwegs von Eisenerz auf den Präbichl wohl abgeschlossen, da Christoph Frölich sich für die Auszahlung eines Gnadengeldes an Prandtstetter einsetzte und den Fleiß und die Erfahrung von Prandtstetter und einige der von ihm durchgeführten Straßenbauprojekte, so den neuen Ross- und Schiffsweg an der Enns, den Weg über die Wildalpen in den *Seÿssenvorst* (vgl. Kap. 9) und den neuen Wagenweg von der Trofeng aus über den *Präbüchl*, anführte.[145] Zu dieser Zeit dürfte Prandtstetter bereits ein höheres Alter erreicht haben, dennoch baute er im Jahr 1570 noch den *Neuen Wagenweeg* über den Rottenmanner Tauern, die heutige B 114 Tauern Straße. Hilzensauer nimmt an, dass Prandstetter am Rottenmanner Tauern sesshaft wurde und das landesfürstliche Amt an seine Nachkommen vererbte.[146]

Im Dezember 1564 war die *Weegspesserung* auf der Vordernberger Seite des Präbichls Gegenstand eines Schreibens von Erzherzog Carl an den Eisenerzer Amtmann und Forstmeister Christoph Frölich[147]: Der Weg durch den Markt Vordernberg und über den Präbichl sollten verbessert, die Abgeltung der Unkosten der laufenden Unterhaltung, die Höhe der Wegmaut überlegt werden.[148] Am 11. September 1565 folgte schließlich der Befehl, den Weg von Vordernberg bis zur Passhöhe des Präbichls unverzüglich auszubessern. Auch sollte der Weg laufend entsprechend gut unterhalten werden, damit zukünftig nicht allzu große Unkosten entstehen würden.[149] Es ist nicht bekannt, wer die Arbeiten durchführen sollte.

Die archäologisch dokumentierten Altwege in der Weidau an der Südseite des Präbichls in der Marktgemeinde Vordernberg sind mit großer Gewissheit der für das 16. Jahrhundert belegten Fahrstrasse über den Präbichl zuzuordnen. Das freigelegte Teilstück in Schnitt 1/1997 in der Laurentistraße in Vordernberg ist ein Abschnitt dieser Straße, für die in der frühen Neuzeit eine Steinpflasterung bezeugt ist und die in schriftlichen, zeitgenössischen Quellen als „Vordernberger Erzweg" bezeichnet wird, der wie auch viel jüngere kartographische Darstellungen (Josephinische Landesaufnahme, Franziszeischer Kataster) bezeugen, vom Erzberg selbst über den Pass bis in den Markt Vordernberg führte. (Vgl. dazu auch Kap. 6.5.2.2)

---

140 StLA, OBA Leoben, Sch. 79, Nr. 107. – Am 11. Sept. 1565 wurde ein Betrag von 980 Pfund Pfennige genannt (StLA, OBA Leoben, Sch. 81, Nr. 103).

141 StLA, OBA Leoben, Sch. 80, Nr. 25 (6. März 1564) und Nr. 89 (10. Dez. 1564).

142 StLA, OBA Leoben, Sch. 81, Nr. 101, vgl. Sch. 80, Nr. 89.

143 StLA, OBA Leoben, Sch. 81, Nr. 103 v. 11. Sept. 1565. – Vgl. StLA, HK Exemptbuch 1565, fol. 178, 179 v. 11. Sept. 1565.

144 StLA, OBA Leoben, Sch. 82, Nr. 2 v. 25. Jan. 1566.

145 StLA, OBA Leoben, Sch. 83, Nr. 117 v. 20. Aug. 1566. – Bereits am 4. September 1565 wurde um das Gnadengeld für Prandstetter angesucht, jedoch erst am 18. Feb. 1567 bewilligt (StLA, OBA Leoben Sch. 81, Nr. 97; HK Exemptbuch 1567, fol. 44, 45).

146 Hilzensauer 2004, 730f.

147 StLA, OBA Leoben, Sch. 80, Nr. 89 v. 10. Dez. 1564.

148 Zur Maut und Mautverordnungen im 16. Jahrhundert siehe Valentinitsch 1981, 255ff.

149 StLA, HK Exemptbuch 1565, fol. 179, 180 v. 11. Sept. 1565. – Siehe auch: StLA, HK 1564, Fol. 186, 187 v. 1. Sept. 1565.

Die Lage der *alten strassen* von Eisenerz auf den Präbichl wurde in dem Bericht vom Dezember 1563 nicht beschrieben, es muss daher offen bleiben, ob der dokumentierte Abschnitt des „Grabenweges" mit dieser ident sei, möglich wäre es, doch ist zu bedenken, dass der Gerichtsgraben alljährlich durch Lawinen wie auch durch zeitweise starke Wasserführung der Gräben vom Polster immer wieder gefährdet war. Die Benutzung des Gabenweges bis zum Beginn des 20. Jahrhunderts ist wie bereits ausgeführt erwiesen.

Offen muss die zeitliche Zuordnung der archäologischen Befunde, die H. Nitterl in Hieflau-Eckstall 1987–1989 (Kap. 6.1.2, FP 60102.001 und FP 60102.003) dokumentierte, bleiben. Bei den direkt am Ennsufer liegenden Straßenresten (FP 60102.003) könnte es sich um die Fahrbahn der Eisenstraße im Mittelalter und in der frühen Neuzeit handeln, bei dem Befund direkt an der Felswand (FP 60102.001) um einen jüngeren Ausbau. In der 2. Hälfte des 16. Jahrhunderts wurde zudem der so genannte Ross- und Schiffsweg an der Enns gebaut. Leonhard Prandtstetter baute in den Jahren 1559–1563 den Ross- und Schiffsweg an der Enns von Steyr bis Haimbach, den Abschnitt Haimbach-Weyer erbaute N. Lödl.[150] Hans Gasteiger wurde schließlich mit dem Bau des Abschnittes von Großreifling bis zum Rechen in Hieflau 1567 beauftragt, welcher jedoch erst nach seinem Tod 1577 fertig gestellt werden konnte.[151] Erst 1583 war die gesamte Strecke Hieflau-Steyr schließlich benützbar.[152] Denkbar ist, dass der Befund direkt am Ennsufer ein Stück des Ross- und Schiffsweges darstellt.

6.5.2.2 Der Ausbau im 18. Jahrhundert: *Neue Comercial Strassen* und *Arzt=fuhr=weeg*

G. Sperl stellte 1990[153] die Datierung der Altstraßenfunde von Vordernberg-Friedauwerk aus 1926–1950 richtig, als er die Befunde mit einer zeitgenössischen Reisebeschreibung verglich:

Im Frühsommer 1793 reiste Kajetan Franz von Leitner (1768–1805) von Graz über Vordernberg, den Präbichl und Eisenerz nach Steyr auf jener Straße, die im 18. Jahrhundert *Commercial- oder Poststraße* und später schließlich *Eisen-Bundesstraße B 115* oder schlicht *Eisenstraße* genannt wurde. Dass es sich selbst bei guter Witterung um eine beschwerliche Reise handelte, erzählte Kajetan Franz von Leitner in seiner Reisebeschreibung, die er 1798 publizierte:[154]

> [...] *fingen wir um neun Uhr an, den Prebühel zu besteigen. Denn obwohl über diesen Berg die Poststraße, welche nach Eisenerz führt, sehr gut gebahnt ist und von der Gesellschaft der Bergwerksinteressenten gegen Bezug einer Straßenmaut vortrefflich unterhalten wird: so wollten wir Männer doch lieber zu Fuße gehen, als zu unserer und des armen Zugviehes Marter uns über den steilen Weg, was er schon in dem oberen Teile des Marktfleckens zu werden anfängt, langsam hinaufschleppen lassen* [...].

Im ersten Abschnitt nach Verlassen des Ortszentrums führte die anfangs sehr steile Kommerzialstraße westlich der Laurentistraße und der Laurentikirche nach Norden. Beim „Wegscheid" mündeten der so genannte Erzweg (heute Laurentistraße) und die Post- und Kommerzialstraße (heute B 115 Eisenstraße) in eine gemeinsame Straßentrasse. Die separaten Fahrbahnen im letzten Stück vor der Einmündung beim Wegscheid zeigt auch der Franziszeische Kataster 1824 sehr eindrucksvoll (Abb. 62). Ab dem Wegscheid bis zur Passhöhe gab es eine einzige, mindestens 9 m, zumindest im Abschnitt am Fuße des Polsters 11 m breite Straße, bestehend aus der annähernd 7 m breiten Fahrbahn der Post- und Kommerzialstraße und dem direkt an diese angebauten, ca. 2 m breiten Erzweg, der dem Erztransport vom Erzberg über den Präbichl zu den Betrieben in Vordernberg vorbehalten war. In Schnitt 3/1998 am Fuße des Polsters wurde noch ein ca. 2 m breiter Fußweg oder Sommerweg beobachtet.

Kajetan Franz von Leitner beschreibt die separaten Fahrbahnen auf seinem Weg von Vordernberg zum Präbichl ausführlich:

> *Zur Linken geht in einiger Entfernung von der Poststraße und etwas tiefer als diese der Weg, auf welchem das Erz aus den Gruben in die Vordernberger Schmelzhütten gefahren wird.* [...] *Bald oberhalb dieser Stelle schließt sich der Erzweg an die Poststraße an, wird aber von der letzteren durch einige Marksteine abgesondert, welche die Erzführer nicht überschreiten dürfen; denn man befürchtet nicht ohne Grund den größten Nachteil für die Poststraße, wenn es den unzähligen und schweren Erzfuhren erlaubt wäre, sie zu betreten. Der Erzweg wird von der gänzlichen Zugrunderichtung dadurch gesichert, daß die Geleise, worin die Räder der einander ganz ähnlichen Wagen laufen, mit großen Bruchsteinen ausgelegt sind.*

Rudolf Graf Chotek führte in seinem Schreiben vom 22. August 1750 an Maria Theresia eine Reihe von Argumenten an, warum die Strecke Linz–Leoben

150 Pirchegger 1939, 13, Anm. 26.
151 Pirchegger 1939, 11ff. – Vgl. Bittner 1901, 512f.
152 Pirchegger 1939, 13.
153 Sperl 1990, 10.
154 Leitner 1798, 125ff.

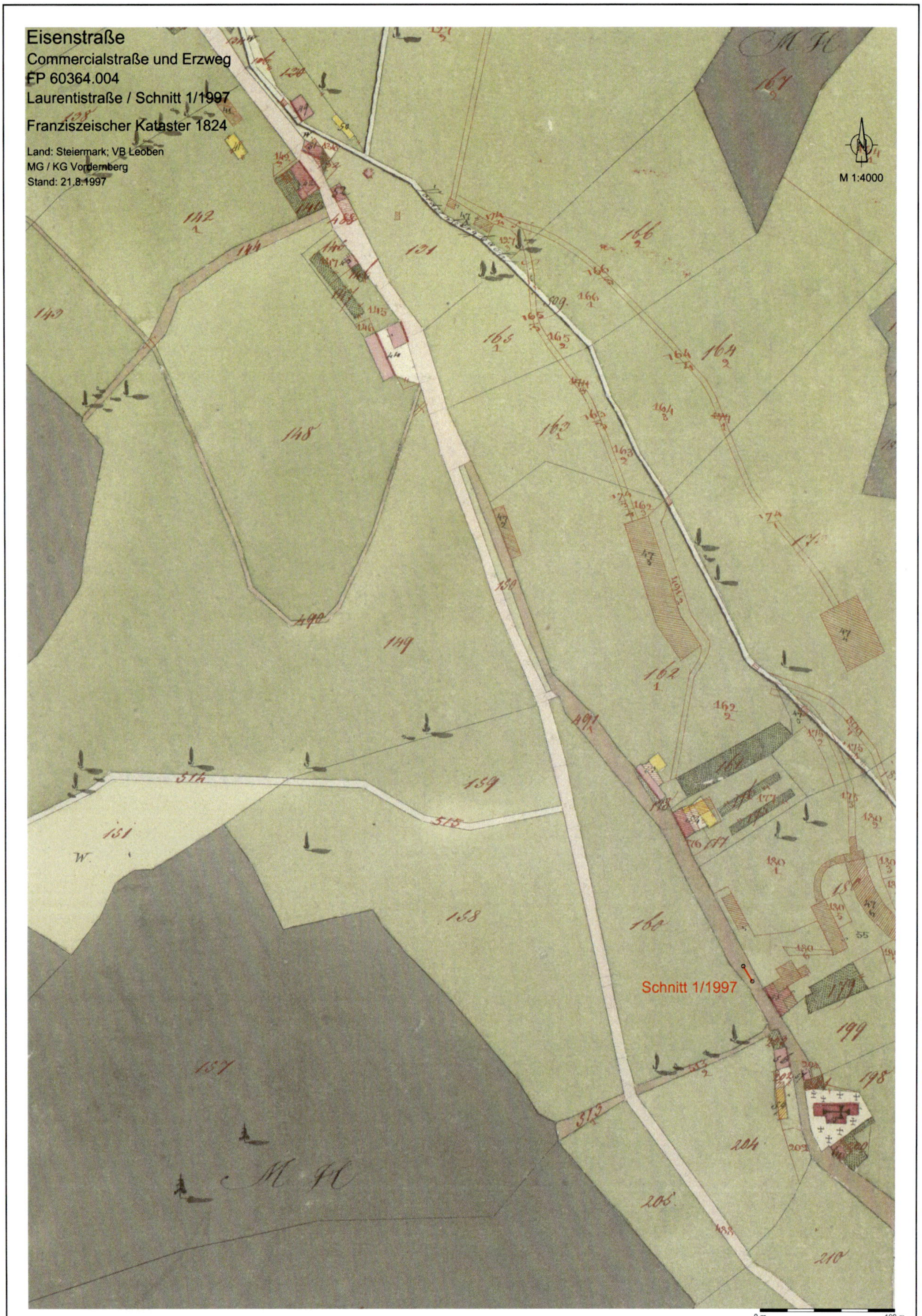

Abb. 62: Eisenstraße. Kommerzialstraße und Erzweg, Vordernberg (Franziszeischer Kataster 1824 © BEV). M. 1 : 4000.

über Steyr und Eisenerz ausgebaut werden sollte.[155] Als zweite Variante wurde der Ausbau der Straße über Wels und den Pyhrnpass diskutiert.

Der Ausbau der Strecke über Steyr und Eisenerz wäre insofern von großer Bedeutung, als sie Teil einer wichtigen Fernverbindung von Budweis über Linz, Judenburg und Kärnten mit Triest wäre und sowohl die Fahrt nach Leipzig und Nürnberg eröffnen würde als auch für andere Länder von Vorteil wäre, die ihre Waren auf der Donau nach Linz und von da nach Triest transportieren würden. Die Straße würde auch für die Handelsstädte Linz und Graz von Vorteil sein, ebenso für den Handel der Stadt Steyr mit Triest und für das Vordernberger *Eysen=Werck*.

Weiter argumentierte er, dass die Strecke über Wels und den Phyrn zwar um drei Meilen kürzer wäre aber auch teurer käme, da sie *vielen Wasser=Güssen unterliege* und außerdem über den Rottenmanner Tauern *öfftere Vorspann* benötigt würden, die Strecke Steyr–Leoben aber *viel bequemer zu fahren* und mit *hinlänglichen Wirtshäusern* ausgestattet wäre und *nur an zwey einzigen Örtern der Vorspann bedürfttig sei.* Und obwohl über den Präbichl bis nach Leoben *der Weg zu bahnen* wäre, die Kosten dennoch nicht über 60fl/m[156] kämen, da die Materialien für den Straßenbau vor Ort vorhanden wären.[157]

Ein Akt vom 19. Juli 1750 enthielt ursprünglich unter anderem einen Bauplan, verbunden mit einer genauen Karte und einer Kostenaufstellung. Bedauerlicherweise ist dieser Akt heute unvollständig, da diese Teile möglicherweise 1842 entnommen wurden, wie ein Verweis auf der Rückseite auf einen anderen Akt mit der Nummer „138bb/2054 1842" vermuten lässt.[158]

Die Identifikation der archäologischen Befunde von Vordernberg 1997–1999 mit dem Ausbau der Kommerzialstraße um 1750 beruht einerseits auf der zitierten Reisebeschreibung Kajetan Franz von Leitners aus 1793, andererseits auf den genannten Akten aus 1750–1754, vor allem aber auf einem Vermessungsplan, einer Karte aus dem Jahr 1755[159]. (Abb. 63–65)

Karte von Joseph Mrakh aus 1755

Die Karte von Joseph Mrakh aus 1755 ist ein detaillierter Vermessungsplan der Strecke Eisenerz–Trofaiach mit Grundriss und Profil sowie einer ausführlichen Beschreibung einzelner Abschnitte in der Legende. Am 6. Dezember 1754 wurde Joseph Mrakh vom *k. k. Müntz und Bergs Hofcollegio* im Namen von Maria Theresia beauftragt, die Karte *Plan, Profil, vnd Prospect Mappa der Neuen Comercial Strassen von Eisenarzt bis Trofeÿ* zu erstellen. Der Markscheider Mrakh (Mräckh) sollte sich Mitte Mai des folgenden Jahres in Eisenerz einfinden und die Vermessung durchführen. Der Vermessungsplan wäre in doppelter Ausfertigung zu erstellen, ein Exemplar sollte in Eisenerz verbleiben, ein zweites wäre an das k. k. Hofcollegio einzusenden.[160] Die Karte wurde wie geplant 1755 vollendet. Sie soll im Folgenden beschrieben und die Legende wortwörtlich wiedergegeben werden, da sie wichtige Details zum Straßenbau enthält. (Abb. 63)

Die Legende:

> *PLAN, PROFIL, vnd PROSPECT MAPPA / der Neuen Comercial Strassen von Eisenarzt bis Trofeÿ, / wie mit mehreren in gegenwärtigen PLAN, vnd PROFIL, mit / N^{ris} angemärckt zu ersehen. als /*
> *N° 1. Anfang der Comercial Strassen, vor dem Marckt Eisenarzt, welche durchaus mit / Grossen Steinen gepflastert, vnd gutten Schutt verschüttet, antheils orten die Tieffen Graben / zu 1 ½ Claffter hoch erhoben, vnd ausgeEbnet, mit beÿderseitigen Streiff=Steinen von 10 zu 10. Clafftrñ / eingesezet. 2. die bruken über den Sattl=angerbach, mit einen Quadersteinen bogen, vnd beÿderseitigen / Mauer. 3. eine 20. Clafftr lange Seitenen=Mauer neben den Bach, 2. Clafftr Tieff bis in den grund. 4. eine aus / Quadersteinen gebaute bruken mit starken bogen, über den Gsol vnd brebüchl bach, und Continuiret die Strassen / Gepflastert, vnd an theils orten vnter Mauert, steigend 7. 8. und 9. Grad bis N° 5. wo die erste bruken am brebüchl mit einen aus Quadersteinen Gebauten bogen, über den Tieffen Wassergraben auf gefihret. / 6. Ebenfalls dergleichen bruken, mit einen Starken bogen, von hir aus steiget die Strassen 8. 9. bis 10. Grad, / albo gegen die Hechen bruken, durch ein Morast graben 6. Clafftr lange seiten Mauer, so dan volgt die 40. Clafftr Lange /*

155 Österr. Staatsarchiv, Finanz- und Hofkammerarchiv M & Bw r. Nr. 55. – Die Verf. dankt Herrn HR Dr. Chr. Sapper für die Unterstützung bei den Recherchen.

156 fl/m, Gulden pro Meile.

157 Vgl. die Mineralogische Bestimmung eines Pflastersteins in Kap 6.3.2.2.

158 Österr. Staatsarchiv, Finanz- und Hofkammerarchiv, M & Bw r Nr. 46/19. Juli 1750. Der Akt aus 1842 konnte bedauerlicherweise nicht gefunden werden. – In dieser Zeit wurde die Dungel'sche Erzförderbahn (1831–47) gebaut, die auf der Passhöhe die Kommerzialstraße mittels einer Brücke querte. Es ist denkbar, dass Umbauarbeiten erforderlich waren. Mit dem Bau der Dungel'schen Erzförderbahn wurde auch der mit Steinen gepflasterte Erzweg vom Erzberg nach Vordernberg obsolet.

159 Mrakh 1755.

160 Österr. Staatsarchiv, Finanz- und Hofkammerarchiv, M & Bw r Nr. 107 v. 6. Dez. 1754. Ein Exemplar befand sich im Archiv der VOEST Alpine Erzberg GmbH, heute im Stadtmuseum Eisenerz. Ein Duplikat befindet sich im Hofkammerarchiv in Wien unter der Signatur C 6.

vnter=Mauerung bis zu der Hoch=bruken. 7. die Hoche bruken, welche über ein Tieffen Graben in sehr weichen, / ableitig=Ridigen Gebürg, von Quadersteinen aufgebauet. in der Mitte 5 Clafftr tieff / ohne den Grund, wie in / beÿgezeichneten Prospect A. zu ersehen. 8. Ein 14. Clafftr lang, in der Mitte 3. Clafftr tieffe vnter=Mauerung, mit / einen bogen. 9. die 5te bruken über ein tieffen Graben mit Quadersteinen bogen. 10. Scarpirte Mauer, über / ein Tieffen graben 4. Clafftr lang, 4. tieff. 11. die 6te bruken an den brebüchl 2. Clafftr tieff, 3. Lang, mit einem bogen. / alle diese bruken, vnd vntermauerung, haben in der Weichen und ableitigen gebürg sehr tieffen Grund Erfordert, seind / noch in Form der Hochen bruken Erbauet, ausser das solche nach gelegenheit derer örther nach Proportion kleiner. / sehrer seind von Nr. 4. Einschliessend bis Nr. 11. an disen brebüchl 32. ausgemauerte Canal, zu Ableitung der villfältigen / brunquelen, vnd abschüessenden Wassern, vnter der Strassen durch=führet. 12. die anhöche des brebüchls, / welcher nach der Horitzontal lini von Eisenarzt 272. Clafftr Perpendicular hoch ist, albo der Arzt=fuhr=weeg / mit der Comercialstrassen anstossend mit solicher parallel gegen vordernberg fort laufet, vnd ebenfahls mit / Grossen Steinen ausgepflastert, wie in diser Mappa in Prospect B. vorgestelet. 13. ein vnter=Mauerung / 30. Clafftr lang, vnd 3. tieff bis in Grund, über ein Morastigen graben. 14. ein bruken 20. Clafftr lang und in / der Mitte 3. tieff bis in grund, mit einen starken bogen. 15. ein unter=Mauerung 20. Clafftr lang, vnd 2. tieff. / 16. Alda scheidet der Artz=fuhr=weeg von der Comercial Strassen. 17. ein ausgemauerter Canal vnter der Strassen / durchgefüret. 18. end der Neüen Strassen beÿ Vordernberg. welche von Eisenarzt bis hier 5180 Clafftr[161] lang, mit / Grossen Steinen durchaus Gepflastert, vnd mit Sand verschüttet. 19. die Alte Strassen durch vordernberg 1335. / Clafftr[162] Lang. 20. Anfang der Neüen Strassen gegen Trofeÿ, welche durch vile Graben vnd Sumpfige örther / Erhoben, mit beÿderseitigen Graben versehen, vnd ebenfahls mit grossen Steinen gepflastert. 21. eine 30. Clafftr / lang, vnd 1. Clffr hoche Seiten Mauer, an deren ende die bachfahrt abgeleitet mit beiderseitig 15. Clafftr langer Quader=Stein= / Mauer über welche ein Hölzene bruken. 22. durch die Einöd ist die Strassen an Theils orten über Clafftr Hoch / Erhoben, mit beiderseitigen Graben, ebenfalls gepflastert, bis No 23. wo die Strassen 50. Clafftr lang, vnd 1 Clafftr tieff / vnter=Mauert, auch end derselben ein 4. Clafftr lang beiderseitige Quader=stein=Mauer, über welche ein Holzenes brükl, wo der / krumpen bach durchflisset, alda ein Neü aufgebautes Weeg Maut=Haus. 24. ist die Seiten Mauer 60. Clafftr Lang. / vnd die verschütung gegen 2. Clafftr tieff. 25. ein vnter=Mauerung 30. Clafftr lang, vnd 1 ½ Clafftr tieff. / 26. End der Neüen Strassen beÿ Trofeÿ, welche von Vordernberg bis hier 2639. Clafftr[163] Lang.
Aufgenohmen vnd gezeichnet Joseph Mrakh
Kay$_{l.}$ König$_{l.}$ Bergschüner in Idria. Ano 1755.

Im Plan ist die Strecke der Eisenstaße bzw. der Kommerzialstraße von Trofaiach bis Eisenerz, wie sie im Jahr 1755 verlief, dargestellt:

Links (vom Betrachter) im Bild liegt der Markt Trofaiach, rechts im Bild der Markt Eisenerz. Die Nummerierung der in der Legende genannten Brücken und anderen hervorgehobenen Stellen der Straße beginnt bei Eisenerz. Die Berge Erzberg, Polster, Präbichl, Reichenstein, Zinken und Kruken sind eingezeichnet, ebenso sind die Bäche Erzbach, Trofengbach/Präbichlbach (beide Namen), Gsollbach, Sattlangerbach, Handlalmbach, Vordernbergerbach, Krumpenbach genannt. Die Namen kleinerer Zuflüsse sind nicht verzeichnet. An Ortsnamen werden Eisenerz, Vorderberg, Hafning und Trofaiach genannt, ebenso einige weitere Flur- bzw. Gebietsnamen wie „in der Platten“ oder „in der Einöd“.

Von Eisenerz folgt die Kommerzialstraße dem Trofengbach. Sie verläuft parallel zum Trofengbach, an seiner rechten Uferseite bzw. nördlich des Baches. Die erste Brücke führt über den Sattlangerbach. Zwischen Sattlangerbach und Gsollbach überquert die Straße den Trofengbach und läuft nun weiterhin parallel zu diesem, doch nun an der linken oder südlichen Bachseite am Fuße des Erzberges Richtung Osten bis Südosten, überquert unterhalb (nördlich) der „Platten“ zwei kleine Bäche bei Nr. 5 und 6.

Die Straße verläuft weiterhin parallel zum Bach, steigt nun kontinuierlich an und entfernt sich immer mehr vom Bach; sie befindet sich hier an der nördlichen Seite des Erzberges bzw. an der südlichen Talseite des Gerichtsgrabens, der sich zwischen Erzberg und Polster befindet. Bei Nr. 7, 8, 9 und 11 übersetzt die Straße weitere kleine Bäche.

Bei Nr. 12 auf der Passhöhe des Präbichls mündet der Erzweg in die Kommerzialstraße, um von der Passhöhe bis zu Nr. 16 in einem gemeinsamen, breiten, zweigeteilten Straßenkörper an der Südseite des Passes fortzusetzen. Dies zeigt sehr anschaulich die Darstellung der aneinander gebauten Fahrbahnen mit Fuhrwerken auf der Karte (*POSPECT B*, rechts un-

161 Dies sind ca. 9,2 km (9234,36528 m, bei 1 Klafter =1,782696 m).

162 Dies sind ca. 2,4 km (2379,89916 m).

163 Dies sind ca. 4,7 km (4704,534744 m).

Abb. 63: Karte von Joseph Mrakh, *PLAN, PROFIL, vnd PROSPECT MAPPA der Neuen Comercial Strassen von Eisenarzt bis Trofeÿ*, 1755.

Abb. 64: Die *Hoche bruken der Neuen Comercial Strassen*. Ausschnitt der Karte von Mrakh 1755, Nr. 7 (*Prospect A*).

ten): die Fahrbahn des Erzweges schmäler und einspurig, die Fahrbahn der Kommerzialstraße breit genug für mit zwei Pferden bespannte Fuhrwerke.

Vom Nr. 12, vom Präbichl, verläuft die Straße am Fuß des Polsters, macht oberhalb Nr. 13 (*hinter den Alben* = „Almhäuser“) eine scharfe Kurve, vom Präbichl kommend eine Rechtskurve, um dann wieder einen relativ geraden Verlauf Richtung Vordernberg zu nehmen.

Die Straße verläuft von Nr. 13 bis Nr. 18, dem Ortsbeginn des Marktes Vordernberg, am rechten (westlichen) Ufer des Vordernbergerbaches (im oberen Bachlauf heißt dieser Handlalmbach (*Handel Albenbach*). Bei Nr. 14 überquert die Straße einen kleinen Bach, der vom *Zinken/bodn Mauern* kommt.

Der *Arzt=fuhr=weeg* trennt sich bereits bei Nr. 16 – es heißt heute dort „Wegscheid“ – von der *Neuen Comercial Strassen*, liegt zwischen Bach und Kommerzialstraße und führt an der Laurentikirche und mehreren Häusern vorbei, bis er mit der Kommerzialstraße am nördlichen Ortsende erneut zusammentrifft. Heute heißt der Weg in diesem Abschnitt Laurentistraße.

Die *neue* Straße (Kommerzialstraße) verläuft somit einen kurzen Abschnitt parallel zum Erzweg und endet schließlich bei Nr. 18, wo sie an die *Alte Strassen* anschließt. Dies ist heute jener Bereich, wo die Laurentistraße in die B 115 Eisenstraße am nördlichen Ortsende von Vordernberg einmündet. In der Legende zur Karte von 1755 wird die Straße, die durch den Ort selbst führt, *Alte Strassen* genannt; sie entspricht der heutigen B 115 Eisenstraße, im Gemeindegebiet von Vordernberg als „Hauptstraße“ bezeichnet.

Erst bei der mittleren Nr. 19 (Nr. 19 ist auf dem Plan aufgrund der lang gestreckten Ausdehnung des Marktes Vordernberg dreimal eingetragen) überquert die *Alte Strassen* den Vordernbergerbach, um nun auf der linken oder östlichen Uferseite nach Süden weiterzuführen. Bis Nr. 20 lag die Strasse in Bachnähe. Erst bei Nr. 21 erfolgt eine erneute Überquerung des Baches südlich von Friedauwerk. Ab Nr. 20 beginnt wieder die *Neue Strassen*, die bei Nr. 26, dem Markt Trofaiach (nördliche Ortseinfahrt), endet.

Die Legende gibt zudem Aufschluss über zahlreiche Kunstbauten entlang der Strecke Eisenerz–Trofaiach, gemauerte, bogenförmige Brücken, gemauerte Kanäle, Seitenmauern und so genannte *unter=Mauerung*.

Auf der Eisenerzer Seite zwischen der Brücke über den Gsollbach bis knapp vor der Passhöhe (Nr. 4–Nr. 11) gab es 32 gemauerte Kanäle zur Ableitung von Quell- und Hangwasser. Neben den beiden Brücken über den Sattlangerbach und den Gsoll- bzw. Präbichlbach in der Trofeng, am Fuße des Präbichls, beschreibt Mrakh noch fünf weitere Brücken bis zur Passhöhe. Die Brücke bei Nr. 9 ist heute noch erhalten (Abb. 59/3, Kap. 6.4.1); sie gleicht in Form und Bauweise der auf der Karte dargestellten *Hechen bruken* (*Hoche bruken*) von Nr. 7 bei *Prospect A* (Abb. 64); letztere war beinahe 9 m hoch (ohne Fundament). Seitliche Mauern, (*seiten mauer*), mehrheitlich wohl bergseitige Mauern (Abb. 59/1, Kap. 6.4.1), und so genannte *vnter=Mauerung*, damit sind wohl talseitige Stützmauern gemeint, waren mehrfach erforderlich. Die *seiten mauer* nach Nr. 6 war 10,7 m lang, die talseitige Stützmauer von Nr. 6 bis zu Nr. 7 war jedoch mehr als 71 m lang, bei Nr. 8 war sie ca. 25 m lang und 5,4 m hoch. Der steile Hang und die zahlreichen Gräben und Wasseraustritte in diesem Abschnitt erforderten dies.

Von Eisenerz bis zur Passhöhe überwand die *Neue Comercial Strassen* ca. 485 m (272 Klafter). Auf der Passhöhe selbst mündete der *Arzt=fuhr=weeg* oder Erzweg in die *Neue Comercial Strassen* oder Kommer-

Abb. 65: Fuhrwerke auf der *Neuen Comercial Strassen* und dem *Arzt=fuhr=weeg*, Ausschnitt der Karte von Mrakh 1755 (*Prospect B*).

zialstraße und bildete mit der Kommerzialstraße eine gemeinsame Trasse (Abb. 65) bis zur Nr. 16 (Wegscheid, vgl. Abb. 8 und 62).

Entlang des langen Abschnittes am Fuß des Polsters waren keine mächtigen Stützmauern oder Brücken notwendig. Ein gemauerter Kanal wird nur für die Nr. 17, kurz vor der nördlichen Ortseinfahrt des Marktes Vordernberg, genannt. Die Beschreibung von Nr. 20 und 22 lässt den Schluss zu, dass an diesen Stellen der Straßenkörper erhöht, d.h. ein Damm errichtet, und mit Straßengräben zu beiden Seiten versehen wurde. Die Pflasterung mit großen Steinen wird für diese Bereiche explizit hervorgehoben. Zwei Holzbrücken errichtete man bei Nr. 21 und 23, letztere in Hafning, wo auch ein neues Mauthaus gebaut wurde.

Die Beschaffenheit der *Alten Strassen*, im Bereich der Ortsdurchfahrt von Vordernberg, wird nicht beschrieben, lediglich die Pflasterung mit großen Steinen und das Überschütten mit *Schutt* (Nr. 1) oder *Sand* (Nr. 18) der *Neuen Strassen* führt Mrakh mehrfach an. Auch der *Arzt=fuhr=weeg* wurde gleichermaßen mit großen Steinen gepflastert (Nr. 12). Die Gesamtlänge der neu ausgebauten Strecke Eisenerz–Trofaiach betrug 9154 Klafter (16,32 km), davon entfielen 1335 Klafter oder 2,38 km auf die *Alten Strassen* der Ortsdurchfahrt des Marktes Vordernberg und 7819 Klafter oder ca. 13,94 km auf die neu ausgebauten Abschnitte.

Die Bauarbeiten der neu über den Präbichl angelegten Kommerzialstraße wurden vermutlich noch 1750 beauftragt. Der Ausbau auf der Eisenerzer Seite bis zum Präbichl war bereits im Frühjahr 1752 abgeschlossen und damit die Regelung der Mautgebühren erforderlich. Man stellte nicht nur Berechnungen über die Höhe der Mautgebühren an, sondern überlegte auch, wann und an welchen Orten die Mautschranken aufgestellt werden sollten und wer von der Maut zu befreien wäre. Ausdrücklich wird vermerkt, dass der Weg vom Präbichl bis Leoben zu diesem Zeitpunkt noch nicht vollkommen *hergestellet* war. Gleichzeitig wurden nun Vereinbarungen über die Straßenerhaltung notwendig. Obwohl in dem Akt von der Straßenreparatur der gesamten Strecke von Linz über Steyr nach Leoben gesprochen wird, beziehen sich die Überlegungen bezüglich der Maut und der Straßenerhaltung ausschließlich auf den Abschnitt Eisenerz–Trofaiach.[164]

Im Sommer 1754 war der Ausbau auf der Vordernberger Seite des Passes abgeschlossen, es wird die gänzliche Herstellung der *Neuen Comercial Strassen* zwischen Eisenerz über den Präbichl bis Trofaiach explizit genannt.[165]

Die Baukosten gehen aus den vorliegenden Quellen nicht deutlich hervor. Vor Beginn des Ausbaus 1750 und nach Abschluss der Bauarbeiten 1754 wird die Summe von 60.000 Gulden genannt. 1750 erhoffte man sich auch einen Vorschuss von 60fl/m von der *Eysen=Arzt=Gewerkschafft* (Innerberger Hauptgewerkschaft).[166] Bedauerlicherweise ist nach den derzeit vorliegenden Quellen der für die Planung verantwortliche Ingenieur nicht bekannt.

---

164 Österr. Staatsarchiv, Finanz- und Hofkammerarchiv, M & Bw r Nr. 76 v. 13. Mai 1752 mit Korrespondenz vom 6. April 1752–13. Mai 1752. – Neben einem Schranken in Eisenerz wurde für einen zweiten Schranken in Trofaiach bzw. in Hafning argumentiert.

165 Österr. Staatsarchiv, Finanz- und Hofkammerarchiv, M & Bw r Nr. 103 v. 22. Aug. 1754.

166 Österr. Staatsarchiv, Finanz- und Hofkammerarchiv, M & Bw r Nr. 55 v. 22. Aug. 1750 und Nr. 99 v. 21. April 1754. – In anderen Quellen wird die Summe von 57.000 bzw. 70.000 Gulden genannt; vgl. dazu Deissl 2009, 643 (nach Göth 1841, Bd. 2, 136) und 669.

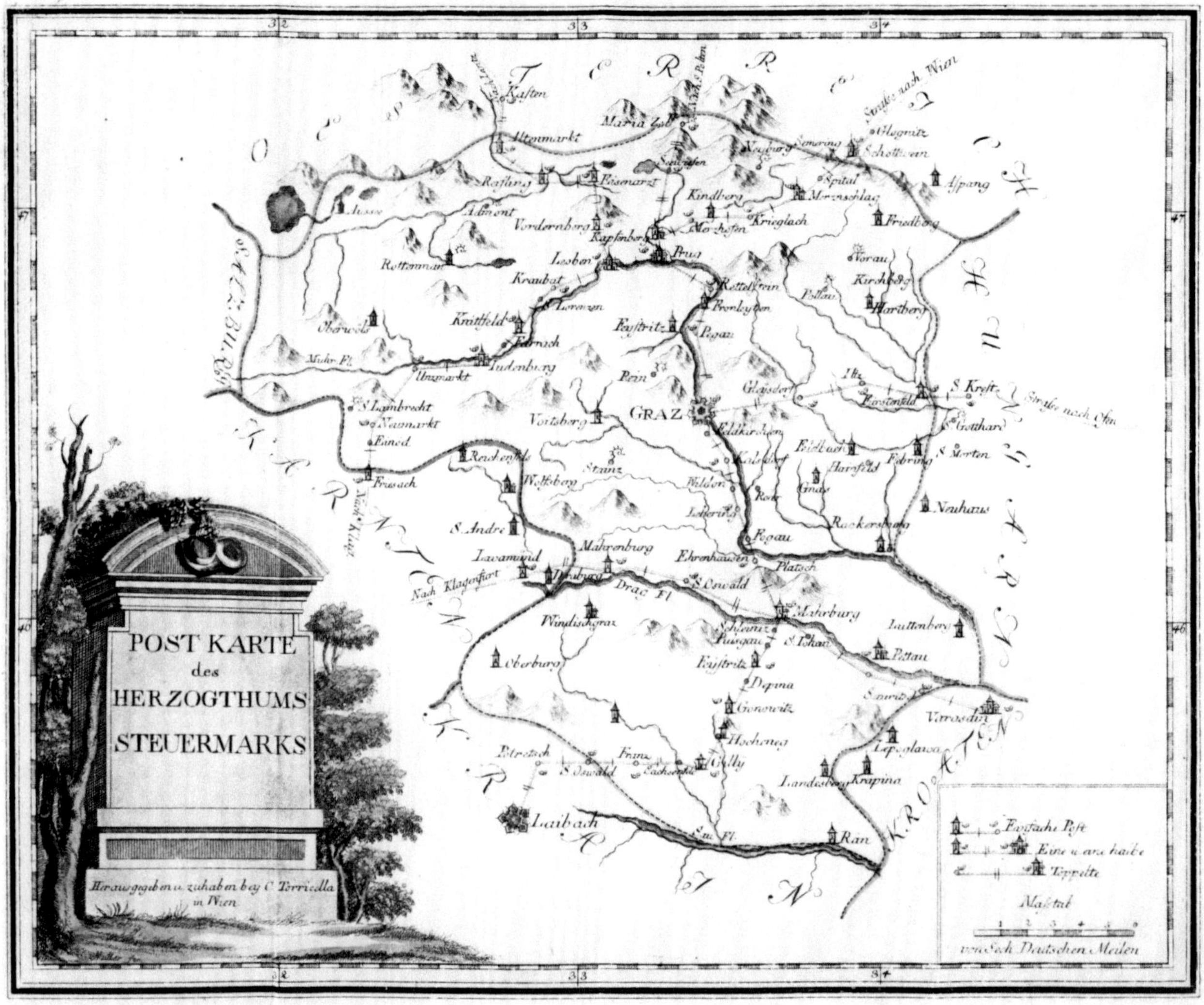

Abb. 66: Postkarte des Herzogthums Steiermark, hg. v. C. Torricella, Wien 1786.

Die archäologischen Befunde von Eisenerz, KG Münichtal (FP 60105.003) und Hieflau (FP 60102.001) sind Abschnitte der Kommerzialstraße. Offen bleibt, ob an der Strecke Eisenerz–Hieflau gleichfalls Reparaturmaßnahmen und abschnittsweise Änderungen der Linienführung 1750–1752 vorgenommen wurden oder nicht. Der Befund der aus dem Fels geschrämten Fahrbahn mit stark ausgefahrenen Spurrillen von Hieflau spricht eher für ein höheres Alter. Ebenso wenig lässt sich der Befund von Eisenerz, KG Münichtal, zeitlich genauer eingrenzen.

Die Erhebung der „Eisenstraße" zur Kommerzialstraße 1750 hatte auch die Einrichtung eines öffentlichen Postkurses zur Folge. Auf Karten des 18. und 19. Jahrhunderts ist die Kommerzialstraße daher als „Poststraße" verzeichnet (Abb. 66).[167] Für die Erhaltung der *Neuen Comercial Strassen* war bis 1782 der Ärar, die Hofstelle Münz- und Bergwesen, zuständig. Die ab 1750 neu gebaute Straße wird in den historischen Quellen um 1780 als „Kammeralmontanweg" oder „Kammeralweg", gelegentlich auch als „Kommerzialmontanweg" oder „Kommerzialweg" bezeichnet, bis sich bald darauf schließlich die Bezeichnung „Kommerzialstraße" durchsetzte.[168] Von 1782 bis 1787 pachtete die Radmeister-Kommuität in Vordernberg die Straßeninstandhaltung vom Ärar für den Abschnitt Eisenerz–Trofaiach. In der Folge waren dann die Innerberger Hauptgewerkschaft für die Eisenerzer Seite des Präbichls und die Radmeister-Kommunität für die Vordernberger Seite bis Trofaiach zuständig. Die Innerberger Hauptgewerkschaft würde, wie in den Akten ausdrücklich betont wird, den größten Ge-

167 Pienn 1978, 171. – Vgl. dazu die historischen Karten: Mezberg 1782. – Reilly 1799 in Dörflinger/Wagner/Waurik 1977, Taf. 68. – Müller 1786.

168 Deissl 2009, 651.

winn durch diesen Ausbau erzielen.[169] 1824 wurde die Unterhaltung der Strecke in die Verwaltung des Wegfonds übernommen, da sie *nun bloß als Bestandtheil der zur Hauptverbindung zwischen Gratz und Linz dienenden Post= und Komerzial=strassen zu betrachten* war.[170]

Die Probleme der Straßenerhaltung spiegeln sich fortwährend in den Quellen wider. Das eine Thema war der Erztransport: Für die schweren Erzfuhren vom Präbichl zu den Radwerken in Vordernberg durfte ausschließlich der eigens dafür gebaute Erzweg benutzen werden, hingegen war es den Vordernbergern erlaubt, die Rückfuhren über die Kommerzialstraße zu führen. Kurze Zeit, zwischen 1782–1787, als die Radmeister-Kommunität die Straßeninstandhaltung vom Ärar gepachtet hatte, war es ihnen gestatten, schwere Erzfuhren in den breiteren, zweispännigen Deichselwägen über die Kommerzialstraße zu führen. Auf dem Erzweg selbst waren nur die schmäleren, einspännigen so genannten Anzenwagen in Verwendung. Im Winter setzte man enge Schlitten für den Erztransport ein.[171]

Bereits im Vorfeld des Neuausbaus der Straße über den Präbichl und der späteren Kommerzialstraße wurde über die allgemeine Einführung der breiteren Deichselwägen diskutiert, um die Transportkapazitäten zu erhöhen. Dieses Vorhaben wurde letztendlich nicht umgesetzt, da auch eine große Menge Holz für den Bau der neuen Wägen erforderlich gewesen wäre und eine Umstellung auf die zweispännigen Deichselwägen zudem eine größere Anzahl von Pferden – und zudem stärkere Pferde – benötigt hätte. Letztendlich waren die Kosten für den Bau eines neuen Erzweges neben der Kommerzialstraße günstiger und es blieb bei der Verwendung der Anzenwägen für den Erztransport (vgl. Abb. 65). In den kommenden Jahrzehnten, in den Jahren 1771/1772 und 1782 wurde die Diskussion um die Einführung der Deichselwägen – allerdings erfolglos – fortgesetzt.[172]

Das andere Thema, das u.a. in den 1780iger Jahren heftig diskutiert wurde, war die Beschotterung der gepflasterten Fahrbahnoberfläche. Wie aus der Beschreibung von J. Mrakh in der Legende der Karte aus 1755 hervorgeht, wurde die Steinpflasterung mit *Schutt* überschüttet. Der aufgebrachte Kies oder Schotter verband sich aber nicht ausreichend mit dem festen Untergrund der dichten Steinpflasterung und wurde von den Fuhrwerken zerstreut und zermalmt, bei Regen ausgeschwemmt und litt auch bei allzu trockener Witterung. Die Folge war, dass die Fahrbahn im Sommer neu geschottert und auch die Pflasterung immer wieder ausgebessert werden musste. Im Allgemeinen musste ein- bis zweimal im Jahr beschottert werden, feiner Schotter und Sand erwies sich als dauerhafter. Eine Schwierigkeit der Sanierung lag auch am Mangel an geeignetem und kostengünstigem Material. Andererseits wird auch angeführt, dass die Fuhrleute nicht gerne auf der geschotterten Straße fuhren. Aufgrund des schlechten Zustandes des Erzweges erwog man 1784 auch eine erneute Pflasterung des Erzweges. Ob diese auch durchgeführt wurde, geht aus den Quellen nicht hervor.[173]

Der Verlauf der Kommerzialstraße deckt sich, wie dies für den Abschnitt Vordernberg und Eisenerz anhand umfangreicher Begehungen, Befragungen und Recherchen verifiziert werden konnte, mit der späteren „alten" B 115 Eisen-Bundesstraße (Abb. 67, vgl. auch Abb. 59). Verschiedene Ausbauphasen des modernen Straßenbaus veränderten die Linienführung der B 115. So wurde die heutige Trasse („neue" B 115 Eisenstraße) über den Präbichl völlig neu konzipiert und in den 1970er und 1980er Jahren gebaut. Die Bauplanung der Nordrampe Präbichl (km 121,459–km 125,954) auf der Eisenerzer Seite des Passes wurde 1968 begonnen und oblag Ing. Walter Bauer, der Bau wurde von 1974–1976 durchgeführt. Die Südrampe Präbichl (km 128,075–km 130,250), der Abschnitt vom Pass bis zum Hubertushof nördlich des zentralen Ortsgebietes von Vordernberg, wurde 1983 von Dipl. Ing. Nipitsch geplant und 1984–1987 errichtet. Ein kurzes Teilstück im Anschluss an die Nordrampe (Abschnitt Gsollhof, km 120,100–km 121,800) wurde gleichfalls von Ing. Walter Bauer 1966 geplant. Die Bauplanung des Teilstückes auf der Passhöhe (km 125,300–km 128,00) hatte Dipl. Ing. Nipitsch 1979 übernommen. Der Zeitpunkt der Durchführung dieser Bauabschnitte ist nicht bekannt.[174]

Der Abschnitt der Kommerzialstraße am Polster wurde nach dem Neuausbau im 20. Jahrhundert als Rodelbahn genutzt[175] und ab 1998 in die neue Schiabfahrt einbezogen.

169 Österr. Staatsarchiv, Finanz- und Hofkammerarchiv, M & Bw Zl 13866/2054 ex 1842.

170 M & Bw Zl 13866/2054 ex 1842, Seite 4 (v. 26. Dez. 1844). – In dem Akt befindet sich ein langer Diskurs, wer für die Erhaltung des Abschnittes Steyr-Eisenerz (Seite 5 ff.) zuständig wäre. Aus dem vorliegenden Akt geht nicht hervor, wann die Erhaltung der Eisenstraße schließlich vom Staat übernommen wurde und nicht mehr der Innerberger Hauptgewerkschaft oblag.

171 Anzenwagen hatten eine Gabeldeichsel und wurden von hintereinander eingespannten Pferden gezogen, und waren daher schmäler als die Deichselwagen, an die zwei Zugpferde nebeneinander eingespannt werden konnten. Vgl. dazu http://krünitz1.uni-trier.de <9, 81>.

172 Deissl 2009, 677ff.

173 Deissl 2009, 652ff. und 672ff.

174 Freundl. Mitt. HR DI Werner Friedrich, Baubezirksleitung Bruck an der Mur, Mai 2009.

175 Freundl. Mitt. zahlreicher Vordernberger, zu danken sei insbesondere Heinz Hörtner, der mit mir die Trasse auf

Abb. 67: Alte B 115 Eisenstraße. Präbichl um 1920. Blick zum Pass.

Ein Teil der „alten Bundesstraße" bzw. der Kommerzialstraße auf der Eisenerzer Seite wurde mit Tonnen Haldenmaterial vom Erzberg überlagert, nachdem eine Ausweichstrecke, die so genannte „Notstraße", 1960[176] gebaut wurde. Korrekturen der Linienführung erfolgten gleichfalls südlich des Ortskernes von Vordernberg. In Hieflau wurde die Strecke Richtung Norden (Landl, Altenmarkt) bereits 1989 ausgebaut. Die Linienführung der Kommerzialstraße wurde im Wesentlichen über 200 Jahre lang beibehalten und der Straßenausbau beschränkte sich vielerorts auf Aufschüttungen zur Verbesserung der Fahrbahnoberfläche.

der Vordernberger Seite abging und sein Wissen mit mir teilte. Die „alte Bundesstraße" soll nach Mitt. H. Hörtners auch um 1900 bereits als Rodelbahn genutzt worden sein.

176 Freundl. Mitt. HR DI Werner Friedrich, Baubezirksleitung Bruck an der Mur, Mai 2009.

6.5.3 Linienführung und Bauweise der Eisenstraße im 16. und 18. Jahrhundert

Vergleicht man die Linienführung der Eisenstraße des 16. mit jener des 18. Jahrhunderts, so ist unschwer zu erkennen, dass auf der Eisenerzer Seite des Präbichls die rechte (von Eisenerz kommend) oder südliche Talseite des Gerichtsgrabens für die Anlage der Straßen ausgewählt wurde. Es ist zudem vorstellbar, dass im 18. Jahrhundert zumindest Teile der Strecke aus dem 16. Jahrhundert überbaut wurden. In den schriftlichen Quellen werden gleichermaßen zahlreiche Gräben genannt, die mithilfe von Brücken überwunden werden mussten. Die Passhöhe selbst erlaubt als Engstelle keinen großen Spielraum für die Gestaltung des Straßenverlaufs. Hier gab es mit Sicherheit Überschneidungen.

Der Vordernberger Erzweg, der als ältester Weg angesprochen werden kann und wohl im späten Mittelalter entstanden ist, führte gemäß den hier vorgestellten Untersuchungsergebnissen vom Pass durch die Weidau zum Ortsteil Almhäuser und von dort nach Süden. Dies belegt indirekt das Alter von Häusern des Ortsteiles Almhäuser, deren Geschichte bis in das 16. Jahrhundert zurückverfolgt werden kann.[177] Der Almwirt, Hauptstraße 16, ist demnach mit einer

177 Hörtner 1996, 21–26, 30–34.

Nennung von 1496 das älteste Haus.[178] Vom Ortsteil Wegscheid, wo im 18. Jahrhundert der neu gebaute Erzweg die neue Kommerzialstraße verließ, sind gleichfalls Häuser aus dem 16. Jahrhundert zu nennen.[179] Ebenso gibt es entlang der Laurentistraße Häuser aus dem 16. Jahrhundert.[180]

Diese Informationen lassen den Schluss zu, dass der Vordernberger Erzweg auch gleichzeitig der Hauptweg vom Pass nach Süden war und somit Teil der Eisenstraße. Beim Neuausbau in der Mitte des 18. Jahrhunderts bot der Ortsteil Almhäuser ausreichend Platz für eine neue breite Straße, nicht jedoch die Laurentistraße, die selbst heute noch eine schmale Straße ist und nach der Laurentikirche einen engen hohlwegartigen Abschnitt aufweist. Daher ist es nicht verwunderlich, dass man beim Wegscheid die Fahrbahnen in ihrem weiteren Verlauf nach Süden trennte.

Für die Datierung des archäologischen Befundes von Schnitt 1/1997 Laurentistraße ist dies natürlich von Belang, da die Fundstücke sowie ihre Fundsituation für eine sichere Datierung – außer allgemein in die Neuzeit – selbst nicht aussagekräftig genug sind (vgl. Kap. 6.5.1). Da auf den Altwegen in der Weidau vereinzelt Pflastersteine gefunden wurden, können wir davon ausgehen, dass diese Wege bereits im späten Mittelalter gepflastert waren. Dies kann man wohl auch für den Abschnitt in der Laurentistraße postulieren.

Die Bauweise im 16. und 18. Jahrhundert weist gleichfalls Übereinstimmungen auf. Aus den Quellen geht deutlich hervor, dass die Fahrbahn mit Steinen gepflastert und mit *hörter schütt* (hartem Schutt) beschüttet werden sollte.[181] Ähnliches ist in der Legende der Karte von Mrakh zu lesen: die Straße ist *mit grossen Steinen gepflastert, und gutten Schutt verschüttet.*[182]

In beiden Fällen waren Abtragungen der Erdoberfläche für die Anlage der Straßen erforderlich. Während auf der Nordseite sicherlich die steile Hanglage und die zahlreichen Gräben und Wasseraustritte die größere Herausforderung waren, war die Südseite wesentlich leichter befahrbar. Die großzügige Anlage der Kommerzialstraße mit dem Erzweg in einem gemeinsamen Straßenkörper am Fuß des Polsters auf der Südseite des Passes erforderte einen immensen Materialabtrag. Die wenigen dokumentierten Profile gaben keinen Aufschluss, wo das Material wieder aufgetragen wurde.

Als Untergrund diente der jeweils anstehende Boden, am Präbichl wie in der Laurentistraße ein sehr fester, mittelbrauner, sandiger Lehm, der immer wieder mit Steinen durchsetzt war. Eine Schicht aus senkrecht gestellten großen Steinen in Schnitt 3 war als so genannte Packlage anzusprechen und somit eine zusätzliche Befestigung des Untergrundes. Eventuell war Schicht (36) unter dem Steinpflaster von Schnitt 4/1999 eigens aufgebracht worden.

In Schnitt 3/1998 stützte talseitig eine mindestens 2,30 m breite und ca. 0,30 m hohe Aufschüttung von kleineren Steinen (Korngröße ca. 100–150 mm) die Straße. Dieser randliche Bereich wurde ev. auch als Fußweg oder „Sommerweg" benutzt. Es ergab sich dadurch eine Gesamtbreite der Straße von mindestens 11 m. Bei Schnitt 4/1999 war bergseitig eine seitliche Abstützung des Straßenkörpers zu beobachten.

Die *Neue Comercial Strassen* hatte, wie die Befunde aus 1926 und 1998 in den Schnitten 2 und 3 zeigen, eine Fahrbahnbreite von 6,70 m bis 6,90 m. Der Erzweg selbst und die Altwege in der Weidau aber auch der Grabenweg an der Nordseite des Passes entsprachen mit 2,10 m bzw. 2,50–2,90 m einer einspurigen Fahrbahn; daher wurden bei den älteren Wegen so genannte Ausweichen erforderlich.

Der archäologische Befund sämtlicher Schnitte zeigte, dass die Fahrbahnen durchwegs dicht mit Steinen, die zugeschlagen und beim Setzen sehr gut miteinander verkeilt wurden, gepflastert waren. Die Pflastersteine der Kommerzialstraße und des Erzweges bestanden vielfach aus sehr großen und schweren Blöcken, die im Laufe der Benutzung der Straße durch äußerliche Einwirkungen wie Frost oder starke Belastung in mehrere Teile gesprungen waren. Der in Vordernberg verwendete feinkörnige Porphyroid war an der Oberfläche glatt abgerieben und an den Längskanten abgerundet, wodurch das Pflaster holprig und das Befahren unbequem und geräuschvoll wurde.

Die Randbefestigung der Fahrbahn des Erzweges stimmte mit den Befunden der Grabung Schnitt 4/1999 in Vordernberg überein. Beim Erzweg waren es meist plattenförmig zugeschlagene Steine, die längs des Fahrbahnrandes senkrecht eingesetzt wurden und die Pflastersteine deutlich überhöhten. Die Randsteine reichten zumindest gleich tief in den Untergrund wie die Pflastersteine und erschwerten damit ein seitliches Verschieben des Straßenkörpers.

Aus den Schnitten 2 und 3 aus 1998 von Vordernberg ging hervor, dass am Rand der Fahrbahn längliche, größere Steine quer zur Fahrbahn flach verlegt wurden. Dies ist auch in Übereinstimmung mit der Darstellung auf der Karte der *Neuen Comercial Strassen* von 1755; es war hier keine Überhöhung der Fahrbahn durch Randsteine zu vermerken. Es bleibt demnach weiteren Untersuchungen vorbehalten, in welcher Form nun die Randbefestigung der Kommerzialstraße durchgehend ausgeführt war und wie dem-

178 Hörtner 1996, 28ff.

179 Hörtner 1996, 36, 51, 54f., 62f.

180 Hörtner 1996, 251f., 277ff., ab dem 13. Jahrhundert: Laurentikirche S. 257f.

181 StLA, OBA Leoben Sch. 79, Nr. 107 (1563) und HK Exemptbuch 1566, fol. 82 v. 18. März 1566.

182 Mrakh 1755, Legende Nr. 1.

nach die Befunde in Schnitt 2 und 3 zu interpretieren sind.

Eine wichtige Frage im Straßenbau ist jene der Entwässerung. Hang- wie Oberflächenwässer mussten entsorgt werden. Auf der Karte der *Neuen Comercial Strassen* von 1755 werden gemauerte Kanäle vor allem an der Nordseite des Passes erwähnt, lediglich südlich von Vordernberg an zwei Stellen Seitengräben angegeben. In Schnitt 4/1999 nördlich des Ortsteiles Almhäuser wurde allerdings ein Seitengraben hangseitig dokumentiert. Das aus Steinplatten gemauerte Geviert im Längsprofil, aufgenommen im Ortsteil Almhäuser 1997 (Abb. 27/3) dürfte einer der gemauerten Kanäle sein, wie J. Mrakh 1755 sie beschrieb, auch wenn er in diesem Abschnitt der Kommerzialstraße keinen Kanal explizit nannte.

Das zum Teil starke Gefälle der Straßen trug wohl gleichfalls zum Abfließen des Oberflächenwassers wesentlich bei. Die dachförmige Wölbung der Fahrbahn der Kommerzialstraße unterstützte ein seitliches Abfließen auf beiden Seiten. Ungünstig muss dies jedoch für den Erzweg selbst gewesen sein, der dadurch einen Teil des Oberflächenwassers der Kommerzialstraße aufnehmen musste. Im Bereich des Erzweges in der Laurentistraße gab es keinen Hinweis auf eine künstliche Entwässerung.

Ein seitliches Abfließen des Wassers dürfte durch die hohen Randsteine zumindest behindert worden sein, wenngleich durch die Zwischenräume zwischen den Randsteinen ein Teil des Wassers abgelaufen sein wird.

Wie bereits ausgeführt wird in der Legende der Karte von J. Mrakh 1755 sowie in den historischen Quellen beschrieben, dass über der Steinpflasterung *schutt* aufgebracht wurde, was bedeutet, dass auf die gepflasterte Fahrbahn Schotter oder Kies und auch Sand aufgebracht wurde. Der archäologische Befund der Schnitte 2–4 in Vordernberg zeigte, dass direkt über dem Straßenpflaster stark verdichtete feine Schotter- bzw. Kiesaufträge vorhanden waren, so in Schnitt 2 die Schichten (2) und (3), Schnitt 3 die Schicht (2) und Schnitt 4 die Schichten (7) und (8). Man kann daher davon ausgehen, dass bereits nach Errichtung der Steinpflasterung erstmals eine Schotterschicht aufgetragen und diese auch fortwährend ausgebessert bzw. erneuert wurde.

7. Die Altstraße vom Krumpental in die Eisenerzer Ramsau

Der Ortsteil südlich des Stadtzentrums von Eisenerz wird Krumpental genannt. Es ist dies ein enges Tal am westlichen Fuß des Steirischen Erzberges, eigentlich ein Abschnitt des Tales, das der Ramsaubach durchfließt, bis er sich mit dem Trofengbach vereinigt und dann unter dem Namen Erzbach Richtung Hieflau fließt. Die Straße führt durch das Krumpental nach Süden, verlässt schließlich den langgezogenen Ortsteil und steigt beim Franzosenbichl erstmals kräftig an. Die Bahn quert hier die Straßentrasse mit einer Brücke. Nach diesem Anstieg befindet sich heute noch ein Waldgebiet, die Peres genannt. Die heutige Straße, hier als Schlingerweg bezeichnet, führt weiter Richtung Westen bis in das kleine Hochtal, die Eisenerzer Ramsau. Dort beginnt heute eine private Forststraße, die über den Radmerhals (1305 m) und durch den Finstergraben in die Vorderradmer/Radmer a. d. Stube im nächsten Tal führt. Insgesamt überwindet die Straße von Eisenerz in die Eisenerzer Ramsau etwas mehr als 300 Höhenmeter auf einer Strecke von 7,5 km (Straßen-km), von da bis zum Radmerhals sind es ca. 260 Höhenmeter und bis in die Vorderradmer 576 Höhenmeter (Abb. 68).

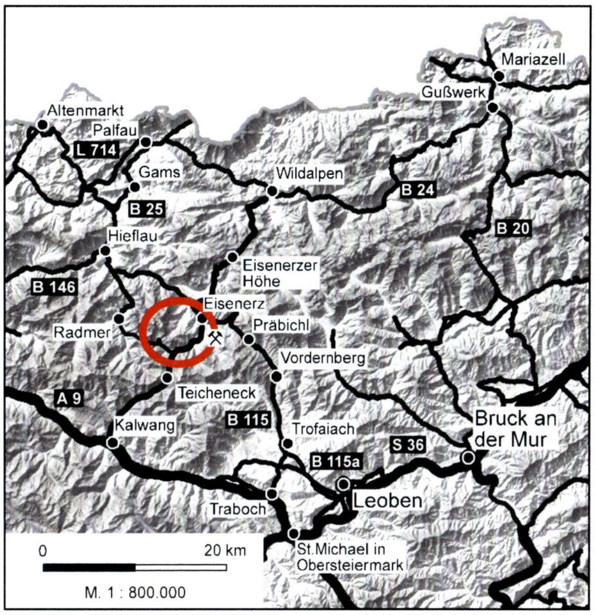

Abb. 68: Altwege Krumpental/Eisenerzer Ramsau. Ausschnitt der Höhen- und Reliefkarte Steiermark (Datengrundlage GIS-Steiermark). M. 1 : 800.000.

Heute gibt es außerhalb des Stadtzentrums von der Straße in die Eisenerzer Ramsau zwei Abzweigungen nach Süden, jene auf der Peres zur Galleiten und jene kurz vor der Gemeindealm durch den Graben des Lasitzenbaches zum Teichenegg. Die Altstraße über das Teichenegg von dieser Abzweigung bis in die Lange Teichen wird in Kapitel 8 beschrieben.

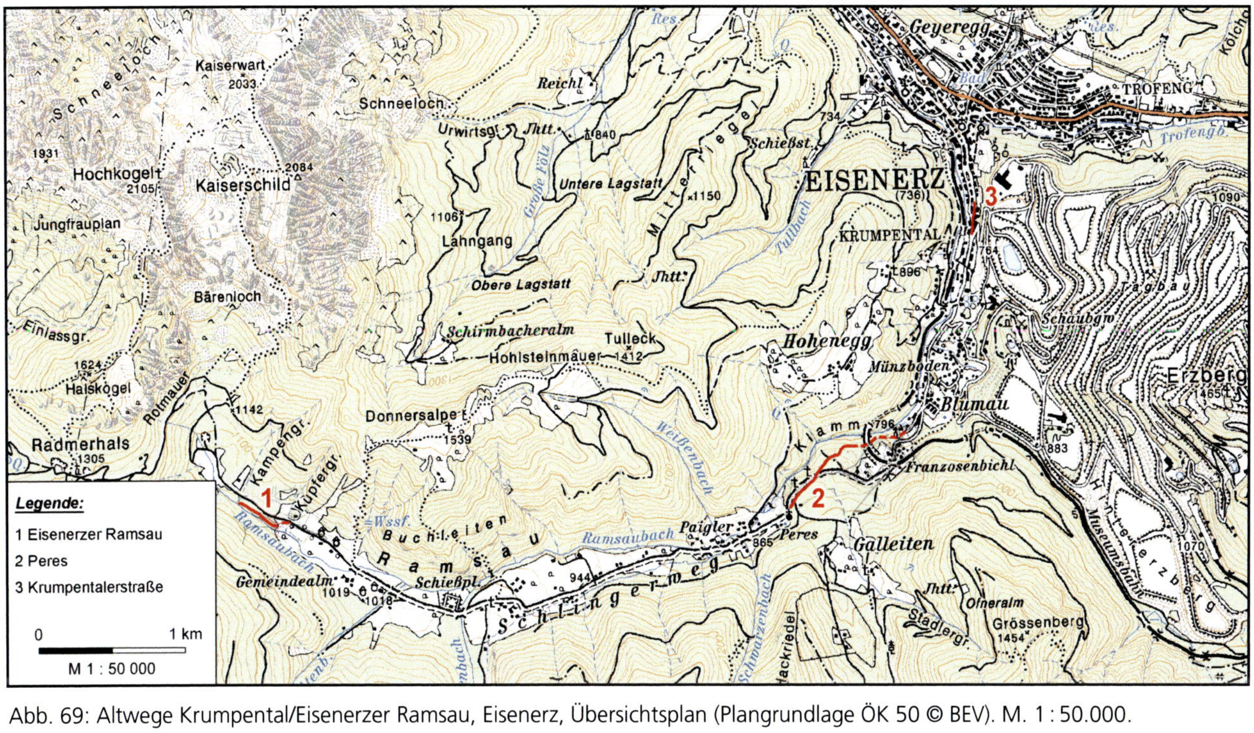

Abb. 69: Altwege Krumpental/Eisenerzer Ramsau, Eisenerz, Übersichtsplan (Plangrundlage ÖK 50 © BEV). M. 1 : 50.000.

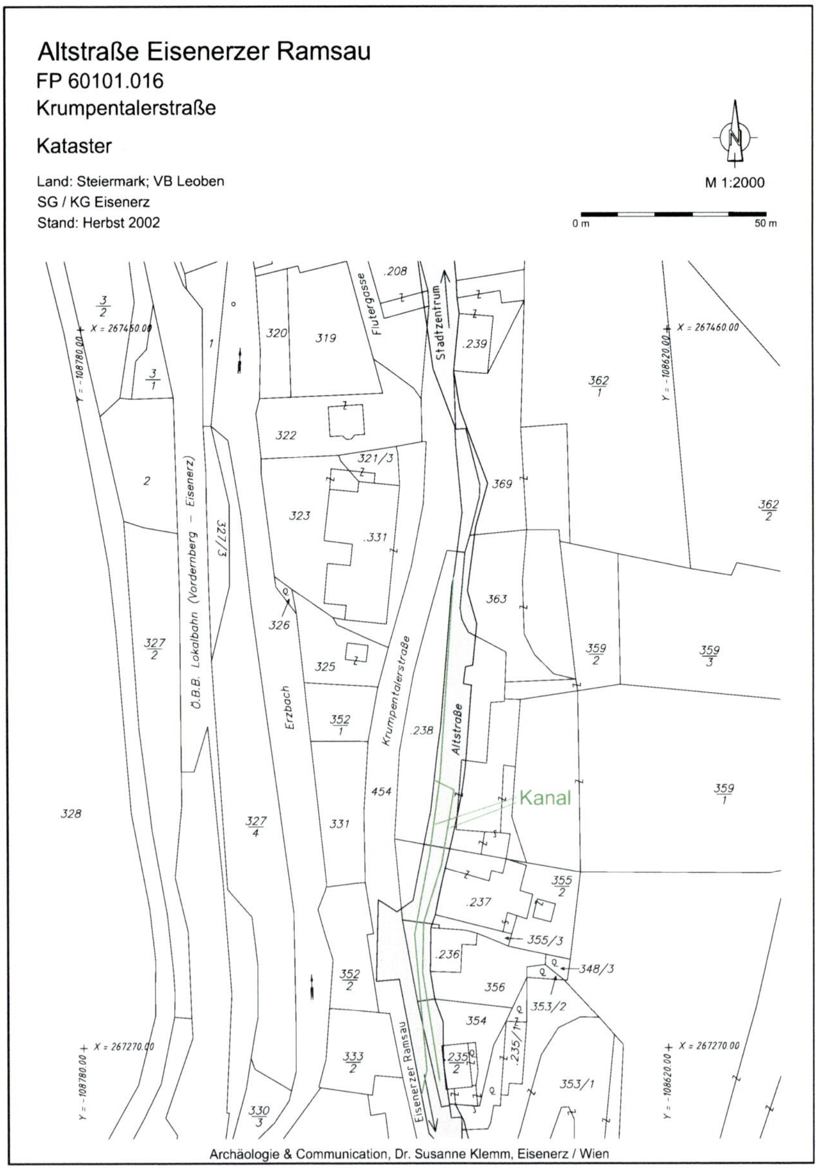

Abb. 70: Altweg Krumpental/Eisenerzer Ramsau. Krumpentalerstraße, Herbst 2002. Kataster. M. 1 : 2000.

An drei Stellen waren noch Spuren der Altstraße in die Eisenerzer Ramsau erhalten. Ein Befund der Altstraße durch das Krumpental wurde im Jahr 2002 aufgenommen, dieser wurde durch Geländebegehungen auf der Peres im Sommer 2008 und durch Geländebegehung und Vermessung noch erhaltener Hohlwegabschnitte in der Eisenerzer Ramsau ergänzt. Auf einen vierten Abschnitt wird in Kap. 7.4 eingegangen. (Abb. 69)

7.1 Baubeobachtung Krumpentalerstraße 2002

Vom Stadtzentrum von Eisenerz führt parallel zur Krumpentalerstraße die Flutergasse. Im Bereich der Einmündung der Flutergasse in die Krumpentalerstraße südlich des Stadtzentrums fanden 2002 zahlreiche Baumaßnahmen statt. Nach dem Abriss eines Hauses kam es zu einer Verkürzung der Flutergasse und einer Verlegung der Krumpentalerstraße auf den Bereich des letzten Abschnittes der ursprünglichen Flutergasse (Abb. 70, 71).[183]

Beim Aushub der Künette für die Rohrverlegung des Kanals wurde eine ganze Reihe massiver Steinblöcke mit stark abgeschliffener Oberfläche und tief eingefahrenen Spurrillen von den Baumaschinen ausgeworfen (Abb. 71/1.2). Die hiermit zerstörte Altstraße befand sich unterhalb der alten Fahrbahn der Krumpentalerstraße bzw. parallel zu den Häusern Krumpentalerstraße 46–52 (Abb. 71/1.3).[184] Bedauerlicherweise war es der Verfasserin nicht mehr möglich, Einsicht in die Kanalkünette zu nehmen oder mit den Bauarbeitern ausführlicher zu sprechen. Die Pflastersteine sollen allerdings noch im Verband gelegen haben. Aussagen können weder zur Straßenbreite noch zur Spurweite gemacht werden.

183 Bedauerlicherweise war es nach dem Abriss des Gebäudes und des Kanalbaus nicht möglich, eine archäologische Dokumentation durchzuführen, insbesondere bedauerlich, als der Fluter, der der Flutergasse den Namen gab, geöffnet und das Ziegelgewölbe großteils zerstört wurde. Die Verf. teilt hier das Bedauern von Maja Loehr (Loehr 1929, 14).

184 Angaben zur Fundstelle FP 60101.016: Land: Steiermark; VB Leoben, SG Eisenerz; KG Eisenerz; Grst.-Nr. 238, 454.

Abb. 71: Altweg Krumpental/ Eisenerzer Ramsau. Krumpentalerstraße, Kanalbau 2002.

1 Pflastersteine der Altstraße mit Spurrillen, Blick von Süden.

2 Spurrillensteine der Altstraße.

3 Lage der Altstraße knapp neben den Häusern, Blick von Norden.

7.2 Geländebegehungen auf der Peres 2008

Die heutige Straße führt, vom Krumpental kommend, unter der Bahntrasse am Franzosenbichl auf die so genannte Peres, ein Waldstück südlich der tief eingeschnittenen Klamm, durch die der Ramsaubach fließt. Die Altstraße (FP 60104.055)[185] führte parallel zum Bach auf der Anhöhe entlang, somit nördlich der heutigen Straße, und hatte auf der Peres die Form eines Hohlweges.[186] Sie ist auf ca. 600 m Luftlinie noch großteils vorhanden und ist in Abschnitten durch einen jüngeren Wirtschaftweg, durch die heutige Straße und im westlichsten Teil des Waldstückes durch den Kanalbau[187] teilweise zerstört. (Abb. 72)

Das Gebiet war 2007 stark ausgeholzt worden, die Säuberungsarbeiten hatten im Sommer 2008 erst begonnen. Da es sich um den einzigen, noch erhaltenen Abschnitt der Altstraße zwischen Krumpental und Gemeindealm/Eisenerzer Ramsau handelte, sollte zumindest eine erste grobe Dokumentation erstellt werden.[188] Eine Vermessung erschien zu diesem Zeitpunkt nicht zweckmäßig zumal der Abschnitt auf einer Revierkarte des Grundbesitzers eingetragen war und von dieser in den Kataster übernommen werden konnte.

Die Altstraße war im östlichen Bereich (Standort F1, Abb. 73/1) anfangs ein 1,90–2 m breiter, im Sommer stark überwachsener, bis zu 1 m tief eingeschnittener Hohlweg, der von einem jüngeren Wirtschaftsweg gequert wurde und in ein kurzes, flaches Teilstück mit einer Wegbreite von 2,20 m überging (Standort F2, Abb. 73/2). Sie setzte als deutlich tiefer eingeschnittener und wohl auch aus dem Felsen zumindest teilweise herausgeschrämter, ca. 2 m breiter, ca. mindestens 1,5 m tiefer Hohlweg bis zur heutigen Straße fort (Standort F3, F4, Abb. 73/3, /4/1.2).[189] In einem kurzen Abschnitt stimmten die Trassen von heutiger Straße und Altstraße überein, im letzten vorhandenen Abschnitt befand sich die Altstraße südlich von der heutigen Straße (Standort F5, Abb. 74/3). Auch dieser letzte Teil dürfte teilweise in das Gelände eingeschnitten gewesen sein.

Bei einer Begehung zeigte der Eisenerzer Franz Haidn jun. der Verfasserin am 1.9.2008 eine Stelle (Standort F1), wo er als Jugendlicher noch Spurrillen im Fels gesehen hatte.[190] Eine kurze Überprüfung an drei Stellen im gezeigten Bereich am 11. September 2008 wies unter dem bis zu 20 cm mächtigen Waldhumus nur eine sehr hart gepresste, feine Schotterschicht mit einzelnen größeren Steinen auf. Aus Zeitgründen konnte keine vollständige Untersuchung durchgeführt werden. Es ist jedoch denkbar, dass unter dieser Schotterschicht sehr wohl anstehender Fels mit Spurrillen ansteht und dieser Schotter eine spätere Auflage darstellt.

Ein weiterer Altweg, der nur geringfügig hohlwegartig eingeschnitten ist und deutlich schmäler und zu dieser Zeit sehr stark bewachsen war, erstreckte sich in gerader Linie von der heutigen Straße kurz vor der Anhöhe bis zur Straße zur Galleiten (Abb. 72, braun markiert).

7.3 Geländebegehungen Eisenerzer Ramsau 1997 und 2008

Seit 1992 führt die Verfasserin im Gebiet der Eisenerzer Ramsau Forschungen zur prähistorischen Kupfergewinnung durch. Im Zuge der archäologischen Landesaufnahme seit 1997 wurden neben zahlreichen prähistorischen Kupferschmelzplätzen und potentiellen Bergbauspuren nicht nur Meilerstellen als Nachweise der intensiven Holzkohlenproduktion in dem Waldgebiet kartiert, sondern auch Abschnitte einer Reihe von Altwegen unterschiedlicher Größe und Form. Eine systematische Aufnahme derselben erfolgte bisher nicht. Einer der vermessenen Abschnitte ist ein Teilstück des Weges von der Eisenerzer Ramsau zum Radmerhals.[191] Ein weiteres Teilstück wurde im Sommer 2008 beiderseits des Kupferschmelzplatzes S1 im Talboden neu begangen und vermessen.[192] (Abb. 75–77)

Nach den beiden letzten Almhütten steigt die Forststraße erneut leicht an und führt schließlich in den Talschluss, wo sie dann kontinuierlich Richtung Radmerhals ansteigt. 260 Meter nach den letzten Almhütten gibt es heute zwischen dem Ramsaubach und der Forststraße zwei noch mit Fichten bestandene, Ost-West gerichtete Hohlwegabschnitte. Wäh-

185 Franziszeischer Kataster 1824, Gem. Eisenerz, Blatt 9.

186 Angaben zur Fundstelle FP 60104.055: Land: Steiermark; VB Leoben; SG Eisenerz; KG Krumpental; Grst.-Nr. 360, 418, 419.

187 Freundl. Auskunft Alois Kainrath, Bauamt, Stadtgemeinde Eisenerz, August 2008.

188 Die gesamte Geländeoberfläche auf der Peres erscheint äußerst unruhig. Ohne Entfernung des Altholzes war bei den Oberflächenstrukturen zwischen natürlicher Oberfläche und Eingriffen des Menschen schwer zu unterscheiden. Die betraf auch die Identifikation von Meilergruben.

189 Im Sommer 2008 waren an einzelnen Stellen frische Bruchstellen am Fels sichtbar, die vermutlich von den jüngsten Schlägerungsarbeiten stammen. An anderen frei zugänglichen Stellen war der Fels so stark verwittert, dass man keine Spuren der Schlägel und Eisen-Arbeit erkennen konnte.

190 Weinek 2000.

191 Klemm 2003, zu den Altwegen bes. 39ff. Tabelle 10, Plan 1, 13, 14.

192 Angaben zur Fundstelle FP 60104.052: Land: Steiermark; VB Leoben; SG Eisenerz; KG Krumpental; Grst.-Nr. 256/8, 256/31.

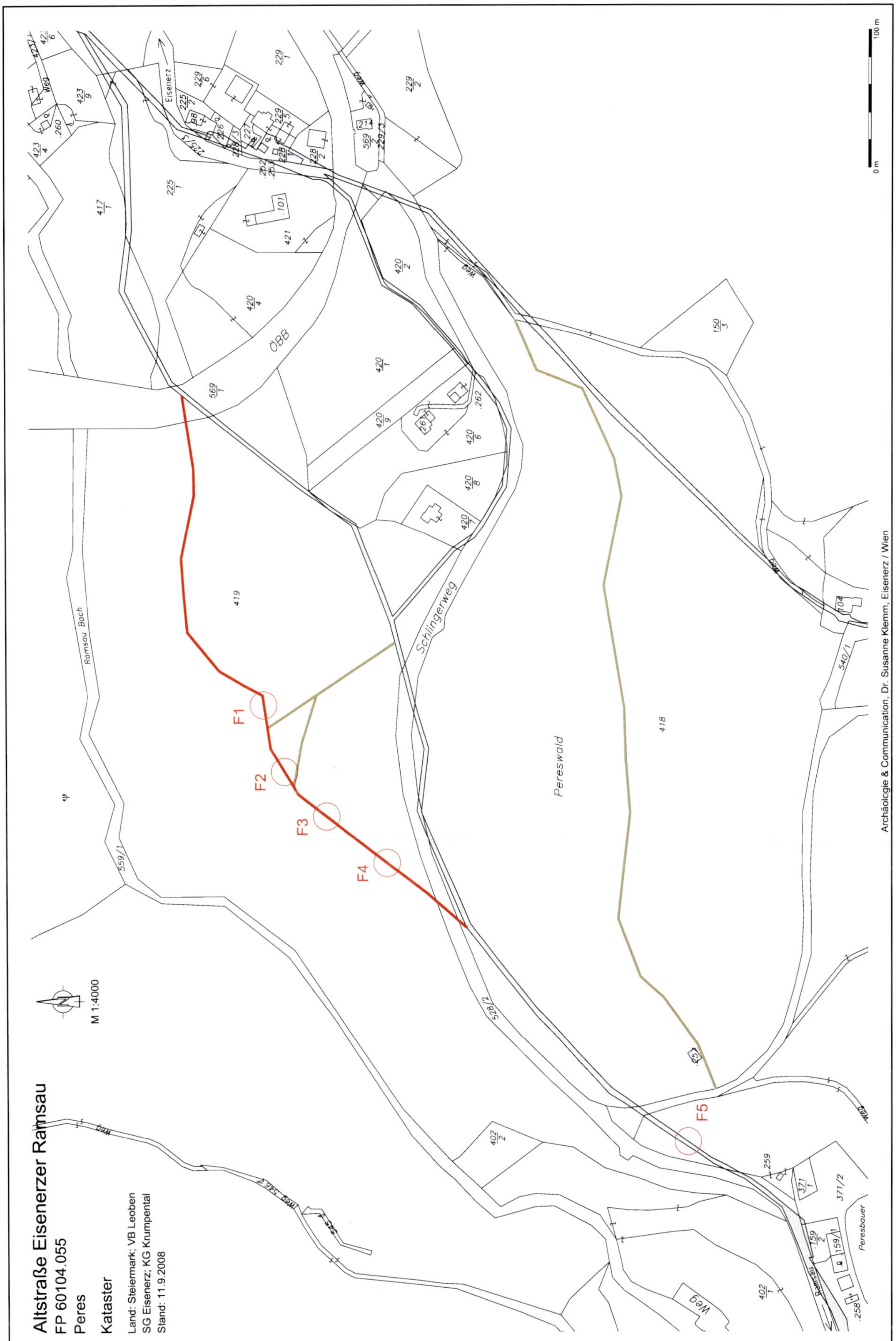

Abb. 72: Altweg Krumpental/Eisenerzer Ramsau. Peres, Sommer 2008. Kataster. M. 1 : 4000.

Abb. 73: Altweg Krumpental/ Eisenerzer Ramsau. Peres, Sommer 2008.

1 Standort F1, Blick von Westen.

2 Standort F2, Blick von Nordosten.

3 Standort F3, Blick von Südwesten.

Abb. 74: Altweg Krumpental/
Eisenerzer Ramsau.
Peres, Sommer 2008.

1 Standort F3, Blick von Südwesten.

2 Standort F3, Blick von Norden.

3 Standort F3, Blick von Norden.

rend die südliche Trasse 2 nach dem Kupferschmelzplatz S1 und der Meilergrube, beide FP 60104.001, weiter nach Westen fortsetzt, endet die nördliche Trasse 3 vor dem Fundplatz. Ein jüngerer, ca. 30 Jahre alter, nicht mehr verwendeter Holzbringungsweg, der vom Ramsaubach schräg zur Forststraße führt, schneidet an der Westkante des Kupferschmelzplatzes den Hohlweg. Möglicherweise wurde durch die Anlage dieses Weges die Einmündung der Trasse 3 in Trasse 2 zerstört. Trasse 2 ist noch bis zum Kampengraben als Hohlweg erhalten. Auf der gegenüberliegenden, rechten Seite des Kampengrabens in Fortsetzung des Hohlweges befand sich eine Meilerstelle, FP 60104. 047, die aufgrund von Rodungsarbeiten, welche in der Folge eines verheerenden Unwetters den Bereich zwischen Bach und Forststraße in Wiese umwandelte, zerstört wurde. Eine weitere Meilerstelle, FP 60104.050, befand sich nördlich dieser, Holzkohle und neuzeitliche Keramik kamen erst durch die Rodungsarbeiten zutage.[193]

Die Linienführung von Trasse 2, die anfangs sehr nahe dem Bachufer entlang führt, biegt dann etwas nach Nordwesten und respektierte die Fläche des bronzezeitlichen Kupferschmelzplatzes S1 und der Meilergrube. Trasse 2 ist durchwegs ca. 2,20 m breit, mit Ausnahme des Bereiches neben der Meilerstelle FP 60104.057 (Bachbett), wo sie ca. 2,90 m, an einer Stelle auch 3,30 m breit wird und kurz vor dem Kupferschmelzplatz S1, wo sie mit 1,70 m deutlich schmäler wurde. Ein kurzer Teil des Hohlweges wurde seit 1992 für den Abraum der Ausgrabung auf dem Kupferschmelzplatz S1 verwendet, auf dem Plan Abb. 75 strichliert dargestellt. Der Weg zerstörte den Nordrand der in der Bronzezeit genutzten Fläche. (Abb. 78)

Während der abschließenden Arbeiten auf dem Verhüttungsplatz zur Wiederherstellung der Fläche musste eine größere Baumaschine eingesetzt werden, um die Erdmassen zu bewegen aber auch deshalb, weil der Untergrund im Wegbereich sehr weich war. Unter dem Humus befand sich durchwegs eine mächtige Schicht aus grauem Pseudogley, der auch die Meilergrube füllte und als junges Sediment in allen Mulden der Grabung zu finden war; es gibt also keinen Hinweis auf eine Befestigung des Weges mit Steinen oder Holz. Kurz nach dem Verhüttungsplatz ist der Boden immer sehr feucht, dies dürfte mit dem Quellaustritt in der Nähe des jüngsten Durchbruches etwas oberhalb zusammenhängen. Trasse 2 ist insgesamt sehr breit, an der Oberkante misst sie ca. 6,30 – 8,15 m (P1–P5), kann aber bis 10 m breit sein, und hat eine durchschnittliche Tiefe von 1,70 m im mittleren Bereich. Der Nordrand des Hohlweges ist naturgemäß höher, da der Hang ein leichtes Nord-Süd Gefälle hat. Der Höhenunterschied von der Wegmitte zum Nordrand beträgt meist 2 m, kann bis zu 2,60 m betragen (P2) oder wie bei Profil P4 nur 1,60 m (Abb. 79).

Die Sohle von Trasse 3 ist mit ca. 1 – 1,40 m durchwegs deutlich schmäler als Trasse 2, in der Mitte durchschnittlich 1,60 – 1,80 m tief eingeschnitten. Der Nordrand des Weges ist gleichfalls dem Gefälle des Hanges folgend mit 2 m deutlich höher als der Südrand. Die Oberkante des Hohlweges beträgt bei den Profilen 1 und 2 ca. 6,20 und 6,50, beträgt aber in längeren Abschnitten bis zu 8 m.[194] (Abb. 80)

Trasse 1 ist ein kurzer, ca. 2,6 bis 3,20 m breiter Weg, in der Form eines Hangweges, der in einer ausladenden Kurve vor den Hohlwegen T2 und T3 vorbei zum linken Ufer des Baches und diesem entlang führt und schließlich im Bachbett endet. (Abb. 77/3)

In der Verlängerung dieser Wegtrasse T1 befindet sich heute im Bachbett eine stark zerstörte Meilerstelle, FP 60104.057, die im Profil des Baches noch Schichten von mehreren liegenden Meilern erkennen lässt. Holzkohle befand sich aber auch unter dem Humus in der Bachböschung unterhalb der Trasse 2. Der Ramsaubach dürfte hier mehrmals sein Bett stark verändert haben. Ein einziges schweres Unwetter kann den Bach derart anschwellen lassen, dass die Böschung stark beschädigt wird. Dies wurde vor einigen Jahren beim Kupferschmelzplatz S1 beobachtet.

Parallel zu den Trassen 2 und 3 liegt die breite Forststraße T4, bei deren Bau ein weiterer Hohlwegabschnitt T5 teilweise zerstört wurde (Abb. 77/2). Man kann also von einem Hohlwegbündel in diesem kurzen Abschnitt der Altstraße in die Eisenerzer Ramsau sprechen. Auch nördlich der Forststraße zwischen Kupfer- und Kampengraben befinden sich eine größere Gruppe von Meilergruben und anderen Meilerstellen (FP 60104.053) sowie einige Altwegabschnitte, allerdings ohne direkten Anschluss zur Trasse 5.[195]

193 Klemm 2003, 36ff. Plan 1. – Klemm/Nelle u.a. 2005, 273, Abb. 2. – Klemm 2004, 1009f.

194 Die Vermessung im Jahr 2008 gestaltete sich aufgrund des Bewuchses und des Altholzes umgestürzter Bäume als sehr schwierig.

195 Diese Fundstellen wurden im Sommer 2008 bzw. im Juni 2010 von der Verf. entdeckt und befinden sich in Bearbeitung.

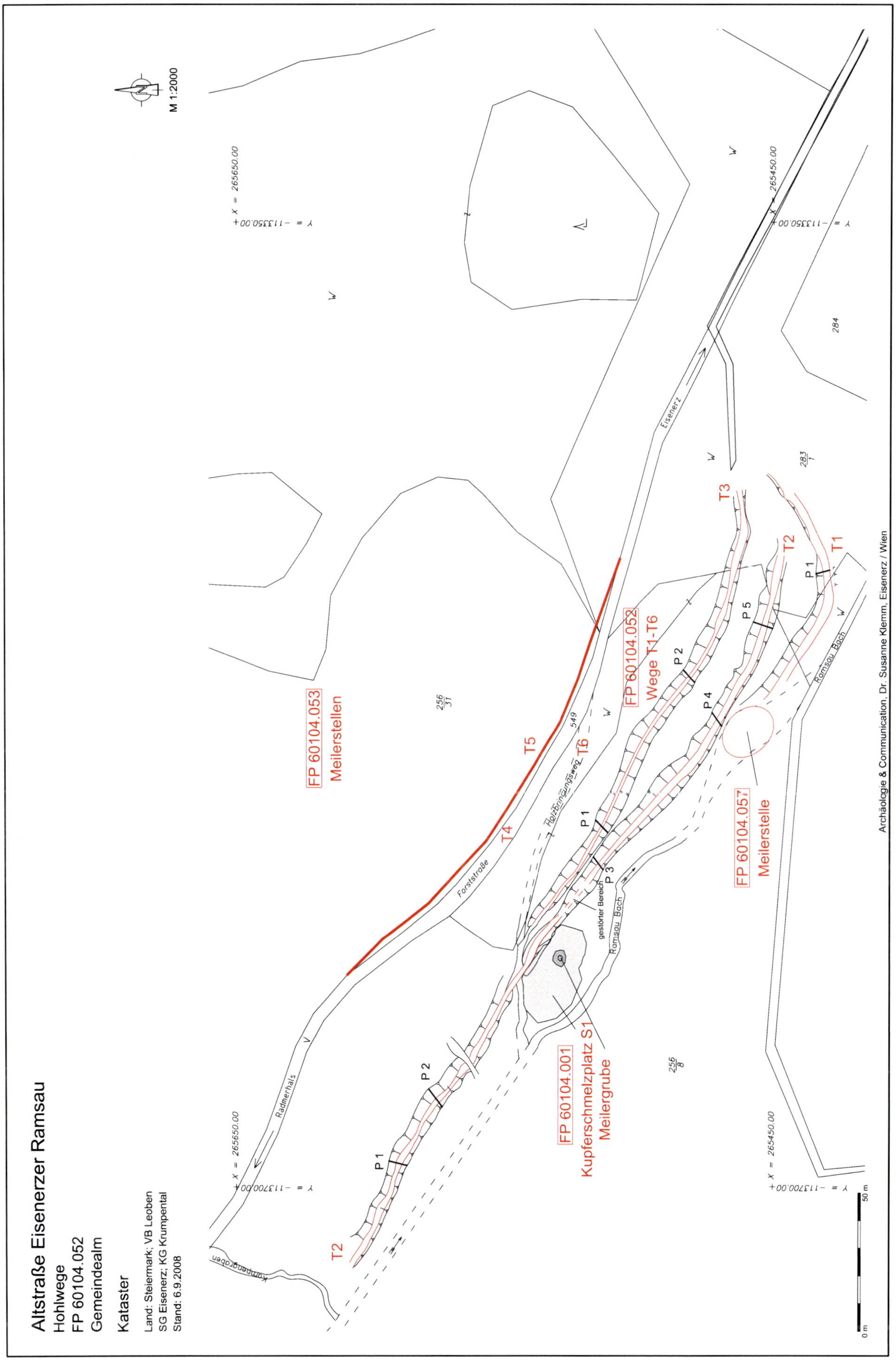

Abb. 75: Altweg Krumpental/Eisenerzer Ramsau. Gemeindealm. Sommer 2008. Lageplan und Profile. M. 1 : 2000.

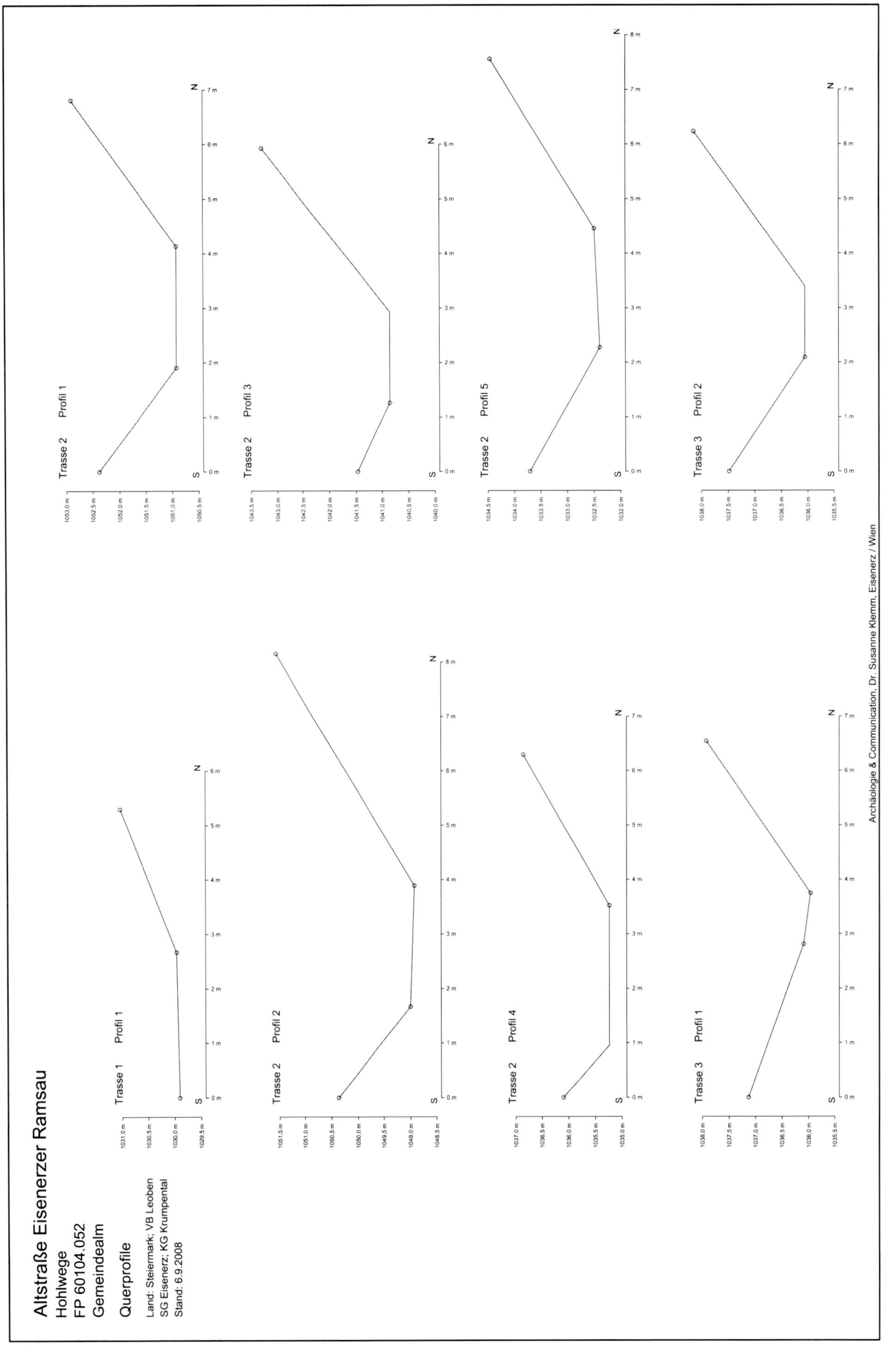

Abb. 76: Altweg Krumpental/Eisenerzer Ramsau. Gemeindealm, Querprofile der Hohlwege. M. 1 : 100.

Abb. 77: Altweg Krumpental/ Eisenerzer Ramsau. Gemeindealm, Hohlwege.

1 Übersicht östlicher Beginn der Hohlwege T1–T3, Bereich der Wüstung im Vordergrund, Ansicht von Nordosten.

2 Übersicht T3–T6, Bereich der Wüstung im Vordergrund, Ansicht von Südosten.

3 Trasse 1 (T1).

Abb. 78: Altweg Krumpental/ Eisenerzer Ramsau. Gemeindealm, Hohlwege. Trasse 2, Ostteil.

1 Standort 2, im Bereich von Profil P5.

2 Standort 3, im Bereich von Profil P4.

3 Standort 4, zwischen den Profilen P3 und P4.

Abb. 79: Altweg Krumpental/ Eisenerzer Ramsau. Gemeindealm, Hohlwege. Trasse 2, Westteil.

1 Standort 7 zwischen dem Kupferschmelzplatz S1 und dem rezenten Damm quer zum Hohlweg.

2 Übersicht Westteil Trasse 2, Ansicht von Osten.

3 Standort 10, im Bereich von Profil 1.

Abb. 80: Altweg Krumpental/ Eisenerzer Ramsau. Gemeindealm, Hohlwege, Trasse 3.

1 Standort 5, im Bereich von Profil P2.

2 Standort 6, von Südosten.

3 Standort 6, von Nordwesten, zwischen den Profilen P1 und P2.

7.4 Historischer Hintergrund und Zeitstellung

Für die Zuordnung und historische Interpretation wurden als Kartenwerke die Josephinische Landesaufnahme, der Franziszeische Kataster, der aktuelle Kataster, die aktuelle Österreich-Karte 1 : 50.000 und die Revierkarte des Grundbesitzers, der Eisenerzer Waldgenossenschaft, herangezogen.

Bis vor einigen Jahren stimmte die Linienführung der Krumpentalerstraße im aktuellen Kataster mit dem Franziszeischen Kataster noch überein. Vom Stadtzentrum bis zum Franzosenbichl war diese seit der Entstehung der Straße im Mittelalter nicht verändert worden. Entlang der heutigen Krumpentalerstraße entstanden im späten Mittelalter und der frühen Neuzeit eine Reihe von Häusern und Radwerken in dem engen Tal. In Urkunden des 15. und des 16. Jahrhunderts taucht die Bezeichnung „Viertel an der Schollnitz", später „Krumpentaler Viertel", für diesen Stadtteil auf.[196] Auf der Josephinischen Landesaufnahme sind zwei heute nicht mehr erhaltene Wege vom Erzberg ins Krumpental eingetragen, ein weiterer vom Ortszentrum zu dem „Eisen Bergwerk" am Erzberg wie auch der Weg zur Galleiten vom Franzosenbichl.

Auf der Peres sind drei Weggenerationen zu unterscheiden, die Straße des 20. und 21. Jahrhunderts, die Straße des 19. Jahrhunderts und ein noch älterer Straßenabschnitt, der nur auf der Revierkarte des Grundbesitzers eingetragen ist. Offen bleibt, ob dieser ältere Straßenabschnitt mit der Linienführung der Straße zur Zeit der Josephinischen Landesaufnahme übereinstimmt. Die Entstehungszeit des 600 m langen Abschnittes ist demnach im Mittelalter anzusetzen, eine Nutzung bis in die frühe Neuzeit ist wahrscheinlich, ev. auch darüber hinaus bis in das 18. Jahrhundert denkbar. Da nicht bekannt ist, wann die auf dem Franziszeischen Kataster eingezeichnete Trasse gebaut wurde, können nur archäologische Grabungen und historische Recherchen in den Archiven der Stadt Eisenerz und der Eisenerzer Waldgenossenschaft Gewissheit über diesen Straßenbau bringen.

Die weitere Linienführung der aktuellen Straße in die Eisenerzer Ramsau entspricht im Großen und Ganzen im Bereich des Schlingerweges dem Franziszeischen Kataster, von geringfügigen Änderungen abgesehen. Auch die Josephinische Landesaufnahme zeigt die Straße in die Eisenerzer Ramsau am Fuß des südlichen Abhanges.

Ein vierter Abschnitt, der noch nicht durch Geländebegehung näher erfasst wurde, befindet sich vor der Einmündung des Lasitzenbaches in den Ramsaubach. Vor mehreren Jahren wurde in diesem Bereich das Jugend- und Familiengästehaus errichtet. Gemäß Franziszeischem Kataster befand sich hier der *Unterschlinker Weg*, der von der S-Kurve nach Westen abzweigte und eine Zufahrtsstraße zum Gehöft Gerger war. Die Form von Grundstücksparzellen zwischen den Gehöften Moser und Gerger einerseits und dem Gehöft Gerger und dem rechten Bachufer des Ramsaubaches andererseits lässt vermuten, dass ein alter Weg beim Gehöft Moser abzweigte und beim Gerger zum Bach führte, diesem bachaufwärts folgte und nahe der Einmündung des Lasitzenbaches wieder in die Strecke der heutigen Straße bzw. jener auf dem Franziszeischen Kataster einmündete. Auch der Hinweis[197], den die Verfasserin im Spätsommer 2008 erhielt, dass beim Moser schon vor längerer Zeit ein tiefer Hohlweg zugeschüttet worden wäre, würde ebenso wie auf Luftbildern erkennbare Strukturen in das Bild passen.[198]

Auf der Gemeindealm fanden in den letzten beiden Jahrzehnten massive Veränderungen der Geländeoberfläche statt, einerseits durch die Bachregulierung, andererseits durch Baumaßnahmen für Sporteinrichtungen. Auch Schäden durch Unwetter und darauf folgende Forstarbeiten und Vorgaben für die Almwirtschaft veränderten die ehemalige Geländeoberfläche der gesamten Gemeindealm enorm.

Einzig die noch erhaltenen parallelen Hohlwegabschnitte FP 60104.052, Trassen 1–3, 5 beiderseits des mittelbronzezeitlichen Kupferschmelzplatzes S1 und der spätmittelalterlichen Meilergrube FP 60104.001 blieben von diesen Eingriffen glücklicherweise verschont. Umso erfreulicher ist es, dass der im Franziszeischen Kataster eingetragene Weg genau dort endet, wo die im Sommer 2008 vermessenen Wege beginnen. Die Trasse 2 erscheint wie eine natürliche Fortsetzung des bei den ehemaligen Gebäuden endenden Weges. Die Stellen der Gebäude waren im Gelände zum Teil noch erkennbar, wenn auch als solches nicht sofort interpretierbar, da die Weidefläche dicht mit Gras bewachsen war (Abb. 77/1.2). Man gewinnt den Eindruck, dass der Weg Trasse 1 von den Gebäuden zur Meilerstelle FP 60104.057 führte und den Arbeiten auf der Kohlstätte diente.[199]

Überlegungen zur zeitlichen Abfolge der Trassen 1–5 ergibt sich aus horizontalstratigraphischen Beobachtungen und der Darstellung auf dem Franzis-

196 Schollnitz ist der älteste Name für den Ramsaubach: Loehr 1929, 13f., vor allem 68ff. und 95ff. – Auf der Josephinischen Landesaufnahme *Lasizenbach* genannt.

197 Freundl. Mitt. Frau Butter, Gemeindealm, Eisenerz.

198 Franziszeischer Kataster, Gem. Eisenerz, Blatt 8.

199 Ganz in der Nähe, südlich der Gebäude nahe des rechten Bachufers, befindet sich eine weitere Meilerstelle mit liegenden Meilern FP 60104.041; vgl. Klemm 2003, Plan 1. Vgl. dazu die aktuelle Kartierung in Klemm 2010b, 188.

zeischen Kataster: Trasse 1 ist aufgrund des Geländebefundes eindeutig jünger als Trasse 2 und 3. Eine zeitliche Abfolge von Trasse 2 und 3 muss nicht bestehen, da auch Trassen mit Absicht parallel angelegt wurden oder auch verschiedenen Transportmöglichkeiten dienten (Fuhrwerke, Fußweg, Schlitten). Die Fläche zwischen dem Nordrand von T2 und dem Südrand von T3 wurde den schmalen Pfaden zufolge ebenfalls begangen, nicht zuletzt von den Kühen auf der Alm und den Schwammerlsuchern.

Ähnliches gilt für die Trasse 4, die nicht im Franziszeischen Kataster eingetragen ist, aber eine natürliche Verlängerung der Straße von der Biegung an darstellt. Die von den weiter nördlich liegenden Meilerstellen FP 60104.053 zur (Forst-)Straße führenden Wege müssten etwa bei dieser Biegung einmünden; sie sind heute nur im Hochwald erhalten.

Die Darstellung der Straße im letzten Abschnitt in der Eisenerzer Ramsau auf der Karte der Josephinischen Landesaufnahme erscheint nicht glaubhaft, da im Bereich der erhaltenen Hohlwegabschnitte der Weg am rechten Ufer des Baches eingetragen ist und nicht wie dokumentiert auf der linken Uferseite. Das rechte Bachufer ist sehr steil, hat heute am Hangfuß keinen Platz für einen Weg. Auch die extreme Lage der Meilerstelle FP 60104.057 – heute im Bachbett, ursprünglich wohl am linken Bachufer gelegen – spricht dafür.

Für eine Bestimmung der Zeitstellung der beschriebenen Wegabschnitte können archäologische Funde indirekt im Zusammenhang mit den Hohlwegen FP 60104.052 herangezogen werden. Dies ist vor allem die spätmittelalterliche Meilergrube FP 60104.001[200], deren Benutzung für den Zeitraum vom Ende des 13. bis in die 1. Hälfte des 15. Jahrhunderts nachgewiesen ist, und die Meilerstelle FP 60104.057[201], die aufgrund des nachgewiesenen Meilertyps von „liegenden Meilern“ in die jüngere Neuzeit, frühestens in die Mitte des 18. Jahrhunderts, zu datieren ist. Ein Hufeisen, gefunden auf dem Kupferschmelzplatz S1/Meilergrube FP 60104.001 datiert am ehesten gemäß dem Gesamtbefund auf dem Grabungsplatz in das 15./16. Jahrhundert (Abb. 81).[202]

Desgleichen sind weitere Meilerstellen mit verschiedenen Meilertypen zu nennen, die sich nicht nur im Talboden, sondern auch im höher gelegenen Waldgebiet südwestlich des Tales befinden sowie auch der gegenüberliegenden Talseite zwischen Kampengraben und Kupfergraben. Diese seit 1997 dokumentierten Meilerstellen bezeugen eine intensive Holznutzung

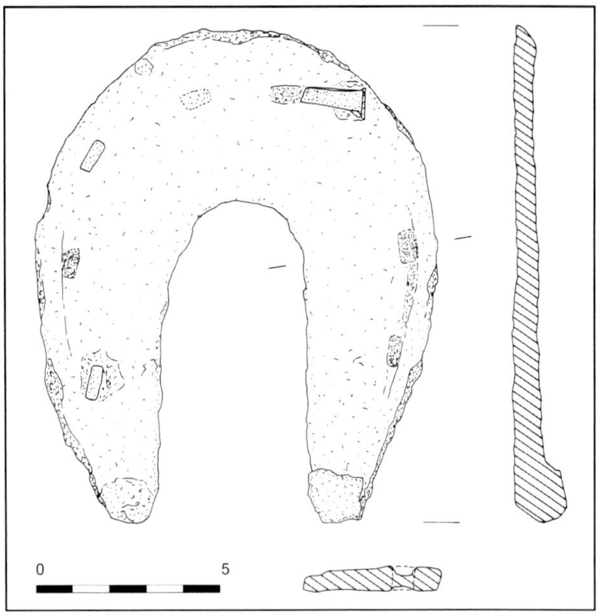

Abb. 81: Hufeisen von der Ausgrabung der Fundstelle FP 60104.001 (Kupferschmelzplatz S1 und Meilergrube), Eisenerzer Ramsau 1992–2006.

und Holzkohleproduktion seit dem späten Mittelalter und in der gesamten Neuzeit.[203] In diesem Gebiet wurde außerdem in der Bronzezeit bereits intensiv Kupfererzbergbau und Kupfererzverhüttung betrieben. Ob die Hohlwege beiderseits des mittelbronzezeitlichen Schmelzplatzes letztendlich auf Wege aus dieser frühen Zeit zurückgehen, kann nur vermutet werden, ist aber durchaus plausibel.

Das Waldgebiet, das sich seit 1880 im Besitz der Eisenerzer Waldgenossenschaft befindet, gehörte ursprünglich zu einer Schenkung an das Frauenstift in Göss[204], welches noch vor 1020 gegründet wurde. Im Jahr 1609 ging das Gebiet an die Eisenerzer Bürgerschaft über und wurde vom Magistrat verwaltet. Die Eisenerzer Bürgerschaft erzielte mit ihrer Holzkohle gute Gewinne.

Der Transport der Holzkohle erfolgte grundsätzlich entweder fortwährend je nach Produktion mit Fuhrwerken oder im Winter auf Schlitten, insbesondere bei sehr entlegenen Kohlstätten. Die laufende Versorgung der Schmelzhütten mit Holzkohle war von primärer Bedeutung für die Eisengewinnung.[205] Auch ist die Almwirtschaft zu erwähnen, die auf der Gemeindealm seit Jahrhunderten betrieben wird, und die zum Transport ihrer Produkte sowie für den Almauftrieb und Almabtrieb der Weidetiere ebenfalls die

200 Klemm/Nelle u. a. 2005.

201 Unpubliziert, neu entdeckt Sommer 2008 von der Verfasserin, zur Datierung von liegenden Meilern siehe Klemm/Nelle u. a. 2005, 317ff.

202 Klemm/Nelle u. a. 2005, 283, Abb. 13/11.

203 Klemm 2003, 36f., Plan 1. – Klemm 2004, 1009f. – Klemm/Nelle u. a. 2005. – Klemm 2010b.

204 Das Frauenkloster Göss liegt heute im Stadtgebiet von Leoben, VB Leoben, Steiermark.

205 Klemm/Nelle u. a. 2005, 325ff. mit weiterer Literatur.

Straße benötigte. Die Straße von der Eisenerzer Ramsau zu den Radwerken im Krumpental war daher entsprechend viel benutzt worden.

Die eingefahrenen Spurrillen der Pflastersteine von der Krumpentalerstraße zeugen ebenso von einer intensiven Belastung und länger andauernden Nutzung der Straße durch schwer beladene Fuhrwerke hin. Diese Straße wurde mit Sicherheit für den Erztransport vom Erzberg zu den Radwerken benutzt, die Bauweise wird dem Befund des Erzweges in Vordernberg entsprochen haben. Auf Fotoaufnahmen von W. Schuster ist ein mit ähnlich großen Steinen ausgelegter Weg auf dem Steirischen Erzberg (Innerberger Revier) aus 1925 zu sehen.[206] Gewiss handelt es sich um einen der so genannten Erzwege am Erzberg selbst.

Spurrillen sind auch von den so genannten „Sackzugswegen“ auf dem Steirischen Erzberg überliefert; die Erzförderung mittels Sackzug wurde im 16. Jahrhundert in Eisenerz, ebenso wie in Bergwerken im Rauris, in Gastein und Ober-Vellach eingeführt.[207]

Die Entstehungszeit des mit Steinen gepflasterten Abschnittes der Altstraße in der Krumpentalerstraße kann demnach in Analogie mit dem Vordernberger Erzweg und anhand der historischen Nachweise über das Alter von Häusern und Radwerken im späten Mittelalter angesetzt werden. Außerdem geht aus anderen Befunden hervor, dass bereits im Mittelalter stark beanspruchte Wege mit Steinen gepflastert waren (vgl. Kap. 6.5.2.1). Da kein Profilaufschluss aufgenommen werden konnte, fehlt die Kenntnis der Schichtabfolge, um Aussagen zur Nutzungsdauer der Pflasterstraße aus archäologischer Sicht zu geben.

Außerdem benutzten durch mehrere Jahrhunderte zahllose Reisende und Gewerbetreibende diesen Teil der Straße in die Eisenerzer Ramsau, um über die Peres vor der Gemeindealm in den Graben des Lasitzenbaches abzubiegen und über das Teichenegg in die Lange Teichen und nach Kalwang zu gelangen (vgl. Kap. 8).

---

206 Wagenbreith 2004, 81, Abb. 7 und 8. Es handelt sich um gestellte Aufnahmen mit einem sog. Halbwagen (Sackzug).

207 Stadtgemeinde Eisenerz 2008, 110f., Abb. 111, Gemälde von Matthäus Loder. – Vgl. Bittner 1901, 484, Anm. 2 (19. Sept. 1564). – v. Ferro 1847, 247.

8. Die Altstraße über das Teichenegg

Die Altstraße über das Teichenegg[208] verbindet Eisenerz mit Kalwang im Liesingtal. Der Weg führte vom zentralen Ortsgebiet von Eisenerz durch das Krumpental nach Süden, entlang dem Ramsaubach Richtung Eisenerzer Ramsau, ein südwestlich des heutigen Stadtgebietes gelegenes Hochtal. Der Weg heißt in diesem Abschnitt zuerst Krumpentalerstraße, dann Schlingerweg. Dieser erste Abschnitt wurde in Kapitel 7 ausführlich beschrieben.

Bei der Mündung des Lasitzenbaches in den Ramsaubach biegt der Weg nach Süden und führt durch den Graben des Lasitzenbaches zum Zwiegraben vorbei am Blauen Herrgott über die Teicheneggalm zum 1720 m hohen Sattel des Teicheneggs. Von dort führt der Altweg bergab durch das Tal der Langen Teichen nach Kalwang. Auf der Eisenerzer Seite ist ein Höhenunterschied von ca. 710 m zu überwinden, auf der Kalwanger Seite beträgt die Differenz zwischen Sattel und Kalwang 975 m. (Abb. 82)

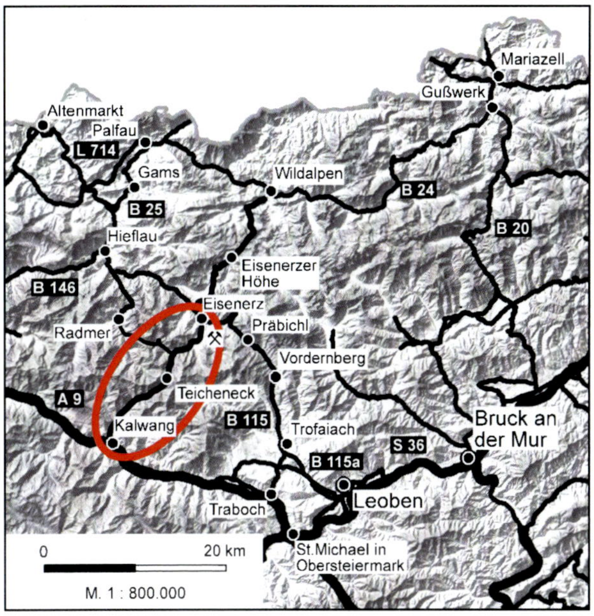

Abb. 82: Altstraße über das Teichenegg. Ausschnitt der Höhen- und Reliefkarte Steiermark (Datengrundlage GIS-Steiermark). M. 1 : 800.000.

8.1 Geländebegehungen 2008

Im Sommer 2008, am 19.8.2008 und am 10.9.2008, führte die Verfasserin Geländebegehungen im Bereich beiderseits des Sattels durch. Archäologische Untersuchungen waren noch nicht möglich. Aufgrund der historischen Bedeutung dieser Altstraße schien es jedoch ratsam, in der zur Verfügung stehenden Zeit zumindest diesen Teilabschnitt zu begehen. Hinweise gaben die Revierkarte des Grundbesitzers auf der Eisenerzer Seite, der Eisenerzer Waldgenossenschaft, und die Österreich-Karte M. 1 : 50.000, auf der der Wanderweg über das Teichenegg eingetragen ist.[209] (Abb. 83)

8.1.1 Der Abschnitt vom Schlingerweg zum Sattel

Im ersten Bereich des Weges, von der Abzweigung vom Schlingerweg in den Graben des Lasitzenbaches sind heute mehrere, unterschiedlich breite Altwegtrassen als gering eingeschnittene Hohlwege beiderseits der modernen Forststraße erkennbar. In diesem Abschnitt zeigt auch die Josephinische Landesaufnahme 1787 den Weg parallel zum Bach bzw. quert diesen auch mehrfach. Bis zur Lasitzenhütte steigt die heutige Straße kontinuierlich an.

In dem folgenden Abschnitt, ein Steilhang, der zurzeit der Begehungen ein Kahlschlag und dicht mit Himbeerstauden etc. bewachsen war, war die Altstraße nur teilweise zu erahnen. Auf der Revierkarte des Grundbesitzers ist der so genannte „Auftriebsteig" für den Viehauftrieb und eine weitere Wegtrasse eingetragen, die im Zickzack mit vier Kehren den Hang hinaufführt.[210] (Abb. 84)

208 Die Schreibweise ist sehr unterschiedlich, auf der Revierkarte des Grundbesitzers, Eisenerzer Waldgenossenschaft, und der aktuellen ÖK 50 lautet sie *Teichenegg*. Auf der älteren ÖK 50 aus 1947 wird der Ortsname *Teicheneck* geschrieben. In den historischen Quellen kommen weitere Schreibweisen vor.

209 Angaben zur Fundstelle FP 60104.054: Land: Steiermark, VB Liezen; SG Eisenerz; KG Krumpental; Grst.-Nr. 256/11, 256/32. – Angaben zur Fundstelle FP 60356.002: Land: Steiermark, VB Liezen; MG Kalwang; KG Sonnberg; Grst.-Nr. 810/2, 809/8.

210 In der Kartendarstellung (Abb. 84) auf Basis der ÖK 50, M. 1 : 25.000 wurde die Lage des Auftriebsteiges und des im Zickzack angelegten Weges aus der Revierkarte der Eisenerzer Waldgenossenschaft, M. 1 : 5.000, ohne Jahr, übernommen.

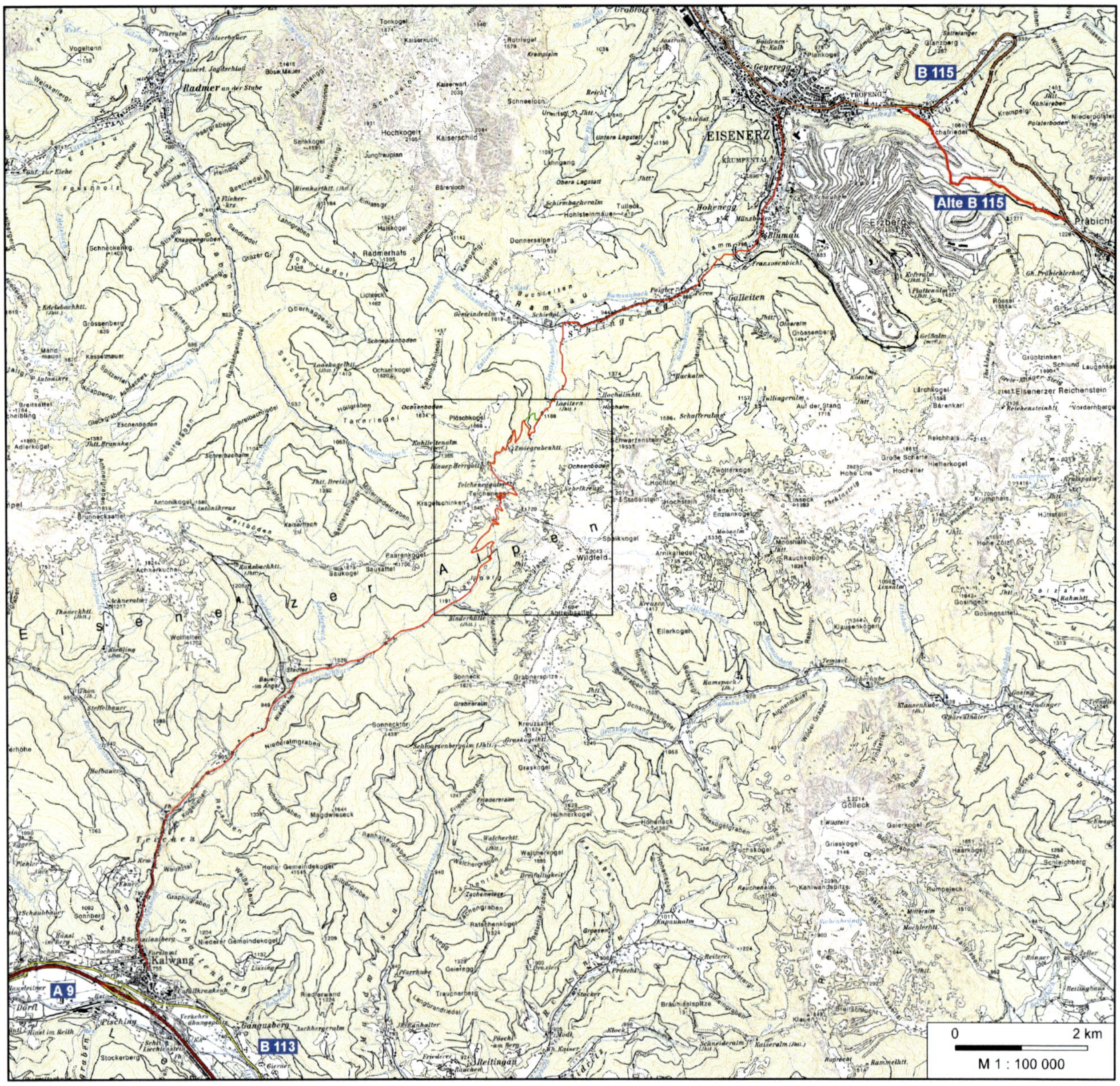

Abb. 83: Altstraße Teichenegg. Eisenerz, Kalwang. Übersichtsplan (Plangrundlage ÖK 50 © BEV). M. 1 : 100.000.

Bei den Geländebegehungen im Sommer 2008 konnte nicht mit Sicherheit geklärt werden, ob sich hier ursprünglich ein breiterer Weg befunden hat; heute ist dies ein schmaler, beiderseits stark verwachsener Steig. An einigen Stellen war es jedoch durchaus denkbar, dass hier eine Straße mit der üblichen Breite von mindestens 2 m bestanden haben kann. Eine andere Lage für diesen mittleren Wegabschnitt zur Teicheneggalm kommt nicht in Frage. Das gesamte Gelände ist sehr steil und nicht ohne Grund folgte im Sommer 2008 auf sehr umfassende Waldschäden, zuletzt im Herbst 2007 durch Sturm und nassen Schnee verursacht, der Bau neuer Forststraßen in sehr lang gezogenen Serpentinen. Der Auftriebsteig (Standort 27, Abb. 84) überwindet ca. 150 Höhenmeter und führt bis auf die Höhe der heutigen Zwiegrabenhütte, wo er durch die Forststraße unterbrochen wird.

Der weitere Weg bis zum Sattel Teichenegg konnte klar verfolgt werden. Zwischen der Forststraße auf der Höhe der Zwiegrabenhütte und der im Jahr 2008 angelegten neuen Forststraße unterhalb der Teicheneggalm befand sich ein letztes Steilstück; es überwindet ca. 70 Höhenmeter. Während im untersten Teil der Weg nicht erkennbar war – möglicherweise wurde die Böschung und das darüber liegende Gelände durch den Bau der Forststraße beeinträchtigt – war ein tief eingeschnittener Hohlweg begehbar, er führte in Kehren zur neuen Forststraße, abschnittsweise lagen zwei Hohlwege nebeneinander.

Die Altstraße führt von der neuen Forststraße zuerst in mehreren Kehren (Standort 23, 24, Abb. 84) als ca. 3 m breiter Weg vorbei an der Abzweigung zum Blauen Herrgott[211], dann in einer langen, stetig ansteigenden Süd-Ost gerichteten Strecke Richtung Teicheneggalm (Standort 13), an den Almhütten vorbei bis Standort 11. Dort teilte sich der Weg. Die nach Westen weisende Altstraße führt direkt zur Stelle am Sattel, wo sich der Anschluss nach Süden in die Lange Teichen und Kalwang befindet. Der nach SSE bzw. steiler bergauf weisende Weg führt zum Sattel selbst bzw. weiter zum Wildfeld, Speikkogel und Stadelstein. Auf der Karte der Josephinischen Landesaufnahme von 1787 ebenso wie auf der Revierkarte der Eisenerzer Waldgenossenschaft[212] war der nach Westen weisende Weg nicht eingetragen.

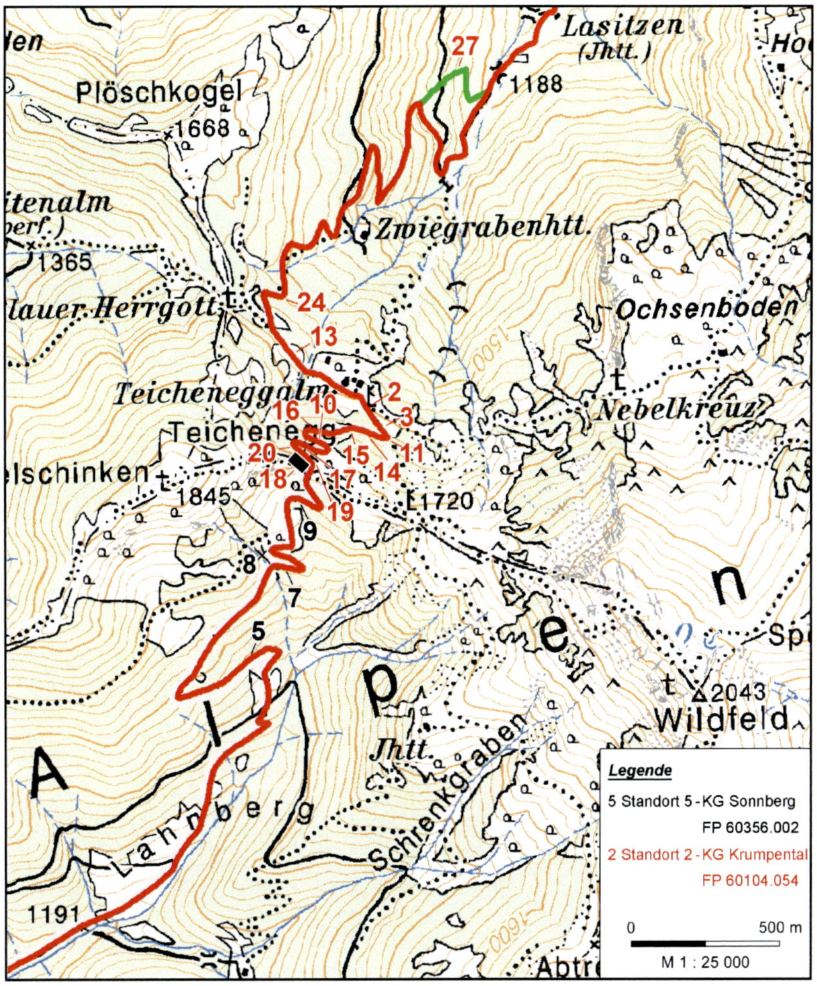

Abb. 84: Altstraße Teichenegg. Eisenerz, Kalwang. Sattelübergang, Begehung 2008 (Plangrundlage ÖK 50 © BEV). M. 1 : 25.000.

Der heute auf den Wanderkarten markierte Wanderweg ist ein Steig, der im unteren Teil des Lasitzengrabens der Forststraße folgt und später dem Lasitzenbach entlang als Steig zur Zwiegrabenhütte führt und ab da immer wieder die in Kehren ansteigende Altstraße quert. Ab der Teicheneggalm liegt der markierte Steig meist parallel, unterhalb oder oberhalb der Altstraße, seltener auf dieser selbst (Standorte 2, 3, 11, 14, 15). Im letzten Abschnitt, wo die Altstraße erneut in einigen Kehren (Standorte 10, 16, 17, Abb. 85/1–3) weiterführt, nimmt der markierte Steig eine direkte Abkürzung, indem er die Altstraße erneut mehrfach quert.

Die Altstraße ist teils als Hohlweg, auch tief eingeschnitten wie zwischen Zwiegrabenhütte und der neuen oberen Forststraße oder nur leicht eingeschnitten wie bei Standort 2, teils als Hangweg ausgebildet. Eine Befestigung oder Abstützung des Straßenkörpers war wegen des starken Bewuchses nicht erkennbar. Die schmalsten Hohlwegausbildungen waren bei Standort 2 (paralleler Hohlweg neben dem Hangweg) mit 1,40 m an der Sohle und Standort 3 mit 1,50 m zu beobachten.

Der Hangweg hatte durchwegs eine Breite von 2,20–2,40 m (Standorte 2, 14, Abb. 84), der Hangweg des Abschnitts/Standorte 19 und 20 war noch breiter mit 2,70–3 m, bei Standort 10 war der 0,80 m tiefe Hohlweg 2,40 m breit, bei Standort 13, 0,50 m tief und 1,30–2,20 m breit. Der Hohlwegabschnitt bei Standort 17, der parallel zu dem Abschnitt mit den Standorten 19 und 20 knapp vor dem Sattel liegt, maß nur 1,20–1,80 m an der Sohle. Gerader dieser Abschnitt war sehr feucht, wie überhaupt zahlreiche Mulden, eventuell Spuren prähistorischer Bergbautätigkeit, Wasser führend waren. In der Altstraßentrasse wurde auch „altes Holz" gefunden, möglicherweise ein Nachweis einer Wegbefestigung mit Holz.[213]

Direkt auf dem Sattel, nördlich des Grates auf der Eisenerzer Seite, befand sich eine 5 × 10 m große ebene Fläche (Standort 18, Abb. 84, 86/2). Der Wegabschnitt (Standorte 19, 20) führte knapp an dieser Fläche vorbei (Abb. 86/1).

211 Klemm 2003, 106f., Plan 1 (in nächster Nähe befindet sich ein potentieller, prähistorischer Kupferbergbau FP 60104.025).

212 Revierkarte der Eisenerzer Waldgenossenschaft, M. 1: 5.000, ohne Jahr, ev. nach 1960 zu datieren.

213 Freundl. Mitt. Bergrat DI Illmayer.

Abb. 85: Altstraße Teichenegg. Eisenerz, Krumpental.

1 Standort 16, Blick nach Westen zu Standort 15.

2 Kehre bei Standort 10.

3 Hohlweg bei Standort 17, parallel der heutige Wanderweg.

Abb. 86: Altstraße Teichenegg. Eisenerz, Krumpental.

1 Hangweg kurz vor dem Sattel, Standort 20.

2 Ebene Fläche an der Nordseite des Sattels, Standort 18, und Altstraße, Standort 19.

3 Der Sattel Teichenegg, Ansicht von Westen.

Abb. 87: Altstraße Teichenegg. Kalwang, Sonnberg.

1 Kehre bei Standort 8.

2 Hangweg, möglicherweise mit Trockensteinmauer, Standort 7.

3 Hangweg bei Standort 5.

8.1.2 Der Abschnitt vom Sattel in die Lange Teichen

Die Altstraße führte vom Sattel zunächst entlang eines sehr breiten Einschnittes (Abb. 86/3) sehr steil bergab und setzte in kürzeren Abschnitten im Zickzack talwärts fort. Nach der 2. Kehre querte die Altstraße in Längsrichtung eine leicht abfallende Wiese. Hier dürften mehrere Wegspuren parallel führen. Bei der Kehre am Standort 8 (Abb. 87/1) war der obere Weg als Hohlweg mit nur 1,3 m Breite ausgeprägt, der untere kurz nach der Kehre als ein 3,60 m breiter Hangweg. Nach der Übersetzung über den Graben verschmälerte sich die Wegtrasse auf ca. 1,60 m, war in dem freien Gelände des folgenden Kahlschlag sehr stark verwachsen, bald danach aber wieder ein breiter Hangweg mit ca. 2,50 m Breite (Standort 5, Abb. 87/3). Bei Standort 7 deuteten zahlreiche Steine auf eine talseitige Stützmauer hin (Abb. 87/2). Südwestlich von Standort 5 war die Altstraßentrasse durch jüngste Forstarbeiten durchfahren und zerstört.

Der Abschnitt südlich der Forststraße wurde nicht mehr begangen, ein kurzer Abschnitt müsste noch erhalten sein, bevor die Trasse der Altstraße zumindest teilweise ident mit der jüngeren Forststraße sein wird. Der Höhenunterschied zwischen Sattel und Forststraße betrug ca. 310 m.

8.2 Historischer Hintergrund und Zeitstellung

Für das Teichenegg gelten unterschiedliche Schreibweisen, auf der ÖK 50 (101 Eisenerz), Provisorische Ausgabe 1947, heißt es „Teicheneck", auf der aktuellen ÖK 50 (131 Kalwang), Ausgabe 1993, und der Revierkarte des Grundbesitzers, der Eisenerzer Waldgenossenschaft, nunmehr „Teichenegg" geschrieben. Im Spätmittelalter und der frühen Neuzeit kommen gleichfalls mehrere Varianten vor. Auf der Josephinischen Landesaufnahme scheint die Bezeichnung nicht auf.

Für die *strassen über den Teihenegkh* sind bisher nur wenige schriftliche Quellen, die direkt oder indirekt auf die Straße über das Teichenegg Bezug nehmen, bekannt. Sie nennen nur in einem Fall die Beschaffenheit des Weges, ansonsten beschreiben sie ausschließlich, wem gestattet oder verboten war, die Straße zu benützen.

Die ältesten schriftlichen Quellen lassen nur indirekt den Schluss zu, dass die Straße über das Teichenegg gemeint war. Am 12. März 1314 verbot Herzog Friedrich I. den Eisenarbeitern zu Vordernberg und Trofaiach, ihr Eisen über den Präbichl oder nach Rottenmann zu führen.[214] A. v. Muchar zitiert mit übereinstimmendem Inhalt außerdem noch Schreiben von Herzog Friedrich I. vom 12. März 1312 und aus dem Jahr 1313. Maximilan I. unterzeichnete am 10. Jänner 1507 ein Schreiben, das gebot, man solle das Leobner Eisen auf „altherkömmlichen" Straßen nach Rottenmann, Radstadt, Salzburg etc. transportieren.[215]

Als „altherkömmliche" Straßen wurden die Straßen bezeichnet, die sich sichtlich seit Beginn der Erzgewinnung am Steirischen Erzberg entwickelten. Das Eisen aus Innerberg/Eisenerz wurde nach Norden, nach Ober- und Niederösterreich, verfrachtet, das Vordernberger Eisen sollte ausschließlich nach Leoben transportiert werden. Es erhielt daher auch den Namen „Leobner Eisen", was – wie man heute sagen würde – eine Markenbezeichnung für eine bestimmte Qualität wurde. (Vgl. dazu Kap. 6 und 14)

Die Quellen, die sich direkt auf eine Straße über das Teichenegg beziehen, beschreiben, dass es gestattet war, „geschlagenes und geschrotetes Eisen" gegen Fuhren mit Lebensmitteln (Getreide) über das Teichenegg zu transportieren. Dies gestattete Herzog Ernst am 22. April 1417 den Eisenerzern, Friedrich IV. 1483 den Radmeistern von Innerberg und Vordernberg und Kaiser Maximilian I. bestätigte die von Herzog Ernst festgesetzte Ordnung am 30. Jänner 1500.[216]

Im 16. Jahrhundert änderte sich die Situation dahin gehend, dass am 19. Juni 1542 die Straße über das Teichenegg zur Ausfuhr von Innerberger Eisen kurzfristig freigegeben wurde, bis in Vordernberg wieder eine ausreichende Menge an Roheisen produziert wurde.[217] In der Folge bezog sich auch die Vordernberger Amtsordnung aus 1567[218] auf ältere Ordnungen von Kaiser Maximilan I. und Kaiser Ferdinand auf den Verkauf von Innerberger Eisen an die Rottenmanner Betriebe.

Die Rottenmanner Hämmer werden in anderen Quellen im Zusammenhang mit der Straße über das Teichenegg genannt. In der Amtsordnung von Eisenerz vom 31. August 1539[219] von Kaiser Maximilian I.

214 Zahn 1881, 46f., Nr. 19/3. – Vgl. dazu Bittner 1901, 470, Anm. 2 und Pirchegger 1937, 19.

215 Muchar 1867, Bd. 8, 228.

216 Bittner 1901, 497 mit Anm. 2. – Vgl. dazu Muchar 1867, Bd. 8, 203, 257. Muchar zitiert die Quelle vom 30. Jänner 1500 zweimal, auf S. 257 führt er den Text zwischen zwei Texten von 1515 und 1516 ohne Jahreszahl an. In seinem Aufsatz aus 1838, 56 schreibt er dezidiert das Datum 30.1.1515. Bittner beruft sich auf Muchar, Bd. 8, 203. – Zum 22.4.1417 siehe auch die Transkription einer Abschrift bei Mayer 1880, 28. Auch Pirchegger 1937, 20, 56 beruft sich auf die letztgenannte Quelle.

217 Muchar 1867, Bd. 8, 473.

218 StLA Sch. 68, Nr. 84.

219 Schmidt 1838, 234f., Nr. 63 (vom 31.8.1539). – Siehe dazu Muchar 1867, Bd. 8, 449.

ist angegeben, dass die Hammermeister von Rottenmann die Straße reparieren sollten, da sie diese viel gebrauchen würden. In einem am 21. September 1539 in Leoben unterzeichneten Schreiben begehrten die Rottenmanner die Wiederherstellung des Weges.[220] Die Quellen von 1539–1567 dürften somit in ursächlichem Zusammenhang stehen.[221]

Kaiser Maximilian I. reiste höchstpersönlich über das Teichenegg; dies geht indirekt aus seinem Itinerar aus dem Jahr 1514 hervor. Er reiste vom 1. Juli 1514 von Graz nach Leoben und Vordernberg (4. Juli 1514), weiter nach Eisenerz, wo er sich vom 5.–8. Juli aufhielt, und schließlich weiter nach Kalwang (9. Juli 1514) und über Rottenmann nach Aussee, Bad Ischl und Gmunden (bis 31. Juli 1514). Das Teichenegg als Ort wurde nicht explizit genannt, doch ist allein diese Strecke zwischen Eisenerz und Kalwang an nur einem Tag zu bewältigen.[222]

Am 15. Oktober 1525 berichtete Graf Niklas Salm der Regierung, dass er von Rottenmann über das Teichenegg nach Eisenerz gezogen sei, um auch dort den Aufstand niederzuschlagen.[223]

So bedauerlich es ist, dass keine Information zum Wegebau gefunden werden konnten, so kann man aus den wenigen vorhandenen Quellen doch schließen, dass eine viel befahrene und genützte Straße von Eisenerz über das Teichenegg nach Kalwang im späten Mittelalter und in der frühen Neuzeit bestanden hatte. Ähnlich wie auf der Dreimärktestraße nach Niederösterreich durften großteils nur bestimmte Eisensorten transportiert werden.[224]

Die Bedeutung der Straße spiegelt sich zudem in der Eintragung in den Kartenblättern der Josephinischen Landesaufnahme 1764–1787 wider; sie war demnach noch in der 2. Hälfte des 18. Jahrhunderts als Verbindungsweg zwischen Eisenerz und Kalwang geläufig. Anfang des 20. Jahrhunderts wurde sie noch als Fußweg von Eisenerzern benutzt, die nach Kalwang zum Tanzen gingen.[225] Heute wird der Bereich des Sattels nur von Wanderern, zum Pflücken von Preiselbeeren und Heidelbeeren und für die Almwirtschaft benützt.

220 Muchar 1838, 71.

221 Weitere Quellen konnten im StLA im Winter 2008/2009 nicht gefunden werden. Als weitere Archive kämen das Archiv der Stadtgemeinde Eisenerz in Betracht sowie das Stadtarchiv von Rottenmann. Zu vermerken ist, dass ein großer Brand 1496 in Eisenerz das Schrifttum bis zu diesem Zeitpunkt großteils vernichtete.

222 Kraus 1899, 299.

223 Mittermüller 2001, 12f.

224 Vgl. auch den Fund von Roheisen bei Weinek 2000, 30, Abb. 5.

225 Freundl. Mitt. S. Stoll, Eisenerz.

9. Die Altstraße über die Eisenerzer Höhe

Die Altstraße über die Eisenerzer Höhe (SH 1549 m) quert den Westrand des Hochschwabgebietes in Nord-Süd-Richtung. Sie verbindet Eisenerz mit Hinterwildalpen, heute ein Ortsteil der Gemeinde Wildalpen an der Salza. Der Weg beginnt nordwestlich von Eisenerz und führt über die Prossen südlich des Seeaubaches am nordwestlichen Abhang des Pfaffensteins (SH 1871 m) in die Seeau. Hier beginnt der kontinuierliche Anstieg nach Norden bis zur Eisenerzer Höhe; es sind 890 m Höhenunterschied zu überwinden. Der Höhenunterschied von der Eisenerzer Höhe zu Hinterwildalpen beträgt 769 m. Der Weg bis zur Eisenerzer Höhe führt durch das stark zerklüftete Gebirge, zwischen den bis zu knapp 1800 m hohen Felsmauern (Zargenkopf an der Kaltmauer 1792 m) liegen tief eingeschnittene Täler. Auf der Wildalpener Seite folgt der Weg dem Lauf des Eisenerzer Baches ins Tal. (Abb. 88)

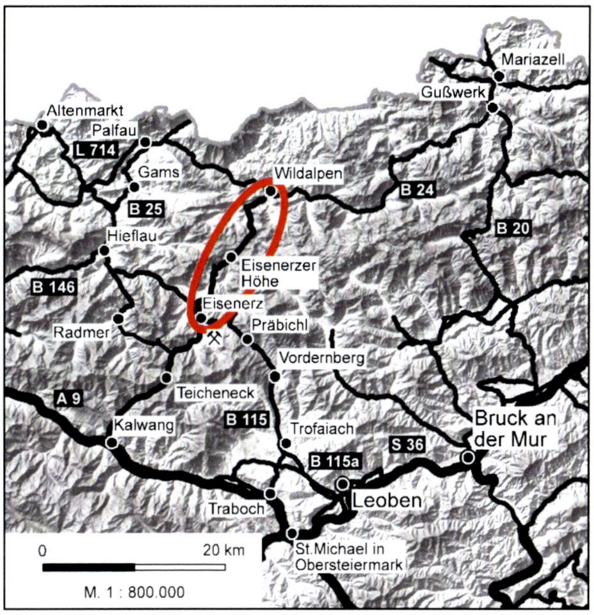

Abb. 88: Altstraße über die Eisenerzer Höhe. Ausschnitt der Höhen- und Reliefkarte Steiermark (Datengrundlage GIS-Steiermark). M. 1 : 800.000.

9.1 Geländebegehungen 2008

Im Sommer fanden vier Geländebegehungen statt, die erste am 6. August 2008 mit Wolfgang Scheiblechner, Palfau, der die Verfasserin schon vor Jahren auf den so genannten „Römerweg" in der Rohrmauer aufmerksam machte, drei weitere mit Bernhard Heigl, Hieflau, am 21., 22. und 28. August 2008. Die Geländebegehungen erfolgten abwechselnd von Norden und von Süden aus, an zwei Tagen gab es freundlicherweise morgens eine Mitfahrgelegenheit bis zum Einstieg in den „Römerweg" in der Rohrmauer.[226] (Abb. 89)

9.1.1 Der Abschnitt von Eisenerz zur Eisenerzer Höhe

Der Abschnitt von Eisenerz über die Prossen bis in die Seeau wurde nicht speziell begangen. Es gibt hier mehrere Wege mit Hohlwegcharakter und zum Teil überlagert von Forststraßen. Die gezielten Geländebegehungen begannen in der Seeau. (Abb. 90)

Von der Seeau führte der Fahrweg anfangs durch den Karlgraben zwischen Raucheck und Bucheck nach Norden. Im Karlgraben ist ein kurzer Abschnitt als mind. 2 m breiter Fahrweg, ein Hangweg, noch erhalten, heute markiert als Wanderweg (Standort 17, Abb. 90). Im folgenden, langen Abschnitt bis zur Rohrhütte dürfte die heutige, breite und meist sehr steile Forststraße die alte Straße ersetzt haben. Erst bei der letzten großen Kehre an der Rohrmauer bzw. vor der Rohrhütte ist unterhalb der Forststraße ein kurzes Teilstück einer Altwegtrasse zu erkennen.

Nach der Rohrhütte und vor dem Einstieg in den „Römerweg" in der Rohrmauer befand sich direkt am Wegrand der rechteckige Grundriss einer abgekommenen Hütte (FP 60105.005, Abb. 93/1). Das Mauerwerk war stark überwachsen, auch einzelne große Fichten, Buchen und Lärchen wuchsen auf bzw. außerhalb der Trockensteinmauern. Auf einem der Bäume war ein Bildstock angebracht. (Abb. 90)

Die Mauern waren an der dem Weg gegenüberliegenden, östlichen Längsseite 0,55 – 0,60 m breit, die südliche Schmalseite hatte eine Länge von 6,40 m, eine Mauerbreite von 0,60 m und eine Höhe von 0,5 m, die nördliche Schmalseite eine Länge von ca. 4,90 m und eine Breite von ca. 0,80 m. Die westli-

226 Wir danken dem Almpächter aus Landl für die Mitfahrgelegenheit. – Angaben zur Fundstelle FP 60105.004 (Altstraße): Land: Steiermark; VB Leoben; SG Eisenerz; KG Münichtal; Grst.-Nr. 88/8, 88/13, 89/1, 90/1, 92/2, 102/1, 404/1, 404/6. – Angaben zur Fundstelle FP 60105.005 (Hüttengrundriss): Land: Steiermark; VB Liezen; SG Eisenerz; KG Münichtal; Grst.-Nr. 92/3. – Angaben zur Fundstelle FP 67112.001 (Altstraße): Land: Steiermark; VB Liezen; OG/KG Wildalpen; Grst.-Nr. 793/1, 1128, 790/1, 793/7, 1129 – Vorbericht Klemm 2009.

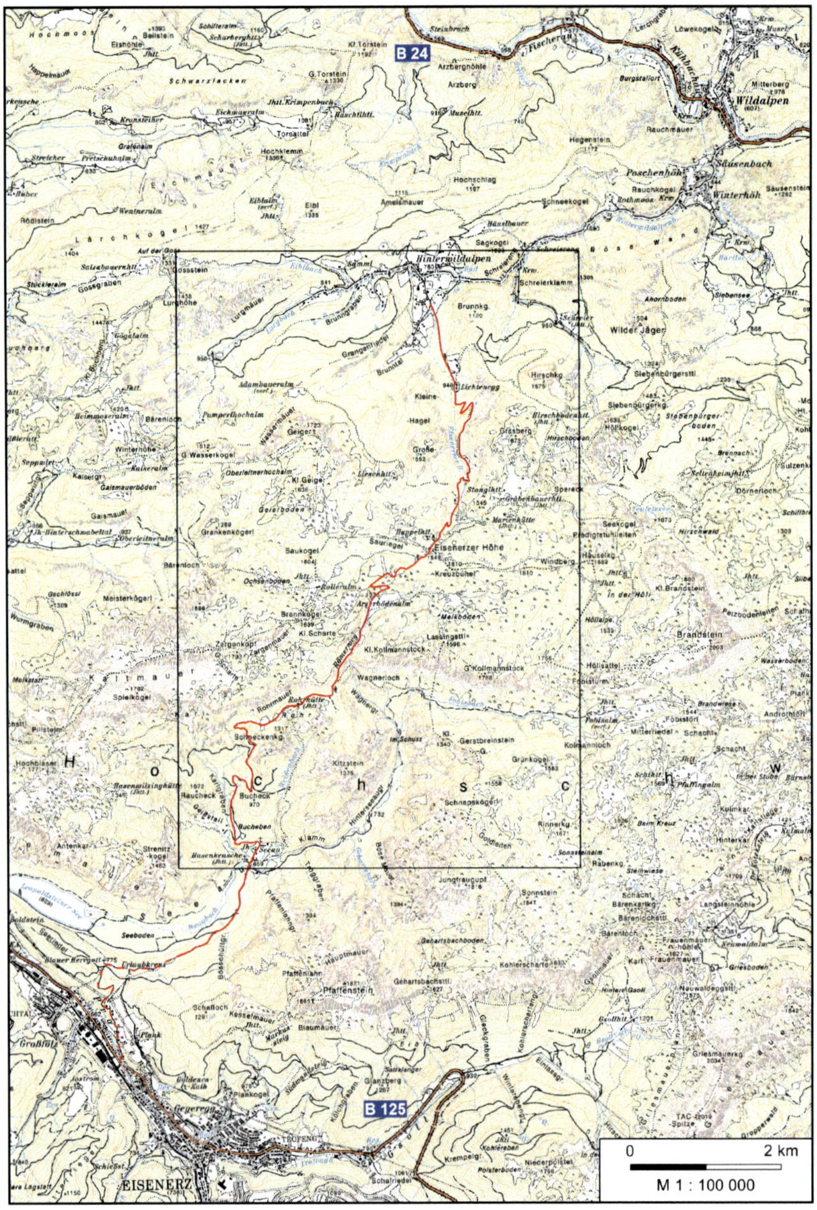

Abb. 89: Altstraße Eisenerzer Höhe. Eisenerz, Wildalpen. Übersichtsplan (Plangrundlage ÖK 50 © BEV). M. 1 : 100.000.

che Längsseite an der Straße war 12,50 m lang, die Mauerbreite betrug ca. 1,20 m, die Höhe bis 1,70 m. Es ist fraglich, ob die Straße künstlich erhöht wurde oder nicht und die Mauer an dieser Seite gleichzeitig eine Art Wegbefestigung darstellte. Da die Mauern so stark überwachsen waren, war auch nicht zu klären, ob die größere Mauerbreite ev. durch verstürztes Mauerwerk zustande kam. Dies kann nur eine archäologische Untersuchung klären.

An der östlichen, 13 m langen Gebäudeseite kennzeichnete eine Unterbrechung der Mauer den 0,90 m breiten Eingangsbereich, der sich an der Oberkante der Mauer auf 1,80 m verbreiterte. Die Innenmaße des kleinen Gebäudes betrugen 11,60 zu 4,60 m.

Der „Römerweg" entlang der Rohrmauer

In die sehr steil abfallende Felswand der Rohrmauer war ein etwas über 500 m langer Fahrweg mit einer Breite von 1,57 m an der schmalsten Stelle bis max. 2,90 m Breite angelegt und im zentralen Abschnitt aus dem Fels geschrämt. Die Spuren der Schlägel und Eisen-Arbeit waren an den Felswänden und auch auf der Fahrbahnoberfläche unübersehbar. Dieser Abschnitt überwand eine Höhendifferenz von ca. 73 m. (Abb. 93/2)

Die Wegbreite verschmälerte sich von 2,90 m bald nach der Brücke nördlich der verfallenen Hütte auf 2,70 m und nach knapp 80 m beim ersten Fels-

Abb. 90: Altstraße Eisenerzer Höhe. Eisenerz, Wildalpen. Übergang Eisenerzer Höhe, Begehung 2008 (Plangrundlage ÖK 50 © BEV). M. 1 : 50.000.

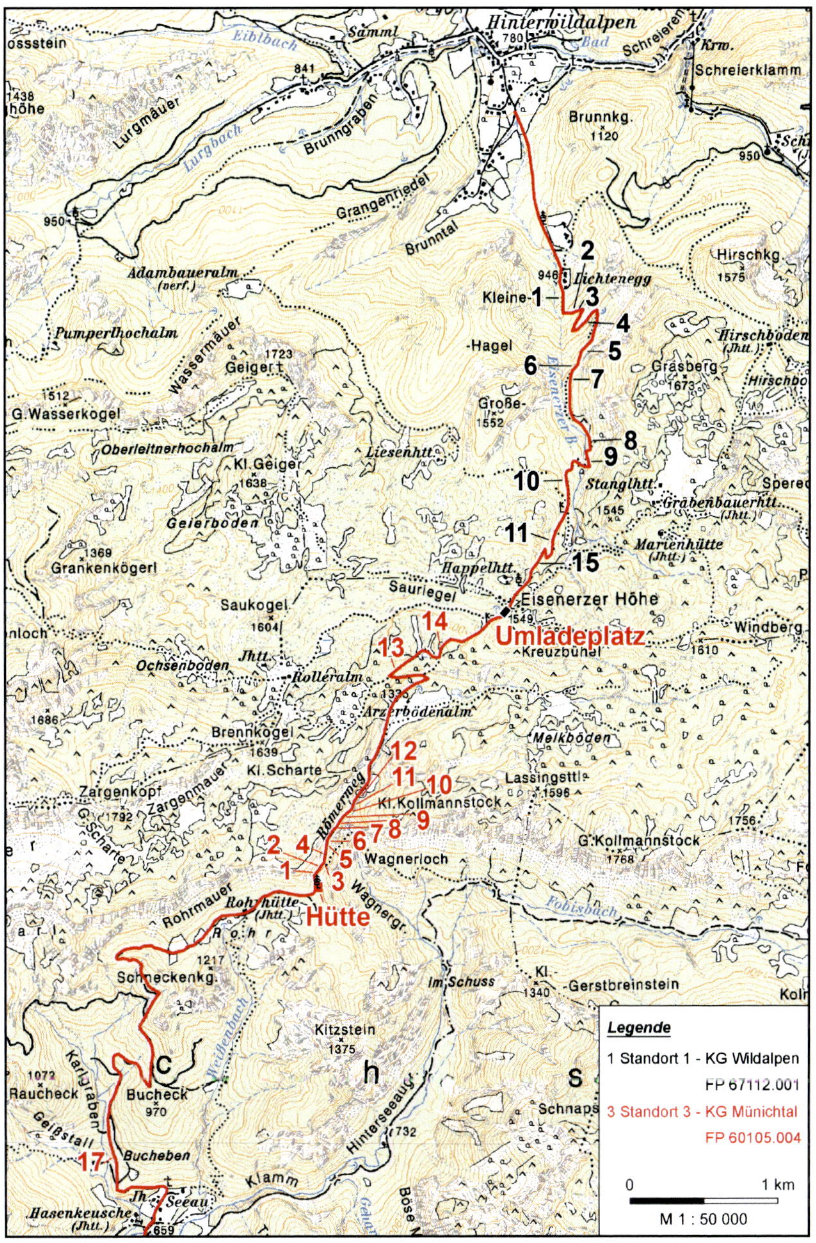

durchbruch (Standort 3) auf 2,30 m und wurde zunehmend schmäler. Im folgenden Abschnitt bestand die Oberfläche des Weges aus Geröll über stark verwittertem Fels mit teilweisem Bewuchs. Ca. 55 m nach Standort 3 begannen die parallelen Spurrillen und Trittstufen im Fels. Die Spurrillen waren auf eine lange Strecke hin sichtbar, nur teilweise verdeckte Geröll und Bewuchs die ursprüngliche Fahrbahnoberfläche. Im letzten Abschnitt (Standort 10), vor dem tiefen Einschnitt zwischen Rohrmauer und Kleinem Kollmannstock kurz vor der unteren Wiese der Arzerbödenalm, betrug die Fahrbahnbreite nur 2,10 m. An einer Stelle, bei Standort 4, war die alte Fahrbahn bereits so stark abgebrochen, dass die Abbruchkante mit einer modernen Stützmauer und Beton gefestigt werden musste.

Entlang des gesamten Weges in der Rohrmauer war der Fels mehr oder minder stark abgearbeitet worden, die Schrämspuren waren an der aufgehenden Felswand bis zu ca. 5,50 m hoch deutlich sichtbar (Standorte 10 und 11). Die Schrämspuren waren an der Felswand meist senkrecht, konnten aber auch schräg und in Bodennähe auch waagrecht ausgeführt sein, ihre Breite betrug von 4,5 und 5 cm bis zu 9 und 9,5 cm (Abb. 97).

Auch die Fahrbahn selbst zeigt heute noch wie der Fels abgearbeitet wurde. Die Trittstufen wurden aus dem Fels geschrämt, wie dies die Stufen bei Standort 9 am eindrücklichsten zeigen (Abb. 95, 96). Die Schrämspuren auf der Fahrbahn waren deutlich von der Felswand zur Abbruchkante hin quer zur Fahrbahn gearbeitet. An den Stellen, wo Mensch und

Tier auf den Stufen aufsetzten, war die Oberfläche glatt gescheuert. Die Trittstufen (z.B. Standorte 5, 6, 9) wiesen eine Tiefe von 47–52 cm und eine Höhe von 9,5–12 cm auf. Die Trittstufen waren ca. 1,40 m breit, deutlich breiter als die Spurweite an sich. Die Spurrillen längs der Fahrbahn durchbrachen die Stufen relativ gleichmäßig. Die Breite der Spurrillen betrug an der Basis meist 3,5–4 cm, konnte aber auch nur 3 cm oder auch 4,5 cm betragen. Ihre Form war meist wannenförmig, nur selten sehr tief, ihr Verlauf sehr unregelmäßig, die talseitige Spur manchmal tiefer gelegen als die bergseitige (Abb. 95, 96, Standort 9). Die Spurweite betrug, jeweils von der Mitte der einen zur Mitte der anderen Spurrille gemessen, konstant 0,93, 0,935 oder 0,94 m, der Abstand der Außenränder der Spurrillen 1,07–1,10 m, jener der Innenränder 0,76–0,86 m.

Auf halbem Wege etwa, bei Standort 7, war eine Inschrift in die aufgehende Felswand gemeißelt. Sie befindet sich in einem unscheinbaren kurzen Abschnitt, wo der Fels mit seiner natürlichen Oberfläche ansteht, in einer Höhe von 1,175 bis 1,50 m über der Fahrbahn (Abb. 91 und 94/1.2). Die Gesamthöhe der Inschrift beträgt 0,325 m, die Breite ist mit 0,575 m anzugeben. Die eingemeißelten Furchen weisen einen spitzwinkeligen Querschnitt auf. Die Zeichen waren mit weißer Farbe übermalt, welche teilweise noch erhalten war, aber die Inschrift keineswegs leserlicher machte. Die Inschrift wurde abgepaust, ein Abklatsch wurde nicht gemacht. (Zur Lesung der Inschrift und ihrer Deutung vgl. Kap. 9.2).

Ca. 9 m weiter bei Standort 8 war in die Felswand ein X-ähnliches Zeichen in vergleichbarer Technik, erneut mit spitzwinkeligem Querschnitt, gemeißelt. Das Zeichen ist an der Unterkante 13,5 cm, an der Oberkante 12 cm breit und 15 cm hoch (Abb. 92, 94/1 und 94/3). An dieser Stelle ist die Fahrbahn nur 1,57 m breit; an der Abbruchkante blieb ein 0,19 m hoher Sockel des anstehenden Felsens stehen. Schräg die Fahrbahn querend verlief eine Rinne, die als „Wasserspule" zur Ableitung von Wasser interpretiert wird (Abb. 93/3).

Im folgenden Abschnitt des Weges entlang der Rohrmauer befinden sich die beiden bereits genannten Standorte 10 und 11, wo der Fels bis zu einer Höhe von ca. 5,5 m abgearbeitet wurde (Abb. 98/1). Nach dem tiefen Einschnitt zwischen Rohrmauer und Kleinem Kollmannstock führt eine kleine Brücke (Standort 12) zur unteren Wiese der Arzerbödenalm, der Weg durchquert die Wiese und führt schließlich am westlichen Rand der Arzerbödenalm, die heute nicht mehr bewirtschaftet ist[227], weiter Richtung Eisenerzer Höhe.

Der letzte Abschnitt von der Arzerbödenalm zur Eisenerzer Höhe konnte nur von Süden kommend verfolgt werden. Der Fahrweg ist mindestens 1,50 m bis maximal 1,70 m breit und zeigt die Fahrspuren vom Fahrzeug (Haflinger der Steyr-Daimler-Puch AG) des Grundbesitzers. Nahe der Abzweigung des Wanderweges, der hier nicht dem alten Weg folgt sondern in direkter Linie den anfangs steilen Hang nach Norden hinauf führt, befand sich eine Spurrille im Fels in situ. Nach der Rechtskurve, ein Stück weiter, lag neben der Fahrbahn ein einzelner Spurrillenstein von 37 : 29 : 19 cm, die Spurrille mit einer Breite von 9–12 cm an der Oberkante, einer Tiefe von 2,5 cm und an der Basis 4,5 cm breit.

Auf halbem Wege zur Abzweigung zur Rolleralm befanden sich gleichfalls 14 cm tiefe Spurrillen im anstehenden, sehr stark verwitterten Fels. Die Spur war sehr stark ausgefahren und hatte eine Spurweite (jeweils von der Spurmitte aus gemessen) von 0,935 m, das Außenmaß betrug 1,34 m, der innere Abstand der Spurrillen nur 0,45 m. Im letzten Abschnitt vom Standort 14 zur Eisenerzer Höhe war der Weg nicht mehr mit Sicherheit verfolgbar. Erst kurz vor der Anhöhe war die breite Wegspur wieder auszumachen.

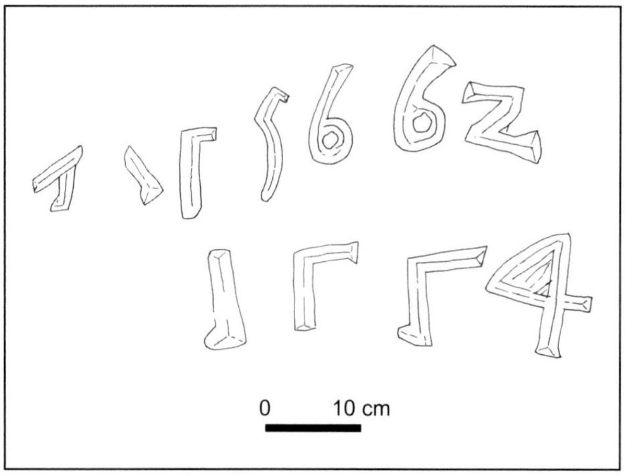

Abb. 91: Altstraße Eisenerzer Höhe. Eisenerz, Münichtal. „Römerweg" entlang der Rohrmauer. Inschrift im Fels bei Standort 7.

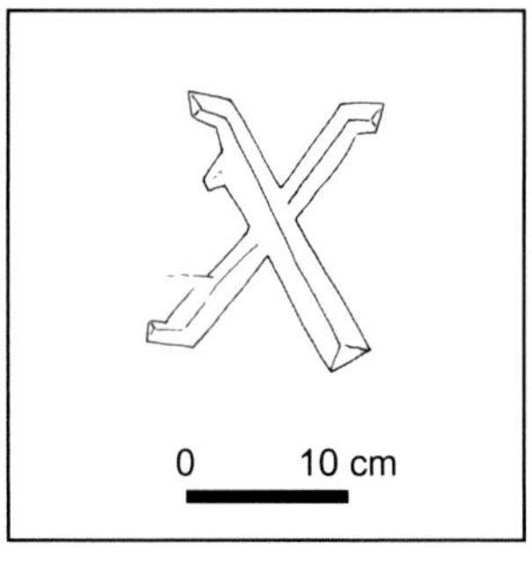

Abb. 92: Altstraße Eisenerzer Höhe. Eisenerz, Münichtal. „Römerweg" entlang der Rohrmauer. In den Fels eingemeißeltes Zeichen, Standort 8.

227 Im Sommer ist nun nur mehr Jungvieh auf der Alm.

Abb. 93: Altstraße Eisenerzer Höhe. Eisenerz, Münichtal. Der „Römerweg" entlang der Rohrmauer.

1 Abgekommene Hütte vor dem Einstieg in die Rohrmauer.

2 Einstieg von Süden.

3 Wasserspule und Spurrillen im Fels, Standort 8.

Abb. 94: Altstraße Eisenerzer Höhe. Eisenerz, Münichtal. Der „Römerweg" entlang der Rohrmauer.

1 Inschrift im Fels bei Standort 7, Ansicht von Südwesten.

2 Inschrift mit Jahreszahlen 1566 und 1554.

3 X-ähnliches Zeichen in den Fels gemeißelt.

2 und 3 mit weißer Farbe übermalt.

Abb. 95: Altstraße Eisenerzer Höhe, Eisenerz, Münichtal. Rohrmauer/„Römerweg", Standort 9.

1–3 Spurrillen und Schrämspuren im anstehenden Fels.

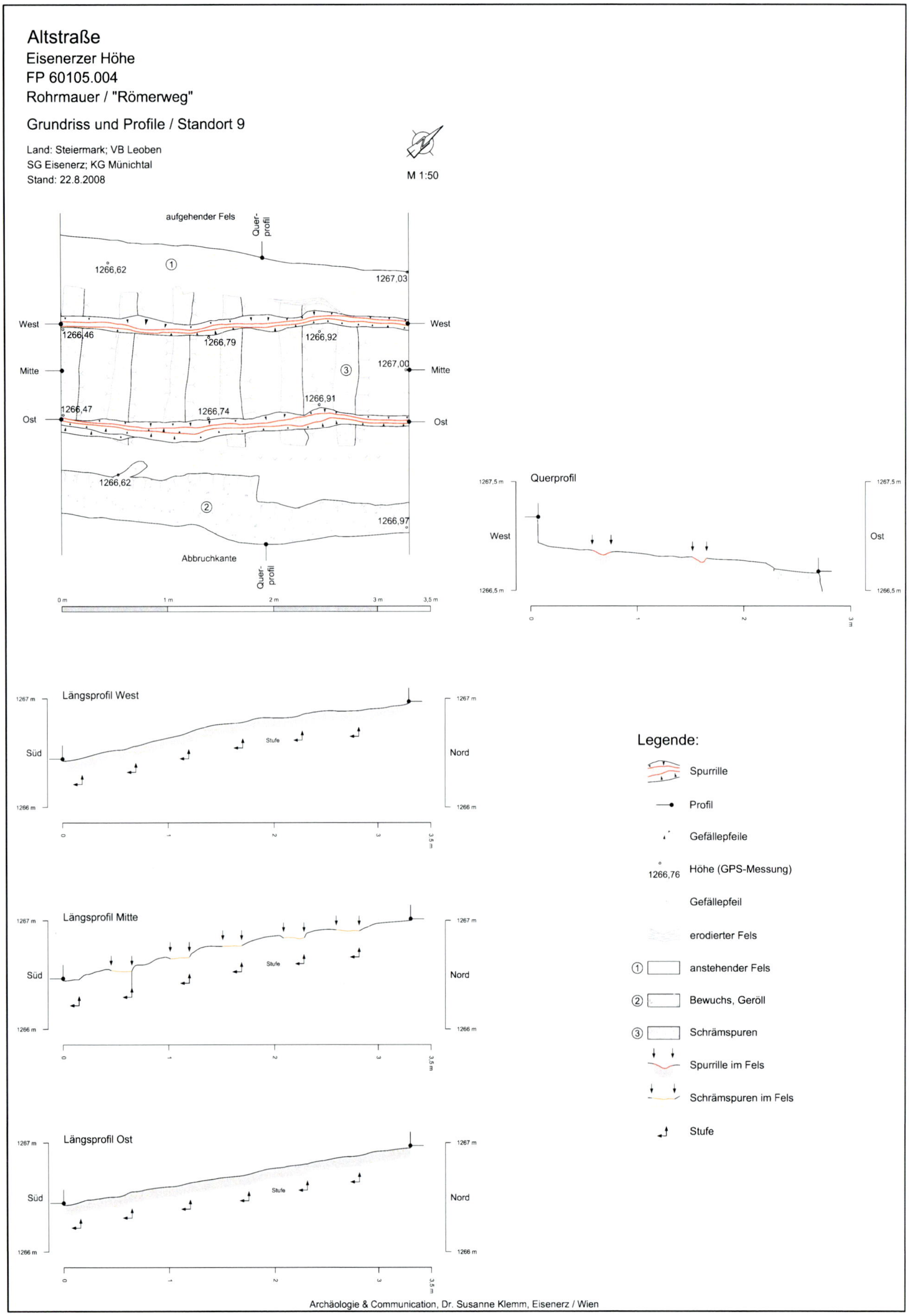

Abb. 96: Altstraße Eisenerzer Höhe, Eisenerz, Münichtal. Rohrmauer/„Römerweg", Aufnahme 2008. Grundriss und Profile. M. 1 : 50.

Abb. 97: Altstraße Eisenerzer Höhe, Eisenerz, Münichtal. Schrämspuren in der senkrechten Felswand, Standort 11.

1 Ansicht von Nordosten.

2–3 Details der Schrämspuren

9.1.2 Auf der Eisenerzer Höhe („Umladeplatz")

Auf der Eisenerzer Höhe (SH 1549 m) treffen sich die Wege von Hinterwildalpen und von Eisenerz.[228] Sie münden in eine ebene, annährend Nord-Süd gerichtete, rechteckige Fläche von 9,70 × 6,70 m (Innenmaß). Der Durchlass betrug auf beiden Seiten jeweils 2 m (Abb. 98/2.3). Die Breite der Umfassung betrug 1,70 m an der südlichen Schmalseite und 1,80 m an West- und Ostseite, sie war bis zu 0,40 m erhöht. Die unbewachsenen Stellen an der Süd- und Ostseite zeigten den stark angewitterten, anstehenden Kalk, so dass anzunehmen war, dass zumindest die Fläche teilweise aus dem anstehenden Fels herausgearbeitet wurde. Die Nordseite war sehr stark mit Latschen verwachsen und wirkte deutlich breiter, ev. bestand hier eine Trockensteinmauer. Vorstellbar, aber nur durch Grabung ev. nachweisbar, ist, dass die breite Umfassung eine Grundfeste für eine Überdachung der Fläche darstellte. Aufgrund der verschiedenen Spurweiten beiderseits der Eisenerzer Höhe ist die Benützung von Wägen mit unterschiedlicher Spurweite vorauszusetzen. Ein Umladen des Transportguts ist demnach anzunehmen (vgl. Kap. 9.2).

9.1.3 Die Abschnitt von Hinterwildalpen zur Eisenerzer Höhe

Der Abschnitt der Strecke Hinterwildalpen-Eisenerzer Höhe wird in der Folge gleichfalls vom Tal ansteigend zur Höhe hin beschrieben. (Abb. 90)

Der Weg folgte dem Nord-Süd gerichteten engen Tal des Eisenerzer Baches, der nördlich der Eisenerzer Höhe entspringt, er war im Sommer 2008 nicht Wasser führend. Der erste Abschnitt des Weges bis zu den letzten Häusern am Lichtenegg – auf Seehöhe 946 m – stieg gleichmäßig an und war völlig durch die Forststraße überprägt. Kurz nach diesen Häusern wurden die ersten Spurrillen entdeckt (Standort 1, Abb. 99/1). Ein kurzes, nur leicht ansteigendes Teilstück war als Hohlweg ausgeprägt, an einer Stelle gab es zwei parallele Hohlwege neben dem markierten Wanderweg; der anstehende Fels war nur selten erkennbar.

Es folgte nun der kontinuierliche und starke Anstieg des Geländes am Fuße einer Nord-Süd gerichteten Felswand am nordwestlichen Abhang des Grasberges, der nur in Form eines Zickzack-Weges bewältigt werden konnte. Einer rechtwinkeligen Kehre folgten drei spitzwinkelige Kehren. In diesem Bereich kam es am 20. April 1977 zu einem massiven Felssturz (Abb. 99/2). An ihn erinnert eine in einen sehr großen Felsbock eingemeißelte und mit roter Farbe umrandete Inschrift „Felssturz/20 4 1977", die auf einer Fläche von 59 cm Breite und 24 cm Höhe angebracht war (Standort 3, Abb. 99/3). Der Weg ist heute aufgrund der großen Felsblöcke nur zu Fuß passierbar.

Schrämspuren waren immer wieder an der hochgehenden Felswand sichtbar, Spurrillen vereinzelt, oft nur auf einer Fahrbahnseite und stark ausgefahren. Allgemein wurde beobachtet, dass auf der Wildalpener Seite der Fels teilweise ausgesprochen stark verwittert war.

Von der vierten und letzten Kehre bis Standort 5 war die Altstraße auf einem längeren geraden Stück durch große Felsblöcke und eine Reihe von entwurzelten Bäumen nicht begehbar. In den vier Jahrzehnten seit dem Felssturz hatte sich unterhalb der Altstraße ein neuer Weg, der markierte Wanderweg, gebildet; ob bereits zuvor eine parallele Trasse bestanden hat, ist der Verfasserin unbekannt.

Bei Standort 5 erscheint die obere, noch teilweise vorhandene Altstrasse durch längs liegende, stark verwitterte Hölzer gestützt. An mehreren Stellen war der Fels bergseitig bis zu einem Meter abgearbeitet und bei Standort 5 ein Durchbruch geschaffen. Der Weg hatte eine Breite von 2,50 m, einige Trittstufen waren in den Fels geschrämt. Ihre Höhe mit 10 – 13 cm entsprach den Stufen des südlichen Streckenabschnitts auf der Eisenerzer Seite, ihre Tiefe war mit 46 – 48 cm deutlich geringer, die Schrämspuren noch 21 cm breit. Die Stufen waren in ihrer Form der Kurve angepasst. Ein großer, geschmiedeter Eisennagel war in den Fels geschlagen worden (Abb. 100/1).

An dieser Stelle konnte die Spurweite erstmals gemessen werden. Ihr Wert lag mit 0,80 m deutlich unter jenem auf der Eisenerzer Seite. Hier lagen auch zwei Spurrillen mit einem Abstand von nur 5 cm parallel nebeneinander. Die Spurrillen waren zum Teil sehr seicht und nur durch größere Glätte der Felsoberfläche erkennbar.

In der sehr steilen Kurve, wo der Weg in den engen Graben des Eisenerzer Baches einbiegt, war der Weg stark ausgewaschen, der Fels erodiert und nur an einer Stelle eine tiefe und breite Spurrille und auch Schrämspuren zu sehen (Standort 6, Abb. 90). Die Wegbreite betrug 1,45 m bis max. 2,00 m.

In dem flachen Teilstück des schmalen Grabens westlich vom Grasberg (SH 1673 m) befand sich ein kurzes Teilstück in Form eines Hohlweges (Standort 7, Abb. 90), an der engsten Stelle der Sohle 1,40 m, dann aber 2,40 m breit und an der Oberkante schließlich 5,90 m breit. Der anstehende Fels war bergseitig geschrämt, insgesamt das Teilstück stark verwachsen, da es sichtlich nicht mehr begangen wurde; der Wanderweg führt westlich daran vorbei. Der Bach dürfte mehrfach sein Bett gewechselt haben, da der Altweg nun nicht mehr erkannt werden konnte. Es ist jedoch anzunehmen, dass er ursprünglich entlang des östli-

228 Die eingefasste Fläche liegt südlich des Gipfelkreuzes und daher wohl auf der Eisenerzer Seite (SG Eisenerz, KG Münichtal).

Abb. 98: Altstraße Eisenerzer Höhe, Eisenerz, Münichtal.

1 Blick zurück zum „Römerweg" in der Rohrmauer.

2–3 Umladeplatz auf der Eisenerzer Höhe.

1

2

3

Abb. 99: Altstraße Eisenerzer Höhe. Wildalpen.

1 Erste Spurrillen im Fels.

2 Felssturz von 1977.

3 Inschrift „Felssturz 20 4 1977".

Abb. 100: Altstraße Eisenerzer Höhe. Wildalpen.

1 Felsdurchbruch, mit Trittstufen. Die alte Wegtrasse liegt oberhalb des heutigen Wanderweges, Standort 5.

2 Brücke beim Jungfernsprung im Bildhintergrund, Ansicht von Nordosten, Standort 9.

3 Brücke beim Jungfernsprung. Ansicht von Südwesten, Standort 9.

Abb. 101: Altstraße Eisenerzer Höhe. Wildalpen.

1 Hangweg, Standort 10.

2 Meißelspuren im Fels auf der Fahrbahn, Standort 10.

3 Querprofil Standort 15.

chen Hangfußes verlief. Es folgte eine weitere Felswand, an deren Fuß sich sehr viel Geröll befand und nicht eindeutig auszunehmen war, ob hangseitig eine Trockenmauer errichtet worden oder aber nur Geröll abgegraben war, das den Weg verschüttet hatte (Standort 8).

Die heutige Brücke beim Jungfernsprung über die tiefe Schlucht des Eisenerzer Baches (Standort 9) liegt deutlich tiefer als die von Norden kommende Altstraße. Die beiden Felsköpfe haben ein sehr unterschiedlich hohes Niveau; die heutige Brücke ist demnach auch schräg aufgesetzt. Im Abschnitt kurz vor der Brücke war der Fels für den Weg abgearbeitet und undeutliche Spurrillen noch im stark erodierten Fels sichtbar. (Abb. 100/2.3)

Nach der Brücke stieg das Gelände neuerlich an, die Altstraße wechselte nun auf die westliche Talseite und führte nach einer S-Kurve in einer relativ geraden Linie längs dem Hang nach Süden. Am Standort 10 war die Fahrbahn ebenfalls aus dem Fels herausgearbeitet, wie kleine Grübchen erkennen ließen. Die spitz zulaufenden, max. 1 cm tiefen Grübchen, mit einem Durchmesser von 2 – 2,5 cm, waren mit Moos gefüllt und eindeutig künstlichen Ursprungs, demnach wohl Meißelspuren. Der Fels war ansonsten glatt gescheuert. Die Spurrillenweite betrug 0,80 m, die Spurrillen waren an der Basis 4,5 cm breit und 3 cm tief. Die maximale Breite vom Außenrand gemessen betrug 0,93 m, der Innenabstand 0,63 m. (Standort 10, Abb. 101/1.2).

Auch im nächsten Abschnitt war die Fahrbahn der Altstraße aus der Felswand herausgearbeitet und ein kurzes Steilstück von 3,40 m Breite mit 5 Stufen ausgebaut. Sie hatten eine Tiefe von 57 – 63 cm und eine Höhe von 9 – 11,5 cm, eine der Stufen hatte eine Höhe von 12,5 cm an einer Seite und 18 cm an der anderen Seite. Die quer laufende, erhaltene Schrämspur einer Stufe war 1,93 m lang und 0,27 m breit. Talseitig war, etwas tiefer liegend, auf 5,10 m Länge eine 0,50 m hohe Trockensteinmauer erkennbar.

Nach zwei weiteren Kehren war die Spurweite zu messen. Die Spurrillen waren breit ausgefahren, die Spurweite entsprach den bisher dokumentierten Werten. Auch hier war der Fels stark erodiert und teilweise überwachsen (Standort 15, Abb. 101/3 und 102).

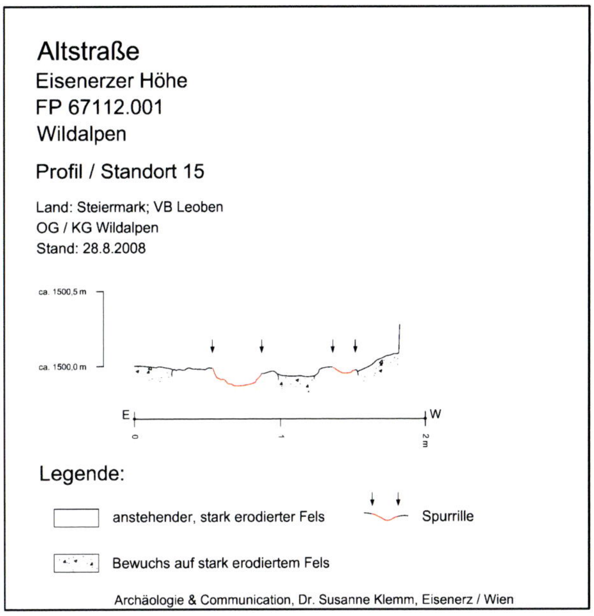

Abb. 102: Altstraße Eisenerzer Höhe, Wildalpen, Standort 15. Aufnahme 2008. Profil. M. 1 : 50.

9.2 Historischer Hintergrund und Zeitstellung

Die Bezeichnung *Eisenärtzerhöhe* ist bereits im Franziszeischen Kataster[229] mehrfach zu lesen. Der im Kataster auf der Wildalpener Seite eingetragene Weg entspricht nicht dem Verlauf der Altstraße. Hingegen stimmen die im Detail dokumentierten Abschnitte auf der Eisenerzer Seite von der Rohrmauer über die Arzerböden bis zur Eisenerzer Höhe mit der im Kataster eingetragenen überein.[230] Für den allerersten Abschnitt des Weges von Eisenerz über die Prossen entlang des Sees in die Hinterseeau sind wie erwartet mehrere Wegtrassen im Franziszeischen Kataster eingezeichnet.[231] Die Revierkarte des Hohenberg'schen Forstamtes Eisenerz von 1964 weist gleichfalls die Trasse der Altstraße als Fahrweg bis zur *Eisenerzer Höh* aus.[232]

Die in Karten eingetragenen Bezeichnungen *Römerweg*[233] oder *Römer Straße*[234] für den kurzen Ab-

229 Franzisz. Kataster, Gem. Wildalpen, KG Wildalpen, Kartenblatt Nr. 80, 81.

230 Franzisz. Kataster, Gem. Eisenerz, KG Münichtal, Kartenblatt Nr. 1.

231 Franzisz. Kataster, Gem. Eisenerz, KG Münichtal, Kartenblatt Nr. 19.

232 Karte: Revier Münichtal, Hohenberg'sches Forstamt Eisenerz, Blatt 2 Hinterseeau, Stand 1. Jan. 1964, M. 1 : 10.000. – Das Gebiet hat den Grundbesitzer gewechselt und gehört inzwischen zur Hans Pengg'schen Forst- und Gutsverwaltung, Thörl.

233 Z. B. ÖK 50 (101 Eisenerz). – Freytag & Berndt, Wanderkarte Nr. 6 Ennstaler Alpen, M. 1 : 100.000.

234 ÖK 50 (101 Eisenerz), Provisorische Ausgabe von 1947.

schnitt entlang der Rohrmauer mögen verschiedene Ursachen haben, zum einen, dass sämtliche Altwege, vor allem mit Spurrillen im Fels oder in Pflastersteinen den Römern zugeordnet wurden, zum anderen die Vermutung, dass bereits in römischer Zeit Eisenerz am Steirischen Erzberg abgebaut wurde (vgl. Kap. 6). Sie kann jedoch genauso gut von einem Geometer stammen, wie dies Grabner meinte.[235]

Mit dem Weg über die Eisenerzer Höhe beschäftigten sich bisher F. Hofer[236] 1965 und H. Zacherl[237] 1984. Zacherl machte die Inschrift auf der Felswand entlang des „Römerweges" an der Rohrmauer bekannt, seine Lesart überzeugte aber nicht vollständig. In seiner Darstellung zog Zacherl schriftliche Nachrichten über den Bau der Straße durch die Mendling – die Dreimärktestraße (vgl. Kap. 10) – und spätere Anordnungen zum Transportwesen auf derselben zur Interpretation der Nutzung der Altstraße über die Eisenerzer Höhe heran. Historische Quellen direkt zu dieser Altstraße waren den Autoren nicht bekannt.[238]

Im Zuge der Recherchen für dieses Buch fielen uns Quellen im Steiermärkischen Landesarchiv auf, die einen neuen Weg über Wildalpen nach *Seisenvorst* beschreiben.[239] Diese historischen Nachrichten können wir nun glücklicherweise mit den im Gelände gefundenen Spuren zusammenführen.

Im Jahr 1552 fand eine erste Besichtigung der in Frage kommenden Wegtrasse durch eine Commission statt.[240] Darüber wurde am 26. Juni 1556 in einem Schreiben von Sebastian Tunckhl, Verweser zu Aussee an Christoph Fröllich, Amtmann und Forstmeister in Innerberg, Georg Serrnitzen, Amtmann in Vordernberg und Leonhard Kheumonacher (?), Waldmeister in Steyr berichtet:[241]

> [...] *Ich vbersende Euch hieneben beÿ gegenwirtigem aignen Potten ain khunigliche Comission, auf Eur Herrn Fröllichs schriftlichen bericht den Herrn Camer Räten der Niderösterreichischen Lande nach den 10 Martii von wegen des Neugemachten weeg vom Eisenärzt vber das gebürg, vnd Stainwanndt die Wild Alben zu dem gehülz vnd waldt Im Seisenvorst, Auch holz vnd Kholwerks darinnen zu notturfft der Radwerk im Innern Eisenärzt, gethan an mich, vnd Euch samemt oder den merern tail aus vmb den 6 tag May gefertigt vnd aufganngen,* [...].

Den neu gemachten Weg beschreibt er folgendermaßen:

> [...] *vom Innern Eisenärzt, bis hinauf zu der Stainwanndt, vnd durch die Stainwanndt, vber die schiech in den Lufft hinaus an die Stainwanndt hinan gemacht Pruckhen, die wildalben Pruckhen genannt, noch verer vber, vnd durch etliche gepürg und Khögl, gar bis zu obgenanntem Seÿsen waldt oder vorst,* [...]

Die Beauftragung für die Herstellung des neuen Weges erfolgte durch Ferdinand I. am 20. Jänner 1553. Zwei Projekte standen zur Diskussion: neben dem Rechenbau zu Reifling (Großreifling) die „Eröffnung eines ordentlichen Fahrweges durch die sogenannte Steinwand zum Seissen= und Gemsenforst in der admontischen Herrschaft Gallenstein". Man entschied sich für den Weg durch die Steinwand, für den 4500 Gulden an Kosten veranschlagt waren.[242]

In einem Schreiben von 6. Juni 1556 wird die Lage des Wegs noch präzisiert:[243]

> [...] *Von wegen des Neuen gemachten Weegs. Vom Innern Eysenärze bis vber das gepürg die Wildalben vnd Stainwandt zu dem Wald Seÿssen vorst. Vnd desselben holz und kollarbait halben.* [...]

Damit ist die Zuordnung dieser schriftlichen Quellen zu der dokumentierten Altstraße von Eisenerz über die Eisenerzer Höhe nach Wildalpen gesichert. Mit der Ortsbezeichnung *Wildalben* war das heutige Hinterwildalpen gemeint; der heutige Ort Wildalpen wird erst um 1590 in schriftlichen Nennungen fassbar.[244]

Zur Identifikation des *Seisenvorst* (auch *Seÿssen vorst*) können Karten unterschiedlichen Alters herangezogen werden: Auf der aktuellen ÖK 50 (101 Ei-

235 Grabner 1960, 9.

236 Hofer 1965.

237 Zacherl 1984.

238 Die Meinung Zacherls (1984, 112), dass die Altstraße über die Eisenerzer Höhe ursprünglich als Verlängerung des Wegs durch die Mendling gedacht war, kann die Verf. nicht teilen. Inwiefern nach dem Bau der Straße von Palfau nach Mariazell (vgl. Kap. 11) auch andere Waren diese Route nahmen, wäre zu prüfen.

239 Etwas Verwirrung in die Sache brachte anfangs eine andere Quelle vom 11. Jan. 1580 (StLA, OBA Leoben, Sch. 98, Nr. 5), die von *der machung eines bestendigen weges am Pfaffenstain* berichtete, für den die Durchbrechung einer *stainwandt* erforderlich wäre. Nach genauer Lesung des Textes und Recherchen über die Lage eines Pfaffensteins (SH 824 m) an der Enns (im Gegensatz zum Pfaffenstein in Eisenerz, SH 1871 m) wurde klar, dass es sich um den Ausbau eines Abschnittes der Eisenstraße zwischen Altenmarkt bzw. Schönau a.d. Enns und Kleinreifling in Oberösterreich handelte. Siehe dazu Pirchegger 1939, 13, Anm. 26.

240 Der in dem Schreiben von 1556 genannten Commissionsbericht konnte leider nicht im StLA gefunden werden.

241 StLA, OBA Leoben, Sch. 81, Nr. 71 v. 26. Juni 1556.

242 Muchar 1867, Bd. 8, 523.

243 StLA, OBA Leoben, Sch. 70, Nr. 50.

244 Freundl. Mitt. Dr. J. Tomaschek, Stiftsarchiv Admont: Die Bezeichnung *Seisenvorst* dürfte eine „Innerberger" Bezeichnung sein, in Admonter Quellen kommt sie nicht vor. – Vgl. dazu auch Kap. 11 zum Bau der B 24 Hochschwabstraße nach Wildalpen und Mariazell.

senerz) ist der Säusenstein (SH 1282 m), östlich davon der Kl. Säusenstein (SH 1090 m) und westlich von diesem die Gebietsbezeichnung Säusenbach für das Tal vom Zusammenfluss von Hinterwildalpenbach und Siebenseebach bis zur Einmündung des (Säusen-)Baches in die Salza im heutigen Wildalpen eingetragen. Auf der Wanderkarte von Freytag & Berndt[245] heißt der Siebenseebach der aktuellen ÖK 50 von 1993 „Säusenbach". Auf der Provisorischen Karte ÖK 50 von 1947 heißt der Siebenseebach noch „Seisenbach" und der Säusenstein noch „Seisenstein", welcher auf dem Franziszeischen Kataster „Seisstein" und auf der Karte der Josephinischen Landesaufnahme „Seisen Stein" genannt wird.[246]

Der „Seisenbach" ist der *Susinbach de Wildalb*, der bereits 1139 urkundlich genannt wird.[247] Das Gebiet vom *Seisenvorst* umfasst demnach auch das Gebiet des Siebenseebaches und könnte möglicherweise noch weiter östlich des Seisensteins (Säusenstein) gereicht haben.[248]

Das gesamte Waldgebiet gehörte zur Herrschaft Gallenstein, welche in Besitz von Stift Admont war und dessen Holz und somit auch die Holzkohle im Jahr 1499 von Maximilan I. dem Erzberg zugewiesen wurden.[249]

Der bei der Beauftragung für die Herstellung des neuen Weges durch Ferdinand I. 1553 genannte „Gemsenforst" ist mit dem Gebiet „Gamsforst" in der Gemeinde Gams bei Hieflau, westlich von Hinterwildalpen, zu identifizieren. Das Gebiet ist über die Goß (SH 1332 m) und den Goßgraben erreichbar (Abb. 89).

Die Inschrift (Abb. 91 und 94/2) zeigt in der zweiten Zeile die Jahreszahl 1554. Leider konnten im StLA vorerst keine weiteren schriftlichen Nachrichten aus diesem oder dem folgenden Jahr gefunden werden. Es kann jedoch angenommen werden, dass der Bau der Straße entlang der Rohrmauer spätestens 1554 begonnen wurde. Im Jahr 1556 müssten die Arbeiten schon abgeschlossen gewesen sein, da in dem Bericht vom 26. Juni 1556 über die Übernahme der Instandhaltungskosten zu Lasten der Radmeister, die den Weg zum Holzkohlentransport täglich nutzten, geschrieben wird.[250] Mit Sicherheit war der Weg im Jahr 1557 fertig gestellt, da man vom *Neugemachten Weeg vom Innerneysenärzt aus, über das Hochgepürg die Wildalpen vnd gar hinaus in den Seÿssenforst*, der Sommer wie Winter befahrbar war, schreibt. Interessant ist auch der Hinweis, dass es nicht bei diesem einen *haubtweeg, der nun schon allberait, vnd gemacht ist*, bleiben könnte, sondern dass mit der Zeit auch *allerley clain zueweeg zu obbemelten Tällern, Graben und Pöden* gemacht werden müssten.[251]

Als Straßenbaumeister wird Leonhard Prandtstetter in einem Schreiben vom 20. August 1566 von Christoph Fröllich genannt, der 1566 den „neuen Wagenweg von der Trofeng aus über den Präbühel" fertig gestellt hatte.[252] In dem Dokument geht es um die Rechtfertigung eines Gnadengeldes für Prandtstetter (vgl. Kap. 6.5.2.1 und Kap. 14.1.2).

Die Jahreszahl der ersten Zeile der Inschrift, die als <M 1566 2> gelesen wird – die Verfasserin folgt hier der Lesung von Zacherl 1984 –, fällt in die Regierungszeit Maximilians II.; das letzte Zeichen – einem heutigen „z" ähnlich – war die gängige Schreibweise der Ziffer 2 in den handschriftlichen Dokumenten des 16. Jahrhunderts[253]. Zugegebenermaßen war der Buchstabe M sehr schlecht lesbar sondern eher nur spürbar. Die schräge Lage der 1. Zeile machte den Eindruck, dass diese Zeile zu einem späteren Zeitpunkt hinzugefügt wurde; aus welchem Grunde konnte noch nicht in Erfahrung gebracht werden, möglicherweise waren in diesem Jahr zusätzliche Bauarbeiten notwendig.[254]

Es ist bedauerlich, dass der Commissionsbericht an die Niederösterreichische Hofkammer aus dem Jahr 1552 derzeit nicht greifbar ist, er würde eine genaue Wegbeschreibung der einzelnen Abschnitte enthalten. Es gibt eine einzige Stelle entlang des Weges, wo eine tiefe Felsschlucht überbrückt werden musste, auf den die Beschreibung einer *schiech in den Lufft hinaus an die Stainwanndt hinan gemacht Pruckhen* in dem Bericht vom 26. Juni 1556 zutreffen könnte: die Brücke über die tiefe Schlucht des Eisenerzer Baches beim „Jungfernsprung" auf der Wildalpener Seite (Abb. 100/2.3). Die Charakterisierung *schiech in den Lufft hinaus an die Stainwanndt* würde gleichfalls gut zutreffen, da ein deutlicher Höhenunterschied zwischen den beiden Felsköpfen besteht.

245 Freytag & Berndt, Wanderkarte Nr. 4, Hochschwab, M. 1 : 100.000.

246 Franziszeischer Katatster Gem. Wildalpen, KG Wildalpen, Nr. 58. – Josephinische Landesaufnahme: Digitaler Atlas Steiermark.

247 Zahn 1893, 412. – Muchar 1845, Bd. 2, 63.

248 Freundl,. Mitt. Dr. J. Tomaschek, Stiftsarchiv Admont. Sein Hinweis stammt aus dem Wald-Tomus Bd. XIX von 1761, Nr. 671. – Vgl. dazu Janisch 1885, 894f.

249 Muchar 1867, Bd. 8, 200.

250 StLA, OBA Leoben, Sch. 81, Nr. 74 v. 26. Juni 1556. – Vgl. dazu Bittner 1901, 495, Anm. 6, wo er eine Quelle aus dem k.k. Reichsfinanzarchiv, Wien (R.F.A. F. 18315) zitiert.

251 StLA, OBA Leoben, Sch. 71, Nr. 14 v. 1. März 1557. – Siehe dazu auch die Beschreibung von anderen Wegen bei Zacherl 1984, 114.

252 StLA, OBA Leoben, Sch. 83, Nr. 117 v. 20. Aug. 1566. – Neben diesen beiden Wegen wird auch der neue Schiffsweg an der Enns angeführt, von dem Prandtstetter ebenfalls einen Abschnitt gebaut hatte.

253 Besonders schön zu lesen bei StLA, HK Exemptbuch 1569 (Mautordnung).

254 Die Übereinstimmung der Jahreszahl der Inschrift mit dem Datum des Schreibens von Christoph Frölich v. 20.8. 1566 mag ein Zufall sein.

Die Beschreibung *durch etliche gepürg und Khögl gar bis zu obgenannter Seÿsenwaldt oder vorst* für den Abschnitt nach der Brücke bis in das Waldgebiet beiderseits des Säusenbaches könnte am ehesten auf den noch heute als Wanderweg signierten Weg von Hinterwildalpen an der Nordseite von Sagkogel (SH 1037 m), Schneekogel (SH 1045 m) und Rauchkogel (SH 963 m) zum Säusenbach und *Seisenvorst* zutreffen (Abb. 89).[255]

Die Nutzung des Weges für Holzarbeiten und den Holzkohletransport geht aus der bereits genannten Schrift vom 6. Juni 1556 und aus einem Schreiben Ferdinands I. aus dem darauf folgenden Jahr, vom 23. Juni 1557 hervor. Er ordnet zudem an, dass die Kosten für die Wegunterhaltung von den *Amtbsgefellen daselbst in Innerperg* bezahlt werden sollen.[256]

Dass die abgekommene Hütte, deren Grundriss knapp vor dem Einstieg in die Rohrmauer dokumentiert werden konnte, der Wegunterhaltung diente, ist gut vorstellbar. Es fehlen jedoch Beweise dafür. Weder auf dem Franziszeischen Kataster noch auf der Josephinischen Landesaufnahme ist an dieser Stelle eine Hütte eingetragen. Der Abschnitt entlang der Rohrmauer muss selbst heute ständig gewartet werden, da immer wieder Geröll auf die Straße fällt, welches damals wie heute für Fuhrwerke oder moderne Fahrzeuge und Fußgänger sehr gefährlich sein kann. Zacherl zitiert einen Reiseführer aus 1898, der von einer Sicherung durch ein Geländer schreibt.[257] Spuren dafür konnten entlang des Weges keine ausgemacht werden, doch ist auch anzunehmen, dass an manchen Stellen zumindest bereits ein Teil der Wegkante zum Tal hin abgebrochen ist.

Seit dem 17. Jahrhundert führte man auch Erz, das auf dem Tulleck in Eisenerz abgebaut wurde, zum Schmelzofen nach Wildalpen. Die Rückfracht wird Holzkohle gewesen sein. Es wurde bei der Beschreibung des archäologischen Befundes bereits darauf hingewiesen, dass auf der Anhöhe die Wege von Wildalpen und Eisenerz in einem Rechteck (Grundmauern für einen Umladeplatz?) zusammentreffen und die Spurrillenbreite auf der Wildalpener Seite sich von der auf der Eisenerzer Seite dokumentierten unterscheidet. Das Umladen von Transportgütern war auf Höhenübergängen, auf einem Pass oder Sattel, nichts Ungewöhnliches. Pichler nennt eine ganze Reihe von schriftlichen Quellen der frühen Neuzeit und auch später, in denen die Bezeichnung *Hebstatt* an Pass- oder Sattelübergängen der westlichen Mittel- und Südsteiermark vorkommt.[258]

Für den Transport war in dieser Zeit der so genannte Anzen- oder Gabelwagen[259], der von einem Pferd gezogen wurde, üblich. Die Spurweite auf der Eisenerzer Seite entspricht dem archäologischen Befund des Erzweges in Vordernberg, auf dem gleichfalls Anzenwägen in Verwendung standen (vgl. Kap. 6.5.2.2).

Heute ist die Altstraße über die Eisenerzer Höhe in Privatbesitz, auf der Eisenerzer Seite wird der Fahrweg vom Grundbesitzer für die Jagd, vom Almpächter für den Viehtrieb, von Wanderern und Wallfahrern benutzt. Seit 1745 gibt es alljährlich eine Wallfahrt von Eisenerz nach Mariazell über die Eisenerzer Höhe.[260] Die Wildalpener Seite ist heute nicht mehr befahrbar und dient wohl in erster Linie den Wanderern.

255 Dieser Abschnitt wurde noch nicht von der Verf. begangen. – Vgl. die Wanderkarte Nr. 6, Ennstaler Alpen (Gesäuse), von Freytag & Berndt, Wien, M. 1 : 100.000. Vgl. dazu die aktuelle ÖK 50 (101 Eisenerz).

256 StLA, OBA Leoben, Sch. 71, Nr. 35.

257 Zacherl 1984, 114.

258 Pichler 1972. – Auch *Hebalm*, *Höbalm*, *Höbstatt* kommen als Schreibweise vor.

259 Zacherl 1984, 112. – Klein 1959, 86ff.

260 Zacherl 1984, 118.

10. Die „Dreimärktestraße". Vorläufer der B 25 Erlauftalstraße

Die B 25 Erlauftalstraße verbindet das Ennstal mit dem Donauraum in Niederösterreich, die B 115 Eisenstraße mit der B 1 Wiener Straße bzw. die A 1 West Autobahn bei Ybbs an der Donau. Die SSW-NNE gerichtete Straße führt heute von Landl im Ennstal über Gams bei Hieflau und Palfau in der Steiermark über den Mendlingpass nach Niederösterreich, weiter über Lassing, Göstling, Lunz am See, Gaming, über Scheibbs und Purgstall nach Ybbs a. d. Donau. Die archäologisch untersuchten Abschnitte befinden sich in Palfau und Gams bei Hieflau (Abb. 103).

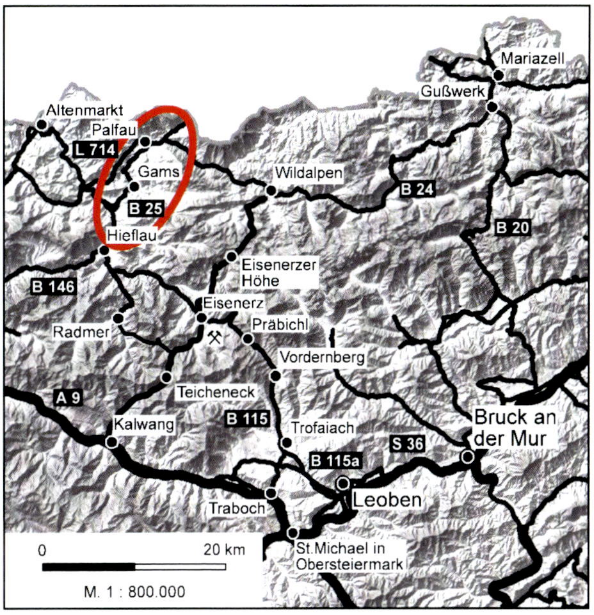

Abb. 103: Dreimärktestraße oder B 25 Erlauftalstraße. Ausschnitt der Höhen- und Reliefkarte Steiermark (Datengrundlage GIS-Steiermark). M. 1 : 800.000.

10.1 Die archäologischen Befunde von der „Dreimärktestraße" in Palfau und Gams bei Hieflau

Im Gegensatz zur „Eisenstraße" (Eisenstraße B 115) gab es bis zum Jahr 1999 keinerlei archäologische Befunde einer Altstraße im Bereich der Erlauftalstraße B 25. Am 3. Mai 1999 meldete der Kunstschmied Wolfgang Scheiblechner aus Palfau der Verfasserin, dass im Zuge der Bauarbeiten zum Ausbau der B 25 Erlauftalstraße ein mit Steinen gepflasterter, älterer Straßenkörper durchfahren worden sein dürfte. Eine noch am selben Tag durchgeführte Begehung der Baustelle durch die Verfasserin mit W. Scheiblechner bestätigte dessen Angaben. Es folgten Baubeobachtungen und archäologische Ausgrabungen dieser Altstraße durch die Verfasserin während des Ausbaus der B 25 Erlauftalstraße Abschnitt Palfau im Zeitraum vom 3. Mai – 7. Juni 1999 im Auftrag des Bundesdenkmalamtes, Landeskonservatorat Steiermark, in Zusammenarbeit mit dem Bauträger, dem Amt der Steiermärkischen Landesregierung, Fachabteilung 2a, Straßen, Brücken, Planung und Bau. Diese Arbeiten wurden im Jahr 2000 fortgesetzt. Die Arbeiten wurden unterstützt durch die Bereitstellung von Grobwerkzeug und Grabungshelfern durch die Gemeinde Palfau.

Diese Untersuchungen wurden in der Zeit vom 27. Juni – 26. Juli 2000 und vom 7. August bis 9. Oktober 2001 durch eine archäologische Baubegleitung des Projektes „Schst. Gams-Palfau/Mendling" der STEWEAG Wasserkraft- und Elektrizitäts-AG ergänzt.[261] (Abb. 104)

Nordöstlich der Wagnerbrücke über die Salza, bei km 74.8 (Palfau Nr. 73), war im Profil (Profil 1, Nordprofil) in einer Tiefe von rund 1 m unter der ehemaligen Asphaltoberkante eine horizontale Steinlage aus senkrecht gesetzten Steinen über 32,80 m Länge deutlich sichtbar. Der Befund entsprach den Beobachtungen in Vordernberg aus 1997 und 1998, wo Altstraßen aus der Neuzeit bereits von der Verfasserin freigelegt und dokumentiert worden waren. (Abb. 104)

An drei Stellen beiderseits der Wagnerbrücke konnte die Altstraße in der Folge flächig untersucht werden, doch erst der dritte Versuch ermöglichte die Dokumentation eines kompletten Befundes. (Abb. 105)

Der Bauabschnitt km 74.4 + 00,000 bis km 75.5 + 27,129 (Bestands-km 74.400 bis km 75.542) betrifft einen Abschnitt der Erlauftalstraße B 25 beiderseits der Salza, der sich durch starke Neigungen, Kurven und eine geländebedingte Enge der Straße auszeichnete. Durch den im Frühjahr bis Herbst 1999 erfolgten Ausbau kam es zu äußerst umfangreichen Niveauabsenkungen, Begradigungen in der Linienführung sowie einer deutlichen Verbreiterung der gesam-

261 Publizierte Vorberichte: Klemm 1999e; 1999f; 2000d; 2000f, 2001a; 2001b. – Unpublizierte Berichte an das Amt der Steiermärkischen Landesregierung, Bundesdenkmalamt und Steweag-Steg GmbH, im Archiv Archäologie & Communication, S. Klemm. – Siehe auch: Klemm 1999a; 2002.

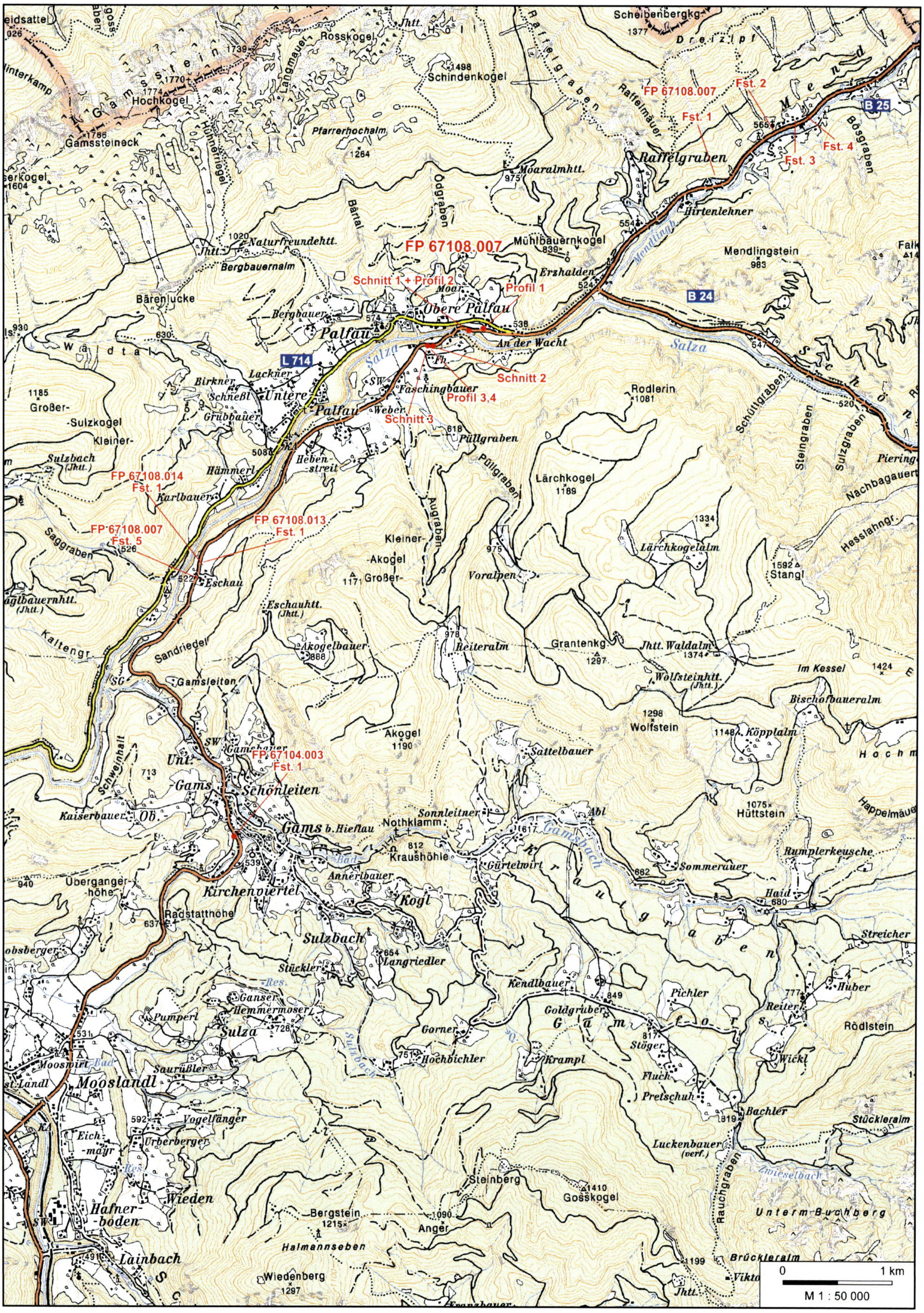

Abb. 104: Dreimärktestraße. B 25 Erlauftalstraße. Palfau, Gams bei Hieflau. Baubeobachtung und Rettungsgrabungen 1999–2001. Übersichtskarte (Plangrundlage ÖK 50 © BEV). M. 1 : 50.000.

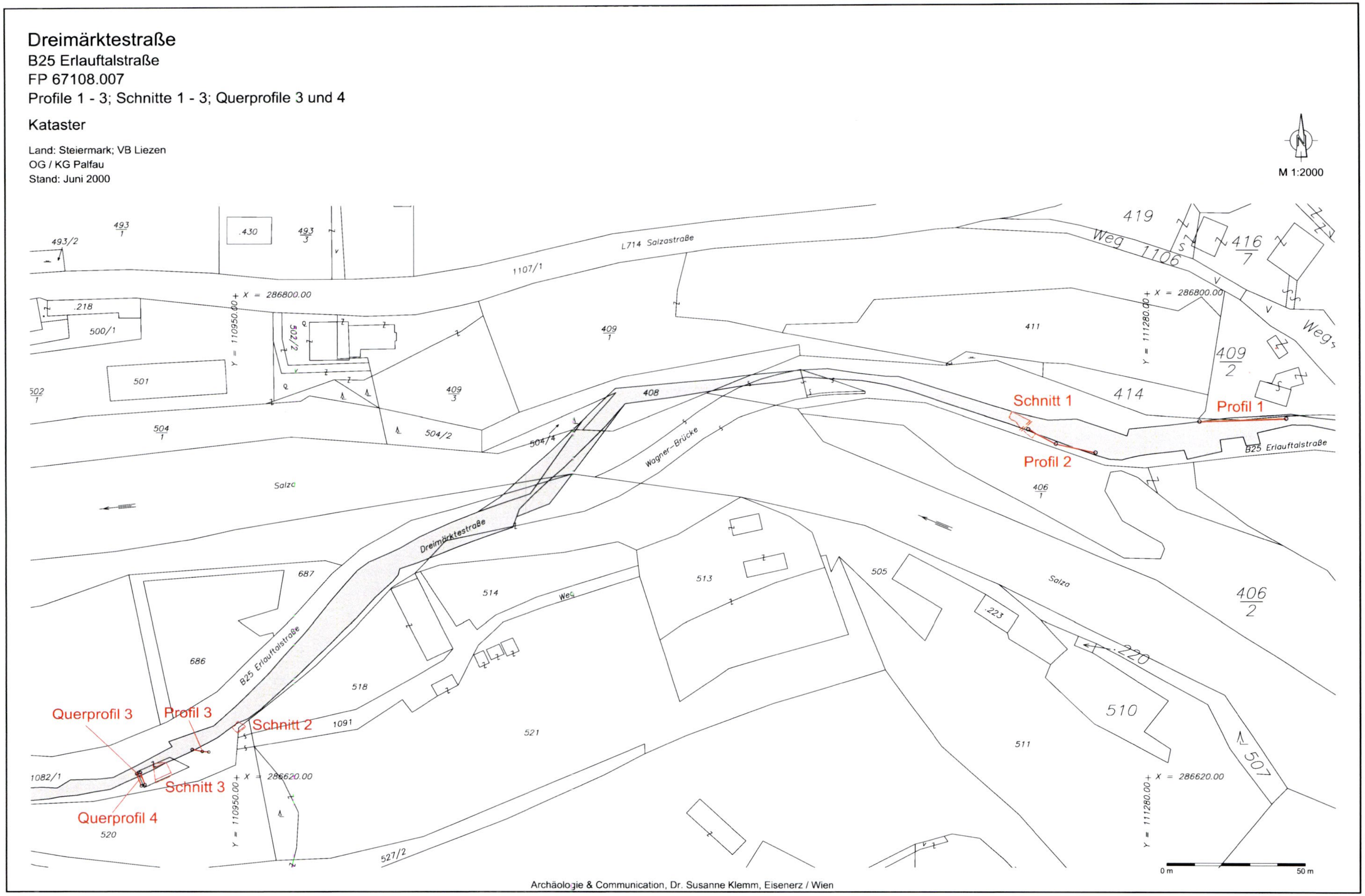

Abb. 105: Dreimärktestraße. B 25 Erlauftalstraße. Palfau, Wagnerbrücke. Grabung 1999. Profile1–3 und Schnitte 1–3. Kataster. M. 1 : 2000.

ten Straße. Die Brücke über die Salza, heute genannt Wagnerbrücke, wurde im Zuge der Bauarbeiten 1999 saniert. Sie hatte die frühere Holzbrücke über die Salza, deren Brückenköpfe heute noch existent sind, auch Pfostenlöcher für die Steher der Holzbrücke sind am Ufer noch vorhanden, abgelöst. Gemäß dem Kartenblatt 13 des Franziszeischen Katasters aus 1824 der Gemeinde Palfau wurde die Holzbrücke nach dieser ersten Aufnahme, ev. noch im 19. Jahrhundert, durch eine neue Holzbrücke ersetzt (Abb. 106).

Die Altstraße dürfte bis auf den direkten Brückenbereich durchgehend erhalten gewesen sein, wie die dokumentierten Abschnitte nahelegen, sieht man von Beschädigungen an Böschungskanten ab, zum Teil verursacht durch den späteren Straßenausbau wie zum Beispiel bei Schnitt 1. Im Zuge des Straßenausbaus wurde die Altstraße bis auf den Abschnitt von Schnitt 3 vollkommen zerstört (Abb. 105, 106).

Dank des persönlichen Einsatzes von DI Gert Küttner, Landesbaudirektion, Fachabteilung 2a, war die Erhaltung eines Abschnittes des Bodendenkmals *in situ* südwestlich der Wagnerbrücke aufgrund einer geringfügigen Verlegung der neuen Trasse der B 25 nach Norden ermöglicht. Zudem geht aus den Bauplänen hervor, dass in diesem Bereich kein massiver Materialabtrag sondern eine Aufschüttung geplant war.

Es werden in der Folge, geordnet nach dem Datum der Dokumentation bzw. der Lage der Fundstellen, die einzelnen Profile, Schnitte und anderen Fundstellen beschrieben. Ein Fundkatalog mit Beschreibung und Abbildungen der Kleinfunde sowie metallographischen Untersuchungen ergänzen die Dokumentation.

10.1.1 Archäologische Befunde nordöstlich der Wagnerbrücke über die Salza Richtung Göstling

Die Profile 1 und 2 sowie Schnitt 1 liegen auf Grundstück Nr. 1112/5, die Profile 3 und 4, die Schnitte 2 und 3 auf Grundstück Nr. 1082/1, KG Palfau (Abb. 105).[262] Im Bauabschnitt B 25 Erlauftalstraße km 74. 790–74.900 nordöstlich der Wagnerbrücke über die Salza wurden im Jahr 1999 die Profile 1 und 2 sowie Schnitt 1 dokumentiert.[263] (Abb. 107–110)

262 Angaben zur Fundstelle FP 67108.007: Land: Steiermark; VB Liezen; OG und KG Palfau; Grst-Nr.: 1112/5 und 1082/1; Grundbesitzer: Bundesrepublik Österreich, EZ 115.

263 Bauträger 1999/2000: Amt der Steiermärkischen Landesregierung, Bundesstraßenverwaltung; Bauabschnitt: B 25 Erlauftalstraße, Abschnitt Palfau von km 74,4 + 00,000 bis km 75.5 + 27.129 Länge 1127,129 m. Bestands-km 74.400 bis 75.542. Detailprojekt 1988 (Änderung des DP 1983). Bauträger 2000/2001: STEWEAG Wasserkraft- und Elektrizitäts-AG, Projekt „Schst. Gams- Palfau/Mendling.

Profil 1/1999

Die Dokumentation von Profil 1 erfolgte noch am 3. Mai 1999 mittels Fotoaufnahmen und einer Beschreibung (Abb. 107, 108/1.2). Das Niveau der B 25 Erlauftalstraße war bereits ca. 1,80 m abgesenkt worden. Die Breite der abgeschobenen Trasse übertraf die ursprüngliche Breite der B 25 vor den Bauarbeiten bereits beträchtlich. Nach Aussagen der Bauarbeiter dürfte das alte Straßenpflaster noch ca. 4 m Richtung Straßenmitte gereicht haben.

Der Aufschluss (Profil 1, Nordprofil) reichte von 17,80 m östlich der km-Marke 74.8 bis 15 m westlich der km-Marke 74.8 und war somit 32,80 m lang. Der Aufschluss befand sich parallel zum nördlichen Straßenrand beziehungsweise parallel zum Zaun des Hauses Palfau Nr. 73 und war in einer Entfernung von 3,4 bis 4 m vom Zaun und von 4,5 m vom Südost-Eck des Hauses Palfau Nr. 73 gelegen.

In einer Tiefe von 1 m bis 0,30 m unter der alten Asphaltoberkante befand sich eine horizontale, leicht von Westen nach Osten abfallende Steinlage von vertikal gesetzten Steinen, die aufgrund von analogen Funden in Vordernberg, VB Leoben, aus dem Jahr 1997 als Rest des Steinpflasters von einer Altstraße identifiziert werden konnte. (Abb. 108/1.2)

Im Ostteil betrug die Aufschüttung über dem Niveau der Altstraße bis zur Asphaltoberkante 1 m und verringerte sich bei 3 m östlich der km-Marke 74.8 auf 0,90 m, um bei 13 m westlich der km-Marke 74.8 nur mehr 0,30 m auszumachen. Dieses deutliche Gefälle von West nach Ost der Altstraße war somit durch spätere Aufschüttungen teilweise ausgeglichen worden.

Im westlichen Teil des Aufschlusses bildete das Liegende ein mittelbrauner, sehr steiniger Lehm, mit unterschiedlicher Schichtung, kenntlich durch verschiedene Korngrößen der Gerölle und Sandeinlagerungen. Es dürfte sich um Anteile des anstehenden Konglomerats handeln. Darüber lagerten eine 13 cm mächtige Schicht aus Schwemmsand und eine 7 cm dicke Humusschicht. Die Pflastersteine waren direkt auf diesen alten, heute noch durchwurzelten Humus aufgesetzt und in einer hellgraugrünen, sandigen Lehmschicht eingelagert. An manchen Stellen bildete eine Steinlage eine Art Unterbau. Die Größe der Pflastersteine variierte, ihre Höhe von 20–27 cm entsprach den Maßen der Steine in den anderen Abschnitten. Sie waren vertikal, dicht aneinander gesetzt. Es handelte sich durchwegs eher um kleinere Steine, daneben gab es größere Blöcke mit scharfen Bruchkanten, doch überwogen Steine mit verrundeten Kanten. Über der Pflasterung schloss eine bis zu 10 cm mächtige hellgrau-grauviolette Schotterschicht an. Es folgte eine ca. 15 cm mächtige, sandige Schicht. Den Abschluss bildeten eine 20 bis 25 cm mächtige, weißgraue Schotterschicht und die 3 cm dicke Asphaltschicht.

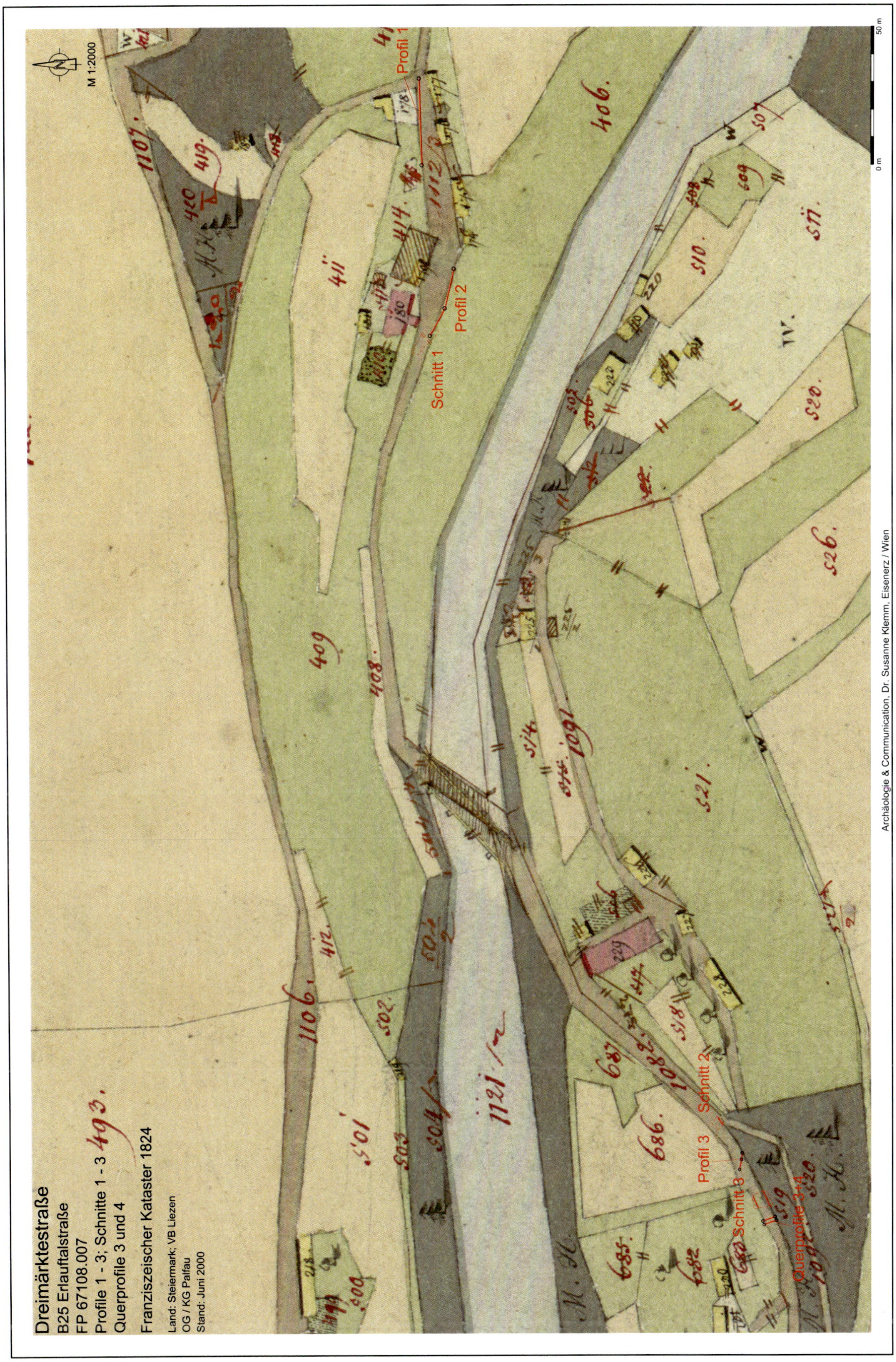

Abb. 106: Dreimärktestraße. B 25 Erlauftalstraße. Palfau. Grabung 1999. Profile 1–3 und Schnitte 1–3 (Franziszeischer Kataster 1824 © BEV). M. 1 : 2000.

Im östlichen Teil des Aufschlusses bildete das Liegende gleichfalls ein mittelbrauner, sehr steiniger Lehm, durchsetzt mit einer großen Zahl abgerundeter Gerölle – ein Verwitterungshorizont des anstehenden Konglomerats. Nach Osten hin hört die alte Humusschicht auf, die Pflastersteine wurden direkt in das Anstehende gesetzt, ohne kenntlichen Unterbau. Das Füllmaterial zwischen den Pflastersteinen ist wieder hellgraugrüner, sandiger Lehm. Direkt über dem Niveau der Altstraße lagerte eine hellbraune, 9–14 cm mächtige Schotterschicht, es schlossen eine 10 cm starke, graue, eine 8 cm dicke, mittelgraubraune, feinere und eine 35 cm mächtige graue Schotterschicht an. Unterhalb der 3 cm dicken Asphaltlage befand sich wie im Westteil eine graue, 20–25 cm mächtige Schotterschicht, die als Frostkoffer diente.

Nur die obersten beiden Schichten und die Lage der Asphaltdecke waren im West- und Ostteil ident. Die Schichten erschienen insgesamt sehr hart zusammengepresst. Im Westteil waren die Schichten nicht so deutlich differenziert wie auch von geringerer Mächtigkeit als im Ostteil. Ca. 6 m westlich der km-Marke 74.8 war die Altstraße durch ein Kanalrohr gestört.

Die Funde von Profil 1

Eine Gesteinsprobe (Fnr. 1) wurde der Steinlage des Straßenpflasters entnommen.

Profil 1/1999:

- Fnr. 1.1: Gesteinsprobe; Erh.: Bruchstück eines Pflastersteines; Gew. 700.
- Fnr. 1.2: Bruchstück eines Pflastersteins; Erh.: 1 Bruchstück eines Pflastersteins.

Profil 2/1999

Am 6. Mai 1999 wurden weitere Aushubarbeiten im Bereich der Querschnitte 19–21 verfolgt und ein Profil am Südrand der B 25 östlich des Profils 1 leicht überputzt und mittels Fotoaufnahmen und Beschreibung dokumentiert. Profil 2 befand sich in 1,80 bis 2,7 m Entfernung von der Leitschiene an der Böschung zur Salza und war West-Ost gerichtet. Die Entfernung von der Böschungskante zum Profil betrug 3,20 bis 3,50 m. (Abb. 107, 108/2)

Bei den Aushubarbeiten selbst war es nicht möglich, die Breite der Altstraße zu beobachten. Sie dürfte jedoch mindestens ca. 4 m, von der Leitschiene gemessen, betragen haben.

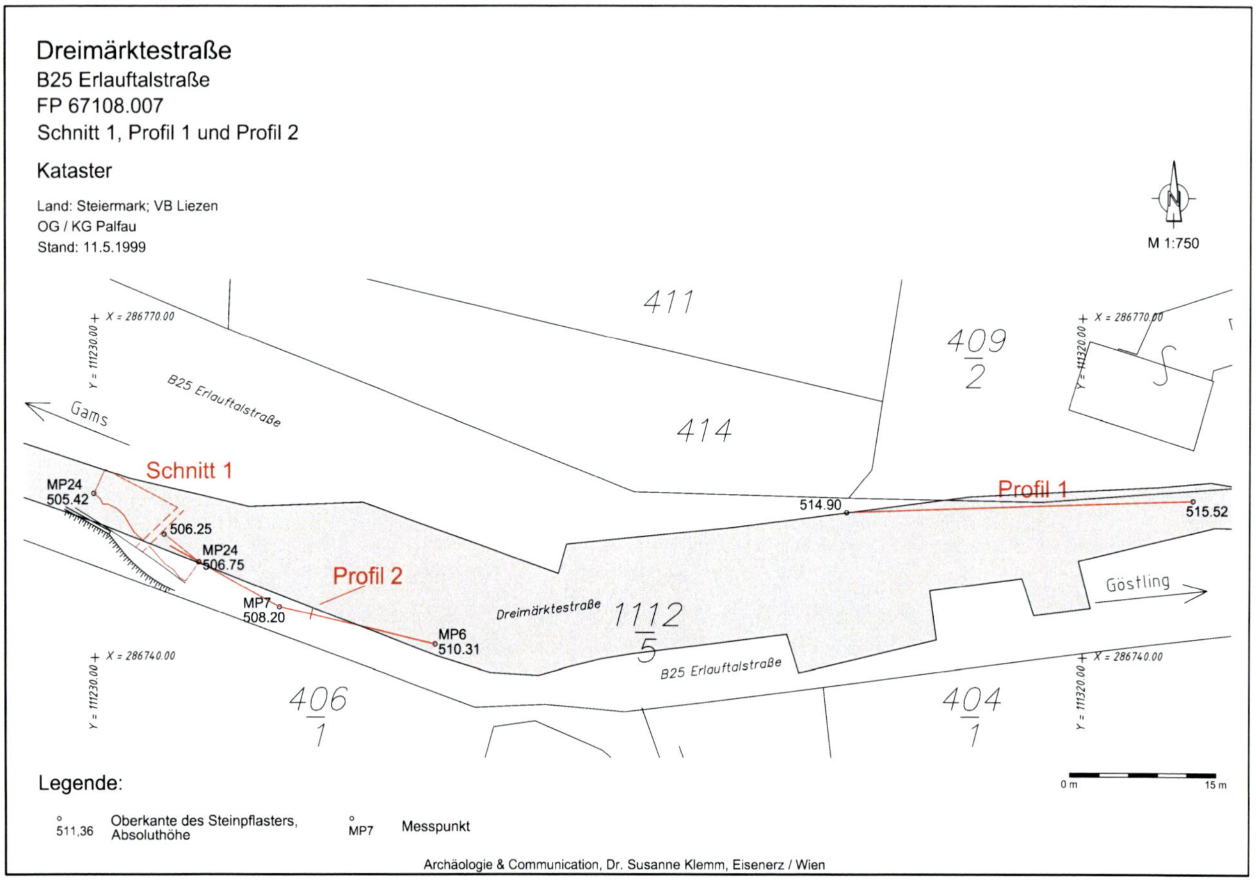

Abb. 107: Dreimärktestraße. B 25 Erlauftalstraße. Palfau, Grabung 1999. Profile 1, 2 und Schnitt 1. Kataster. M. 1 : 750.

Abb. 108: Dreimärktestraße.
B 25 Erlauftalstraße.

1 Profil 1 vor dem Haus Palfau Nr. 73, 3. Mai 1999.

2 Profil 1, Schichtaufbau der B 25 über der Altstraße.

3 Profil 2, Ansicht von Norden.

Die Oberkante des Straßenpflasters befand sich in einer Tiefe von 0,10 bis 0,46 m unter der Asphaltoberkante (Abb. 107). Die Mächtigkeit der Schicht mit dem Straßenpflaster variierte von 0,15 – 0,24 m, an zwei Stellen wurde ein Wert von 0,12 m gemessen, hier befanden sich kleinere Steine als Unterlage unterhalb der Pflastersteine. Eine tiefe Spurrille an der Seitenfläche eines Pflastersteins in situ bezeugt die sekundäre Verwendung des Steins. Im konkreten Fall handelte es sich um einen eher größeren Stein.

Das Liegende bildete ein mittelbrauner, sandiger Lehm mit unterschiedlich großen abgerundeten Steinen, der Horizont über dem anstehenden Konglomerat. Auch Wurzelstörungen wurden beobachtet. Im östlichsten Teil ist die Aufschüttung durch mehrfache, sehr dünne Schotterbänder gekennzeichnet, die zumindest drei verschiedene Aufschüttungen bezeugen. Über dem Straßenpflaster lag eine ockerfarbene Schotterschicht, es folgte ein hellgraues Band, den Abschluss bildete ein hellgraubraunes Schotterband. (Tabelle 1)

Die Aufschüttungen über der Altstraße bei Profil 2 waren insgesamt sehr hart gepresst und sehr dünn. Sie waren nicht durchgehend verfolgbar. Es könnte sich um eine größere Zahl von Einzelaufschüttungen handeln, zum Beispiel in Folge von Reparaturarbeiten, oder um unterschiedliches Material, das auch nur in wenigen Aufschüttungen aufgebracht wurde. Es wäre auch denkbar, dass zur Einebnung der Fahrbahn Material immer wieder abgetragen wurde, um anschließend neues gleichmäßiger auftragen zu können. In diesem Bereich fehlte der alte Humushorizont; für die Anlage der Altstraße wurden also zumindest der damalige Humus und die Oberkante des anstehenden Verwitterungshorizontes abgetragen.

Das Gefälle in diesem Abschnitt war beträchtlich (Abb. 108/2), was durch die stark eingefahrenen Spurrillen in den geborgenen Steinen unterstrichen wurde. Zwischen den Messpunkten 6 und 7 betrug das Gefälle 5,8 %, zwischen den Messpunkten 7 und 13 stieg es auf 21,7 %, um zwischen den Messpunkten 13 und 24 (Schnitt 1) wieder auf 14,9 % zu sinken. Insgesamt ist im Straßenabschnitt östlich der Wagnerbrücke mit einer ursprünglich sehr steilen Strecke zu rechnen.

Die Funde von Profil 2 (Abb. 111)

Die Funde Fnr. 2 und 6 wurden direkt der Schicht des Straßenpflasters des Profils 2 entnommen. In einer grauen, feinsandigen, lockeren Schicht mit Steinen, ca. 0,70 m unter der Asphaltoberkante und 0,40 m unter der Oberkante der Altstraße lagen die Fundstücke Fnr. 3.

Am Ostende von Profil 2 befanden sich in einer Tiefe von 0,50 bis 0,60 m in einer hell- bis dunkelgrauen, lehmig-sandigen, geröllhältigen Schicht, die unter das Straßenpflaster reicht, die Funde Fnr. 4 und 5. Über einem Teil dieser Schicht war das Pflaster nicht mehr erhalten. Die Fundstücke Fnr. 7 wurden aus Schicht (8) des Profils, an der die Profilbeschreibung aufgenommen wurde, geborgen.

Profil 2/1999

- Fnr. 2.1: Nagel; Eisen; geschmiedet; Kopf langrechteckig (9,5 : 3); Schaft quadratisch (3 : 3); Erh.: Spitze abgebrochen; rostig, nicht konserviert; erh. L. 83. (Abb. 111/2)
- Fnr. 2.2: Bitumenrest.
- Fnr. 2.3: WS; Ton; sehr fein sandhältig; oxidierend gebrannt; hart gebrannt; mittelbraunorange im Bruch; Drehscheibe; Ofl. (innen): glatt, dunkelbraunorange glasiert; Ofl. (außen): glatt, mittelbraunorange; Erh.: 1 Stück; Wst. 3.
- Fnr. 3.1: WS; Ton; fein steinchengemagert; oxidierend gebrannt; mäßig hart gebrannt; hellbraun im Bruch; Drehscheibe; Ofl. (innen): abgeplatzt, hellbraunocker; Ofl. (außen): hellbraun; Erh.: 1 WS; erh. H. 12,5; Wst. 3,5.
- Fnr. 3.2: Holzkohle.
- Fnr. 3.3: Ofenlehm; Lehm; Erh.: 1 Stück; Gew. 10.
- Fnr. 3.4: Tierknochen; FZ 5, indet., Splitter, FG 2.
- Fnr. 3.5: WS; Ton; fein steinchengemagert; oxidierend gebrannt; hellbraunocker im Bruch; Drehscheibe; Ofl. (innen): oliv glasiert; Ofl. (außen): hellbraunocker; Erh.: 1 WS; erh. H. 22; Wst. 3.

Tabelle 1: Dreimärktestraße, Palfau, Profil 2. Die Maße stellen jeweils die Oberkante der Schicht dar. Schichtnummern in Klammer (), Maßangaben in Meter, ohne Maßstab.

0,46	(13) Asphalt
0,43	(12) weißlicher, grober Schotter (Korngröße 50 mm)
0,39	(11) hellgrauer, feiner Schotter (Korngröße < 10 mm)
0,35	(10) mittelbrauner, ockerfarbener, feiner Schotter (Korngröße < 10 mm)
0,31	(9) beiger, sandiger, sehr feiner Schotter (Korngröße 5 mm im Durchschnitt)
0,275	(8) dunkelgrau-braunes Band, sandig, weniger Steine, Fnr. 7
0,255	(7) ockerfarbener, lehmig bis sandiger Schotter, Steine (Korngröße < 10 mm)
0,195	(6) hellgrauer Schotter (Korngröße < 10 m)
0,13	(5) ockerfarbener Schotter (Korngröße < 40 mm)
0,08	(4) graues Schotterband mit größeren Steinen (Korngröße 30-40 mm)
0,04	(3) ockerfabener Schotter (Korngröße 7-30 mm)
0,0	(2) Oberkante des Straßenpflasters, Füllmaterial zwischen den Pflastersteinen ist ein hellbraunes, sehr sandiges Material mit runden Steinen (Korngröße 40 mm), das sich deutlich vom anstehenden Boden unterscheidet
-0,20	(1) Liegendes, mittelbrauner, sandiger Lehm mit vielen Steinen (Korngröße bis zu 100 mm)

- Fnr. 3.6: WS; Ton; fein steinchengemagert; oxidierend gebrannt; mäßig hart gebrannt; mittelorange-weiß im Bruch; Drehscheibe; Ofl. (innen): hellbraunocker; Ofl. (außen): abgeplatzt, mittelorange-weiß; Erh.: 1 WS; erh. H. 18; Wst. 8.
- Fnr. 3.7: WS; Ton; fein steinchengemagert; oxidierend gebrannt; mäßig hart gebrannt; mittelorange im Bruch; Drehscheibe; Ofl. (innen): hellbraungrau glasiert; Ofl. (außen): abgeplatzt; Erh.: 1 WS; erh. H. 15,5; Wst. 2,5.
- Fnr. 3.8: WS-Topf; Ton; fein steinchengemagert; oxidierend gebrannt; klingend hart gebrannt; lebhaftorange-weiß im Bruch; erh. 2 umlaufende parallele Rillen; Drehscheibe; Ofl. (innen): dunkelocker glasiert; Ofl. (außen): hellorange, braunoliv glasiert; Erh.: 1 WS; erh. H. 41; rek. gr. Dm.: 180; Wst. 4. (Abb. 111/1)
- Fnr. 4.1: Gesteinsprobe.
- Fnr. 4.2: Nagel; Eisen; geschmiedet; Kopf quadratisch (13 : 13), Schaft langrechteckiger Querschnitt (5 : 2); Erh.: 1 Stück; rostig; nicht konserviert; erh. L. 48. (Abb. 111/3)
- Fnr. 4.3: Nagelschaftfragment; Eisen; geschmiedet; Querschnitt annähernd quadratisch (3,5 : 3); Erh.: 1 Stück v. Nagelschaft; rostig; nicht konserviert, erh. L. 35.
- Fnr. 4.4: Tierknochen; FZ 1, Rind, Mandibula, FG 6.
- Fnr. 5: Holzreste.
- Fnr. 6: Gesteinsprobe; Erh.: Gesteinsprobe, von einem Stein des Straßenpflasters.
- Fnr. 7.1: Nagelschaftfragment; Eisen; geschmiedet; Querschnitt quadratisch (3 : 3); Erh.: Teil vom Schaft; rostig; nicht konserviert, erh. L. 40.

Schnitt 1/1999

Schnitt 1/1999 liegt in Anschluss an Profil 2 (Südprofil). Er wurde von 10.–12. Mai 1999 vermessen, fotografiert und beschrieben. (Abb. 109, 110)

Ca. 3 m vom westlichen Ende des Profils 2 decken sich mit dem östlichen Abschnitt von Schnitt 1. Ziel des Schnittes war die Feststellung von Gesamtbreite, Form und Gefälle der Altstraße. Da sich der Schnitt an einer Engstelle der B 25 befand, musste die Hälfte der Fahrbahn für den Durchzugsverkehr frei bleiben.

Nach Abhub der Asphaltdecke und der oberen Schotterschichten durch den Bagger wurde händisch mit Krampen und Schaufel weitergearbeitet und das Planum mit Kellen und Handbesen freigelegt.

Die Schnittfläche richtete sich somit nach den örtlichen Möglichkeiten und zeitlichen Gegebenheiten, da die archäologischen Arbeiten so rasch als möglich abgewickelt werden sollten. Der Schnitt erhielt aus diesen Gründen einen unregelmäßigen Grundriss, mit einer Länge von 11,40 m in West-Ost-Richtung parallel zu den Leitschienen der bisherigen B 25 und einer Breite von max. 5,5 m. Von einer steingerechten Aufnahme wurde aufgrund des unzureichenden Befundes und aus Zeit- und Kostengründen abgesehen. (Abb. 109)

Am Südrand der Altstraße, an der Böschungskante zur Salza, lag eine ältere Störung vor, die zum einen durch die Errichtung einer Stützmauer aus quaderförmigen Bruchsteinen bzw. durch Setzen der Pfeiler für die Leitschienen bei früheren Bauarbeiten, ersteres ev. bereits im 19. und letzteres im 20. Jahrhundert, erfolgt sein dürfte. Die Art der Stützmauer entspricht den Steinmauern des alten Brückenkopfes. Im östlichen Drittel befand sich eine Störung durch ein Abflussrohr, das die Straße an dieser Stelle querte. Der nord- bzw. bergseitige Straßenrand konnte nicht erfasst werden. (Abb. 110)

Das Straßenpflaster war aus unterschiedlich großen, an den Kanten abgerundeten und an der Oberfläche sehr glatten Steinen gebildet. Im östlichen Abschnitt variierte die Länge von 8 bis 57 cm, die Breite von 6 bis 26 cm. Im mittleren Teil betrug die Länge der Pflastersteine 11 bis 40 cm, mit einem Schwerpunkt im Bereich von 20–25 cm, die Breite betrug 5 bis 25 cm, der Großteil war aber 12–25 cm breit. Die kleineren Steine mit Ausmaßen von 10 × 10 cm und 12 × 13 cm lagen westlich des Kanalrohres zwischen einzelnen größeren. Im westlichen Teil schwankte die Länge der Steine von 10 bis 83 cm, die Breite von 6 bis 55 cm, die Mehrheit davon lag im Bereich von 18–28 cm.

Die Oberfläche der Steine war langrechteckig bis rechteckig, annähernd quadratisch oder auch länglich und schmal bzw. vieleckig. Die Farbe der Steine war orangebraun bis hellgrau und dunkelbraun, wie sich nach dem Abspritzen mit Wasser zeigte. Primär handelte es sich um den örtlich anstehenden Kalk. Im Füllmaterial, das aus einem hellgraubraunen, sandigen Schotter mit einer Korngröße von 20–70 mm bestand, lagen vereinzelt kleinere dunkelgraue Steine. Die Schotterschicht über dem Pflaster wie das Füllmaterial zwischen den Pflastersteinen erwiesen sich als besonders hart.

Spurrillen konnten nur im westlichen Teil erkannt werden (Abb. 109, 110/3). Ein sehr großer Steinblock mit Spurrillen am Rand wurde bedauerlicherweise beim Freilegen der Fläche vom Bagger erfasst und befand sich zur Zeit der Fotoaufnahmen daher nicht mehr in situ. In diesem Bereich war das Pflaster wesentlich dichter mit größeren Steinen verlegt (Abb. 110/3). Die beiden nahezu parallelen, erhaltenen Fahrspuren lagen 1,20 m (Osten) bis zu 1,45 m (Westen) auseinander. Im mittleren Abschnitt, westlich der Störung durch das Abflussrohr, betrug die Spurweite 0,95 m. Bei dem großen, durch den Bagger verrückten Steinblock wurde neben der Spurweite von 1,20 m lichter Weite eine weitere von etwa 0,80 m gemessen. Die auf Abb. 109 eingetragene nördliche Fahrspur konnte an einzelnen Steinen bis an den Ostrand des Schnittes verfolgt werden.

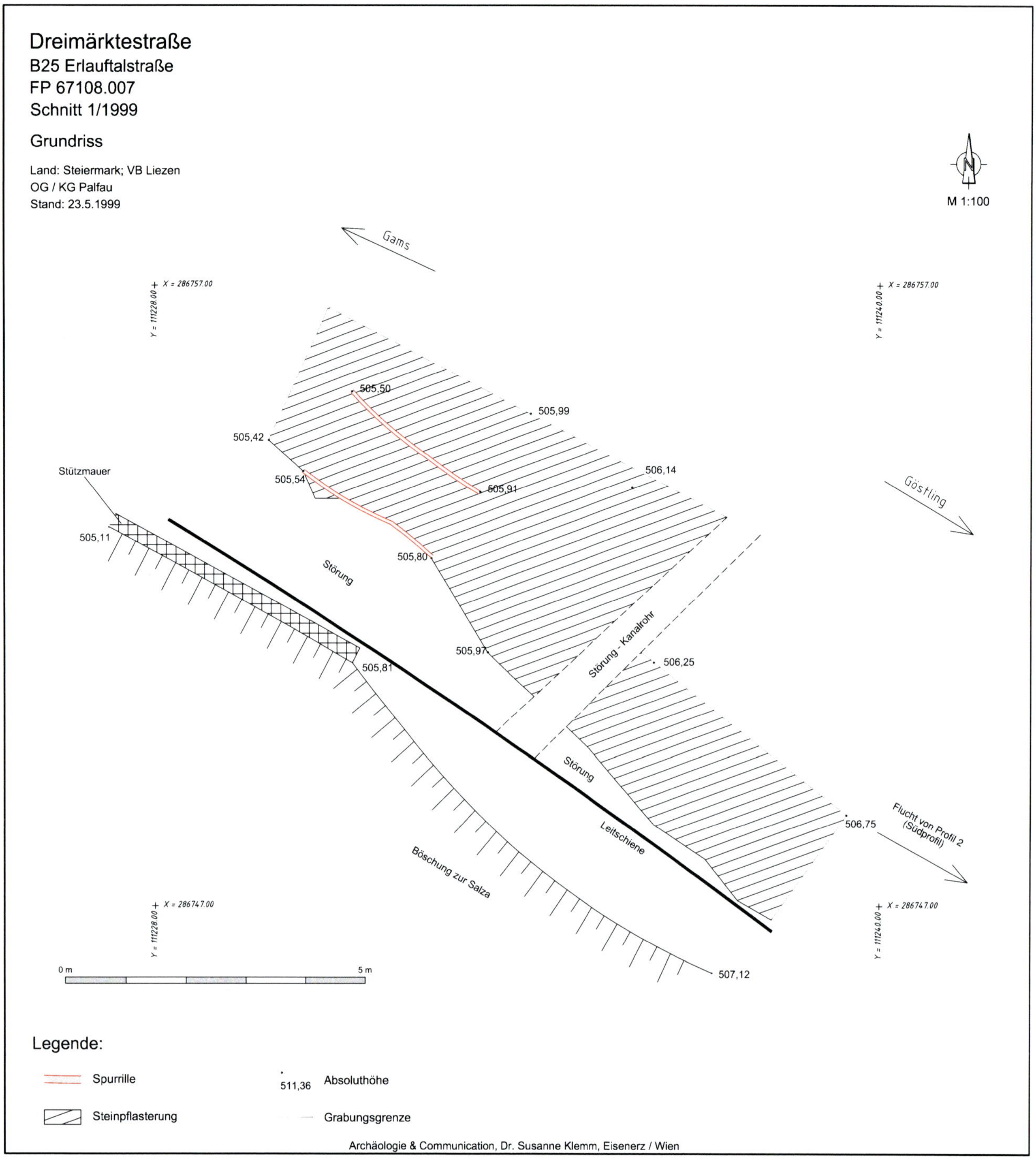

Abb. 109: Dreimärktestraße. B 25 Erlauftalstraße. Palfau, Grabung 1999. Grundriss Schnitt 1. M. 1 : 100.

Das Gefälle ergab auf 11,30 m ca. 14,9 %. Die seitliche Neigung der Altstraße wurde von den Höhenpunkten 505,99 und 505,80 m im westlichen Drittel des Schnittes gemessen und betrug ca. 1,7 %.

Der Straßenrand konnte nicht dokumentiert werden. Der Südrand war durch ältere Bauarbeiten zerstört. Es zeigte sich jedoch, dass am Nordrand des westlichen Teiles des Schnittes die Pflastersteine besonders regelmäßig in drei bis vier Reihen lagen (Abb. 110/3) und man den Eindruck gewann, hier sehr nahe dem Straßenrand zu sein. Senkrecht gestellte Randsteine so genannte *Leistensteine*, wie dies später in den Schnitten 2 und 3 beobachtet wurde, lagen hier nicht vor. Aufgrund der fehlenden Randbefestigung der Fahrbahn war die ursprüngliche Breite in diesem Schnitt nicht feststellbar. Eine Mindestbreite von 4 m geht jedoch aus dem Befund hervor, diese erlaubte durchaus ein Passieren zweier Fahrzeuge.

Abb. 110: Dreimärktestraße. B 25 Erlauftalstraße. Palfau, Grabung 1999. Schnitt 1.

1 Blick von Osten.

2 Spurrillen im Straßenpflaster.

3 Spurweite.

Die Funde von Schnitt 1/1999 (Abb. 111–113, 116)

Direkt beim Überputzen des Steinpflasters wurden die Objekte Fnr. 17–19 und 22 gefunden, in der hart gepressten Schotterschicht direkt über dem Pflaster die Fundstücke Fnr. 9, 12, 20 und 21. Die Kupfermünze Fnr. 20 befand sich direkt am Südrand des Pflasters, ca. 1 m vom Westrand des Schnittes entfernt, im Füllmaterial zwischen den Pflastersteinen. Aus dem Aushub wurden die Fundstücke Fnr. 16, 23, 26 sichergestellt. Die Fundstücke Fnr. 8 befanden sich am Südrand direkt unter der Leitschiene. Am Nordrand des Schnittes 1 wurden die Funde Fnr. 10 in schwarzem, sehr gemischtem Material entdeckt. Aus einer Störung gleichfalls am Nordrand des Schnittes kamen die Funde Fnr. 11, 13, 24. In einer Störung im östlichsten Bereich direkt auf dem Pflaster wurden der rezente Fund Fnr. 14 gefunden. Aus dem Humusbereich unter der Leitschiene stammten die Objekte von Fnr. 15.

Schnitt 1/1999

- Fnr. 8.1: WS; Ton; mäßig hart gebrannt; hellchromgelb im Bruch; Drehscheibe; Ofl. (innen): weiß glasiert; Ofl. (außen): teilweise abgerieben, weiß glasiert; Erh.: 1 WS; erh. H. 18; Wst. 3,5.
- Fnr. 8.2: Hufnagel; Eisen; geschmiedet; Kopf quadratisch (13 : 11,5); Schaftquerschnitt langrechteckig (5 : 2,5); Erh.: 1 Stück; rostig; nicht konserviert; erh. L. 33. (Abb. 112/1)
- Fnr. 8.3: Nagelschaftfragment; Eisen; geschmiedet; Schaftquerschnitt quadratisch (5 : 4); Erh.: 1 Stück; rostig; nicht konserviert; erh. L. 25.
- Fnr. 8.4: Holzkohle.
- Fnr. 9.1: Nagelschaftfragment; Eisen; geschmiedet; Schaftquerschnitt quadratisch (4 : 4); Erh.: 1 Stück, gebogen; rostig; nicht konserviert; erh. L. 6,2.
- Fnr. 9.2: Tierknochen; FZ 1, Rind, Maxilla/Milchmolar, FG 7; FZ 1, Rind, Metatarsus, FG 19; FZ 1, Schwein, Calca/Cond. Occip, FG 4; FZ 1, Schwein, Tibia, FG 9 g, FZ 17, indet., FG 49.
- Fnr. 9.3: Kupfer- oder Bronzeobjekt; annährend trapezförmig, flach; Erh.: 1 Stück; hell bis blau grün patiniert; aufgeschmolzen; nicht konserviert, erh. H: 15; erh. B. 26,5; D. 3–5.
- Fnr. 9.4: WS; Ton; oxidierend gebrannt; hart gebrannt; mittelorange im Bruch; Drehscheibe; Ofl. (innen): glatt, lebhaftgelbocker glasiert; Ofl. (außen): abgeplatzt, mittelorange; Erh.: 1 Stück; Wst. 2.
- Fnr. 9.5: RS-Ofenkachel; Ton; fein sandhältig; oxidierend gebrannt; hart gebrannt; dunkelorange im Bruch; Ofl. (innen): glatt, lebhaftbraun glasiert; Ofl. (außen): glatt, braunocker glasiert; Erh.: 1 Stück; Wst. 7.
- Fnr. 9.6: Ziegelfragment; Ton; oxidierend gebrannt; lebhaftorange im Bruch; Erh.: 1 sehr kleines Fragment; Wst. 8.
- Fnr. 10.1: WS; Ton; fein steinchengemagert; oxidierend gebrannt; mäßig hart gebrannt; graubraunmittelorange im Bruch; Drehscheibe; Ofl. (innen): braunschwarz, dunkelocker glasiert; Ofl. (außen): lebhaftgraubraun; Erh.: 1 WS; erh. H. 13; Wst. 5.
- Fnr. 10.2: Tierknochen; FZ 7, indet., FG 24.
- Fnr. 10.3: WS; Ton; dicht, fein-mittel steinchengemagert; oxidierend gebrannt; mäßig hart gebrannt; hellbraunocker im Bruch; Drehscheibe; Ofl. (innen): teilweise abgeplatzt, mittelbraunocker; Ofl. (außen): teilweise abgeplatzt, mittelbraunocker; Erh.: 1 WS; erh. H. 20,5; Wst. 6.
- Fnr. 10.4: WS; Ton; oxidierend gebrannt; sehr hart gebrannt; hellgelblichorange im Bruch; Drehscheibe; Ofl. (innen): dunkelbraun glasiert; Ofl. (außen): glatt, mittelbraunocker; Erh.: 1 WS; erh. H. 21; Wst. 5,5.
- Fnr. 10.5: WS; Ton; oxidierend gebrannt; hart gebrannt; hellgelbbraun im Bruch; Drehscheibe; Ofl. (innen): dunkelgraugrün glasiert; Ofl. (außen): hellorangebraun; Erh.: 3 WS, zwei zusammengefügt; erh. H. 24; Wst. 6. (Abb. 112/4)
- Fnr. 11.1: WS; Ton; reduzierend gebrannt; hart gebrannt; gelblichweiß im Bruch; Drehscheibe; Ofl. (innen): weiß glasiert; Ofl. (außen): weiß-dunkelblau glasiert; Erh.: 1 WS; erh. H. 28,5; Wst. 4. (Abb. 112/5)
- Fnr. 12.1: WS; Ton; fein steinchengemagert; oxidierend gebrannt; mäßig hart gebrannt; lebhaftorange im Bruch; Drehscheibe; Ofl. (innen): teilweise abgeplatzt, mittelorange, dunkelbraun glasiert; Ofl. (außen): braunocker glasiert; Erh.: 1 WS; erh. H. 19,5; Wst. 7,5.
- Fnr. 12.2: Tierknochen; FZ 7, indet., FG <1.
- Fnr. 13.1: WS; Ton; fein steinchengemagert; oxidierend gebrannt; hart gebrannt; hellgelblichorange im Bruch; Drehscheibe; Ofl. (innen): glatt, braunorange glasiert; Ofl. (außen): glatt, hellgelblichorange; Erh.: 1 WS; erh. H. 40; Wst. 7,5. (Abb. 112/6)
- Fnr. 13.2: Tierknochen; FZ 1, Schwein, Phalanx 1, FG 4 g, Messwerte: GLpe 39,5/KD 15,0 / Bd 17,5; FZ 9, indet., FG 10.
- Fnr. 13.3: RS, WS-Flasche mit kurzem Hals; unregelmäßig geformter kurzer Hals, flache Schulter; am Hals deutlich gedrehte Furchen; hellbläulichgrün; Erh.: 2 Teile; irisiert; erh. B. 44; erh. H. 20; erh. D. 3,5. (Abb. 111/7)
- Fnr. 13.4: WS; Ton; reduzierend gebrannt; mäßig hart gebrannt; hellorange im Bruch; Drehscheibe; Ofl. (innen): abgeplatzt, hellgraugelb-hellorange; Ofl. (außen): abgeplatzt, hellgraugelb-hellorange; Erh.: 1 WS; erh. H. 15; Wst. 4,5.
- Fnr. 13.5: WS; Ton; reduzierend gebrannt; mittelorange im Bruch; Drehscheibe; Ofl. (innen): dun-

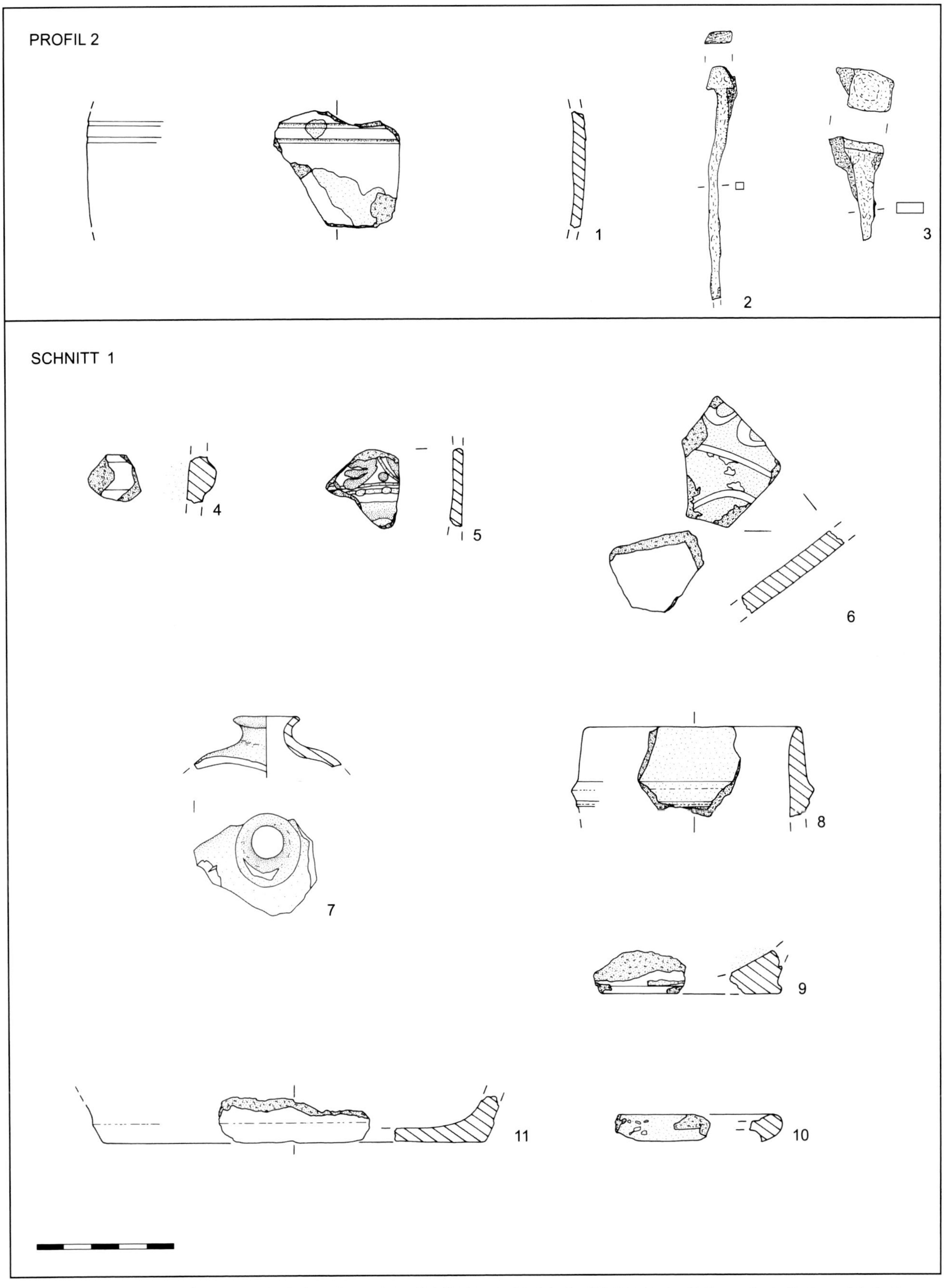

Abb. 111: Dreimärktestraße, B 25 Erlauftalstraße. 1–3 Profil 2/1999. 4–11 Schnitt 1/1999. 1, 4–11 Keramik. 2, 3 Eisen. M. 1 : 2.

kelgrauoliv glasiert; Ofl. (außen): mittelrötlichorange, helloliv glasiert; Erh.: 1 WS; erh. H. 19; Wst. 5,5.
- Fnr. 13.6: WS; Ton; fein steinchengemagert; reduzierend gebrannt; mäßig hart gebrannt; mittelorange im Bruch; Drehscheibe; Ofl. (innen): mittelorange; Ofl. (außen): graugrün glasiert; Erh.: 1 WS; erh. H. 12; Wst. 4,5.
- Fnr. 13.7: WS; Ton; oxidierend gebrannt; mäßig hart gebrannt; orange im Bruch; Drehscheibe; Ofl. (innen): dunkelbraun glasiert; Ofl. (außen): dunkelocker glasiert; Erh.: 2 WS zusammengefügt; erh. H. 12; Wst. 7.
- Fnr. 13.8: Eisenstück; vgl. Tabelle 7.
- Fnr. 14: Katzenauge; Kunststoff; Erh.: Fragment eines Blinkers.
- Fnr. 15.1: Tierknochen; FZ 1, Rind, Mandibula, FG 12; FZ 1, Rind?, Humerus, FG 20; FZ 1, Schaf/ Ziege, Radius, FG 3; FZ 1, Schwein, Humerus, FG 11.
- Fnr. 15.2: Riemendurchzug; Eisen; geschmiedet; Form rechteckig mit rechteckiger Erweiterung an einer Längsseite; annähernd runder Querschnitt; Erh.: 1 Stück; rostig; nicht konserviert; erh. L. 81; max. B. 45; Dm.: 6. (Abb. 112/26)
- Fnr. 15.3: Ziegelfragmente; Ton; dunkelorange im Bruch; Erh.: 3 kleine Stücke; Wst. 18.
- Fnr. 15.4: Fragment-Kupferdraht; Erh.: 1 Stück, verschmolzen; patiniert; nicht konserviert.
- Fnr. 15.5: Metallfragment; Kupfer?; unregelmäßige Form; Erh.: aufgeschmolzen; grün bis blau patiniert; nicht konserviert, erh. L. 43; max. B. 33, D. 10,5.
- Fnr. 15.6: Fragment; Ton; oxidierend gebrannt; klingend hart gebrannt; hellgelblichorange im Bruch; Ofl. (außen): graugelb glasiert; Erh.: 1 Stück; Wst. 7.
- Fnr. 15.7, 15.8: Eisenstücke; vgl. Tabelle 7.
- Fnr. 15.9: Hufnagel; Eisen; geschmiedet; Kopf langrechteckig (12 : 7), Schaftquerschnitt langrechteckig (5 : 2); Erh.: rostig; nicht konserviert; erh. L. 31. (Abb. 112/2)
- Fnr. 15.10: Hufnagel; Eisen; geschmiedet; Kopf langrechteckig (9 : 5), Schaftquerschnitt langrechteckig (5 : 2); Erh.: Schaft abgebrochen; rostig; nicht konserviert; erh. L. 19. (Abb. 112/3)
- Fnr. 15.11: Hufnagel; Eisen; geschmiedet; Kopf langrechteckig (9 : 3), Schaftquerschnitt langrechteckig (4 : 2); Erh.: rostig; nicht konserviert; erh. L. 39. (Abb. 112/4)
- Fnr. 15.12: Hufnagel; Eisen; geschmiedet; Kopf quadratisch (12 : 11), Schaftquerschnitt langrechteckig (5 : 2); Erh.: rostig; nicht konserviert; erh. L. 33. (Abb. 112/5)
- Fnr. 15.13: Hufnagel; Eisen; geschmiedet; Kopf rechteckig (15 : 11), Schaftquerschnitt langrechteckig (5 : 2); Erh.: rostig; nicht konserviert; erh. L. 54. (Abb. 112/6)
- Fnr. 15.14: Eisenreste; geschmiedet; Erh.: mind. 50 winzige Fragmente, 7 abgesplitterte Teile von Hufnagelschäften; rostig; nicht konserviert.
- Fnr. 16.1: Tierknochen; FZ 1, Rind, Ulna, FG 16; FZ 1, Rind, Carpale /Radiale, FG 10; FZ 1, Rind, Femur, FG 16; FZ 1, Schaf/Ziege, Mandibula/Backenzahn, FG 4; FZ 1, Schwein, Caninus sup. w., FG 2; FZ 29, indet., FG 124.
- Fnr. 16.2: WS; Ton; oxidierend gebrannt; hart gebrannt; mittelorange im Bruch; Drehscheibe; Ofl. (innen): rötlichorange, dunkelbraun glasiert; Ofl. (außen): abgeplatzt, mittelorange; Erh.: 1 WS; erh. H. 27,5; Wst. 5.
- Fnr. 16.3: RS-Krug; Ton; oxidierend gebrannt; sehr hart gebrannt; weißgrau im Bruch; Drehscheibe; Ofl. (innen): braungrau glasiert; Ofl. (außen): braungrau-helllilaultramarin glasiert; Erh.: 1 RS; erh. H. 32; rek. Rdm.: 80; Wst. 6. (Abb. 111/8)
- Fnr. 16.4: BS; Ton; oxidierend gebrannt; hart gebrannt; mittelgrau-hellgelblichorange im Bruch; Drehscheibe; Ofl. (innen): mittelbraunocker glasiert; Ofl. (außen): grün-dunkelbraun glasiert; Erh.: 1 BS; erh. H. 15; Wst. 8. (Abb. 111/9)
- Fnr. 16.5: WS-Schüssel; Ton; oxidierend gebrannt; mäßig hart gebrannt; orange im Bruch; Drehscheibe; Ofl. (innen): abgeplatzt, orange, dunkelbraun glasiert; Ofl. (außen): abgeplatzt, orange, dunkelocker glasiert; eingetiefte Verzierung, außen eine horizontale, seichte Rille erh.; Erh.: 1 WS; erh. H. 25; Wst. 7.
- Fnr. 16.6: WS; Ton; fein steinchengemagert; mäßig hart gebrannt; hellorange im Bruch; Drehscheibe; Ofl. (innen): teilweise abgeplatzt, mittelorange, dunkelgrünoliv glasiert; Ofl. (außen): mittelorange; Erh.: 1 WS; erh. H. 18; Wst. 5,5.
- Fnr. 16.7: WS; Ton; oxidierend gebrannt; mäßig hart gebrannt; lebhaftorange im Bruch; Drehscheibe; Ofl. (innen): glatt, dunkelbraun glasiert; Ofl. (außen): glatt, mittelbraunocker glasiert; Erh.: 1 WS; erh. H. 19; Wst. 7.
- Fnr. 16.8: WS; Ton; oxidierend gebrannt; hart gebrannt; mittelorange im Bruch; Drehscheibe; Ofl. (innen): abgeplatzt, mittelorange; Ofl. (außen): mittelbraunocker glasiert; eingetiefte Verzierung, 2 zarte Rillen; Erh.: 1 WS; erh. H. 20; Wst. 2,5.
- Fnr. 16.9: WS-Topfkachel; Ton; sehr dicht, fein steinchengemagert; oxidierend gebrannt; sehr hart gebrannt; hellbraunorange im Bruch; Drehscheibe; Ofl. (innen): abgeplatzt, hellbraunorange; Ofl. (außen): hellbraunocker; Erh.: 1 WS; erh. H. 35; Wst. 5.
- Fnr. 16.10: Teil eines Spannschlosses mit Kettengliedern; Eisen; geschmiedet; Zapfen mit Ring und einem Teil eines Kettengliedes, in den Glieder einer Kette eingehängt waren, 2 teilw. erh. längliche Kettenglieder lose, Gebrauchsspuren insbesondere an dem größeren Kettenglied; Erh.: Zapfen und Kettenglieder ursprünglich stark anei-

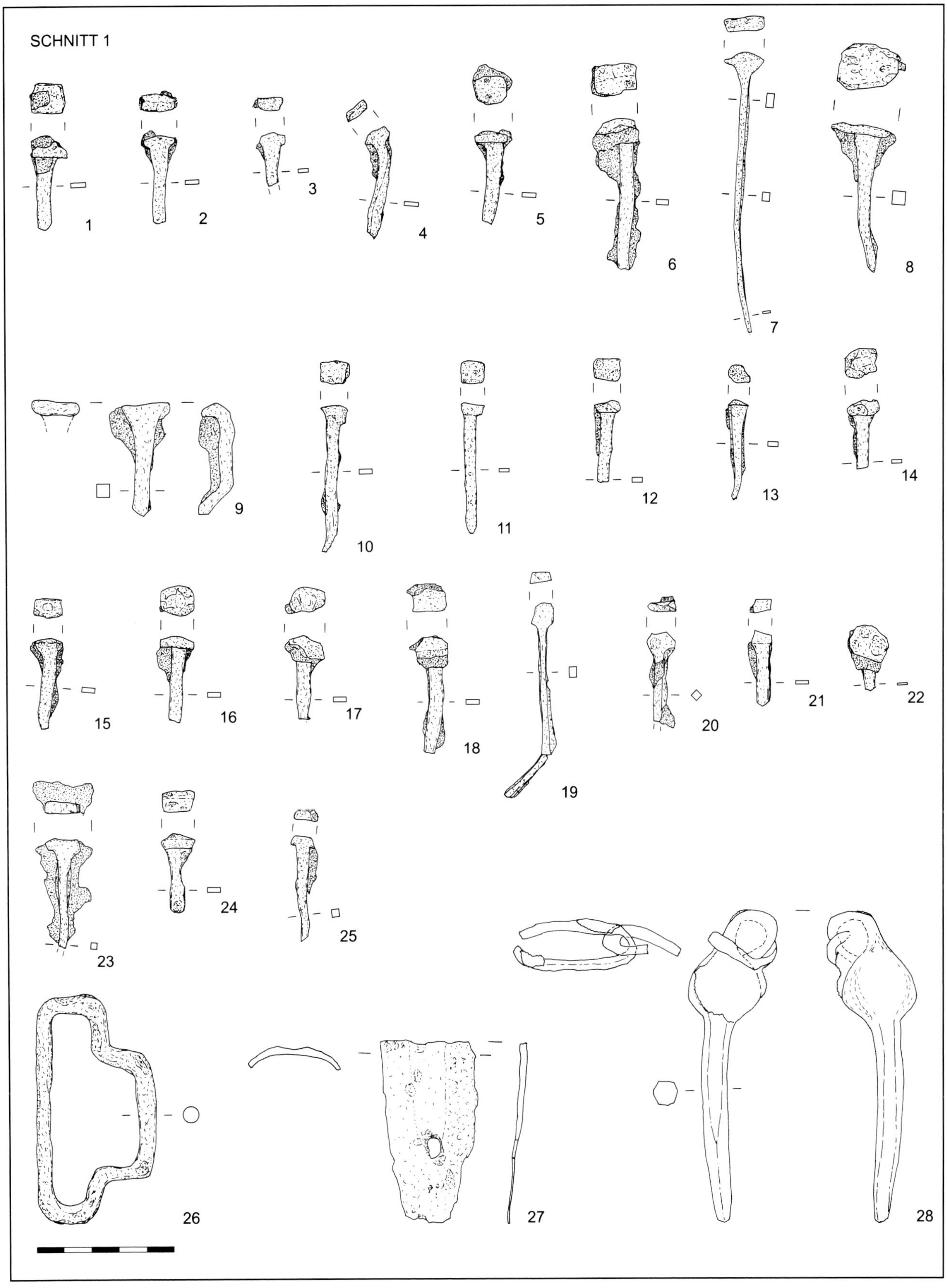

Abb. 112: Dreimärktestraße, B 25 Erlauftalstraße. 1–28 Schnitt 1/1999. Eisen. M. 1 : 2.

nandergerostet und in harten versinterten Lehm gepackt; mechanisch gereinigt; rostig; nicht konserviert; Haken: L. 111, L. 29; Dm.: 9; Kettenglieder: erh. max. L. 44; erh. B. 29; Dm: 3–4. (Abb. 112/28)

- Fnr. 16.11: Nagel; Eisen; geschmiedet; Kopf langrechteckig (15 : 5), Schaftquerschnitt quadratisch (3 : 3,5); Erh.: vollständig erhalten; rostig; nicht konserviert; L. 99. (Abb. 112/7)
- Fnr. 16.12: Nagelschaftfragment; Eisen; geschmiedet; Schaftquerschnitt quadratisch (3 : 3); Erh.: vollständig erhalten rostig; nicht konserviert; erh. L. 34.
- Fnr. 16.13: Nagel; Eisen; geschmiedet; Kopf rechteckig (22 : 16,5), Schaftquerschnitt quadratisch (5 : 5); Erh.: vollständig erhalten; rostig; nicht konserviert; L. 52. (Abb. 112/8)
- Fnr. 16.14: Bandnagel; Eisen; geschmiedet; Kopf umgebogen, breit ausgehämmert (22 : 16,5), Schaftquerschnitt quadratisch (5 : 5); Erh.: Schaft abgebogen; rostig; nicht konserviert; L. 40; B. 17. (Abb. 112/9)
- Fnr. 16.15: Hufnagel; Eisen; geschmiedet; Kopf rechteckig (10 : 8,5), Schaftquerschnitt langrechteckig (5 : 2); Erh.: vollständig erhalten; rostig; nicht konserviert; L. 52. (Abb. 112/10)
- Fnr. 16.16: Hufnagel; Eisen; geschmiedet; Kopf quadratisch (9 : 8), Schaftquerschnitt langrechteckig (4 : 1,5); Erh.: vollständig erhalten; rostig; nicht konserviert; L. 46. (Abb. 112/11)
- Fnr. 16.17: Hufnagel; Eisen; geschmiedet; Kopf rechteckig (11 : 8), Schaftquerschnitt langrechteckig (4 : 2); Erh.: vollständig erhalten; rostig; nicht konserviert; L. 28. (Abb. 112/12)
- Fnr. 16.18: Nagel; Eisen; geschmiedet; Kopf unregelmäßig (7 : 8), Schaftquerschnitt rechteckig (4 : 3,5); Erh.: vollständig erhalten; rostig; nicht konserviert; L. 35. (Abb. 112/13)
- Fnr. 16.19: Hufnagel; Eisen; geschmiedet; Kopf langrechteckig (8 : 4), Schaftquerschnitt langrechteckig (4 : 1,5); Erh.: Schaft abgebrochen; rostig; nicht konserviert; L. 25. (Abb. 112/14)
- Fnr. 16.20: Hufnagel; Eisen; geschmiedet; Kopf rechteckig (10 : 7), Schaftquerschnitt langrechteckig (5 : 2); Erh.: vollständig erhalten; rostig; nicht konserviert; L. 32. (Abb. 112/15)
- Fnr. 16.21: Hufnagel; Eisen; geschmiedet; Kopf annährend oval (12 : 11), Schaftquerschnitt langrechteckig (5 : 2); Erh.: rostig; nicht konserviert; L. 30 (Abb. 112/16)
- Fnr. 16.22: Hufnagel; Eisen; geschmiedet; Kopf annähernd rechteckig (13 : 9), Schaftquerschnitt langrechteckig (5 : 2); Erh.: rostig; nicht konserviert; L. 30. (Abb. 112/17)
- Fnr. 16.23: Hufnagel; Eisen; geschmiedet; Kopf quadratisch (11 : 11), Schaftquerschnitt langrechteckig (5 : 2,5); Erh.: rostig; nicht konserviert; L. 45.
- Fnr. 16.24: Eisenblech; Eisen; geschmiedet; gebogen, an einer Stelle durchlocht; Erh.: rostig; nicht konserviert; erh. L. 64; erh. B. 35; D. 3. (Abb. 112/27)
- Fnr. 16.25: Nagelschaft?; Eisen; geschmiedet; rundstabig, knieförmig gebogen; Erh.: rostig; nicht konserviert; erh. L. 90; Dm.: 3.
- Fnr. 17.1: Hufnagel; Eisen; geschmiedet; Kopf rechteckig (12 : 8), Schaftquerschnitt langrechteckig (5 : 2); Erh.: rostig; nicht konserviert; erh. L. 41; ev. Rest eines weiteren Hufnagelschaftes. (Abb. 112/18)
- Fnr. 18.1: Tierknochen; FZ 1, Rind, Scapula, FG 16; FZ 1, Rind, Tibia, FG 2; FZ 4, indet., FG 12 g ; 1 Stück grün patiniert.
- Fnr. 18.2: Nagel; Eisen; geschmiedet; Kopf langrechteckig (8 : 4), Schaftquerschnitt rechteckig (3 : 4); Erh.: Schaft gebogen; rostig; nicht konserviert; erh. L. 69. (Abb. 112/19)
- Fnr. 18.3: Nagel; Eisen; geschmiedet; Kopf langrechteckig (11 : 4), Schaftquerschnitt quadratisch (3 : 3); Erh.: Schaft abgebrochen; rostig; nicht konserviert; erh. L. 31. (Abb. 112/20)
- Fnr. 18.4: Hufnagel; Eisen; geschmiedet; Kopf rechteckig (8 : 4), Schaftquerschnitt langrechteckig (5 : 1,5); Erh.: rostig; nicht konserviert; erh. L. 27. (Abb. 112/21)
- Fnr. 18.5: Hufnagel; Eisen; geschmiedet; Kopf annähernd quadratisch (14 : 12), Schaftquerschnitt langrechteckig (5 : 1,5); Erh.: Kopf umgebogen; rostig; nicht konserviert; L. 23. (Abb. 112/22)
- Fnr. 18.6: Nagel; Eisen; geschmiedet; Kopf langrechteckig (13 : 4), Schaftquerschnitt quadratisch (3 : 3); Erh.: Kopf umgebogen; rostig; nicht konserviert; L. 39. (Abb. 112/23)
- Fnr. 19: Holzkohle.
- Fnr. 20.1: Kupfermünze; Kreuzer aus der 2. Hälfte des 18. Jahrhunderts (O. Burböck, Landesmuseum Joanneum); Erh.: konserviert und restauriert. (Abb. 113)
- Fnr. 21.1: Hufnagel; Eisen; geschmiedet; Kopf rechteckig (12 : 6), Schaftquerschnitt langrechteckig (5 : 2); Erh.: rostig; nicht konserviert; L. 28. (Abb. 112/24)

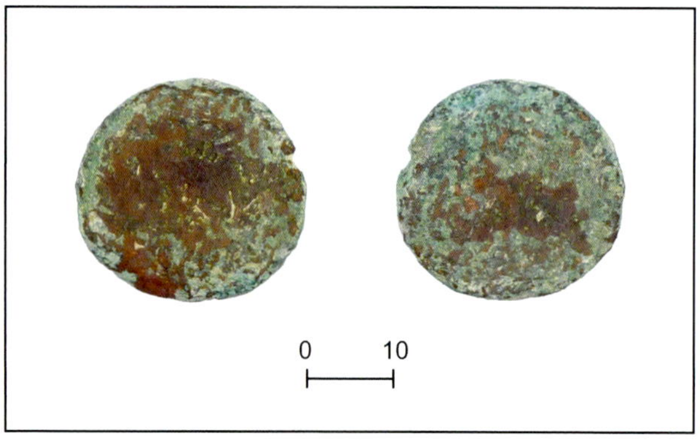

Abb. 113: Dreimärktestraße, B 25 Erlauftalstraße. Schnitt 3/1999, Kupfermünze Fnr. 20.1.

- Fnr. 21.2: Nagel; Eisen; geschmiedet; Kopf langrechteckig (8,5 : 4), Schaftquerschnitt quadratisch (3 : 3); Erh.: Spitze abgebrochen; rostig; nicht konserviert; L. 38. (Abb. 112/25)
- Fnr. 21.3: Reste eines weiteren Nagels; rostig; nicht konserviert.
- Fnr. 22.1: Tierknochen; FZ 1, indet., FG <1g; FZ 1, Schwein, Tibia, FG 2.
- Fnr. 22.2: Hufnagel; Eisen; geschmiedet; Kopf langrechteckig (10 : 5), Schaftquerschnitt langrechteckig (5 : 2); Erh.: rostig; nicht konserviert; L. 32. (Abb. 116/1)
- Fnr. 22.3: Hufnagel; Eisen; geschmiedet; Kopf rechteckig (11 : 8), Schaftquerschnitt langrechteckig (5 : 1,5); Erh.: rostig; nicht konserviert; L. 25. (Abb. 116/2)
- Fnr. 22.4: Hufnagel; Eisen; geschmiedet; Kopf rechteckig (9 : 6), Schaftquerschnitt langrechteckig (4 : 2); Erh.: rostig; nicht konserviert; L. 15. (Abb. 116/3)
- Fnr. 22.5: Nagelschaft; Eisen; geschmiedet; Schaftquerschnitt rechteckig (3 : 2,5); Erh.: rostig; nicht konserviert; L. 27.
- Fnr. 22.6: Nagelschaft; Eisen; geschmiedet; Schaftquerschnitt rechteckig (5 : 4); Erh.: rostig; nicht konserviert; L. 15.
- Fnr. 22.7: Nagelschaft; Eisen; geschmiedet; Schaftquerschnitt rechteckig (7 : 5 und 4: 3); Erh.: gebogen; rostig; nicht konserviert; L. 27.
- Fnr. 22.8: Nagelkopf; Eisen; geschmiedet; Kopf rechteckig (13 : 9); Schaftquerschnitt rechteckig (5 : 1,5); Erh.: gebogen; rostig; nicht konserviert; L. 15.
- Fnr. 22.9: Eisenreste; geschmiedet; Erh.: zahlreiche kleinste Stücke, Nagelschäfte etc.; gebogen; rostig; nicht konserviert.
- Fnr. 23.1: WS; Ton; fein sandhältig; oxidierend gebrannt; hart gebrannt; hellorange im Bruch; Ofl. (innen): glatt, braunorange glasiert; Ofl. (außen): abgeplatzt, hellorange; Erh.: 1 Stück; Wst. 7.
- Fnr. 23.2: Tierknochen; FZ 1, indet., FG 3.
- Fnr. 23.3: Nagel; Eisen; geschmiedet; Kopf langrechteckig (11 : 6), Schaftquerschnitt quadratisch (3 : 3); Erh.: Spitze abgebrochen; rostig; nicht konserviert; L. 53. (Abb. 116/4)
- Fnr. 23.4: Hufnagel; geschmiedet; Kopf rechteckig (11 : 6), Schaftquerschnitt rechteckig (4,5 : 2); Erh.: rostig; nicht konserviert; L. 26. (Abb. 116/5)
- Fnr. 23.5: Eisenstück; geschmiedet; Erh.: massiv; rostig; nicht konserviert; erh. L. 28; erh. B. 10, D. 4. (Abb. 116/7)
- Fnr. 23.6: Nagelschaft; geschmiedet; Schaftquerschnitt rechteckig (4,5 : 2); Erh.: rostig; nicht konserviert; L. 30.
- Fnr. 23.7: Nagelschaft; geschmiedet; Schaftquerschnitt quadratisch (3 : 3); Erh.: rostig; nicht konserviert; L. 41.
- Fnr. 24.1: Hufnagel; geschmiedet; Kopf langrechteckig (13 : 6), Schaftquerschnitt rechteckig (5 : 2); Erh.: rostig; nicht konserviert; L. 26.
- Fnr. 24.1: Nagelschaft; geschmiedet; Schaftquerschnitt quadratisch (4 : 4); Erh.: rostig; nicht konserviert; L. 55.
- Fnr. 26.1: Hufnagel; geschmiedet; Kopf annähernd quadratisch (12 : 10), Schaftquerschnitt rechteckig (5 : 2); Erh.: rostig; nicht konserviert; L. 37. (Abb. 116/6)
- Fnr. 26.2: WS; Ton; dicht, mittel steinchengemagert; oxidierend gebrannt; hellchromgelb im Bruch; Drehscheibe; Ofl. (innen): dunkelsiena glasiert; Ofl. (außen): hellorangebraun; Erh.: 1 WS; erh. H. 19,5; Wst. 8.
- Fnr. 26.3: RS; Ton; mäßig hart gebrannt; hellgelblichorange im Bruch; Drehscheibe; Ofl. (innen): hellgelblichorange; Ofl. (außen): hellopalgrün glasiert; Erh.: 1 RS; erh. H. 9; Wst. 7,5. (Abb. 111/10)
- Fnr. 26.4: BS; Ton; fein steinchengemagert; oxidierend gebrannt; hart gebrannt; braunschwarz-lebhaftorange im Bruch; Drehscheibe; Ofl. (innen): braunoliv glasiert; Ofl. (außen): dunkelgraugründunkelolivgrün glasiert; Erh.: 1 BS; erh. H. 16,5; rek. Bdm.: 140; Wst. 7. (Abb. 111/9)
- Fnr. 26.5: WS; Ton; hellbraunorange im Bruch; Drehscheibe; Ofl. (innen): abgeplatzt, hellorange-mittelchromgelb; Ofl. (außen): abgeplatzt, hellorange-mittelchromgelb, weiß glasiert; Erh.: 1 WS; erh. H. 19; Wst. 5.
- Fnr. 26.6: WS-Schüssel; Ton; fein steinchengemagert; oxidierend gebrannt; mäßig hart gebrannt; hellgelborange im Bruch; Drehscheibe; Ofl. (innen): dunkelgelbbraun glasiert; Ofl. (außen): hellbraunocker; Erh.: 1 WS; erh. H. 20; Wst. 5,5.
- Fnr. 26.7: WS-Schüssel; Ton; fein steinchengemagert; oxidierend gebrannt; mäßig hart gebrannt; hellgraubraun im Bruch; Drehscheibe; Ofl. (innen): glatt, dunkelgrünoliv-dunkelgraugrün glasiert; Ofl. (außen): teilweise abgerieben, hellgraubraun-hellbraun-orange; eingetiefte Verzierung, Streifenmuster; Erh.: 1 WS; erh. H. 25; Wst. 6.
- Fnr. 26.8: WS; Ton; sehr hart gebrannt; mittelorange im Bruch; Drehscheibe; Ofl. (innen): glatt, siena glasiert; Ofl. (außen): teilweise abgerieben, mittelorange, dunkelocker glasiert; Erh.: 1 WS; erh. H. 33; Wst. 7.
- Fnr. 26.9: Tierknochen; FZ 1, Schwein, Maxilla/Backenzahn, FG 5.

10.1.2 Archäologische Befunde südwestlich der Wagnerbrücke über die Salza Richtung Gams

Im Bauabschnitt B 25 Erlauftalstraße km 75.210–km 75.260 wurden im Zeitraum vom 17.–31. Mai 1999 zwei Querprofile der Altstraße beschrieben sowie zwei weitere Schnitte angelegt und im Detail dokumentiert, mit dem Ziel einen komplette Befund, d.h. die gesamte gepflasterte Fahrbahn inklusive Straßenrand zu erfassen. (Abb. 114)

Schnitt 2/1999

Der zweite Versuch, einen kompletten Befund zu erhalten, war Schnitt 2. Die Untersuchung mit Vermessung, Planerstellung, Fotodokumentation und Beschreibung erfolgte von 17.–21. sowie am 23. Mai 1999. Mit Hilfe eines ICB wurde das Straßenpflaster auf einer Fläche von 4 × max. 3,5 m freigelegt. Es stellte sich heraus, dass etwa die Hälfte der ursprünglichen Fahrbahnbreite bereits durch die laufenden Bauarbeiten abgetragen war. (Abb. 115, 116)

Der Befund wurde dennoch sorgfältig freigelegt, vermessen und gezeichnet. Der südöstliche Straßenrand war ausgezeichnet erhalten. Eine Reihe schmaler, hochkant gestellter, unbehauener Steine bildete den Straßenrand. Das Pflaster selbst bestand aus unregelmäßigen und großteils unbehauenen Steinen, die

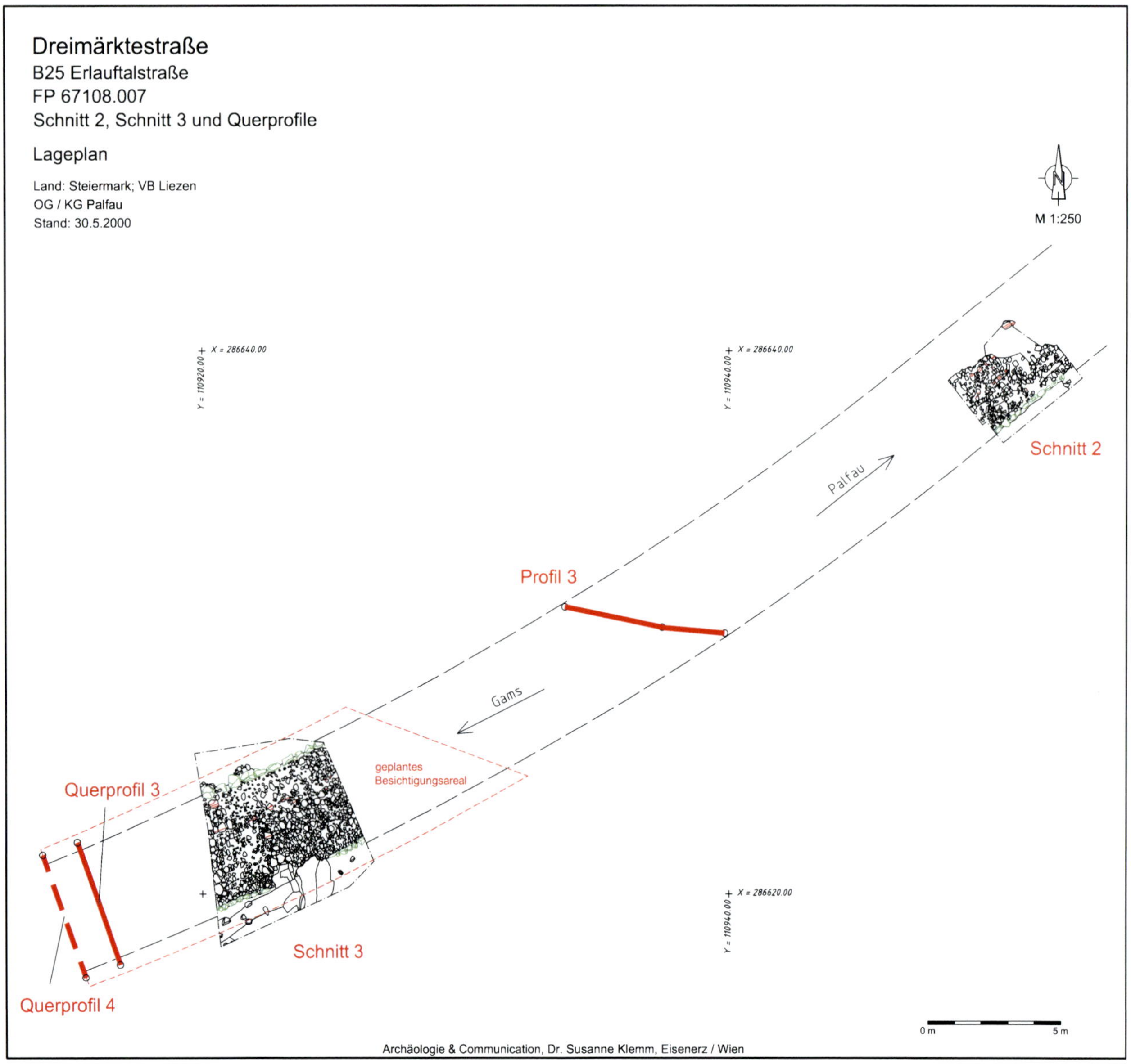

Abb. 114: Dreimärktestraße. B 25 Erlauftalstraße. Palfau. Grabung 1999. Lageplan Schnitt 2, Schnitt 3 mit Querprofilen 3 und 4 und Profil 3. M. 1 : 250.

an der Oberfläche sehr glatt und an den Kanten abgerundet waren. Sie wurden vertikal dicht nebeneinander gesetzt. Gemessen wurden Längen von 10–37 cm, Breiten von 4–27 cm und Höhen von 5–24 cm. (Abb. 116)

Zudem wurden die Pflastersteine in einem Quadratmeter nahe des Straßenrandes vermessen: Länge 8–27, Breite 4–17 cm und Höhe 5–23 cm, insgesamt im Durchschnitt geringer als in der Mitte des Pflasters. Höher und länger waren nur Randsteine: Sie hatten eine Länge von 14–34 cm, eine Breite von 8–31 cm und eine Höhe von 20–34 cm.

Die Pflastersteine waren direkt in den anstehenden, mittelbraunen Verwitterungslehm mit rundlichen Steinen gesetzt. Am nordöstlichen Schnittende an der Abbruchkante war ein Spurrillenstein, in zwei Teile zerbrochen, merklich tiefer gelegen als das übrige Pflaster. Da der südlich anschließende Bereich keine Pflastersteine aufwies, das aufgebrachte Material jedoch der Schicht (4) – dem Füllmaterial im übrigen Pflaster – entsprach, liegt die Deutung einer alten Störung nahe, d.h. dass es sich hier um eine Absenkung der Fahrbahn aufgrund des instabilen Untergrundes handelte, die in späterer Folge mit dem scharfkantigen Kies verfüllt wurde.

Das Füllmaterial zwischen den Pflastersteinen unterschied sich deutlich vom Erdreich außerhalb des südöstlichen Straßenrandes und bestand aus einem äußerst hart gepressten, scharfkantigen, hellgrauen Kies, Schicht (4). Das Erdreich außerhalb der Fahr-

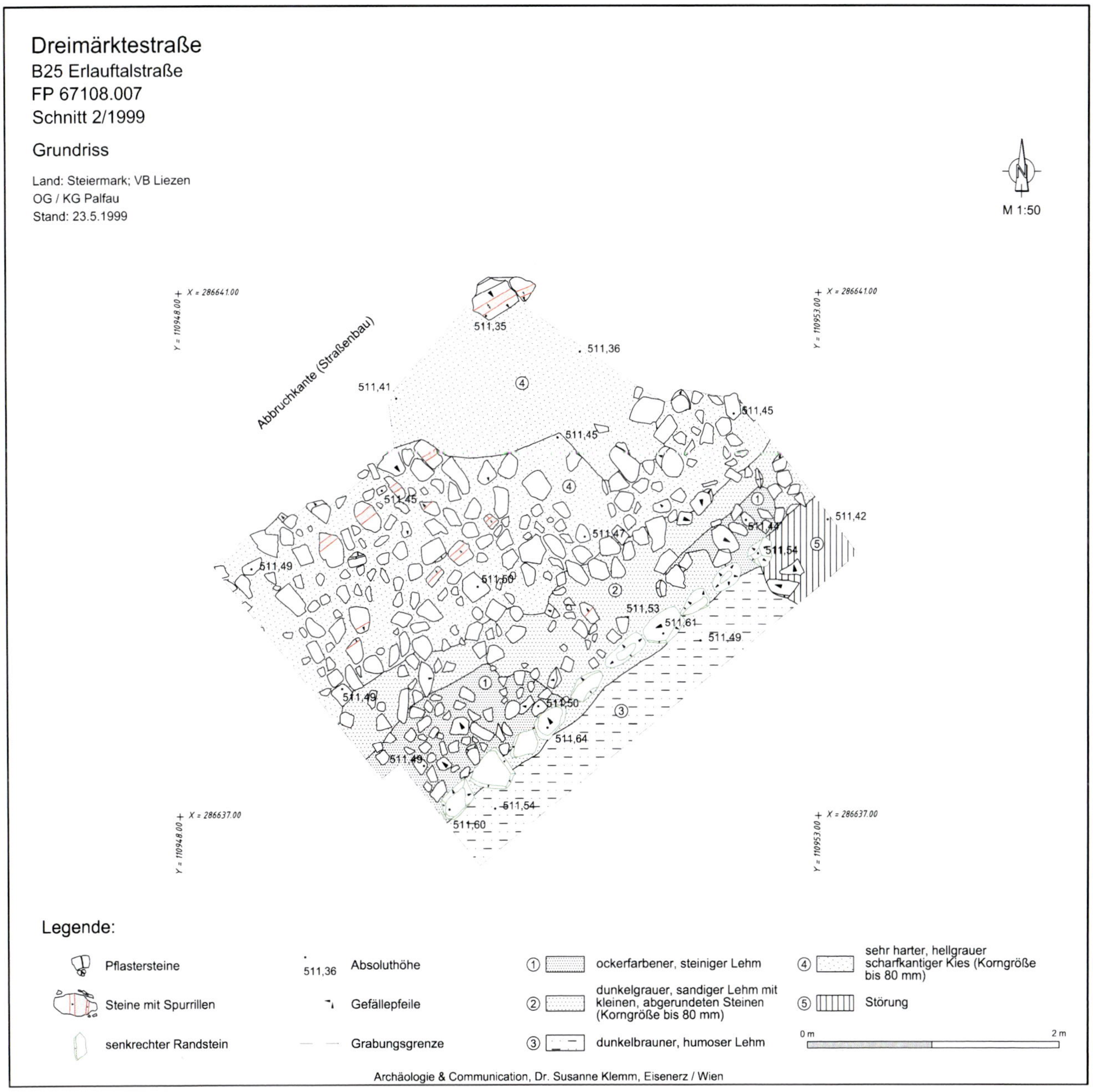

Abb. 115: Dreimärktestraße. B 25 Erlauftalstraße. Palfau. Grabung 1999. Grundriss Schnitt 2. M. 1 : 50.

Abb. 116: Dreimärktestraße, B 25 Erlauftalstraße. Grabung 1999. Schnitt 2.

1 Ansicht von Osten.

2 Ansicht von Nordosten.

3 Detail des Steinpflasterns und der Randsteine, so genannte *Leisten*.

bahn, Schicht (3), war dunkelbrauner, humoser Lehm, in dem sich ganz dicht an den Randsteinen gleichfalls Eisenreste befanden.

Parallel zum erhaltenen Straßenrand, in einem ca. 0,70 m bis 1,10 m breiten Streifen, unterschied sich das Füllmaterial zwischen den Steinen beträchtlich. In zwei Bereichen stand ockerfarbener, steiniger Lehm an, Schicht (1), der an eine Schicht (2) aus dunkelgrauem, sandigem Lehm mit kleinen Steinen mit einer Korngröße bis zu 80 mm grenzte. Beim Tiefergehen zeigte sich, dass diese Schichten (1) und (2) Ausbesserungsarbeiten darstellten, wie dies denn auch in Schnitt 3 beobachtet werden konnte. Die kleinen Gerölle mit einer Korngröße bis zu 80 mm waren besonders charakteristisch dafür.

Spurrillen konnten an mehreren Steinen beobachtet werden. Die vorhandenen Reste würden eine Spurweite von 1,20 m (Mitte Spurrille bis Mitte Spurrille) ergeben, wenn man sie als Reste einer Fahrspur sehen will. Der unvollständige Befund lässt aber keine gültige Deutung zu. Die Breite der Spurrillen an der Sohle war an keiner Stelle wirklich messbar, da es sich teilweise um flache Steine handelte und die abgefahrenen Flächen der Fahrspur relativ breit waren (vgl. Schnitt 3).

Die Funde von Schnitt 2/1999 (Abb. 117)

Direkt auf dem Pflaster bzw. zwischen den Pflastersteinen befanden sich die Fundstücke Fnr. 33, 40 und 43. Die Fundstücke Fnr. 58 kamen beim Abheben der Pflastersteine zum Vorschein. Das Wandstück Fnr. 41 wurde in einer Störungszone innerhalb der Randsteine gefunden, während Fnr. 42 oberhalb des mittelbraunen, sehr steinigen Lehms (Liegendes?) außerhalb der Randsteine entdeckt wurde.

Die Gesteinsproben Fnr. 50–56 und 59 sind Steine des Pflasters. Die Gesteinsprobe Fnr. 47 stammt von einer Lage kleinerer Gerölle direkt über dem Pflaster, mit denen entweder Zwischenräume gefüllt oder Ausbesserungsarbeiten durchgeführt worden sein dürften. Aus dem Aushub stammt Fnr. 57.

Schnitt 2/1999

- Fnr. 33.1–31.5: Eisenstücke; vgl. Tabelle 7.
- Fnr. 33.6: Nagelkopf; Eisen; geschmiedet; langrechteckiger Kopf (50 : 14), Schaft abgebrochen, Querschnitt annähernd quadratisch (6 : 5); Erh.: rostig; nicht konserviert; L. 23. (Abb. 117/8)
- Fnr. 33.7: Nagelschaft; Eisen; geschmiedet; Schaftquerschnitt annähernd quadratisch (7 : 6); Erh.: rostig; nicht konserviert; H. 57; Gesamtlänge: 70. (Abb. 117/9)
- Fnr. 33.8: Nagel; Eisen; geschmiedet; Kopf rechteckig (17 : 14), Schaftquerschnitt rechteckig (7 : 4); Erh.: rostig; nicht konserviert; H. 41; Gesamtlänge: 54. (Abb. 117/10)
- Fnr. 33.9: Eisenobjekt; Eisen; geschmiedet; Kopf rechteckig (13,5 : 4), Schaftquerschnitt rechteckig (7 : 4,5); Erh.: rostig; nicht konserviert; L. 31. (Abb. 117/11)
- Fnr. 33.10: Hufnagel; Eisen; geschmiedet; Kopf annähernd quadratisch (12 : 10,5), Schaftquerschnitt rechteckig (5 : 2); Erh.: rostig; nicht konserviert; L. 23,5. (Abb. 117/12)
- Fnr. 33.11: Hufnagel; Eisen; geschmiedet; Kopfteil umgebogen; Kopf annähernd quadratisch (12 : 10,5), Schaftquerschnitt rechteckig (5 : 2,5); Erh.: rostig; nicht konserviert; L. 47. (Abb. 117/13)
- Fnr. 33.12: Hufnagel; Eisen; geschmiedet; Kopf rechteckig (9 : 7), Schaftquerschnitt rechteckig (4 : 2); Erh.: rostig; nicht konserviert; L. 22. (Abb. 117/14)
- Fnr. 33.13: Hufnagel; Eisen; geschmiedet; Kopf langrechteckig (17 : 6), Schaftquerschnitt rechteckig (5 : 2); Erh.: rostig; nicht konserviert; L. 40. (Abb. 117/15)
- Fnr. 33.14: Hufnagel; Eisen; geschmiedet; Kopf langrechteckig (15 : 7), Schaftquerschnitt rechteckig (5 : 2); Erh.: rostig; nicht konserviert; L. 35. (Abb. 117/16)
- Fnr. 33.15: Hufnagel; Eisen; geschmiedet; Kopf langrechteckig (15 : 3), Schaftquerschnitt rechteckig (5 : 2); Erh.: rostig; nicht konserviert; L. 18.
- Fnr. 33.16: Hufnagel; Eisen; geschmiedet; Kopf langrechteckig (11 : 6), Schaftquerschnitt rechteckig (5 : 1,5); Erh.: rostig; nicht konserviert; L. 29.
- Fnr. 33.17: Eisenstück; L. 32, B. 13; D. 9; Gew. 10,96.
- Fnr. 33.18: Eisenstück; L. 29, B. 15; D. 10; Gew. 11,08.
- Fnr. 40: Eisenstücke; vgl. Tabelle 7.
- Fnr. 41: WS; Ton; fein sandhältig; oxidierend gebrannt; mäßig hart gebrannt; hellorange im Bruch; Drehscheibe; Ofl. (innen): glatt, hellorange, bräunlicholiv glasiert; Ofl. (außen): rau, dunkelgraubraun; Erh.: 1 kleines Stück; erh. H. 15; Wst. 3.
- Fnr. 42.1: Eisenstück; vgl. Tabelle 7.
- Fnr. 42.2: Hufnagel; Eisen; geschmiedet; Kopf langrechteckig (13 : 6), Schaftquerschnitt rechteckig (5 : 2); Erh.: rostig; nicht konserviert; L. 33. (Abb. 117/17)
- Fnr. 42.3: Hufnagelschaft; Eisen; geschmiedet; Schaftquerschnitt rechteckig (5 : 2); Erh.: rostig; nicht konserviert; erh. L. 35.
- Fnr. 42.4: Hufnagelschaft; Eisen; geschmiedet; Schaftquerschnitt rechteckig (5 : 2); Erh.: rostig; nicht konserviert; erh. L. 25.
- Fnr. 43.1–43.5: Eisenstücke; vgl. Tabelle 7.
- Fnr. 43.6: Nagel; Eisen; geschmiedet; Kopf oval (20 : 17), Schaftquerschnitt quadratisch (4 : 4); Erh.: rostig; nicht konserviert; L. 36. (Abb. 117/18)
- Fnr. 43.7: Nagel; Eisen; geschmiedet; Kopf unregelmäßig (10 : 9), Schaftquerschnitt quadra-

tisch (5 : 2); Erh.: rostig; nicht konserviert; L. 53,5. (Abb. 117/19)

- Fnr. 43.8: Hufnagel; Eisen; geschmiedet; Kopf rechteckig (11 : 9), Schaftquerschnitt rechteckig (5 : 1,5); Erh.: rostig; nicht konserviert; L. 41. (Abb. 117/20)
- Fnr. 43.9: Hufnagel; Eisen; geschmiedet; Kopf rechteckig (11 : 8), Schaftquerschnitt rechteckig (6 : 1,5); Erh.: rostig; nicht konserviert; L. 24,5. (Abb. 117/21)
- Fnr. 43.10: Hufnagel; Eisen; geschmiedet; Kopf rechteckig (11 : 9), Schaftquerschnitt rechteckig (4 : 2); Erh.: rostig; nicht konserviert; L. 23. (Abb. 117/22)
- Fnr. 43.11: Hufnagel; Eisen; geschmiedet; Kopf rechteckig (11 : 8), Schaftquerschnitt rechteckig (4 : 3); Erh.: rostig; nicht konserviert; L. 20. (Abb. 117/23)
- Fnr. 43.12: Hufnagel; Eisen; geschmiedet; Kopf rechteckig (14 : 4), Schaftquerschnitt rechteckig (5 : 2); Erh.: rostig; nicht konserviert; L. 28. (Abb. 117/24)
- Fnr. 43.13: Nagelschaft; Eisen; geschmiedet; Schaftquerschnitt rechteckig (7,5 : 5 – 4 : 1); Erh.: rostig; nicht konserviert; L. 97. (Abb. 117/25)
- Fnr. 43.15: Draht; Eisen; geschmiedet; Draht gebogen; Schaftquerschnitt eckig (2 : 2 – 2 : 3); Erh.: rostig; nicht konserviert; D. 32 : 33.
- Fnr. 47, 50 – 56: Gesteinsproben.
- Fnr. 57.1: Nagel; Eisen; geschmiedet; Kopf rechteckig (8 : 5), Schaftquerschnitt rechteckig (4 : 3); Erh.: rostig; nicht konserviert; H. 55; Gesamtlänge: 60. (Abb. 117/26)
- Fnr. 58.1 – 58.2: Eisenstücke; vgl. Tabelle 7.
- Fnr. 58.3: Hufnagel; Eisen; geschmiedet; Kopf rechteckig (14 : 7), Schaftquerschnitt langrechteckig (5 : 2); Erh.: rostig; nicht konserviert; erh. L. 30,5. (Abb. 117/27)
- Fnr. 58.4: Hufnagel; Eisen; geschmiedet; Kopf rechteckig (16,5 : 8), Schaftquerschnitt langrechteckig (5 : 2); Erh.: rostig; nicht konserviert; erh. L. 19. (Abb. 117/28)
- Fnr. 58.5: Nagel; Eisen; geschmiedet; Kopf unregelmäßig (10 : 10), Schaft stollenförmig, abgebrochen, Querschnitt langrechteckig (7 : 3); Erh.: rostig; nicht konserviert; erh. L. 22. (Abb. 117/29)
- Fnr. 58.6: Hufnagelschaft; Eisen; geschmiedet; Schaftquerschnitt langrechteckig (5 : 2); Erh.: rostig; nicht konserviert; erh. L. 31.
- Fnr. 59: Spurrillenstein; Erh.: 2 Stück, zerbrochen.

Profil 3/1999

Das Profil 3 (Westprofil) wurde am 20. Mai 1999 aufgenommen. Es lag am rechten – westlichen – Rand der Zufahrtsstraße zum Haus der Familie Bachner, Palfau Nr. 75 (Österreichische Bundesforste) zwischen den Schnitten 2 und 3, nördlich des Baucontainers der Firma ILBAU (Abb. 114). Zur Angleichung der Niveaus der Zufahrtsstraße mit jenem des Unterbaues der neuen Trasse der B 25 wurde eine Absenkung des Straßenniveaus vorgenommen. Dabei wurde die Trasse der Altstraße schräg durchfahren. Die größeren, unförmigen, erhöhten Randsteine waren gut erkennbar. Die Steine des Straßenpflasters wurden vertikal in einen mittelbraunen, sehr festen Lehm gesetzt. Aufgrund der anderen Aufschlüsse rund um Schnitt 2/1999 dürfte es sich um den anstehenden Boden handeln.

Die Aufnahme von Profil 3 ermöglichte eine Rekonstruktion des Straßenverlaufs (Abb. 114) in diesem Bereich. Es gab keine Funde.

Profil 4/1999

Schräg gegenüber Profil 3 zeigte sich gleichfalls die Lage des Straßenpflasters. Der Befund von Profil 4, der am 19. Mai 1999 dokumentiert wurde, stimmte mit jenem von Profil 3 überein, daher wurde aus Zeitgründen von einem Überputzen und einer genaueren Aufnahme abgesehen. Es gab keine Funde. (Abb. 114)

Schnitt 3/1999

Ungefähr bei Straßen-km 75.260 wurde ein Schnitt von max. 6 × 6 m mit Hilfe eines ICB geöffnet. Das völlig intakt erhaltene Straßenpflaster wurde in einer Tiefe von 1,30 m angetroffen. Die Dokumentation von Schnitt 3 erfolgte am 17.–20., 23., 24., 28., 29., 31. Mai 1999. (Abb. 114–124)

Der Straßenabschnitt lag in einer leichten Linkskurve (von Westen her gesehen), was insbesondere durch die Lage von Profil 3 und Schnitt 2 deutlich wurde. Die Linienführung passte sich dem Gelände an. Im Bereich von Schnitt 3 dürften keine (wesentlichen) Materialabtragungen zur Anlage der Straße erforderlich gewesen sein. In den südlichen Straßenrand war der anstehende Fels eingebunden (Abb. 118, 120); Bearbeitungsspuren (Schrämspuren) waren nicht zu erkennen. Straßengräben wurden bei der Altstraße Palfau an keiner Stelle beobachtet. Aufgrund des Felsens am südlichen Straßenrand und des gleich ansteigenden Hanges ist es auch äußerst unwahrscheinlich, dass sich hier ursprünglich ein Graben befand, da durch den Felsen ein Abfließen des Wassers behindert gewesen wäre. Das Oberflächenwasser wird über

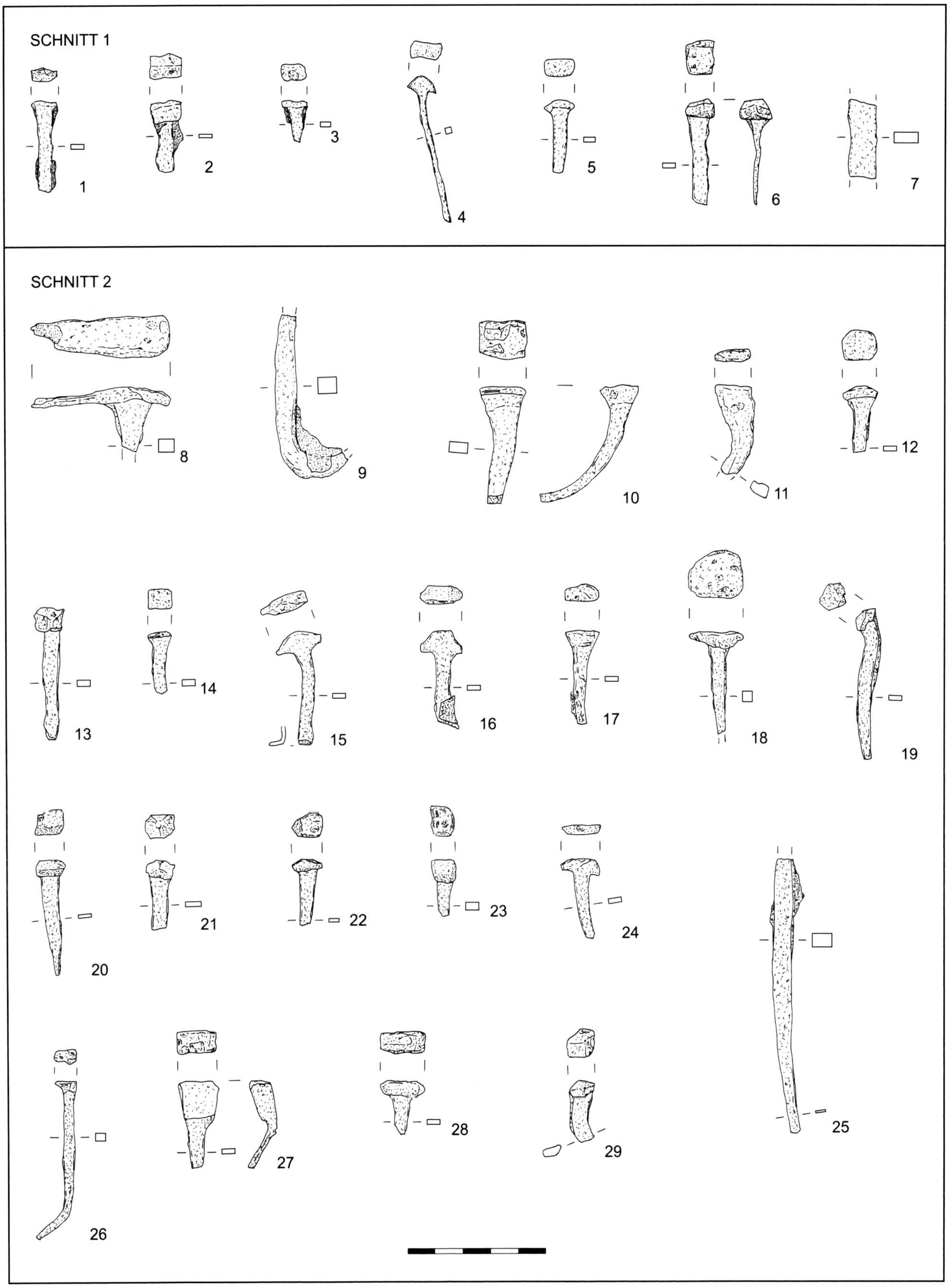

Abb. 117: Dreimärktestraße, B 25 Erlauftalstraße. 1–7 Schnitt 1/1999. 8–19 Schnitt 2. Eisen. M. 1 : 2.

die seitliche Neigung wie das geringe Gefälle in West-Ost-Richtung abgeronnen sein.

Die Fahrbahnbreite schwankte von 3,70 m bis 3,85 m, inkludiert man die Randsteine so betrug die Gesamtbreite der Altstraße 4,25 m bis 4,40 m. Die Fahrbahn war, sieht man von den Unebenheiten bedingt durch das Pflaster ab, eben und seitlich zur Böschung Richtung Salza hin bis zu 5,8 % geneigt (vgl. die Querprofile 1 und 2 auf Abb. 120, 121). Eine leichte Neigung von Südosten nach Nordosten wurde festgestellt. In West-Ost-Richtung wurde ein Gefälle von 3,6 % Richtung Osten dokumentiert.

Das Steinpflaster besteht aus unterschiedlich großen, an der Oberfläche sehr glatten und an den Kanten meist sehr stark abgerundeten Steinen. Die Steine wurden grundsätzlich sehr dicht aneinander gesetzt. Die Steine erscheinen an der Oberfläche aufgrund ihrer abgerundeten Form deutlich kleiner als ihr größter, horizontaler Durchmesser in Wirklichkeit betrug (Abb. 118).

Die im Planum (Abb. 120) sichtbaren freien Stellen waren mit einem hellbraunen, steinigen Lehm, der vielfach Steine mit einer Korngröße bis zu 80 mm enthielt, gefüllt. Diese größeren, mit kleinstückigen Steinen gefüllten Flächen könnten spätere Ausbesserungsarbeiten darstellen. An einer Stelle in der Mitte des Planums wurde diese Schicht abgehoben. Die aufgedeckte, annähernd runde, dunkle, humose Verfärbung konnte als Standspur eines Pflastersteins gedeutet werden. Aus diesem Grund wurde während der Grabung davon abgesehen, an diesen Stellen tiefer zu gehen.

An mehreren Steinen waren die Spuren der Wagenräder zu sehen. Im Nordwestteil des Schnittes, am nordseitigen Fahrbahnteil, wurde eine Spurweite von ca. 1,05 m gemessen (Abb. 120 und Querprofil 2, Abb. 121). Die Breite der in den Stein eingetieften Spurrillen konnte nur bei einigen Steinen gemessen werden und betrug 6 oder 7 bis 9 cm an der tiefsten Stelle. Sie dokumentieren die maximale Breite der Wagenräder.

Die Randsteine zeigten eine stark variierende Form sowie unterschiedliche Größe. Der nördliche Straßenrand zur ursprünglich wohl abfallenden Böschung war mit besonders großen unförmigen Blöcken gesichert. Ihre Länge reichte von 30–60 cm, ihre Breite von 20–52 cm. Die Randsteine des südlichen Straßenrandes waren insgesamt kleiner und auch schmäler: sie hatten eine Breite von 8–33 cm und eine Länge von 17–43 cm. Da der Straßenabschnitt in situ erhalten blieb, ist es nicht möglich, weitere Maße der Rand- wie Pflastersteine anzuführen.

Das Profil zur Hangböschung (Südprofil) zeigte drei Schichten; über der Schicht aus feinem Flusssand (1) lagerte ockerfarbener Lehm (2), in den rundliche Steine eingeschlossen waren. Eine mächtige Humusschicht (3) befand sich darüber. (Tabelle 2)

Das Westprofil von Schnitt 3 demonstriert einen differenzierten Schichtaufbau, der von der langen Tradition der Schotterstraßen im Straßenbau zeugt. Ca. 1,50 m von der Innenkante des südlichen Straßenrandes nach Norden gemessen wurde ein Profil beschrieben (Abb. 119/3). Unter der drei Zentimeter mächtigen Asphaltschicht befanden sich zumindest sechs differenzierbare Schotterschichten mit unterschiedlichen Korngrößen, die Schichten (7)–(12), die insgesamt alle sehr hart gepresst waren. Zwischen dem Steinpflaster (1) und diesen Schotterschichten lagen sandige Schichten, die Schichten (2)–(6) (Tabelle 3).

Tabelle 2: Dreimärktestraße, Palfau, Schnitt 3/1999. Südprofil. Die Maße stellen jeweils die Oberkante der Schicht dar. Schichtnummern in Klammer (), Maßangaben in Meter, ohne Maßstab.

0,95	(3) Humus, stark durchwurzelt, enthält vereinzelt Keramik und Holzkohlenstücke, mit sandigen Einschlüssen, die Holzkohle befindet sich vor allem in den untersten 10 cm
0,91	(2) ockerfarbener Lehm mit runden Steinen
0,70	(1) feiner Flußsand (Letten)
0,0	

Tabelle 3: Dreimärktestraße, Palfau, Schnitt 3/1999. Westprofil. Die Maße stellen jeweils die Oberkante der Schicht dar. Schichtnummern in Klammer (), Maßangaben in Meter, ohne Maßstab.

1,31	(13) Asphalt
1,28	(12) weißgrauer, harter Schotter (Korngröße 40-80 mm)
1,07	(11) hellgrauer, feiner Schotter mit Steinchen (Korngröße bis 10 mm, seltener bis 40 mm)
0,95	(10) hellbrauner, sehr hart gepresster Schotter (Korngröße bis 10 mm)
0,84	(9) hellbraunes Schotterband (Korngröße < 25 mm)
0,81	(8) hellgrauer, sehr harter Schotter, sandig
0,72	(7) heller, ockerfarbener Schotter, sehr hart (Korngröße von 15-50 mm)
0,59	(6) hellgrau bis graubrauner Sand
0,53	(5) mittelgrauer Sand
0,44	(4) hellgraubrauner Sand mit Steinen bis zu 60 mm Länge und 30 mm Breite, an der Oberkante dieser Schicht ein rostbraunes, dünnes Band (Eisenausfällungen), ca. 0,5 cm mächtig
0,19	(3) dunkelbrauner, schwärzlicher Sand, holzkohlehältig
0,06	(2) ockerfarbener Sand
0	(1) Steinpflaster

Die Funde von Schnitt 3/1999 (Abb. 122–124)

Direkt über dem Pflaster wurden die Gegenstände Fnr. 25, 29, 30 und 31 geborgen. Zwischen den Pflastersteinen lagerte der Großteil der Eisenfunde Fnr. 24, 34, 38, 39, 44, 46, 48 und 49. Innerhalb des nördlichen Straßenrandes, in der Nähe der Randsteine, lagen die Fundstücke Fnr. 44 und 48 zwischen den Pflastersteinen. Außerhalb eines Randsteines im Südostteil des Schnittes befand sich Fnr. 45. Aus dem Aushub von der Humusschicht im Südteil des Schnittes wurden die Stücke Fnr. 37 geborgen.

Schnitt 3/1999

- Fnr. 27: Holzkohle.
- Fnr. 28: Holzkohle.
- Fnr. 29: Kupferstück; Erh.: 1 Stück; nicht konserviert; erh. L. 15; erh. B. 12; erh. D. 8.
- Fnr. 30.1: Gesteinsprobe.
- Fnr. 30.2: Tierknochen; FZ 1, Rind, Costa, FG 15.
- Fnr. 30.4: Kupferstück; Erh.: 1 Stück, zerbrochen; rostig; nicht konserviert.
- Fnr. 30.3: Eisenstück; vgl. Tabelle 7.
- Fnr. 30.5: Hufnagel; Eisen; geschmiedet; Kopf quadratisch (10 : 10), Schaftquerschnitt langrechteckig (4 : 2); Erh.: rostig; nicht konserviert; L. 25. (Abb. 123/1)
- Fnr. 30.6: Hufnagel; Eisen; geschmiedet; Kopf rechteckig (13 : 11), Schaftquerschnitt langrechteckig (4,5 : 2); Erh.: rostig; nicht konserviert; L. 40,5. (Abb. 123/2)
- Fnr. 30.7: Nagelschaft; Eisen; geschmiedet; Schaftquerschnitt quadratisch bis mehreckig (4–6); Erh.: rostig; nicht konserviert; H. 44, Gesamtlänge: 64.
- Fnr. 30.8: Kupferstück; tropfenförmig; Erh.: hellgrün patiniert, beinahe schon pulverisiert; L. 13; B. 6.
- Fnr. 31.1: Tierknochen; FZ 1, Ziege, Metacarpus juv., Messwerte: Bp 34,5 / KD 17,0, FG 27.
- Fnr. 32.1: WS-Topfkachel; Ton; oxidierend gebrannt; sehr hart gebrannt; hellbraunocker im Bruch; Ofl. (innen): dunkelgraubraun-hellbraunocker; Ofl. (außen): glatt, hellbraunocker; Erh.: 2 WS zusammengefügt; erh. H. 52; rek. gr. Dm. 140; Wst. 4. (Abb. 122/1)
- Fnr. 32.2: RS; Ton; sehr hart gebrannt; mittelgelblichorange im Bruch; Drehscheibe; Ofl. (innen): dunkelocker glasiert; Ofl. (außen): mittelgelblichorange, dunkelocker glasiert; Erh.: 1 RS; erh. H. 36; rek. Rdm.: 200; Wst. 4,5. (Abb. 122/2)
- Fnr. 34.1–34.9: Eisenstücke; vgl. Tabelle 7.
- Fnr. 34.10: Nagel; Eisen; geschmiedet; Kopf rechteckig (15,5 : 13), Kopfteil massiv, keilförmig, Schaftquerschnitt langrechteckig (5,5 : 4); Erh.: rostig; nicht konserviert; H. 39; Gesamtlänge: ca. 60. (Abb. 123/3)
- Fnr. 34.11: Hufnagel; Eisen; geschmiedet; Kopf rechteckig (13 : 11), Schaftquerschnitt langrechteckig (4 : 2,5), gebogen; Erh.: rostig; nicht konserviert; H. 44; Gesamtlänge: 47. (Abb. 123/4)
- Fnr. 34.12: Hufnagel; Eisen; geschmiedet; Kopf rechteckig (15 : 11), Schaftquerschnitt langrechteckig (5 : 2); Erh.: rostig; nicht konserviert; L. 40. (Abb. 123/5)
- Fnr. 34.13: Hufnagel; Eisen; geschmiedet; Kopf rechteckig (13,5 : 12,5), Schaftquerschnitt langrechteckig (5 : 2); Erh.: rostig; nicht konserviert; L. 44. (Abb. 123/6)
- Fnr. 34.14: Hufnagel; Eisen; geschmiedet; Kopf quadratisch (11,5 : 11), Schaftquerschnitt langrechteckig (5 : 2); Erh.: rostig; nicht konserviert; L. 25. (Abb. 123/7)
- Fnr. 34.15: Hufnagel; Eisen; geschmiedet; Kopf annähernd quadratisch (10 : 9), Schaftquerschnitt langrechteckig (5 : 2); Erh.: rostig; nicht konserviert; L. 30. (Abb. 123/8)
- Fnr. 34.16: Hufnagel; Eisen; geschmiedet; Kopf rechteckig (13 : 10), Schaftquerschnitt langrechteckig (5 : 2); Erh.: rostig; nicht konserviert; L. 49.
- Fnr. 34.17: Hufnagel; Eisen; geschmiedet; Kopf rechteckig (14 : 12), Schaftquerschnitt langrechteckig (5 : 2); Erh.: rostig; nicht konserviert; L. 31. (Abb. 123/9)
- Fnr. 34.18: Hufnagel; Eisen; geschmiedet; Kopf rechteckig (14 : 9), Kopf massiv, stollenförmig, Schaftquerschnitt langrechteckig (5 : 2,5); Erh.: rostig; nicht konserviert; L. 26.
- Fnr. 34.19: Hufnagel; Eisen; geschmiedet; Kopf rechteckig (10 : 7), Kopf massiv, stollenförmig, Schaftquerschnitt langrechteckig (4 : 2); Erh.: rostig; nicht konserviert; L. 28. (Abb. 123/10)
- Fnr. 34.20: Hufnagel; Eisen; geschmiedet; Kopf rechteckig (13,5 : 6), Kopf keilförmig, Schaftquerschnitt langrechteckig (4 : 2); Erh.: rostig; nicht konserviert; L. 29,5. (Abb. 123/11)
- Fnr. 34.21: Hufnagel; Eisen; geschmiedet; Kopf langrechteckig (19 : 5,5), Schaftquerschnitt langrechteckig (5 : 2); Erh.: rostig; nicht konserviert; L. 20. (Abb. 123/12)
- Fnr. 34.22: Hufnagel; Eisen; geschmiedet; Kopf langrechteckig (18 : 4), Schaftquerschnitt langrechteckig (5 : 2); Erh.: rostig; nicht konserviert; L. 19.
- Fnr. 34.23: Hufnagel; Eisen; geschmiedet; Kopf langrechteckig (16 : 4), Schaftquerschnitt langrechteckig (5 : 1,5); Erh.: rostig; nicht konserviert; L. 31. (Abb. 123/13)
- Fnr. 34.24: Hufnagel; Eisen; geschmiedet; Kopf langrechteckig (16 : 6), Schaftquerschnitt langrechteckig (4 : 1,5); Erh.: rostig; nicht konserviert; L. 18. (Abb. 123/14)
- Fnr. 34.25: Hufnagel; Eisen; geschmiedet; Kopf langrechteckig (14 : 4), Schaftquerschnitt langrechteckig (5 : 1,5); Erh.: rostig; nicht konserviert; L. 38. (Abb. 123/15)

Abb. 118: Dreimärktestraße. B 25 Erlauftalstraße. Palfau, Grabung 1999, Schnitt 3.

1 Ansicht von Osten.

2 Spurrillen im Steinpflaster.

3 Ansicht von Nordwesten.

Abb. 119: Dreimärktestraße. B 25 Erlauftalstraße. Palfau, Grabung 1999, Schnitt 3.

1, 2 Querprofil 3.

3 Querprofil 4.

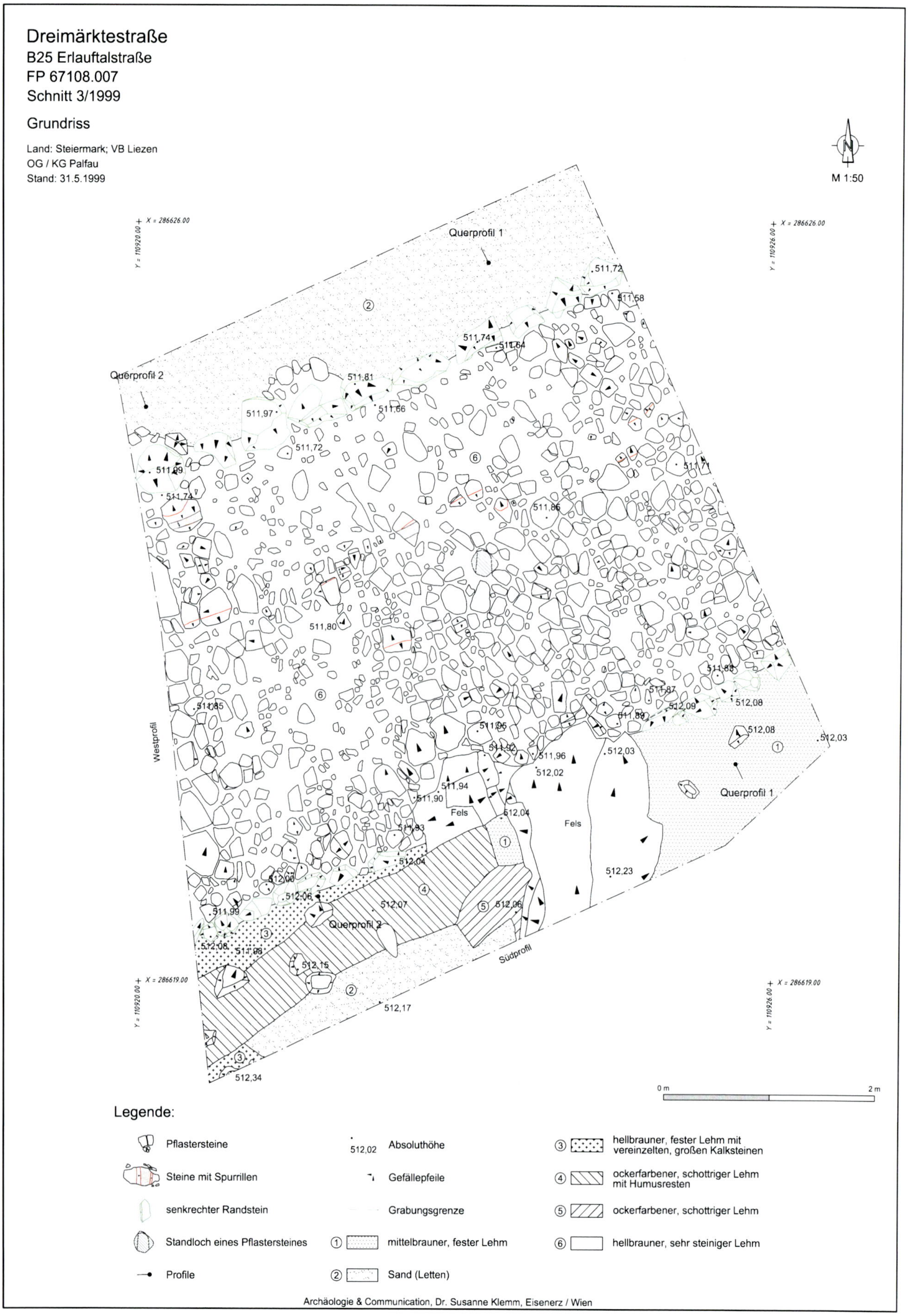

Abb. 120: Dreimärktestraße. B 25 Erlauftalstraße. Palfau. Grabung 1999. Grundriss Schnitt 3. M. 1: 50.

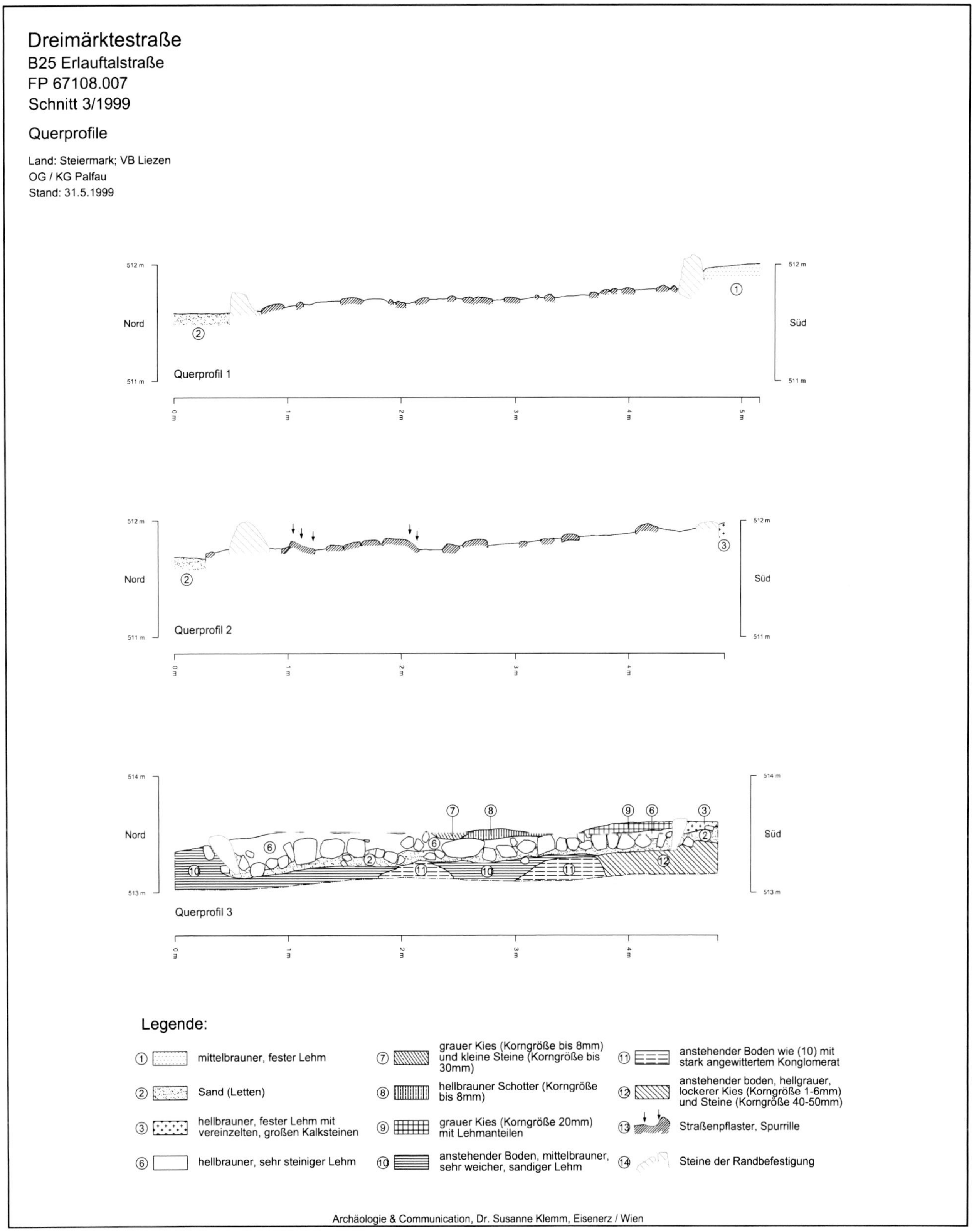

Abb. 121: Dreimärktestraße. B 25 Erlauftalstraße. Palfau. Grabung 2000. Schnitt 3, Querprofile 1–3. M. 1 : 50.

- Fnr. 34.26: Hufnagel; Eisen; geschmiedet; Kopf langrechteckig (18 : 4), Schaftquerschnitt langrechteckig (4 : 2); Erh.: rostig; nicht konserviert; L. 26,5. (Abb. 123/16)
- Fnr. 34.27: Hufnagel; Eisen; geschmiedet; Kopf langrechteckig (13 : 5), Schaftquerschnitt langrechteckig (6 : 2); Erh.: rostig; nicht konserviert; L. 17. (Abb. 123/17)
- Fnr. 34.28: Hufnagel; Eisen; geschmiedet; Kopf langrechteckig (13 : 5), Schaftquerschnitt langrechteckig (4 : 2); Erh.: rostig; nicht konserviert; L. 28. (Abb. 123/18)
- Fnr. 34.29: Hufnagel; Eisen; geschmiedet; Kopf rechteckig (12 : 6), massiv, quaderförmig, Schaftquerschnitt langrechteckig (5 : 1,5); Erh.: rostig; nicht konserviert; L. 45.
- Fnr. 34.30: Hufnagel; Eisen; geschmiedet; Kopf langrechteckig (11 : 6). Keilförmig, keine Kopfplatte, Schaftquerschnitt langrechteckig (5,5 : 2), rechtwinkelig gebogen; Erh.: rostig; nicht konserviert; H. 19; Gesamtlänge: 39.
- Fnr. 34.31: Hufnagelschaft; Eisen; geschmiedet; Schaftquerschnitt langrechteckig (5 : 1,5); Erh.: rostig; nicht konserviert; L. 35.
- Fnr. 34.32: Hufnagelschaft; Eisen; geschmiedet; Schaftquerschnitt langrechteckig (5 : 2); Erh.: rostig; nicht konserviert; L. 29.
- Fnr. 34.33: Hufnagelschaft; Eisen; geschmiedet; Schaftquerschnitt langrechteckig (4 : 3 bis 4 : 1,5); Erh.: rostig; nicht konserviert; L. 25.
- Fnr. 34.34: Nagelschaft; Eisen; geschmiedet; Schaftquerschnitt vermutlich rechteckig (6 : 4), gebogen; Erh.: rostig; nicht konserviert, sehr stark verkrustet; H. 40.
- Fnr. 34.35: Nagelschaft; Eisen; geschmiedet; Schaftquerschnitt rechteckig (5 : 3), gebogen; Erh.: rostig; nicht konserviert; H. 33.
- Fnr. 34.36: Eisenobjekt; Eisen; geschmiedet; Querschnitt rechteckig (5 : 2); Erh.: rostig; nicht konserviert; L. 29; B. 10. (Abb. 123/19)
- Fnr. 34.37: Eisenobjekt; Eisen; geschmiedet; Querschnitt rechteckig (5 : 2); Erh.: rostig; nicht konserviert; L. 30,5; B. 8,5. (Abb. 123/20)
- Fnr. 34.38: Eisenobjekt?; Eisen; massiv, tropfenförmig; Querschnitt oval; Erh.: rostig; nicht konserviert; L. 33; B. 12; D. 9; Gew. 16,3.
- Fnr. 34.39: Eisenobjekt?; Eisen; massiv, unregelmäßige Form; Erh.: rostig; nicht konserviert; L. 30; B. 14; D. 8; Gew. 7,08.
- Fnr. 34.40: Nagelkopf; Eisen; geschmiedet; Kopf rechteckig (12 : 9); Erh.: rostig; nicht konserviert; erh. H. 10.
- Fnr. 34.41: Eisenobjekt?, Fragment; Eisen; geschmiedet; viereckig; Erh.: rostig; nicht konserviert; L. 41; B. 23; D. 11.
- Fnr. 34.42: Gesteinsprobe.
- Fnr. 35: Gesteinsprobe.
- Fnr. 36: RS; Ton; oxidierend gebrannt; hart gebrannt; hellbraunorange im Bruch; Drehscheibe; Ofl. (innen): hellbraunocker, dunkelocker glasiert; Ofl. (außen): dunkelocker glasiert; Erh.: 1 RS; erh. H. 20; rek. Rdm.: 150; Wst. 6,5.
- Fnr. 37.1: Holzklammer; Eisen; geschmiedet; Erh.: 1 Stück; rostig; nicht konserviert; erh. L. 101; erh. B. 72; erh. D. 8,5. (Abb. 124/1)
- Fnr. 38: Kupferstück; Erh.: 1 Stück; nicht konserviert; erh. L. 32; erh. B. 2; erh. D. 8.
- Fnr. 39.1: Hufnagel; Eisen; geschmiedet; Kopf langrechteckig (18 : 5), Schaftquerschnitt rechteckig (5,5 : 2,5); Erh.: 1 Stück; rostig; nicht konserviert; erh. L. 41. (Abb. 123/21)
- Fnr. 39.2: Hugnagel; Eisen; geschmiedet; Kopf rechteckig (10 : 8), Schaftquerschnitt rechteckig (5 : 1,5); Erh.: 1 Stück; rostig; nicht konserviert; erh. L. 27. (Abb. 123/22)
- Fnr. 39.3: Eisenobjekt; Nagel?; geschmiedet; Erh.: 1 Stück; rostig; nicht konserviert; H. 21; B. 25; D. 10.
- Fnr. 39.4–39.5: Eisenstücke; vgl. Tabelle 7.
- Fnr. 44.1: Eisenstücke; vgl. Tabelle 7.
- Fnr. 44.2: Nagel; Eisen; geschmiedet; Kopf rechteckig (14 : 11), Schaftquerschnitt rechteckig (4,5 : 2,5); Erh.: rostig; nicht konserviert; L. 53. (Abb. 123/23)
- Fnr. 44.3: Hufnagel; Eisen; geschmiedet; Kopf langrechteckig (17 : 5), Schaftquerschnitt langrechteckig (4 : 2); Erh.: rostig; nicht konserviert; L. 27,5. (Abb. 123/24)
- Fnr. 44.4: Hufnagel; Eisen; geschmiedet; Kopf langrechteckig (17 : 5), Schaftquerschnitt langrechteckig (5,5 : 2); Erh.: rostig; nicht konserviert; L. 38. (Abb. 123/25)
- Fnr. 44.5: Hufnagel; Eisen; geschmiedet; Kopf langrechteckig (17 : 6), Schaftquerschnitt langrechteckig (4 : 3); Erh.: rostig; nicht konserviert; L. 23. (Abb. 123/26)
- Fnr. 44.6: Eisenobjekt; Eisen; geschmiedet; Querschnitt rechteckig (9 : 7); Erh.: rostig; nicht konserviert; L. 39. (Abb. 123/27)
- Fnr. 44.7: Eisenobjekt; Eisen; geschmiedet; Querschnitt rechteckig (7 : 6); Erh.: rostig; nicht konserviert; L. 28.
- Fnr. 44.8: Eisen; geschmiedet?; T-förmig; Erh.: rostig; nicht konserviert; H. 29; B. 19; D. 7; Gew. 13,33.
- Fnr. 45.1: Eisenstücke; vgl. Tabelle 7.
- Fnr. 45.2: Hufnagel; Eisen; geschmiedet; Kopf langrechteckig (12 : 6); Schaftquerschnitt rechteckig (5 : 2); Erh.: rostig, nicht konserviert; erh. L. 15.
- Fnr. 46.1–46.3: Eisenstücke; vgl. Tabelle 7.
- Fnr. 46.4: Hufnagel; Eisen; geschmiedet; Kopf langrechteckig (13 : 7), massiv, quaderförmig, Schaftquerschnitt langrechteckig (5,5 : 3); Erh.: rostig; nicht konserviert; L. 36. (Abb. 123/29)

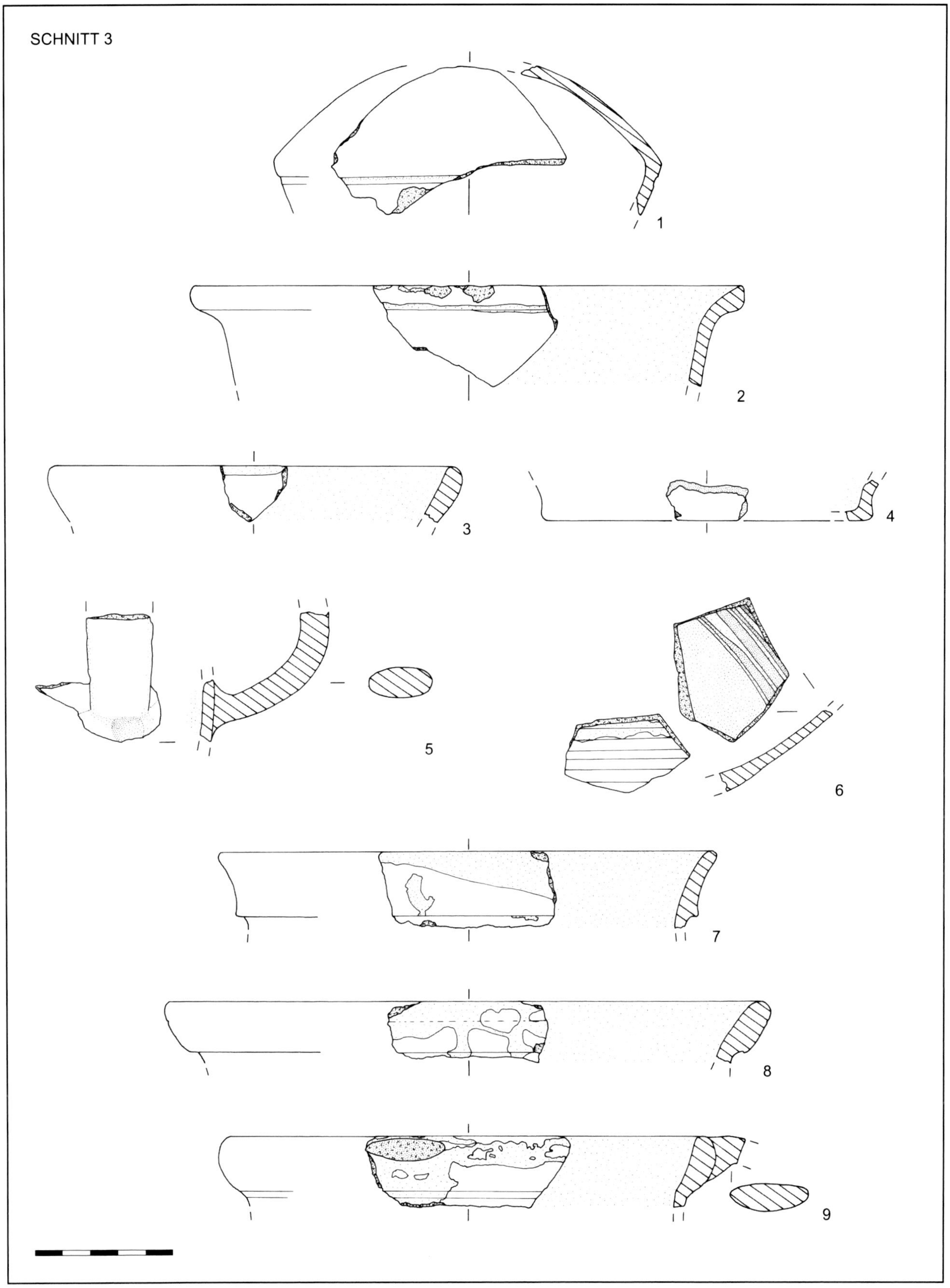

Abb. 122: Dreimärktestraße, B 25 Erlauftalstraße. 1–9 Schnitt 3/1999. Keramik. M. 1 : 2.

- Fnr. 48.1–48.2: Eisenstücke; vgl. Tabelle 7.
- Fnr. 48.3: Schaft eines Hufnagels; Eisen; geschmiedet; Schaftquerschnitt rechteckig (5 : 2); Erh.: rostig, nicht konserviert, erh. L. 18.
- Fnr. 49.1–49.4: Eisenstücke; vgl. Tabelle 7.
- Fnr. 49.5 Hufnagel; Eisen; geschmiedet; Kopf langrechteckig (18 : 6), Schaftquerschnitt langrechteckig (5 : 2), Ende umgebogen; Erh.: rostig; nicht konserviert; L. 23. (Abb. 123/30)
- Fnr. 49.6: Hufnagel; Eisen; geschmiedet; Kopf langrechteckig (19,5 : 5), Schaftquerschnitt langrechteckig (5 : 2), Schaftende umgebogen; Erh.: rostig; nicht konserviert; H. 32; Gesamtlänge: 34. (Abb. 123/31)
- Fnr. 49.7: Hufnagel; Eisen; geschmiedet; Kopf langrechteckig (18 : 4), Schaftquerschnitt langrechteckig (5,5 : 1,5); Erh.: rostig; nicht konserviert; L. 21. (Abb. 123/32)
- Fnr. 49.8: Hufnagel; Eisen; geschmiedet; Kopf annähernd quadratisch (10,5 : 9,5), Schaftquerschnitt langrechteckig (5 : 1,5); Erh.: rostig; nicht konserviert; L. 35. (Abb. 123/33)
- Fnr. 49.9: Nagel; Eisen; geschmiedet; Kopf rechteckig (20 : 14), keilförmig, massiv, Schaftquerschnitt langrechteckig (7 : 4,5); Erh.: rostig; nicht konserviert; erh. L. 20. (Abb. 123/34)
- Fnr. 49.10: Eisenstücke; Erh.: 2 winzige Stücke.
- Fnr. 60.1: Tierknochen; FZ 1, Pferd, Tibia, Messwerte: KD 42,5 / Bd 71,5 / Td 45,5 (ziemlich lang und schlank), FG 459.
- Fnr. 60.2: WS; Ton; hellbraunorange im Bruch; Drehscheibe; Ofl. (innen):
- dunkelgrün-mittelbläulichgrün glasiert; Ofl. (außen): hellbraunorange; Erh.: 1 WS; Wst. 4.
- Fnr. 60.3: BS; Ton; braungrau im Bruch; Drehscheibe; Ofl. (innen): dunkelgraubraun glasiert; Ofl. (außen): mittelchromgelb; Erh.: 1 BS; erh. H. 15; rek. Bdm.: 120; Wst. 4,5. (Abb. 122/4)
- Fnr. 60.4: RS-Henkelschale; Ton; hellgelbbraun im Bruch; Drehscheibe; Ofl. (innen): hellgelbbraun, olivbraun-dunkelolivbraun glasiert; Ofl. (außen): hellgelbbraun, olivbraun-dunkelolivbraun glasiert; Erh.: 1 RS; erh. H. 25,5; rek. Rdm. 180; Wst. 3,5. (Abb. 122/9)
- Fnr. 60.5: WS; Ton; hellgelbbraun im Bruch; auf Drehscheibe nachgedreht; Ofl. (innen): lebhaftorangebraun-hellgelbbraun glasiert; Ofl. (außen): hellgelbbraun; Erh.: 1 WS; erh. B. 40; erh. H. 45; Wst. 5.
- Fnr. 60.6, 60.7: Eisenstück; vgl. Tabelle 7.
- Fnr. 61.1: Nagel; Eisen; runder Nagelkopf und runder Schaft; Erh.: vollständig erhalten; rostig; nicht konserviert; erh. L. 80; erh. D. 4; Dat.: Neuzeit, 20. Jhdt.
- Fnr. 61.2: WS; Ton; fein sandhältig; oxidierend gebrannt; klingend hart gebrannt; hellgelblichorange im Bruch; Drehscheibe; Ofl. (innen): feinkörnig, dunkelbraunoliv glasiert; Ofl. (außen): glatt, dunkelgraubraun; Erh.: 1 Stück; Wst. 3.
- Fnr. 61.3: Tierknochen; FZ 1, indet., FG 13.
- Fnr. 61.4: WS; Ton; sehr dicht, sehr fein steinchengemagert; oxidierend gebrannt; klingend hart gebrannt; hellbraun-dunkelbraun im Bruch; Drehscheibe; Ofl. (innen): glatt, glasiert, ockerdunkelbraunocker glasiert; Ofl. (außen): glatt, hellorangebraun; Erh.: 1 WS; erh. H. 21; Wst. 4.
- Fnr. 61.5: WS; Ton; sehr dicht, sehr fein steinchengemagert; oxidierend gebrannt; klingend hart gebrannt; hellorangebraun im Bruch; Drehscheibe; Ofl. (innen): glatt, glasiert, mittelbraunocker-dunkelorangebraun glasiert; Ofl. (außen): glatt, hellbraunorange; Erh.: 1 WS; erh. H. 36; Wst. 4,5.
- Fnr. 61.6: WS; Ton; sehr fein steinchengemagert; oxidierend gebrannt; klingend hart gebrannt; hellbraun im Bruch; Drehscheibe; Ofl. (innen): glatt, glasiert, dunkelorangebraun-schwarz glasiert; Ofl. (außen): glatt, hellbraun-schwarz; Erh.: 1 WS; erh. H. 49; Wst. 3.
- Fnr. 61.7: WS; Ton; dicht, sehr fein steinchengemagert; oxidierend gebrannt; klingend hart gebrannt; lebhaftbraunorange im Bruch; Drehscheibe; Ofl. (innen): glatt, glasiert, mittelsiena-lebhaftgelbbraun glasiert; Ofl. (außen): glatt, mittelgelbbraun; eingetiefte Verzierung; Erh.: 1 WS; erh. H. 28; Wst. 4. (Abb. 122/6)
- Fnr. 61.8: Nagel; Eisen; geschmiedet; Erh.: 1 Stück; rostig; nicht konserviert; erh. L. 48; erh. D. 8.
- Fnr. 61.9: RS; Ton; hellgraubraun im Bruch; Drehscheibe; Ofl. (innen): dunkelorangebraun-schwarz glasiert; Ofl. (außen): hellbraun-dunkelgraubraun; Erh.: 1 RS; erh. H. 27; rek. Rdm. 180; Wst. 3,5. (Abb. 122/7)
- Fnr. 61.10: RS; Ton; hellgraubraun im Bruch; Drehscheibe; Ofl. (innen): lebhaftbraun, dunkelgraugrün glasiert; Ofl. (außen): lebhaftgraubraun, dunkelgraugrün glasiert; Erh.: 1 RS; erh. H. 22; rek. Rdm. 220; Wst. 6. (Abb. 122/8)
- Fnr. 61.11: HS; Ton; braungrau-hellbraunocker im Bruch; Ofl. (innen): lebhaftgelbbraun glasiert; Ofl. (außen): mittelgelbbraun; Erh.: 1 Stück; rek. H. 41. (Abb. 122/5)
- Fnr. 62.1: Eisenstück; vgl. Tabelle 7.

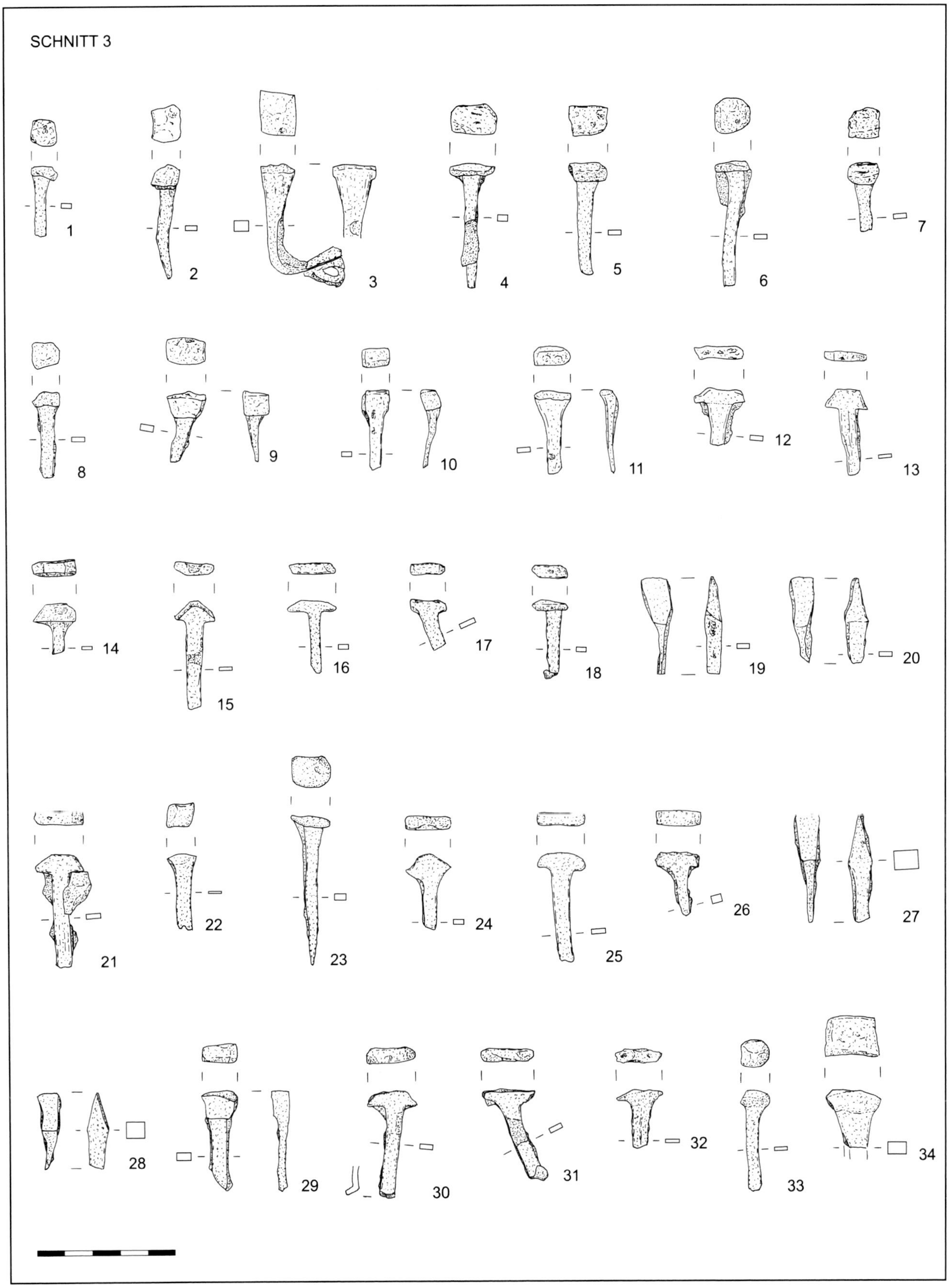

Abb. 123: Dreimärktestraße, B 25 Erlauftalstraße. 1–34 Schnitt 3/1999. Eisen. M. 1 : 2.

Lesefunde 1999 (Abb. 124)

Lesefunde, Abhub, südwestlich der Wagnerbrücke, 1999

- Fnr. 25.1: Hufnagel; Eisen; geschmiedet; quadratischer Kopf (13,5 : 11); Schaftquerschnitt rechteckig (6 : 2,5); Erh.: rostig; nicht konserviert; erh. L. 29. (Abb. 124/10)
- Fnr. 25.2: Eisenobjekt; unförmig; Erh.: 1 Stück, ev. ein Nagelkopf; nicht konserviert; erh. L. 35, erh. B. 12.

Lesefunde, allgemein, 1999

- Fnr. 63: BS; Ton; hellbraunorange im Bruch; Drehscheibe; Ofl. (innen): dunkelgraubraun; Ofl. (außen): dunkelocker glasiert; Erh.: 1 Stück; rek. H. 10; Wst. 6,5.

Schnitt 3/2000 – Fortsetzung (Abb. 114)

Im Mai/Juni 2000 folgten auf die 1999 durchgeführten Beobachtungen und archäologischen Ausgrabungen der Altstraße Arbeiten zur Konservierung eines Abschnittes der Altstraße. Ziel der Arbeiten war die Errichtung einer dreiseitigen Stützmauer im Bereich des Schnittes 3 aus 1999. Dieser Abschnitt der Altstraße sollte als Denkmal des historischen Straßenbaus und des Transportwesens im 18. Jahrhundert erhalten bleiben und zukünftig der Öffentlichkeit zugänglich gemacht werden.[264]

Die Stützmauer diente in erster Linie der Absicherung des südlichen Straßenrandes der neuen Trasse der B 25. Da die bis 1,3 m hohen Aufschüttungen der alten B 25 über der Altstraße (am westlichen Rand) nicht ausreichend gefestigt waren und auch der südseitig gelegene Hang nicht stabil genug war, erschien eine dreiseitige Stützmauer als sinnvoll. Das Objekt sollte zudem von der Ostseite her direkt zugänglich sein. Wegen des Niveauunterschiedes zur heutigen Trasse der B 25 und des angrenzenden Weges sollte eine Treppe mit einigen Stufen von den neu geschaffenen Parkplätzen zur Altstraße führen. Zur Entwässerung des Oberflächenwassers wurde ein Kanalrohr provisorisch verlegt, das in einen Kanalschacht führt, der zur Entwässerung der B 25 angelegt wurde.

Im Mai 2000 erfolgte schließlich die archäologische Bauaufsicht parallel zu den Vorarbeiten zur Errichtung der dreiseitigen Stützmauer. Da im Jahr 1999 nur ca. sechs Meter der Altstraße freigelegt wurden, wurde Schnitt 3/1999 auf insgesamt 17 m Länge, bis zu 5 m nach Westen und ca. 6 m nach Osten, erweitert (Abb. 114).

Für die Stützmauer war es notwendig, entsprechende Fundamentgräben auszuheben. An beiden Straßenrändern der Altstraße wurde ein Streifen von maximal ca. 0,60 m belassen. An der Nordseite zur neuen Trasse der B 25 wurde das Profil, so weit dies technisch möglich war, nach Norden zurückversetzt. An der Südseite konnte großzügiger mit dem Bagger gearbeitet werden. Hier wurde eine Schicht mit neuzeitlichem Hausmüll, darunter zahlreiche Teile eines innen glasierten Topfes, beobachtet. Von einer händischen Freilegung der Schicht musste aus Zeit- und Kostengründen abgesehen werden, die aus dieser Schicht stammenden Funde wurden jedoch bestmöglich von anderen Funden des Aushubs getrennt.

An der Westseite war eine Durchfahrung und somit Zerstörung der Altstraße auf einer Breite von ca. 1 m erforderlich. Dadurch war es möglich, ein komplettes Querprofil der Altstraße im rechten Winkel zur Fahrbahn aufzunehmen und auch den Straßenaufbau zu dokumentieren. (Abb. 119/1.2 und Querprofil 3, Abb. 121)

Die neu aufgedeckten Flächen westlich und östlich des Schnittes 3/1999 wurden noch nicht zur Gänze freigelegt, d.h. es wurden nur die Aufschüttungen über dem Straßenpflaster der Altstraße nach Möglichkeit maschinell abgetragen und eine Schicht von durchschnittlich 10 cm zum Schutz des historischen Pflasters in situ belassen. Das Steinpflaster sollte erst parallel zur Gesamtgestaltung des Baudenkmals freigelegt werden.

Die einzelnen, aufgenommenen Befunde werden im Folgenden im Detail beschrieben.

Querprofil 3/2000

Das Querprofil 3 liegt am westlichen Rand des West-Ost gerichteten Schnittes 3/1999; es wurde am 29./30. Mai 2000 aufgenommen. Die Aufschüttungen über der Altstraße – bzw. der alten B 25 – waren bereits nahezu vollständig abgetragen worden. Es verblieben lediglich Reste der Aufschüttung in situ, die auf Abb. 121 als Schichten (6)–(9) bezeichnet wurden. Der Verbleib von weiteren Resten der Aufschüttung – sie dient dem Schutz des historischen Steinpflasters – in einer Mächtigkeit von bis zu 10 cm wurden bei Abb. 121 nicht vermerkt.

Wie man am Querprofil 3 (Abb. 121, 119/1.2) erkennt, wurde der anstehende Boden, bestehend aus den Schichten (10)–(12), in diesem Bereich der Altstraße für die Fahrbahn abgetragen, um ein gleichmäßiges, leicht abfallendes Bett für den Straßenkörper zu erhalten. Bei Schicht (11) handelt es sich um stark angewitterten Konglomerat im mittelbraunen sehr sandigen Lehm, der das Liegende bildet, Schicht (10). Im südlichen Teil geht diese Schicht in hellgrauen, lockeren Kies, Schicht (12), mit einer Korngröße von 1 – 6 mm, der auch Steine von 40 – 50 mm Korngröße enthält, über.

---

264 Bedauerlicherweise konnte dieses Vorhaben bis dato (Frühjahr 2009) nicht umgesetzt werden.

Für die Einbettung des Steinpflasters wurde ein feiner Sand, so genannter Letten, Schicht (2), aufgetragen. Das Straßenpflaster besteht aus sehr unterschiedlich großen Steinen, von 10 cm Breite und Höhe bis 38 cm oder 22 cm Breite und 22 cm Höhe. Die Mehrzahl sind jedoch der geringeren Größe zuzuordnen. Eine Ausnahme bilden erneut die senkrecht gestellten Randsteine mit einer Breite von 13 und 16 cm und einer Höhe von 27 und 41 cm. Die leicht schräge Stellung des Randsteines am nördlichen Straßenrand dürfte wohl durch Verdrücken entstanden sein, da das Pflaster sicher sehr stark beansprucht war. Die Unregelmäßigkeit der Steinpflasteroberfläche in diesem Abschnitt ist bemerkenswert und dürfte gleichfalls durch die intensive Beanspruchung der Straße zustande gekommen sein.

Vor allem die Unregelmäßigkeit des nördlichen Teils (Abb. 121, Laufmeter 0,5–2,5) war auffällig. In diesem Teil konnte die Schicht (6) auch nicht vom Füllmaterial zwischen den Pflastersteinen unterschieden werden. Schicht (6) besteht aus einem hellbraunen, sehr steinigen Lehm, ist sehr hart gepresst und enthielt immer wieder stark korrodierte Eisenobjekte (u.a. Reste von Hufnägeln, massive Eisenstücke, vgl. Fnr. 75). Auch die Schichten direkt über dem Pflaster enthielten Eisenobjekte, Nagelreste wie massive Eisenstücke (Fnr. 74, 77).

Die gesamte Fahrbahnbreite inklusive der Randsteine betrug 4,25 m. Die eigentliche Fahrbahn innerhalb der Randsteine war 3,88 m breit. Diese Werte entsprechen dem bereits 1999 aufgenommenen Befund von Schnitt 3.

Straßengräben können nach diesem Befund mit Sicherheit für diesen Abschnitt der Altstraße ausgeschlossen werden. Die Entwässerung des Oberflächenwassers dürfte somit durch die leichte seitliche Neigung erfolgt sein.

Querprofil 4/2000 (Profile A und B)

Aus Zeitgründen – die Aufnahme eines derartigen Profils mit allen Details hätte mehrere Tage beansprucht – erfolgte eine Beschreibung des Querprofils 4/2000 von zwei Stellen (Profile A und B) am 30. Mai 2000 mit einer Fotodokumentation und einer Beschreibung. Die Beschreibung des Profils A wurde ca. 0,45 m vom südlichen Innenrand der Altstraße nach Norden gemessen aufgenommen (Abb. 114, 119/3, Tabelle 4), das Profil B bei 0,70 m von der Innenkante des nördlichen Straßenrandes nach Süden gemessen (Abb. 114, 119/3, Tabelle 4, 5).

Die Aufschüttungen über der Altstraße bei Querprofil 4 waren insgesamt sehr hart gepresst und zum Teil auch sehr dünn. Im südlichen Teil bei Profil A betrug die Aufschüttung über der Altstraße bis zur Asphaltoberkante der alten B 25 insgesamt 1,16 m, bei Profil B, also weiter nördlich 1,07 m. Die seitliche Neigung der Fahrbahn der alten B 25 war somit größer als die der Altstraße. Ausbesserungen, die nicht die gesamte Fahrbahnfläche betrafen, konnten durch diese Befundaufnahme nicht dokumentiert werden.

Bei Profil A konnten acht Schichten zwischen der Schicht mit dem Steinpflaster der Altstraße und den Schichten der neuen B 25 (Frostkoffer und Asphaltdecke) beobachtet werden, bei Profil B waren es neun Schichten.

Die Funde von Schnitt 3/2000 (Abb. 124)

Von den Kleinfunden, die im Zuge der Erweiterung des Schnittes 3/1999 dokumentiert wurden, sind in erster Linie die Fundstücke Fnr. 74, 75, 77 sowie Fnr. 71 von Interesse. Fnr. 74 wurde beim Freilegen der Randsteine bzw. dem Abhub der Schicht direkt über dem Steinpflaster, Fnr. 75 im Füllmaterial zwischen den Pflastersteinen, Fnr. 77 gleichfalls in der Schicht direkt über dem Steinpflaster gefunden. Die Funde Fnr. 71 sind einem ca. 20 cm höheren Straßenniveau zuzuordnen. Fnr. 72 stammt von der alten Holzwasserleitung, die entlang des Südrandes, deutlich über dem ältesten Straßenniveau, verlegt war. Die Holzkohle Fnr. 73 wurde in einer Holzkohlenschicht im mittleren und südlichen Bereich, über der Altstraße gefunden.

Die Objekte Fnr. 65, 70 und 81 stammen aus einer humosen, mit faustgroßen Steinen durchsetzten Schicht im Südprofil (Erweiterung nach Westen) am Rand der Stra-

Tabelle 4: Dreimärktestraße, Palfau, Querprofil 4/2000 – Profil A. Die Maße stellen jeweils die Oberkante der Schicht dar. Schichtnummern in Klammer (), Maßangaben in Meter, ohne Maßstab.

1,60	(15) Asphaltdecke der alten B 25 von 5-8 cm Stärke
1,53	(14) Frostkoffer der alten B 25, sehr stark schottrige Schicht mit runden Steinen (Korngröße 3-80 mm, meist 10-30 mm)
1,35	(13) hellgrauer, feiner Schotter (Korngröße von 5-10 mm)
1,21	(12) hellbraune Schicht mit einzelnen größeren Steinen und kleineren Steinen (Korngrößen bis 20 mm)
1,13	(11) hellgraubraune, lehmig-sandige Schicht mit wenig Steinen
1,03	(10) feines dunkelgraubraunes Band, nicht durchlaufend
0,98	(9) sehr hart gepresste Schotterschicht (Korngrößen bis zu 40-60 mm)
0,85	(8) dunkelbraune Schicht mit Eisenresten bzw. Eisenoxidausfällungen
0,70	(7) hellgraue Lehmschicht mit kleinen Steinen (Korngröße bis 10 mm)
0,63	(6) dunkelbraune, sehr steinig-lehmige, stark durchwurzelte Schicht
0,51	(5) dunkelgraue, lehmige, sehr schottrige Schicht mit sehr vielen Eisenresten und Eisenoxidausfällungen
0,44	(4) Straßenpflaster mit Füllmaterial/obere Schicht, sehr schottrig mit kleinen Steinen (Korngröße bis 30 mm)
0,29	(3) Straßenpflaster mit Füllmaterial/untere Schicht, sehr sandig (Letten)
0,19	(2) anstehender Boden, steinige, sehr sandig-lehmige Schicht mit Steinen bis 70 mm
0,10	(1) anstehender Boden, hellgraubrauner, sehr feiner Sand (Letten)
0	

ße außerhalb der Straßenaufschüttungen. Im Humus am Südprofil wurden die Fundstücke Fnr. 64, 66, 76, 83, 84 gefunden. Dem Baggeraushub entstammen die Fnr. 69, 78–80, 82 sowie 85–87. Die Lesefunde Fnr. 67 wurden 15 m östlich von Schnitt 3/1999 in der Hangböschung entdeckt, die Fundstücke Fnr. 68 lagen in der rezenten Aufschüttung im Bereich von Schnitt 2/1999.

In der Folge werden ausschließlich die Fundstücke beschrieben, die für die Altstraße als solches von Relevanz sind. Die Keramik wurde nicht im Detail aufgenommen, da sie insgesamt neuzeitlich datiert und teilweise aus jüngeren Aufschüttungen stammt, bei denen eben durchaus auch älterer Hausmüll enthalten sein konnte, oder aber aus Schichten, die nicht in direktem Zusammenhang mit der Altstraße stehen. Es handelt sich in erster Linie um oxidierend gebrannte Ware mit typischer gelber, orangefarbener, brauner oder olivgrüner Innenglasur, auch so genannte Malhornware, Fragmente von Topfkacheln und anderen grün glasierten Ofenkacheln. Es kommen nur einzelne Stücke mit reduzierendem oder Wechselbrand vor. Ein einziges Wandstück (Fnr. 86) könnte noch in das späte Mittelalter oder die frühe Neuzeit datieren.

Die Eisenobjekte wurden aufgenommen, die wenigen Tierknochen bestimmt.

Tabelle 5: Dreimärktestraße, Palfau, Querprofil 4/2000 – Profil B. Die Maße stellen jeweils die Oberkante der Schicht dar. Schichtnummern in Klammer (), Maßangaben in Meter, ohne Maßstab.

1,62	(14) Asphaltdecke
1,57	(13) Frostkoffer aus feinem, rundem Schotter (Korngröße bis 80 mm), sehr dicht
1,44	(12) hellgraue Schotterschicht (Korngröße 15-40 mm)
1,31	(11) hellgraubraune bis ockerfarbene Schotterschicht mit größeren Steinen (Korngröße bis 60 mm)
1,18	(10) mittelbrauner Schotter mit kleinen Steinen (Korngröße bis 20 mm)
1,13	(9) hellbraunes Band aus feinem Schotter
0,97	(8) sehr hart gepresste Schotterschicht mit Korngrößen 40-60 mm, sehr dicht, hellbraun, Steine sehr bunt, von rosa bis grau und weiß
0,84	(7) sandig-lehmige, hellgraue bis mittelbraune Schicht mit einzelnen kleinen Steinen (Korngröße bis 30 mm)
0,72	(6) hellgraue, sandig-lehmige Schotterschicht mit kleinen Steinen (Korngröße bis 25 mm)
0,65	(5) dunkelbraune, sandige Schicht mit größeren Steinen (Korngröße bis 100 mm)
0,60	(4) sehr harte, hellbraune bis graue Schicht mit Eisenoxidausfällung, vermutlich verrostete Eisenobjekte, die sich im Randbereich der Straße aufgrund der Neigung ansammelten
0,55	(3) Straßenpflaster mit Füllmaterial, hellbrauner, lehmiger, sandiger Schotter mit eckigen Steinen (Korngrößen bis 60 mm), zum Teil auch runde Steine
0,35	(2) hellgraubraune Sandschicht mit größeren, runden Steinen (Korngröße 20-100 mm)
0,20	(1) anstehender Boden, mittelbraunes, sehr weiches, sandig-lehmiges Material, geht an dieser Stelle in eine dunkelbraune Färbung mit höherem Lehmanteil über
0	

Schnitt 3/1999 – Erweiterung 2000 (Abb. 123, 124)

Erweiterung nach Westen, S-Profil, unterste humose Schicht

- Fnr. 65.1–65.3: 1 HS, 2 BS.
- Fnr. 70.1: FZ 1, Schaf, Metapodium dist., FG 1.
- Fnr. 81: 1 RS, 3 WS mit 2 BS, 4 WS.

Erweiterung nach Westen, W-Profil, ca. 20 cm höheres Straßenniveau

- Fnr. 71.1: Eisenstücke; vgl. Tabelle 7.
- Fnr. 71.2: Nagel; Eisen; geschmiedet; Kopf rechteckig (12 : 10), keilförmig, massiv, Schaftquerschnitt quadratisch bis rechteckig (7 : 7–5 : 3,5); Erh.: rostig; nicht konserviert; erh. L. 65. (Abb. 124/5)
- Fnr. 71.3: Nagelschaft; Eisen; geschmiedet; Kopf rechteckig (8 : 3), Schaftquerschnitt annähernd quadratisch (3,5 : 3); Erh.: rostig; nicht konserviert; erh. L. 46. (Abb. 123/6)
- Fnr. 71.4: Flacheisen mit Nagel; geschmiedet; Nagel: Kopf rechteckig (13 : 11,5) keilförmig, massiv, Schaftquerschnitt quadratisch bis rechteckig, nicht messbar, Schaftende Querschnitt rechteckig (6 : 2,5); Erh.: rostig; nicht konserviert, sehr stark verkrustet; Flacheisen: erh. L. 80; B. 42; D. 7–10. (Abb. 123/4)

Erweiterung nach Westen, Schicht direkt über dem Steinpflaster

- Fnr. 74.1: Eisenstück; vgl. Tabelle 7.
- Fnr. 74.2: Tierknochen; FZ 2, indet., FG 8.
- Fnr. 77.1: Eisenstück; vgl. Tabelle 7.
- Fnr. 77.2: Hufnagel; Eisen; geschmiedet; Kopf langrechteckig (10 : 4), Schaftquerschnitt langrechteckig (4,5 : 2); Erh.: rostig; nicht konserviert; erh. L. 32. (Abb. 124/8)
- Fnr. 77.3: Nagelschaft; Eisen; geschmiedet; Schaftquerschnitt annähernd quadratisch (4–5), zweifach gebogen; Erh.: rostig; nicht konserviert; erh. L. 41.

Erweiterung nach Westen, Profil 4, Füllmaterial zwischen den Pflastersteinen

- Fnr. 75.1: Eisenstücke; vgl. Tabelle 7.
- Fnr. 75.2: Hufnagel; Eisen; geschmiedet; Kopf rechteckig (13,5 : 3), Schaftquerschnitt rechteckig (5 : 2); Erh.: rostig; nicht konserviert; erh. L. 27. (Abb. 124/7)

Erweiterung nach Westen, Südteil, Humus

- Fnr. 76.1–76.21: 11 RS und WS, 9 Brst. von Ofenkacheln, 1 Eisenfragment.

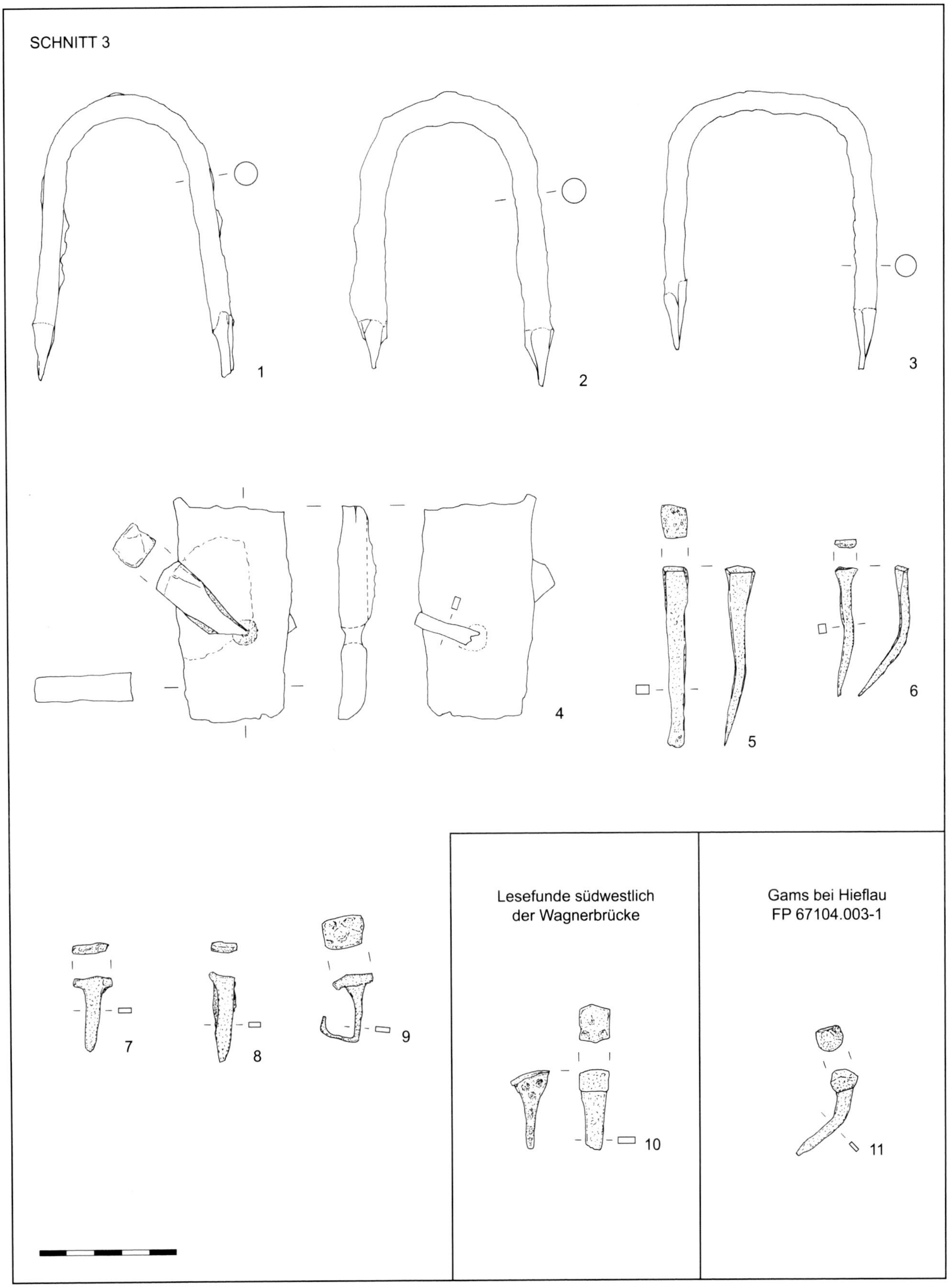

Abb. 124: Dreimärktestraße, B 25 Erlauftalstraße: 1 Schnitt 3/1999. 2–9 Schnitt 3/Erweiterung 2000. 10 Lesefund südwestlich der Wagnerbrücke, Palfau. 11 Baubeobachtung 2001, Gams bei Hieflau. Eisen. M. 1 : 2.

Erweiterung nach Westen, Baggeraushub
- Fnr. 78.1–78.52: 8 RS, 20 WS, 9 BS, 2 Brst. von Ofenkacheln, 1 Glasfragment, 1 Holzstück , 1 Nagelschaft, 1 Hufnagel.
- Fnr. 79.1: Tierknochen; FZ 2, Schaf, Ulna (Olecr. fehlt), Messwerte: TPA 26,0 / KTO 23,0 / BPC 17,5, FG 5.
- Fnr. 80.1–80.4: 3 WS, 1 BS.

Südprofil, Holzwasserleitung
- Fnr. 72: Eisenrohr von der Holzwasserleitung; B. 60, D. 1,5, Dm. 77.
- Fnr. 72.3: Hufnagel; Eisen; geschmiedet; Kopf langrechteckig (13,5 : 3), Schaftquerschnitt annähernd quadratisch (5 : 2); Erh.: rostig; nicht konserviert; erh. L. 27.

Erweiterung nach Osten, Humus
- Fnr. 64.1–64.7: 3 WS, 1 HS, 1 Ziegelfragment, 2 gebrannte Lehmstücke.

Erweiterung nach Osten, Baggeraushub
- Fnr. 69.1–69.12: 4 WS, 2 BS, 1 HS, 2 Ofenkachelfragmente, 1 Ziegelfragment, 1 Holzklammer, 1 Tierknochen.

Erweiterung nach Osten, HK-Strate im mittleren bis südlichen Bereich der Straße
- Fnr. 73: Holzkohle.

Schnitt 3/1999 – S-Profil, Humus
- Fnr. 83.1–83.3: 1 BS, 2 Brst. von Ofenkacheln.
- Fnr. 84.1–84.2: Schleifsteinfragment, Nagel der rezenten Leitschiene.

Schnitt 3/1999, Aushub
- Fnr. 86.1: Hufnagel; Eisen; geschmiedet; Kopf rechteckig (8 : 7), Schaftquerschnitt langrechteckig (5 : 2); Erh.: rostig; nicht konserviert; H. 33.
- Fnr. 86.2: Kettenglied; Eisen; geschmiedet; oval; Maße: H. 46, B. 33, D. 5.
- Fnr. 86.3–86.41: 6 RS, 3 HS, 6 BS, 17 WS, 1 Ziegelfragment, 1 Kieselstein.
- Fnr. 87.1: Nagel; Eisen; geschmiedet; Kopf rechteckig (14 : 10), Schaftquerschnitt quadratisch (3,5); Erh.: rostig; nicht konserviert; H. 84.
- Fnr. 87.2: Hufnagel; Eisen; geschmiedet; Kopf langrechteckig (14 : 5), Schaftquerschnitt langrechteckig (4 : 1,5); Erh.: rostig; nicht konserviert; H. 33.
- Fnr. 87.3: Hufnagel; Eisen; geschmiedet; Kopf langrechteckig (16 : 5), Schaftquerschnitt langrechteckig (5 : 1,5); Erh.: rostig; nicht konserviert; H. 33.

Allgemeiner Aushub B 25
- Fnr. 85.1: Hufnagel; Eisen; geschmiedet; Kopf langrechteckig (13,5 : 9), Schaftquerschnitt langrechteckig (4 : 1,5); Erh.: rostig; nicht konserviert; H. 28.
- Fnr, 85.2: Eisenobjekt; Eisen; geschmiedet; bandförmig, umgebogen; Maße: L. 58, max. B. 31, D. max. 5.
- Fnr. 85.3–85.11: 1 RS, 1 HS, 4 WS, 2 Brst. von Topfkacheln.

Lesefund Schnitt 3/1999 – Erweiterung 2000
- Fnr. 67: 1 Brst. einer Topfkachel.

Lesefund Bereich von Schnitt 2/1999, Mai 2000
- Fnr. 68: 1 WS.

Schnitt 3/1999, gefunden Mai 2000, Aushub
- Fnr. 98: 1 kleines hellgrünes Glasfragment. L. 25, B. 13, D. 1,5.
- Fnr. 99.1: Tierknochen; FZ 1, Schaf/Ziege, Maxilla/Backenzahn, FG 3.
- Fnr. 100: Eisenschlacke, Ziegelfragment.
- Fnr. 101.1–101.3: Eisenstücke; vgl. Tab. 7.
- Fnr. 101.4: Hufnagel; Eisen; geschmiedet; Kopf rechteckig (14 : 11,5), Schaftquerschnitt langrechteckig (5,5 : 2); Erh.: rostig; nicht konserviert; H. 25; Gesamtlänge 38. (Abb. 124/9)
- Fnr. 101.5: Hufnagelschaft; Eisen; geschmiedet; Schaftquerschnitt langrechteckig (6 : 2); Erh.: rostig; nicht konserviert; L. 41.
- Fnr. 101.6: Hufnagelschaft; Eisen; geschmiedet; Schaftquerschnitt langrechteckig (4,5 : 2); Erh.: rostig; nicht konserviert; L. 23.
- Fnr. 101.7–101.8: Nägel; Eisen; geschmiedet?; Schaftquerschnitt eher rund (2 : 2); Erh.: 2 Stück, rostig; nicht konserviert; L. 30 bzw. 23.
- Fnr. 102.1: Holzklammer; Eisen; geschmiedet; U-förmig gebogen, spitz ausgehämmerte Enden, Querschnitt annähernd rund; Erh.: stark durch Rost mit Lehm verkrustet; H. 105; B. 73; D. 9. (Abb. 124/2)
- Fnr. 102.2: Holzklammer; Eisen; geschmiedet; breit U-förmig gebogen, spitz ausgehämmerte Enden, Querschnitt annähernd rund; Erh.: stark durch Rost mit Lehm verkrustet; H. 97; B. 78; D. 8. (Abb. 124/3)

10.1.3 Archäologische Befunde in der Mendling, Gemeinde Palfau

Im Sommer 2000 wurden Baubeobachtungen in Zuge des Projekts „30 kV Gams – Palfau" der STEWEAG Wasserkraft und Elektrizitäts-AG entlang der Erlauftalstraße B 25 (km 74,422–km 70,542) durchgeführt. Die Altstraße Palfau konnte an mehreren Stellen in der Mendling, dem Tal des Mendlingbaches im östlichen Teil des weitläufigen Ortsgebietes von Palfau verfolgt und an mehreren Stellen dokumentiert werden.[265]

Die bedeutendsten Befunde der Dreimärktestraße (B 25) wurden im Bereich der Abschnitte Grst.-Nr. 1112/7, 1112/8 und 173 aufgenommen (Fundstellen 1–4; Abb. 125). Die Baubeobachtungen auf den an die B 25 angrenzenden Parzellen Grst.-Nr. 32 (km 70,542) und Grst.-Nr. 303 (km 70,494) erbrachten keine archäologischen Befunde. Ende Juli erfolgte eine Begehung des letzten Bauabschnittes entlang der B 25 bis zur Trafostation Mendling bei Straßen-km 70,542. Die Altstraße dürfte hier ursprünglich höher und nach dem Kataster aus 1824 ev. auch etwas weiter südlich gelegen haben und daher bereits beim letzten Neuausbau der B 25 abgeschoben worden sein.

Für die Befundauswertung bzw. zur möglichen Identifikation der Befunde wurde der 1824 aufgenommene Franziszeische Kataster (vgl. Abb. 125, historische Straßenparzelle grau hinterlegt) über den aktuellen Kataster gelegt.

FP 67108.007, Fundstelle 1

Fundstelle 1 (Grst.-Nr. 1112/8) befindet sich auf einem Teilstück der alten Bundesstraße, das im Zuge des Ausbaus der B 25 in den Besitz der Gemeinde Palfau überging (Abb. 125). Da die Mendling an dieser Stelle sehr nahe an den nordseitigen Hang herankam, musste die Straße knapp am Fuß der Hangböschung angelegt und der Fels wahrscheinlich an mehreren Stellen abgearbeitet werden. Durch den starken Bewuchs konnte dies zur Zeit der Baubeobachtung nicht im Detail geprüft werden; an einer Stelle wurde ein regelrechter Durchlass geschaffen und der Fels zwecks Erweiterung und Schaffung von Parkplätzen für die Straßenbauverwaltung bei einem jüngeren Ausbau noch weiter abgetragen, wie mir Herr Schwarz, ein ehemaliger Straßenbauarbeiter aus Palfau/Eschau, und Herr Hirtenlehner, ebenfalls Palfau, persönlich mitteilten (Abb. 126).

Die Begehungen erfolgten im Juni 2000. Nach dem Kataster aus 1824 stimmt die Trasse der Dreimärktestraße mit jener der alten Bundesstraße in diesem Abschnitt überein (Abb. 125).

Die Altstraße konnte in den Profilen der Künette vom Felsdurchbruch bis zur Einmündung in die neue Bundesstraße verfolgt werden. Lediglich im ersten Abschnitt des Felsdurchbruches war die Pflasterung nicht erkennbar. Da in diesem Bauabschnitt der beste Befund dokumentiert wurde, soll er genauer beschrieben werden. Es ist sehr bedauerlich, dass die Kabeltrasse in diesem Abschnitt nicht an eine andere Stelle verlegt werden konnte, da somit die Altstraße großteils durchfahren wurde.

Im ersten Bereich, im Bereich des Felsdurchbruches, wo der Fels auf der Südseite der Straße liegt, lagen im Aushub vereinzelt größere Steine. Die Künette war ca. 0,50 m–0,60 m breit und ca. 1 m tief. Im ersten Bereich des Felsdurchbruches, entlang der ersten 10 Meter, steht in den unteren Schichten der Künette Pseudogley mit Eisenoxydausfällungen von einer Mächtigkeit von 0,25 bis 0,40 m an. Die Mendling macht hier eine Schlaufe und verschiedene Hochwässer sowie das Hangwasser hatten im Laufe der Zeit diese Schichten aufgebaut. Darüber lag in diesem Bereich der Künette ein dunkelgraubrauner, sehr steiniger Lehm, der gegen die Humusoberkante dunkler und humoser wurde und stark durchwurzelt war. Im Bereich der Schlaufe der Mendling stand zum Teil der Fels sehr hoch an. Das ehemalige Straßenniveau konnte hier daher nicht tiefer als 0,60 m unter der heutigen Humusoberkante gelegen haben. Der Fels dürfte wie in Schnitt 3/1999 der B 25 in den Straßenrand oder wie in Hieflau (B 115 Eisenstraße, Kap. 6.1.2) in die Fahrbahn eingebunden worden sein. Die nordseitige Hangböschung zeigte sich anfangs als sehr steiler Hang und wurde nach Osten hin zunehmend felsiger. Die Straße dürfte hier sehr knapp am Felsen vorbeigeführt haben, wahrscheinlich auch als Schutz vor Hochwässern, die die Straße an dieser Stelle wohl immer wieder gefährdeten.

Das Profil wurde, soweit dies möglich war, frei geputzt und fotografiert. Die Felsen waren allerdings sehr stark bewachsen und Äste und Zweige sowie Gras hingen tief über die Felsen herab. Der Abstand von der Künette bis zum Felsen betrug maximal 1 bis 2 m. Im hangseitigen Profil waren nur vereinzelt Steine sichtbar, die Humusauflage war sehr locker und dadurch stark Einsturz gefährdet. Als Untergrund war auch hier ein dunkelgraubrauner, stark durchwurzelter, lockerer und steiniger Lehm zu erkennen, der unterhalb des Straßenpflasters etwas heller war und dann durch verschiedene Schotterschichten abgelöst wurde. Die maximale Auflage über dem Straßenpflaster war ca. 0,40 m stark und bestand aus einem hellgraubraunen, dichten Schotter mit zum Teil scharfkantigen aber auch abgerundeten Steinen, die zumindest in drei Schichten aufgetragen wurden. Die Pflastersteine waren sichtlich nicht behauen, sie

265 Angaben zu den Fundstellen 1–4, FP 67108.007: Land Steiermark; VB Liezen, OG/KG Palfau; Grst.-Nr.: 1112/2; 1112/7; 1112/8; 173; 210.

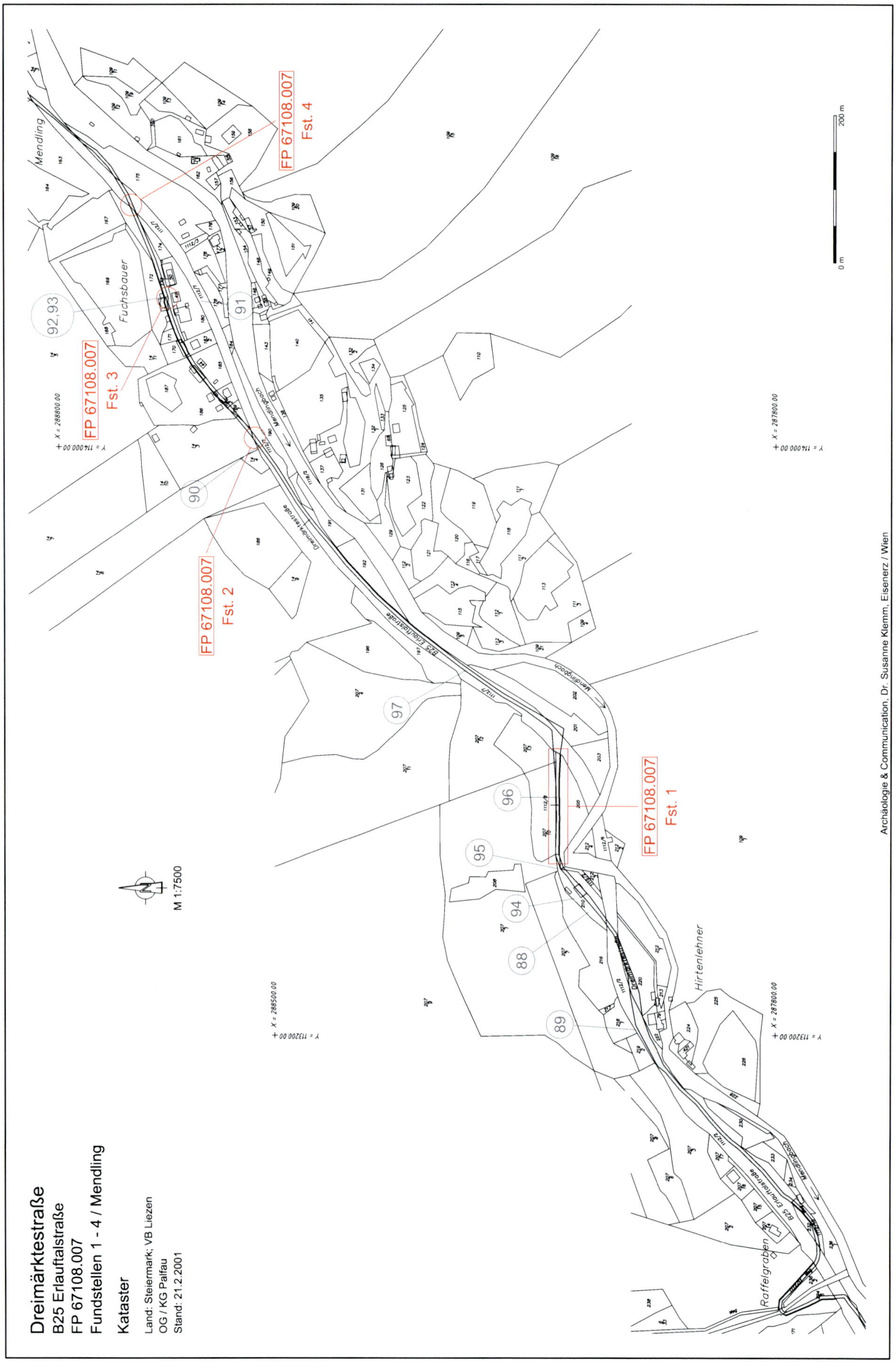

Abb. 125: Dreimärktestraße. B 25 Erlauftalstraße. Palfau, Mendling, Fundstellen 1–4. Baubeobachtung 2001. Kataster. M. 1 : 7500.

Abb. 126: Dreimärktestraße. B 25 Erlauftalstraße. Palfau, Mendling, Fundstelle 1. Baubeobachtung 2001.

1, 2 Engstelle beim Hirtenlehner, die alte Trasse der B 25.

3 Das durchfahrene, historische Straßenpflaster.

1

2

3

waren eng senkrecht aneinandergesetzt und miteinander verkeilt wie dies auch in anderen Abschnitten der Dreimärktestraße beobachtet wurde. Im mittleren Teil dieses Abschnittes lagen im Aushub vermehrt Steine des ehemaligen Straßenpflasters. Sie hatten durchaus die bekannten Ausmaße von ca. 0,20–0,25 m und eine Höhe von 0,36–0,40 m. Im unteren Drittel dieses Abschnittes nahe der Einmündung in die heutige (neue) B 25, befanden sich eher größere Steine im Aushub, die ev. ursprünglich Randsteine waren oder besonders große Pflastersteine. Der anstehende Fels ist höchstens zwei Meter entfernt. Allerdings liegt im Bereich des hangseitigen Profils eine mächtige Humusauflage, über der eine Schotterschicht lag, die von weiteren, jüngeren Schotterschichten bedeckt wurde.

FP 67108.007, Fundstelle 2

Fundstelle 2 liegt auf Grst.-Nr. 1112/7, südlich von Grst.-Nr. 14/3 am nördlichen Straßenrand der heutigen B 25, ca. 35 m östlich von Straßen-km 71,4 der B 25. (Abb. 125)

Die Altstraße wurde hier diagonal geschnitten und in einem kleinen Abschnitt freigelegt und das Profil beschrieben. Die Künette war demnach in diesem Bauabschnitt nicht tief genug, um das historische Straßenpflaster zu zerstören. Das Steinpflaster war sehr unregelmäßig aus eher kleineren Steinen gesetzt. Es konnte jedoch eindeutig als die alte Straßenoberfläche der Dreimärktestraße identifiziert werden.

Das Profil war insgesamt 1,35 m hoch, direkt über dem Steinpflaster von 0–0,35 m befanden sich zumindest drei Schichten von sehr harten Aufschüttungen. Von 0,35–0,50 m schloss eine hellgraue, gemischt tonig-lehmig-sandige Schicht mit kantigen Steinen von einer Korngröße bis zu 60 mm und größer an; diese Schicht durchzog sehr deutlich die gesamte Straßenbreite. Darüber begann die Aufschüttung der neuen Bundesstraße, die aus einem hellgraubraunen, groben Schotter mit abgerundeten Steinen von bis zu 100–150 mm Korngröße bestand; sie reichte bis 1,20 m über 0. Daran schloss eine Humusschicht an, die maximal 15 cm mächtig war. Die untersten drei Schichten waren sehr hart gepresst, wiesen auch größere Steine bis zu 80 oder 90 mm Korngröße auf, das hellgraubraune Füllmaterial war eher sandig-lehmig.

Weiter östlich zeichnete sich das Profil folgendermaßen ab: Über dieser hellgrauen, durchgehenden Schicht stand eine dunkelgraue, sehr kompakte Schicht an, die ebenfalls mit kleinen Steinen durchsetzt war, und von einer sehr lockeren, hellgraubraunen Schotterschicht abgelöst wurde. Letztere gehörte sichtlich zur neueren Bundesstraßenaufschüttung. Die gesamte Aufschüttung über der alten Bundesstraße war demnach maximal 0,55–0,60 m mächtig. Eine Asphaltdecke der alten Bundesstraße konnte nicht festgestellt werden.

In beiden Profilen war in dem westlich anschließenden Bereich der Künette über einer dunkelgrauen Pseudogleyschicht mit Eisenoxidausfüllungen eine sogenannte Packlage zu erkennen, das heißt eine Schicht unregelmäßig aufgeschichteter, kantiger, großer Steine, über denen dann lockerer, grober Schotter als Unterbau für die neue Bundesstraße aufgeschüttet wurde. Darüber befand sich lediglich eine Humusschicht von maximal 12 cm.

FP 67108.007, Fundstelle 3

Fundstelle 3 befindet sich auf Grst.-Nr. 173 beim Haus Tippelreiter, im Bereich der Trasse der alten B 25, heute in Privatbesitz (Abb. 125). Auf einer Breite von 3,40 m waren in 0,35–0,60 m Tiefe (im Norden) und 0,35 m (im Süden) unter dem derzeitigen Straßenniveau alte Straßenaufschüttungen zu erkennen. In der südlichen Hälfte dieser Altstraßenschichten befand sich eine Störung von der Anlage einer Wärmeleitung mit entsprechend vermischter Verfüllung. Die rezente Oberfläche war eine Betonschicht, darunter schlossen verschiedene grobschottrige, abwechselnd graue und hellbraune Schichten an. Den anstehenden Boden bildete ein mittelbrauner sehr fester Lehm mit größeren, stark verwitterten Steinen. Eine Steinpflasterung konnte nicht mit Sicherheit festgestellt werden, es ist vielmehr anzunehmen, dass diese entfernt und durch eine Schotterung ersetzt wurde.

FP 67108.007, Fundstelle 4

Fundstelle 4 liegt ähnlich wie Fundstelle 3 auf Grst.-Nr. 1112/7, südwestlich von Grst.-Nr. 173, am nordwestlichen Straßenrand der heutigen B 25 (Abb. 125). Auch hier wurde die Altstraße schräg gequert; auf einer Länge von 8,40 m war die alte Straßenaufschüttung sichtbar. Das Profil der Künette war insgesamt 1,05 m hoch. Das Altstraßenpflaster dürfte noch mindestens 0,10 m tiefer liegen.

Von 0,0–0,16 m befand sich eine graubraune, sandig-lehmige Schicht mit Steinen, darüber bis 0,24 m eine graue, lehmige Schicht mit Steinen. Bis 0,40 m schloss eine hellgraubraune, schottrige Schicht mit kleinen Steinen an. Es folgte bis 0,45 m eine dunkelgraue, humose Schicht mit kleinen Steinen mit einer Korngröße von ca. 20 mm. Nun folgte bis 0,80 m die Aufschüttung für die neue Bundesstraße B 25, bestehend aus einer hellbraunen, sehr lockeren, schotterigen Schicht mit einer Korngröße von bis zu 150 mm, die Steine waren abgerundet. An die Asphaltdecke der neuen Bundesstraße, die bis 1,05 m von der Sohle der Künette reichte, schloss eine Humusschicht an.

Die Funde von den Fundstellen 1–3, Mendling

Im Bereich der Fundstellen 1–3 in der Mendling wurden vereinzelte Fundstücke aufgesammelt. Sämtliche geborgene Fundstücke stammen aus dem Aushub der Künette, ihre ursprüngliche Schichtzugehörigkeit ist daher unbekannt. Direkt dem Bereich der Altstraßentrasse sind die Fnr. 90, 92–97 zuzuordnen. Auch im Aushub benachbarter Grundstücke, wo Kabel verlegt wurden, gab es einzelne Fundstücke im Aushub. Die Lage der Funde ist in Abb. 125 eingezeichnet.[266]

Die wenigen, meist oxidierend gebrannten Keramikfragmente (Fnr. 88–92, 94), teilweise mit Innenglasur oder Innenbemalung, datieren allgemein in die Neuzeit, andere sind schon in das 19. Jahrhundert oder später einzuordnen (Fnr. 94). Sie datieren die Aufschüttungen über der Altstraße daher nur allgemein in die Neuzeit.

Von den Eisenobjekten ist der Fund eines Eisenstückes (Graglach) Fnr. 93 (vgl. Tabelle 7) aus dem Bereich der Altstraße und die Luppe Fnr. 97 (vgl. Kap. 10.2.2.2) hervorzuheben. Ferner wurden ein Nagel und ein Hufnagel der bekannten Formen (Fnr. 94) und zwei flache, geschmiedete Eisenstücke gefunden (Fnr. 90, 95) gefunden. Ein Kupfermünze mit Doppeladler auf der Rückseite (Dm. 16 mm) Fnr. 96 ist noch anzuführen.

10.1.4 Archäologische Befunde in der Eschau, Gemeinde Palfau

Von 7. August bis 9. Oktober 2001 erfolgte eine archäologische Baubegleitung des Projektes „Schst. Gams – Palfau/Mendling" der STEWEAG Wasserkraft- und Elektrizitäts-AG in den Gemeinden Palfau und Gams bei Hieflau (vgl. Kap. 10.1.5). Es war dies die Fortsetzung der Arbeiten in Palfau im Sommer 2000.[267]

Einen weiteren Aufschluss des historischen Straßenpflasters der Dreimärktestraße wurde am 28. August 2001 am Nordende der westlichen Hausseite des alten Teils des Hauptgebäudes des Gasthofes Eschau dokumentiert.[268] (Abb. 127, 128/1)

Im Westprofil der Künette, in 0,80 m Entfernung westlich vom KT Nr. 28229 (an der westlichen Hausseite in Bodenniveau), liegt der nördlichste der vier in situ verbliebenen Steine des Pflasters und 0,34 m tiefer als die Oberkante des Höhenpunktes (runder Bolzen) des KTs. Der Bolzen des KT liegt ca. 0,70 m südlich vom Hauseck entfernt.

Von dem vorher beschriebenen Punkt erstreckt sich auf 1,50 m Länge der Rest des Pflasters im Profil, bestehend aus vier größeren Steinen, deren Oberkante sich in einem Niveau befindet. Sie dürften nicht bearbeitet, sondern lediglich mit der ebenen Seite nach oben in den anstehenden Boden eingetieft worden sein. Die Maße der Steine betrugen Breite : Höhe = 71 : 28; 33 : 19; 26 : 21; 50 : 20 cm (von Süden nach Norden, vgl. Abb. 128/2).

Die Tatsache, dass die Oberkante der Pflastersteine 0,12 m tiefer lag als die Oberkante der Steine des Hausfundamentes des Gasthofes Eschau bezeugte, dass es sich um die Straßenpflasterung handeln musste, noch dazu, da sich hier eine Engstelle der Straße befand und die Straße wohl immer direkt am Haus vorbei führte.

Zudem waren die Steine des Fundamentes des Gasthauses Eschau in ihrer Breite mit 0,40 m größer und ihre Höhe betrug 0,26 m und mehr.

Am nordwestlichen Hauseck befindet sich ein pyramidenförmiger Stein, in den Humus gesetzt, an der Basis 0,60 m, Höhe 0,70 m, dreiseitig, eine Seite zeigte schräg zum Hauseck; er stand über die Hauskante hervor, schloss also nicht mit dieser in einer Flucht ab. Er diente bei diesem historischen Gebäude wohl ursprünglich zum Schutz des Hauseckes.

Ein eigens für die Altstraße aufgebrachter Unterbau konnte nicht festgestellt werden. Die Humusschicht wurde vor der Einbettung der Pflastersteine mit Sicherheit abgetragen, ansonsten steht direkt unter den Pflastersteinen bereits das Liegende – Konglomerat – an. Nach Aussage der Bauarbeiter wurden mit Hilfe der Baumaschinen bereits weitere, direkt anschließend auf diesem Niveau liegende Steine entfernt. Das Profil wurde an dieser Stelle aufgenommen (Tabelle 6).

Nördlich des Gasthofes Eschau auf dem Grundstück Nr. 985/1 befand sich in ca. 0,80 m Tiefe eine

---

266 Fnr. 88, 94 (Grst.-Nr. 210), Fnr. 89 (112/2, an Grst.-Nr. 219/2 angrenzend), Fnr. 90, 91 (Fst. 2, Grst.-Nr. 1112/7), Fnr. 92, 93 (Fst. 3, Grst.-Nr. 173) und Fnr. 94, 95, 96 (Fst. 1, Grst.-Nr. 1112/8), Fnr. 97 (Grst.-Nr. 1112/6).

267 Eine Aufsammlung von Einzelfunden, die nicht der Altstraße zuzuordnen sind, erfolgte am 20. und 21. August 2001: FP 67108.013: Grst.-Nr. 985/1. Südlich von FP 67108.014 lag die Künette zum Teil knapp an der Grenze zur B 25 (Grst.-Nr. 1081/1). Hier zeigte sich im Profil eine bis über 1 m mächtige rezente, humose Aufschüttung mit einzelnen großen Steinen, die ev. von der Altstraße stammen könnten, aber genauso gut vom anstehenden Konglomerat. Sehr viele Ziegelbruchstücke befanden sich in dieser humosen Schicht, die allerdings nicht aufgesammelt wurden, lediglich ein geschmiedeter Eisennagel wurde dem Profil dieser Schicht entnommen. – FP 67108.014: Die Künette auf Grst.-Nr. 997 lag westlich der Trasse der „Dreimärktestraße" in einem ungestörten Bereich. Der Konglomerat ist hier anstehender Boden, über dem ein mittelbrauner, sehr fester Lehm und eine eher dünne Humusschicht aufliegen. Die Funde wurden aus dem Aushub aufgesammelt und dürften aus der Humusschicht stammen.

268 Angaben zur Fundstelle FP 67108.007, Fundstelle 5: Land Steiermark; VB Liezen; Gemeinde Palfau; Katastralgemeinde Palfau; Grst.-Nr. 1081/1.

mächtige Brandschicht, die über dem anstehenden Boden lag. Darüber folgten verschiedene Schuttschichten mit Hausmüll, vor allem Ziegelfragmente, und mehrere jüngere Aufschüttungen der B 25.

Auch südlich des Hauptgebäudes des Gasthofes (parallel zu Grst.-Nr. 988) gab es keinen Aufschluss der Altstraße. Der Konglomerat steht hier hoch an, lediglich eine mächtige humose Schicht lag direkt über diesem auf, auch war eine Planierungsschicht mit vielen Ziegelfragmenten zu erkennen, die wohl im Zuge der Terrassengestaltung angelegt worden sein dürfte.

Beim Bundesstraßenausbau dürfte es in diesem Abschnitt bereits zu einer Absenkung des Straßenniveaus und damit Zerstörung der Altstraße gekommen sein.

Laut Kataster von 1824 hätte die Dreimärktestraße auf Grst.-Nr. 997 durch die Bauarbeiten durchquert werden müssen (Abb. 127). Doch war gerade in diesem Bereich ein breites Querprofil aufgeschlossen, wo allerdings nur der anstehende Konglomerat und keine alten Straßenaufschüttungen zu beobachten waren. Die Trasse der Altstraße dürfte daher doch unter der heutigen Straßentrasse der B 25 liegen und nicht, wie das Übereinanderlegen von aktuellem und Franziszeischem Kataster vorgibt, parallel zu dieser. Dies wird wohl mit der bekannten Tatsache eines bereits mehrfach konstatierten Fehlers des Franziszeischen Katasters von 4–10 m zu begründen sein.[269] Es wurden keine Funde dokumentiert.

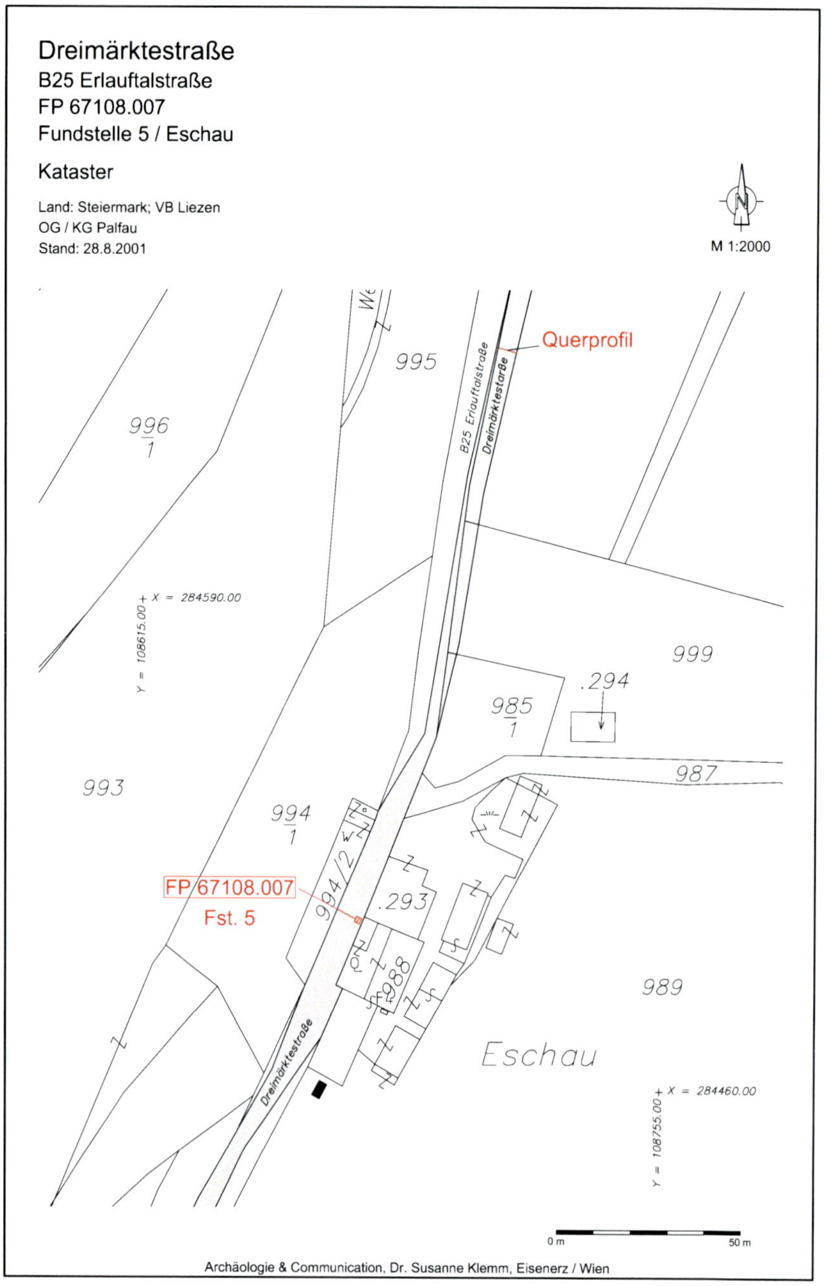

Abb. 127: Dreimärktestraße. B 25 Erlauftalstraße. Palfau. Eschau, Fundstelle 5. Baubeobachtung Oktober 2001. Kataster. M. 1 : 2000.

Tabelle 6: Dreimärktestraße, Palfau, Profil in der Eschau, 2001. Die Maße stellen jeweils die Oberkante der Schicht dar. Schichtnummern in Klammer (), Maßangaben in Meter, ohne Maßstab.

0,27	(4) Asphalt
0,19	(3) Frostkoffer der B 25, Schotter (Korngröße bis 20 mm)
0,0	(2) Oberkante des Steinpflasters
-0,60	(1) Unterkante der Künette, Konglomerat, anstehender Boden

269 Freundl. Mitt. R. Hütter, Amt der Steiermärksichen Landesregierung, Abteilungsgruppe Landesbaudirektion, Stabstelle Geoinformation (GIS-Steiermark).

Abb. 128: Dreimärktestraße. B 25 Erlauftalstraße. Baubeobachtung 2001.

1, 2 Palfau, Eschau, Reste der Altstraße.

3 Gams bei Hieflau, alte Radstattstraße, Straßenpflaster in situ.

10.1.5 Archäologische Befunde in der Gemeinde Gams bei Hieflau

Am 7. August 2001 wurde im Zuge der Bauarbeiten für das Projekt „Schst. Gams – Palfau/Mendling“ der STEWEAG Wasserkraft- und Elektrizitäts-AG auch in der Gemeinde Gams bei Hieflau der Vorläufer der B 25 Erlauftalstraße angefahren.[270] (Abb. 129, 128/3)

Nordöstlich der Straßenkilometer-Marke km 81,6 der B 25 Erlauftal-Straße wurde in ca. 6,6 m Entfernung (Abb. 129) ein kleiner Abschnitt der mit Steinen gepflasterten Altstraße freigelegt. Der Abschnitt war ca. 3 m vom westlichen Rand der Asphaltdecke von der B 25 entfernt.

Die Künette für die Verlegung der Kabel befand sich in einer Rechtskurve der ehemaligen oder „alten“ B 25 (oder Dreimärktestraße) Richtung Landl. Nach dem großzügigen Bundesstraßenausbau in Gams nach dem 2. Weltkrieg, als die B 25 ab der km-Marke 81,6 Richtung Landl eine neue Trasse erhielt, wurde der Abschnitt über die Radstatthöhe auf der Gamser Seite in eine Nebenstraße verwandelt. Im Volksmund wird der Weg im unteren Abschnitt heute „Kompabühelweg“ genannt, eine allgemeinere Bezeichnung wäre die „alte Radstattstraße“.[271] Der Weg ist heute nach wie vor nicht asphaltiert. Nach Auskunft von Helmut Thalhuber war diese Fahrbahn immer einspurig und er erzählte auch, dass es zwei Ausweichen gegeben hätte. Noch 1965 hätten die Postautobusse immer wieder ausweichen müssen.

Der archäologische Befund stimmt bestens mit den Ergebnissen der Untersuchungen in Palfau 1999 und 2000 überein. Allerdings war die Fahrbahnbreite in diesem Straßenabschnitt auf eine Fahrspur verringert, sie dürfte lediglich etwas über 2 m betragen haben. In dem freigelegten Abschnitt, der die Fahrbahn schräg querte, war der östliche Straßenrand bereits durch einen früher angelegten Kanalbau zerstört. Die Störung hob sich bereits knapp unter der heutigen Wegoberfläche durch eine eindeutige Verfärbung von den für die Straße aufgeschütteten Schichten im Profil ab. Der westliche Straßenrand dürfte mit dem Rand der Künette übereinstimmen, da im Profil die Oberkante der Steine deutlich höher lag als die übrigen Steine des Pflasters. Dies ist allerdings nicht gesichert.

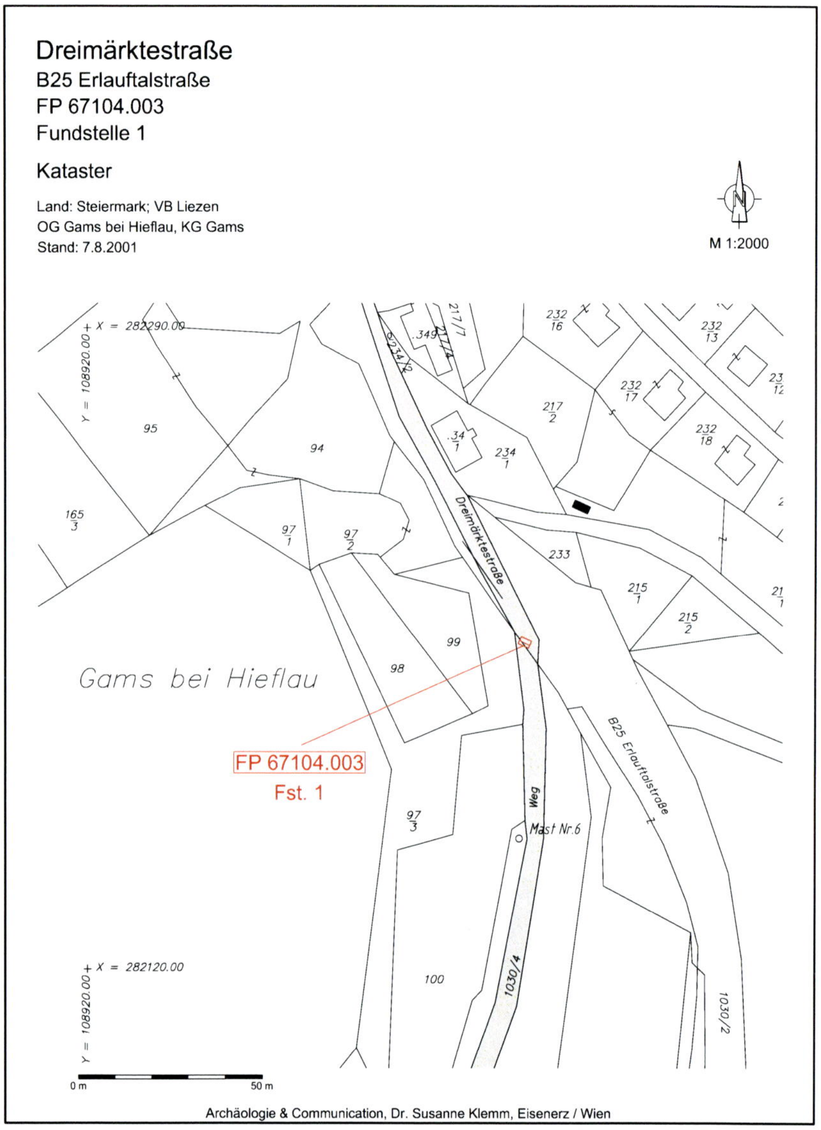

Abb. 129: Dreimärktestraße. B 25 Erlauftalstraße. Gams bei Hieflau. Baubeobachtung Oktober 2001. Kataster. M. 1 : 2000.

Das historische Straßenpflaster lag in einer Tiefe von ca. 1,20 m von der heutigen Geländeoberfläche und bestand aus an der Oberfläche stark abgerundeten Steinen von unregelmäßiger Form und Größe. Die Maße in Zentimeter waren, Länge : Breite = 14 × 15, 22 × 9, 28 × 12, 14 × 16, 19 × 14, 34 × 15, 18 × 13, 13 × 8, 15 × 12, 18 × 29, 15 × 20, 23 × 17, 12 × 7. Auch die Tex-

270 Angaben zur Fundstelle, FP 67104.003: Land Steiermark; VB Liezen; Gemeinde Gams bei Hieflau; Katastralgemeinde Gams; Grst.-Nr. 1030/2; Grst.-Nr. 1030/4; Fundstellenbezeichnung: Erlauftalstraße B 25/„Kompabühelweg“ oder „alte Radstattstraße“.

271 Freundl. Mitt. von Herrn Altbürgermeister H. Lußmann und von Gemeindesekretär Sengseis, Gemeinde Gams bei Hieflau.

tur erschien unterschiedlich. Kleine Steine und lehmiges Material füllten die Zwischenräume aus. Die Oberfläche der Fahrbahn war leicht abfallend von NNW–SSE und war somit im Kurvenbereich dem ansteigenden Gelände angepasst. (Abb. 128/3)

Das Profil zeigte von 0–0,75 m (0,0 = Oberkante des historischen Straßenpflasters) mehrere Aufschüttungen der Altstraße und bei ca. 0,75 m die Oberfläche der alten Bundesstraße. Von 0,75 bis 1,20 m folgte eine rezente Aufschüttung, die beim Ausbau der B 25 aufgebracht worden sein dürfte.

Funde „alte Radstadtstraße"/Gams bei Hieflau

Die Eisenfunde mit der Fnr. 1.1 und 1.2 wurden auf Grst.-Nr. 1030/2 und 4 der Schicht des historischen Straßenpflasters bzw. knapp darüber entnommen.

- Fnr. 67104.003-1.1: Eisenstück; vgl. Tabelle 7.
- Fnr. 67104.003-1.2: Hufnagel; Eisen; geschmiedet; Kopf unregelmäßig bis annähernd quadratisch (10 : 9), Schaftquerschnitt rechteckig (4 : 1,5), Schaft gebogen; Erh.: rostig; nicht konserviert; erh. H. 31; Gesamtlänge: 38. (Abb. 124/11)

10.2 Die Kleinfunde von Palfau und Gams bei Hieflau und ihre Zeitstellung

10.2.1 Die Kleinfunde und ihre archäologische Datierung

Zu den dokumentierten Kleinfunden zählen Keramik, darunter Gefäß- und Ziegelbruchstücke, Ofenkachelfragmente, Glasfragmente, Tierknochen, Holzkohle, Kupfermünzen, andere Kupferstücke und vor allem Eisenobjekte, großteils Hufnägel und Nägel, sowie kleine unförmige Eisenstücke, so genanntes Abfalleisen.

Wenige Keramikbruchstücke (Fnr. 2.3, 3.1, 3.5–3.8, 9.4–9.6) und Tierknochen (Fnr. 9.2, 12.2, 30.2, 31.3, 74. 2) stammen aus den Schichten zwischen den Pflastersteinen bzw. der direkt über diesen liegenden Schicht. Die Tierknochen können mit Ausnahme Fnr. 60 als Speisereste angesehen werden, die Gefäßbruchstücke sind wohl als Hausmüll zu betrachten und wurden ev. wie die Tierknochen eingeschwemmt bzw. mit dem Material der jüngeren Schichten aufplaniert.

Die Bestimmung der Tierknochen erfolgte durch Gerda Distelberger und Erich Pucher, Archäozoologisch-Zoologische Sammlung, Naturhistorisches Museum in Wien. Die bestimmbaren Fragmente stammen von den gängigen Wirtschaftstieren Rind, Schwein, Schaf und Ziege. Das Pferdeschienbein Fnr. 60, das ziemlich lang und schlank ist und im Aushub von Schnitt 3/1999 gefunden wurde, stammt wohl von einem neuzeitlichen Reitpferd, allerdings nicht von einem Kaltblüter. Ein großer Teil der meist sehr kleinen Fragmente ließ sich nicht oder nicht mit Sicherheit bestimmen. Hervorgehoben sollen noch jene Tierknochen werden, vielfach sehr brüchige und weiche Splitter, die sich zwischen den Steinen des Straßenpflasters oder knapp darüber befanden, so in Schnitt 1 die Fnr. 9.2 und 12.2, in Schnitt 3/1999 die Fnr. 30.2, 31.3 und 74. 2. Sie stammen von Rind, Schwein und Ziege.

Bei den Keramikfragmenten (Fnr. 2.3, 3.1, 3.5–3.8, 9.4–9.6) aus dem ältesten Altstraßenhorizont handelt es sich in erster Linie um oxidierend gebrannte, vielfach glasierte Ware, die in die Neuzeit datiert. Der größte Teil der Keramik stammt aus dem Aushub, dem Humus oder Störungshorizonten. Es handelt sich durchgehend um neuzeitliche Keramik, inklusive solcher des 19. und 20. Jahrhunderts.[272] Da diese Stücke für die Datierung und Nutzung der gepflasterten Altstraße keine Auskunft geben, wurde von einer detaillierten Aufnahme und Bestimmung großteils abgesehen. Die Fragmente der Glasflasche Fnr. 13.3 (Abb. 111/7) sind gleichfalls zum Hausmüll zu zählen. Gebrauchsflaschen dieser Form mit zylindrischem oder mehrkantigem Körper sind vor allem im 17. und 18. Jahrhundert üblich, aber kommen noch im 19. Jahrhundert vor.[273] Die Holzkohlenfunde von Schnitt 1 und 3 könnten von den Holzkohletransporten stammen. Wenige Meter von Schnitt 2 und 3 entfernt befindet sich direkt an der Salza eine Kohlstätte.[274]

Den Hauptanteil des Fundgutes der beschriebenen Untersuchungen machen jedoch Eisenobjekte, vor allem Hufnägel und Fragmente derselben, Nägel und Nagelfragmente sowie kleine massive, unförmige Eisenstücke, die als so genanntes Abfalleisen angesprochen werden können, aus. Sie stammen großteils aus der Schicht direkt über dem Steinpflaster bzw. lagen zwischen den Pflastersteinen und stehen somit ursächlich mit der Straßennutzung in Zusammenhang und sind als Verlustfunde zur Zeit der Straßennutzung zu interpretieren. Sämtliche Eisenobjekte waren sehr rostig, mit Lehm verkrustet bzw. versintert.

Eher selten sind Nägel mit langem Schaft und quadratischem oder rechteckigem Querschnitt. Die beiden Nägel Fnr. 16.13 (Abb. 112/8) und 43.6 (Abb. 117/18) haben einen quadratischen Schaftquerschnitt und eine große, rechteckige Kopfplatte. Die Nägel Fnr. 16.11 (Abb. 112/7), 18.2 (Abb. 112/19), 18.6 (Abb. 112/23), 21.2 (Abb. 112/25) und 23.3 (Abb. 116/4) mit qua-

272 Vgl. z. B. Bauer 1987. – Scharrer 1997, 633ff., Tafel 1/1, 2; 4/14; 5/17. – Siehe auch Klemm/Presslinger 2002.

273 Aus der Steiermark sind vergleichbare Stücke bislang nicht bekannt. Freundl. Mitt. Mag. G. Glöckner, Graz. – Vgl. einen Fund aus Wien in Tarcsay 1999, 190f., Kat-Nr. 276/F12.

274 Die Kohlstätte (FP 67108.003) ist eine größere Anlage mit einer hohen, dringend sanierungsbedürftigen Stützmauer an der Böschung zur Salza, einer Stützmauer bergseitig und Gebäuderesten. W. Scheiblechner, Palfau, machte die Verfasserin 1998 auf das Objekt aufmerksam.

dratischem Schaftquerschnitt besitzen einen langrechteckigen, schmalen Kopf. Auffallend ist der große, langrechteckige Kopf eines weiteren Stückes Fnr. 33.6 (Abb. 117/8) mit annähernd quadratischem Querschnitt.

Eine weitere Gruppe von Nägeln Fnr. 16.18 (Abb. 112/13), 33.8 (Abb. 117/10), 34.10 (Abb. 123/3), 49.9 (Abb. 123/34), 71.2 und 71.3 (Abb. 124/5, 6) weisen Schäfte auf, die zum Kopfbereich hin keilförmig verbreitert sind und mit einer rechteckigen Fläche abschließen. Von den größeren Nägeln sind nur zwei Nagelschäfte mit einem rechteckigen Querschnitt Fnr. 33.7 (Abb. 117/9) und Fnr. 43.13 (Abb. 117/25) erhalten. Das Objekt Fnr. 16.14 (Abb. 112/9) wird als Bandnagel angesprochen; er hat ein verbreitertes Ende mit rechteckigem Querschnitt. Ein vergleichbares Stück liegt aus Vordernberg, Erzweg, Schnitt 1/1997 vor (vgl. Kap. 6, Abb. 41/27) vor.

Die Hufnägel verschiedener Kopfgestaltung bilden die größte Fundgruppe. Hufnägel mit annähernd quadratischem bis breitrechteckigem Kopf kommen sehr häufig vor, z. B. Fnr. 8.2 (Abb. 112/1), Fnr. 15,12 (Abb. 112/5), 16.17–16.22 (Abb. 112/12, 14–18), 22.3 (Abb. 117/2), 26.1 (Abb. 117/5), 43.7–43.11 (Abb. 117/19–23) oder Fnr. 34.11–34.15 (Abb. 123/4–8). Ebenso zahlreich sind Hufnägel mit teilweise dach- oder T-förmigem, schmalem, langrechteckigem Kopf, z. B. Fnr. 15.9–15.11 (Abb. 112/2–4), 33.13, 33.14 und 42.2 (Abb. 117/15–17) oder 34.21, 34.23–34.8 (Abb. 123/12–18) und 49.5–49.7 (Abb. 123/30–32). Andere haben nur ein keilförmig verbreitertes Ende wie Fnr. 33.12 (Abb. 116/14), 34.20 (Abb. 123/11), 39.2 (Abb. 123/22) oder 58.5 (Abb. 116/29).

Hervorzuheben sind ferner Hufnägel mit dicken, stollenförmigen Köpfen wie Fnr. 34.17 und 34.19 (Abb. 123/9, 10), 46.3 (Abb. 123/28) und 58.3 (Abb. 117/27). Vier bolzenähnliche Stücke mit den Fnr. 34.36 und 34.37 (Abb. 123/19, 20) und 44.6 und 44.7 (Abb. 123/26, 27) sind in Größe den Hufnägeln ähnlich. Vergleichbare Objekte wurden als Rohlinge für Hufnägel in der Literatur angesprochen.[275] Die Schäfte der Hufnägel weisen insgesamt einen langrechteckigen Querschnitt auf, am häufigsten sind eine Breite von 5 mm und eine Dicke von 1,5–2 mm. Nur eine geringe Zahl der Hufnägel weist ein spitzes Schaftende auf, Fnr. 8.2 (Abb. 112/1), 16.16 (Abb. 112/11), 18.4 (Abb. 112/21), 33.12 (Abb. 117/14), 43.12 (Abb. 116/24), 75.2 (Abb. 123/7), ein umgebogenes Ende zeigen die Fnr. 33.13 (Abb. 117/15) und 34.28 (Abb. 123/18).

Die Länge der Hufnägel variiert von 18 mm bis 40 mm, nur wenige sind länger und messen auch 44, 47 oder 54 mm, der Großteil misst rund 30 mm. Sie sind geschmiedet und wie die metallographische Untersuchung (Kap. 10.2.2.1) zeigte, ist das Material durch die Bearbeitung im Kopfbereich gestaucht.

275 Hebert 2003, 81, Fnr. 81.

Die Hufnägel datieren allgemein in die Neuzeit, ihre Zeitstellung kann nicht näher eingegrenzt werden. Die dach- und T-förmigen Hufnägel sind besonders zahlreich in Hufeisen mit einer parallel zum Außenrand verlaufenden Nut vorhanden, wie sie sich in der Sammlung des Stadtmuseums Eisenerz befinden; der Großteil des Fundbestandes wurde am Steirischen Erzberg gefunden, andere im Bereich des Präbichls; Hufnägel mit größerem Kopf, mit breitrechteckigem oder quadratischem Kopf kommen ebenfalls vor. Vergleichbare Hufeisen kennen wir aus der Eisenerzer Ramsau, ebenfalls mit T-förmigen Hufnägeln versehen.[276] Das Hufeisen vom Kupferschmelzplatz S1/Meilergrube FP 60104.001 datiert in das 15./16. Jahrhundert (vgl. Kap. 7, Abb. 81). Bei den Grabungen des Erzweges in Vordernberg, Laurentistraße, Schnitt 1/1997 wurden vor allem Hufnägel mit breitrechteckigem bis quadratischem Kopf gefunden (vgl. Kap. 6, Abb. 41/1–4, 6–21). Selten waren in Vordernberg Hufnägel mit T-förmigem Kopf (vgl. Kap. 6, Abb. 32/6 und 41/22, 25).

Im Zuge der Begehung von Wegen auf dem Dachsteinplateau wurden Hufeisen und Hufnägel gefunden. Die wenigen publizierten Hufnägel entsprechen den aus Palfau und Vordernberg vorliegenden Stücken.[277]

Hufnägelfunde eines Altstraßenbefundes von Oberwinterthur, Schiltwiese in der Schweiz, erlauben einen Vergleich mit den vorliegenden Fundstücken. Es fällt dabei auf, dass Hufnägel mit langrechteckigem Kopf oder Hufnägel mit keilförmig verdicktem Ende in den unteren und älteren Schichten 3 und 4 der Altstraße vorkommen, nicht aber in der in das 18. Jahrhundert datierten Schicht 7. Schicht 4 („oberer Straßenkörper") soll im 16. Jahrhundert gemäß schriftlichen Quellen sichtbar und befahrbar gewesen sein, während Schicht 3 den „unteren Straßenkörper" bildete.[278] Die Fahrbahn war nicht gepflastert, Schicht 4 war zumindest mit einer Lage von faustgroßen Geröllen bedeckt. In Schicht 4 befanden sich allerdings auch Hufnägel mit breiterem Kopf, vermehrt in den Schichten 5 und 6 bzw. 8 und 9.[279] Hufnägel mit langrechteckigem, schmalem Kopf waren vor allem seit dem Mittelalter und zumindest bis in das 16. Jahrhundert charakteristisch. Ein Teil der Hufnägel von Palfau kann demnach ebenso bereits in das späte Mittelalter datieren.

Neben Hufnägeln und Hufnägelresten sind vor allem die geschmiedeten Eisenteile eines Spannschlosses Fnr. 16.10 hervorzuheben, das aus einem Zapfen mit

276 Klemm 2003, 98 (FP 60104.004), 116 (Tafel 1/2). – Klemm/Nelle u. a. 2005, 283, Abb. 13/11.

277 Mandl 1996, 123.

278 Drack 1990, 191ff., 201 mit Abb. 8/5, 17, 18 bzw. Abb. 8/7–9, 20, 21.

279 Drack 1990, 201 mit Abb. 8/15, 16, 19 (Schicht 4), Abb. 8/30 (Schicht 5–6), 203, Abb. 9/17–22 (Schichten 8 und 9).

Tabelle 7: Funde von Eisenstücken (Graglach) von der Dreimärktestraße FP 67108.007 und FP 67104.003 (Gem. Palfau und Gams bei Hieflau).

Fundnummer	Stückzahl	Gewicht/Masse in Gramm	Länge mm	Breite mm	Dicke mm	max. Länge mm
67104.003-1.1	1	26,72	26	23	14	
67108.007-13.8	1	1,79	11	11	9	
67108.007-15.7	1	24,4	29	29	18	
67108.007-15.8	1	6,84	18	12	8	
67108.007-30.1	1	6,23	24	15	6	
67108.007-33.1	1	29,95	35	26	15	
67108.007-33.2	1	101,17	51	31	26	
67108.007-33.3	1	26,85	33	26	16	
67108.007-33.4	5	83,35				26
67108.007-33.5	10	40,29				22
67108.007-34.1	1	83,88	53	27	18	
67108.007-34.2	1	31	35	32	17	
67108.007-34.3	1	37,01	36	18	18	
67108.007-34.4	1	58,3	40	30	22	
67108.007-34.5	1	31,28	30	23	28	
67108.007-34.6	1	27,39	39	31	10	
67108.007-34.7	10	273,32				32
67108.007-34.8	12	164,34				21
67108.007-34.9	zahlreiche St.	249,37				15
67108.007-39.4	1	3,1	16	10	19	
67108.007-39.5	1	1,5	12	10	9	
67108.007-40.1	5	2,76				10
67108.007-42.1	1	8,96	17	16	13	
67108.007-43.1	1	13,49	23	18	14	
67108.007-43.2	1	6,14	19	14	12	
67108.007-43.3	5	13,27				12
67108.007-44.1	zahlreiche St.	10,4				16
67108.007-45.1	1	22,15	13	11	9	
67108-007-46.1	1	35,95	33	28	19	
67108.007-46.2	1	34,78	35	23	20	
67108.007-46.3	5	13,77				16
67108.007-48.1	1	18,17	23	20	18	
67108.007-48.2	8	16,23				15
67108.007-49.1	1	40,46	36	29	18	
67108.007-49.2	1	15,7	26	19	13	
67108.007-49.3	3	40,45				24
67108.007-49.4	9	22,35				19
67108.007-58.1	1	9,52	24	21	20	
67108.007-58.2	5	17,92				13
67108.007-60-6	1	25,42	33	28	12	
67108.007-60.7	1	3,31	16	13	7	
67108.007-62.1	1	7,08	24	20	11	
67108.007-71.1	1	27,28	28	26	17	
67108.007-71.2	3	24,73				23
67108.007-74.1	1	27,45	20	13	9	
67108.007-75.1	10	16,46				11
67108.007-77.1	1	29,15	35	27	14	
67108.007-93.1	1	11,74	20	16	14	
67108.007-101.1	1	17,21	36	18	15	
67108.007-101.2	1	13,38	24	18	13	
67108.007-101.3	2	4,29				15
Gesamtgewicht/Masse (g):		**1.858,05**				

Ring besteht, an dem eine Eisenkette, von der einzelne, stark abgenützte Glieder noch angerostet waren, befestigt war (Abb. 112/28). Am anderen Ende der Kette befand sich ein größerer Ring, durch den der Zapfen geschoben wurde. Das kreisförmig ausgeschmiedete Mittelstück wirkte dabei als Hebel. Auf diese Weise waren die Leitern von Leiterwägen vorne verspannt worden.[280] Der Riemendurchlass Fnr. 15.2 (Abb. 112/26) wird wohl zum Geschirr der Zugtiere gehört haben. Die Funktion anderer Eisenteile, wie Fnr. 16.24 (Abb. 112/27), 23.5 (Abb. 117/7) oder Fnr. 71.4 (Abb. 124/4), kann nicht bestimmt werden. Die Objekte Fnr. 37.1, 102.1 und 102.2 (Abb. 117/7, 124/1–3) sind typische Holzklammern, wie sie bei Holzarbeiten verwendet wurden. Es handelt sich um langlebige, allgemein in die Neuzeit datierende Formen.

Auffallend ist eine große Zahl von kleinen bis sehr kleinen massiven und im Verhältnis schweren, unregelmäßig geformten Eisenstücken, allesamt an der Oberfläche rostig, wie die Nägel und anderen Eisenobjekte stark mit Lehm verkrustet bzw. versintert. Sie wurden in erster Linie zwischen den Pflastersteinen bzw. direkt in der Schicht über den Pflastersteinen gefunden. Den nachstehenden metallographischen Untersuchungen zufolge handelt es sich vorwiegend um weißes Gusseisen und wurde daher als das in historischen Quellen und Literatur beschriebene „Graglach", so genanntes Abfalleisen, das im Spätmittelalter bis in die mittlere Neuzeit beim Verhüttungsprozess anfiel, teilweise auch absichtlich produziert wurde, identifiziert (vgl. Kap. 10.2.2.2.).[281] Insgesamt wurden 1,86 kg in Form kleiner bis sehr kleiner Stücke gefunden. Das größte Einzelstück hatte eine Masse von 101,17 g und war 51 : 31 : 26 cm groß (Tabelle 7).

10.2.2 Metallographische Untersuchungen (R. Haubner, S. Strobl)

10.2.2.1 Metallographische Untersuchung des Hufnagels Fnr. 16.21

Bei dem Hufnagel (Fnr. 16.21) wurde eine metallographische Untersuchung im Lichtmikroskop durchgeführt (Abb. 130). Dieser Nagel wurde in Araldit eingebettet und mittels Korundscheibe zerschnitten. Ein Längsschnitt im Bereich des Nagelkopfes wurde danach metallographisch präpariert. Im polierten Zustand erkennt man an der Oberfläche des Nagels Oxidschichten, welche auf Korrosion zurückzuführen sind, und einen Riss, welcher ebenfalls Oxide enthält (Abb. 130b). Dieser Riss hat seinen Ursprung vermutlich in der Herstellung des Nagels. Links neben dem Riss sind zahlreiche Einschlüsse zu erkennen, welche wahrscheinlich aus dem Rohmaterial für die Nagelherstellung stammen. Rechts neben dem Riss wurden nur sehr wenige derartige Einschlüsse beobachtet. Nach der metallographischen Ätzung mittels 3 % Nital[282] wurde ein Gefüge sichtbar, welches sich durch einen starken Kohlenstoffgradienten auszeichnet (Abb. 130c, d, e). Die dunkleren Bereiche bestehen aus einem feinen Perlit, was einem eutektoiden Stahl mit 0,8 % C entspricht. Die hellen Zonen sind untereutektoider Stahl, wobei sehr geringe Kohlenstoffgehalte bis < 0,1 % vorliegen. Interessant erscheint dabei, dass der vorhandene Riss eine Art Trennlinie zwischen den Bereichen mit den unterschiedlichen C-Gehalten darstellt. Von den zahlreichen Gefügestrukturen ist in Abb. 130f ein verformter Bereich gezeigt, in dem Ferritstreifen (hell) zwischen Perlitbereichen (dunkel) vorliegen. Dieses Gefüge ist ebenfalls während der Herstellung des Nagels entstanden. Aus den vorliegenden Untersuchungsergebnissen kann geschlossen werden, dass dieser Nagel aus einem Ausgangsmaterial mit höherem Kohlenstoffgehalt hergestellt wurde und dass während des Schmiedens Entkohlung stattfand.[283]

10.2.2.2 Metallographische Untersuchungen von Eisenstücken der Dreimärktestraße

Einleitung

Während der archäologischen Grabungen von Schnitt 2 und 3 des Bereiches der Altstraße in Palfau, der so genannten Dreimärktestraße, wurden auf der ursprünglichen Straßenoberfläche zahlreiche Eisenstücke gefunden.[284] Metallographische Untersuchungen an einigen dieser Eisenstücke sollten klären, welcher Typ von Eisenlegierung (Reineisen, Stahl, weißes Gusseisen, graues Gusseisen) vorliegt, um Rückschlüsse auf ihre Herstellung und auch die Zeitstellung der Fundstücke ziehen zu können. Für die Interpretation der erarbeiteten metallographischen Resultate ist die Kenntnis über die Arbeitsweise der historischen Produktionsverfahren erforderlich. Vor allem alte montanistische Literatur ist hier sehr aufschlussreich, z. B. Gabriel Jars 1758, ein Ungenannter 1780, Karl Karmarch 1834 oder jüngere Beschreibungen wie von Otto Johannsen 1925 und Rudolf Weißmaier 1988.[285] Ausführliche Zusammenfassungen der steirischen Eisengewinnung verfassten Gerhard Sperl und Hans Jörg Köstler für die Steirische Landesausstellung 1984.[286]

280 Freundliche Mitt. W. Scheiblechner.

281 Klemm/Strobl/Haubner (in Vorbereitung).

282 Vander Voort 2004.

283 Vgl. dazu Strobl/Haubner/Klemm 2010b.

284 Vgl. Kap. 10.2.

285 Jars 1977. – Ein ungenannter 1780. – Karmarch 1834. – Johannsen 1925. – Weissmaier 1988.

286 Sperl 1984a, Köstler 1984.

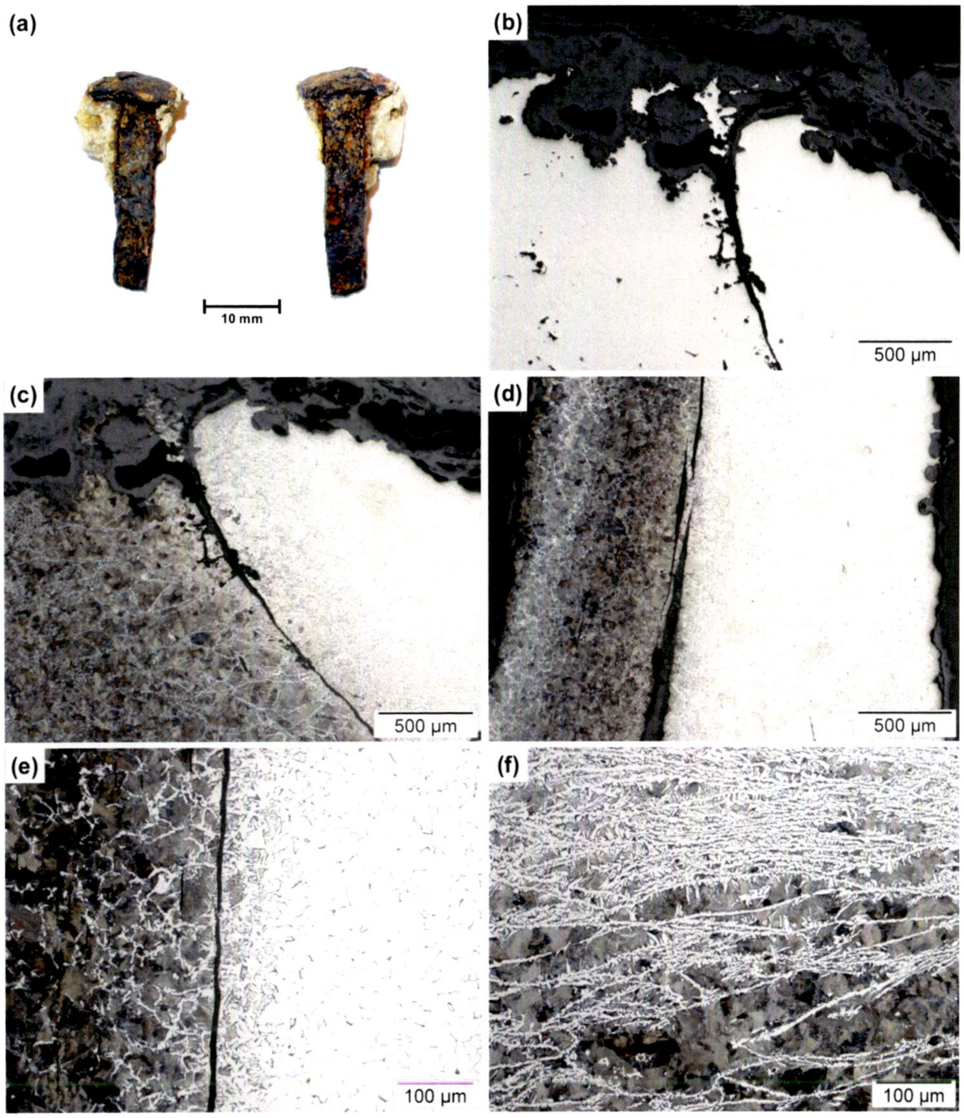

Abb. 130: Metallographische Untersuchung des Hufnagels (Fnr. 16.21). (a) Vorder- und Rückseite; (b) polierter Längsschnitt im Bereich des Nagelkopfes; (c, d, e) Längsschnitt des Nagelkopfes, links eutektoider Stahl mit feinem Perlit, rechts untereutektoider Stahl mit wenig Zementit; (f) verformter Bereich mit Ferritbändern zwischen Perlit.

Chemie und Metallkunde der Eisengewinnung

Da Eisenlegierungen zu den wichtigsten metallischen Werkstoffen zählen, wurden auch die chemischen Reaktionen der Eisengewinnung eingehend untersucht. Vor allem für die modernen Direktreduktions- und Reinigungsverfahren ist es notwendig, die unterschiedlichen Reaktionen und Reaktionsbedingungen genau zu kennen.[287] So haben beispielsweise Gerhard Sperl und auch Harald Straube die chemischen und metallurgischen Aspekte für die historischen Eisenreduktionsverfahren zusammengefasst.[288]

Bezüglich der Eisen-Kohlenstoff-Legierungen existieren zahlreiche Standardwerke, welche die unterschiedlichen Stahl- und Gusseisengefüge beschreiben.[289] Außerdem existieren auch Arbeiten, welche Gefüge von historische Luppen[290] oder Schlacke/Eisen- Gemische[291] aus Rennfeuern untersucht

287 Winnacker Küchler 2006. – Ullman 1985.

288 Sperl 1984b. – Straube 1986.

289 Klemm 1973. – Schumann 1967, Houdremont 1956, Piwowarsky 1942.

290 Z. B. Straube 1986, Khevenmüller u. a. 1961, Mihok/Gasaj 2004, Presslinger 1955.

291 Cech/Presslinger 2004. – Presslinger/Gahm/Eibner 1983. – Leroy et al. 2007. – Senn/Eschenlohr 2006.

haben. Zudem liegen auch Gefügeuntersuchungen von Eisenluppen und aus Eisen geschmiedeten Objekten, die bei Versuchen der Experimentellen Archäologie hergestellt wurden, vor.[292]

Die Eisenproben der Grabung „Altstraße Palfau“

Aus den zahlreichen kleinen bis sehr kleinen Fundstücken dieser Art (vgl. Kap. 10.1.2) wurden vier Proben für die metallographische Untersuchung ausgewählt (Abb. 131). Probe 67108.007-033 wurde in Schnitt 2/1999, die Proben 67108.007-034 und 046 in Schnitt 3/1999 direkt auf dem Straßenpflaster gefunden.

Neben den kleinen Eisenstücken stand auch eine Luppe, Probe 67108.007-097, die im Jahr 2000 im Aushub einer Künette der STEWEAG am Rand der B 25 Erlauftalstraße in der Mendling, entdeckt wurde, für metallographische Untersuchungen zur Verfügung (Abb. 132).

Metallographische Probenpräparation

An den einzelnen Fundstücken hafteten noch Reste des steinigen Lehms, in dem die Stücke gefunden wurden. Die Masse wurde vor und nach der Reinigung im Ultraschallbad (Tabelle 8) erfasst. Anschließend wurden die historischen Eisenstücke mit einer metallographischen Trennscheibe geteilt und an verschiedenen Stellen Proben für die Untersuchungen entnommen.

Die abgetrennten Proben wurden warm oder kalt eingebettet und beginnend mit SiC-Schleifpapieren stufenweise bis P4000 (5 µm) geschliffen. Danach wurde mit 1 µm Diamant und 1 µm Al_2O_3-Suspension poliert.

Die Gefügeuntersuchung der Proben erfolgte im geätzten Zustand mittels Lichtmikroskop.

Zur Ätzung wurden verschiedene Lösungen eingesetzt:

- 3 %ige Nital Lösung (3 ml HNO_3, 97 ml Methanol)
- Sulfidisches Farbätzmittel nach Klemm[293]
- 1 g K-Metabisulfit, 50 ml gesättigte Na-Thiosulfat -Lösung

Abb. 131: Eisenstücke, Probennummer 67108.007-33/34/46.

Abb. 132: Bruchstück der Luppe, Probennummer 67108.007-97.

292 Klemm/Sperl/Scheiblechner 2002. – Scheiblechner 2005.

293 Klemm 1973.

Ergebnisse der metallographischen Untersuchungen

Probe 67108.007-033

Der sehr inhomogene Aufbau der Probe ist auf Unterschiede in der Kohlenstoffkonzentration zurückzuführen (Abb. 133). Besonders auffallend ist der Übergang von ferritischem Eisen über perlitischen Stahl bis zum untereutektischen Gusseisen, welcher eine Breite von etwa 1 mm aufweist.

Abb. 133a zeigt eine Überblicksaufnahme, wobei links oben (weiß) ferritischer Stahl mit hohem Ferrit- und geringem Perlitanteil zu sehen ist (Abb. 133b). Es folgt eine perlitische Region (eutektoider Stahl) (Abb. 133c), an die sich eine Zone, zusammengesetzt aus einem ledeburitischem Netzwerk und darin eingeschlossenen Bereichen aus übereutektoidem Stahl, anschließt (Abb. 133d).

Das bedeutet, dass von links oben nach rechts unten ein ausgeprägter Kohlenstoffgradient auftritt. Der geschätzte C-Gehalt liegt zwischen 0 wt.% (Ferrit) und etwa 3 wt.% (ledeburitisches Netzwerk).

Abb. 134 zeigt Vergrößerungen der oben beschriebenen Übergangsbereiche. Der Bereich ledeburitisches Netzwerk – Perlit (Abb. 134) ist gekennzeichnet durch lange, teilweise parallel angeordnete Zementitkristalle, welche in den Perlit hineinreichen. Beim Übergang Perlit – untereutektoider Stahl (Abb. 134b) sind helle Ferritnadeln im Perlitgefüge zu erkennen. Diese Vermischung der unterschiedlichen Gefüge kann durch den vorliegenden Kohlenstoffgradienten erklärt werden.

In Abb. 135 sind höhere Vergrößerungen der unterschiedlichen Gefüge zusammengefasst. Alle drei Gefüge zeigen an, dass eine schnelle Abkühlung stattgefunden hat.

In Abb. 135a ist ein untereutektisches Gusseisen mit Ledeburitsäumen und Zementitnadeln innerhalb der ursprünglichen Austenitkörner zu sehen. Geht die Abkühlung schnell vonstatten, so hat der Kohlenstoff keine Zeit, aus dem Inneren der Austenitkristalle bis an die Korngrenzen zu diffundieren. Die Folge davon ist, dass sich der Zementit ganz oder teilweise im Inneren der großen Kristalle in Form langspießiger Nadeln ausscheidet.[294]

Abb. 135b zeigt einen sehr feinen Perlit, was ebenfalls durch rasche Abkühlung zu erklären ist.

Abb. 135c ist ein untereutektoider Stahl mit widmannstättscher Ferritanordnung abgebildet. Eine derartige widmannstättsche Struktur entsteht z. B. durch erhöhte Abkühlung von hoher Temperatur und/oder dem Auftreten von großen Austenitkörnern.[295]

Eine Pore mit ledeburitischem Saum ist in Abb. 136 zu sehen. Ausgehend von der ledeburitischen Zone reichen wieder Zementitnadeln in das umliegende Perlitgefüge. Dieses Phänomen lässt sich dadurch erklären, dass in der Pore Kohlenstoff (Kohle) war, welcher in das Eisen eindiffundiert ist.

Entsprechend dem Fe-C Phasendiagramm scheidet sich der Ledeburit aus der Schmelze bei 4,3 wt% C ab. Dies bedeutet, dass das vorliegende Eisenstück teilweise aufgeschmolzen ist.

Probe 67108.007-034.1

Bei diesem Probestück ist ebenfalls ein Kohlenstoffgradient zu beobachten, wobei in den Randzonen höhere Kohlenstoffgehalte vorliegen und im Inneren neben dem übereutektoiden Stahl noch Oxid vorhanden ist (Abb. 137a). Dieser Aufbau zeigt, dass der Erzkörper von außen nach innen reduziert und aufgekohlt wurde. In der Randzone entstand bereits etwas Schmelzphase, die sich bei der Abkühlung in Ledeburit umgewandelt hat. Der Kohlenstoffgehalt der Gesamtprobe wurde anhand der Gefügeverteilung geschätzt und liegt im Bereich von Gusseisen (etwa 2,8 wt.% C). Es handelt sich dabei um weißes Gusseisen, in dem kein Graphit enthalten ist.

Abb. 137b zeigt die ledeburitische Randzone (hell, gemustert) mit kleineren, eingelagerten „Inseln" aus Perlit (blau-braun). Aus dem Gefüge kann für diese Zone ein Kohlenstoffgehalt von etwa 4 wt.% geschätzt werden. Das Gefüge im Zentrum (Abb. 137c) dieses Eisenstücks enthält noch Oxide (FeO und/oder

Tabelle 8: Massenangaben der untersuchten Proben.

Probenbezeichnung	Masse im Rohzustand [g]	Masse nach der Ultraschallbad-Reinigung [g]
67108.007-033	30,56	29,95
67108.007-034.1	89,48	83,88
67108.007-034.2	32,93	31,00
67108.007-046	37,07	35,95
67108.007-097	216,50	0,00

294 Schumann 1967.

295 Klemm 1973. – Schumann 1967. – Houdremont 1956.

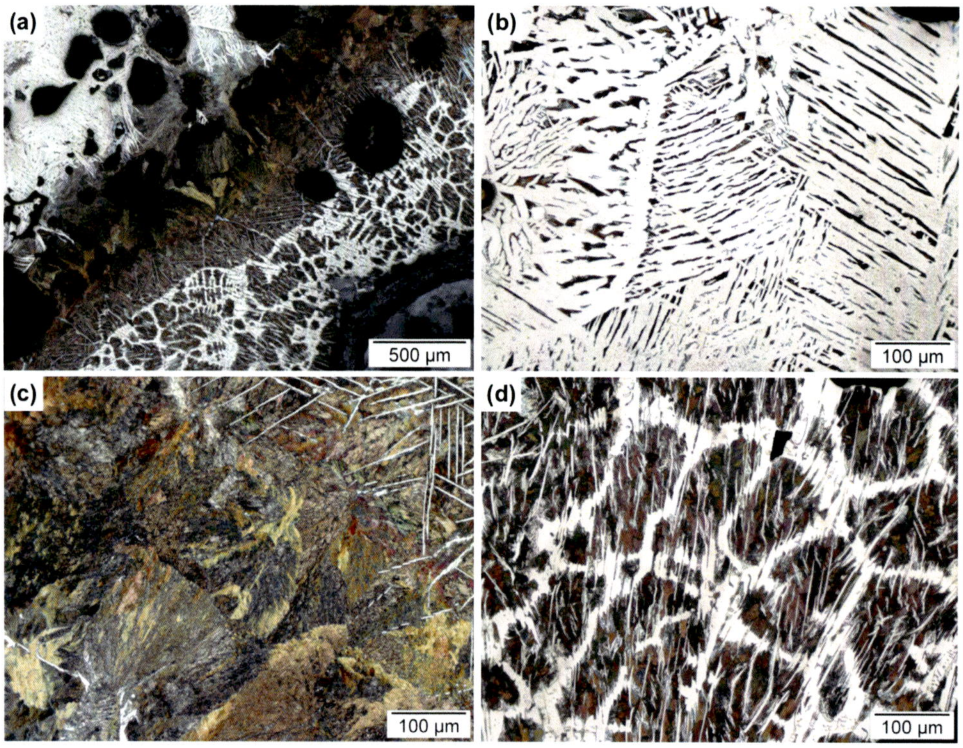

Abb. 133: Übergang im Gefüge der Probe 67108.007-033; (a) Überblick, (b) ferritisches Gefüge, (c) Perlit und (d) Ledeburit Netzwerk; (Ätzung: Nital, 90 s).

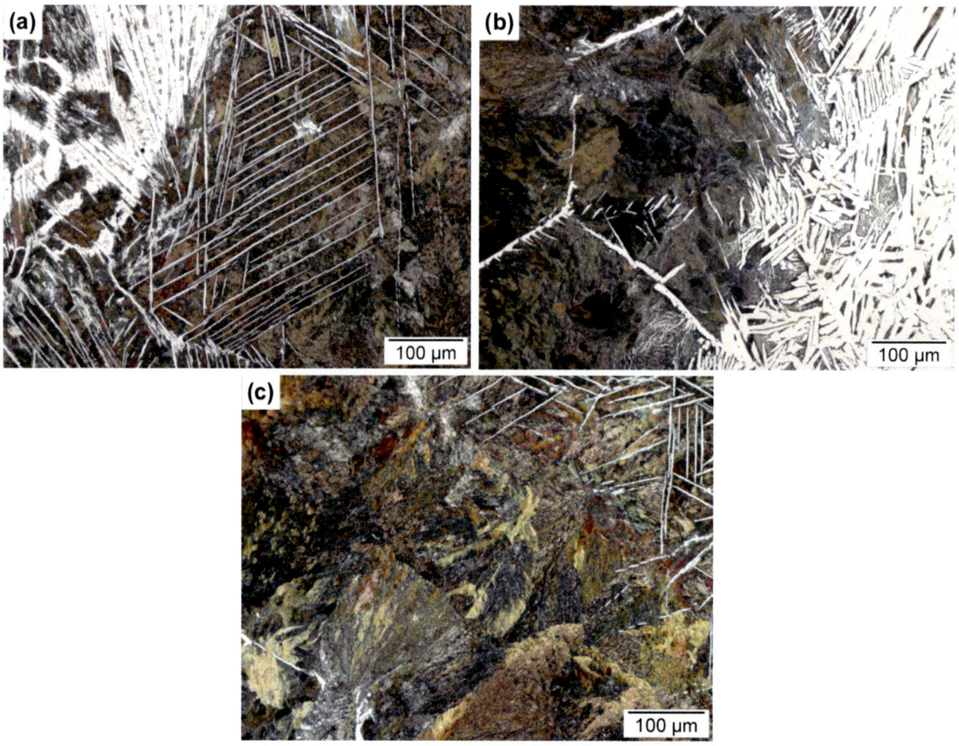

Abb. 134: Gefügeübergänge in der Probe 67108.007-033; (a) Übergang ledeburitisches Netzwerk – Perlit, (b) Übergang Perlit – untereutektoider Stahl (Ätzung: nach Klemm, 40 s).

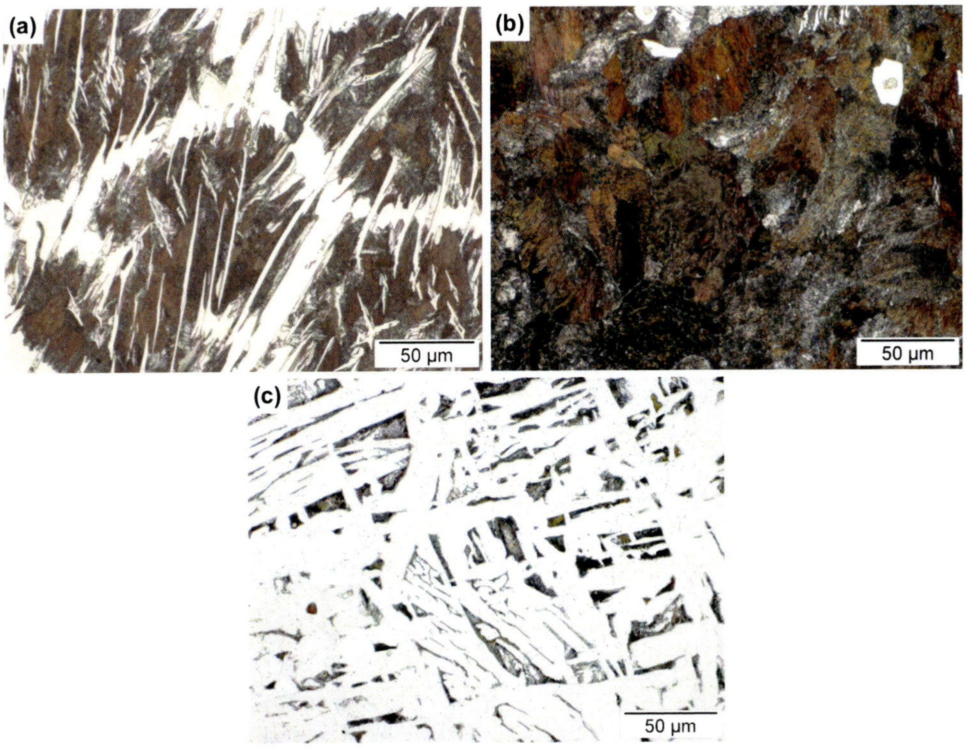

Abb. 135: Detailaufnahmen der Gefüge in 67108.007-033; (a) ledeburitisches Netzwerk – Perlit, (b) Perlit, (c) untereutektoider Stahl; (Ätzung: Nital, 90 s).

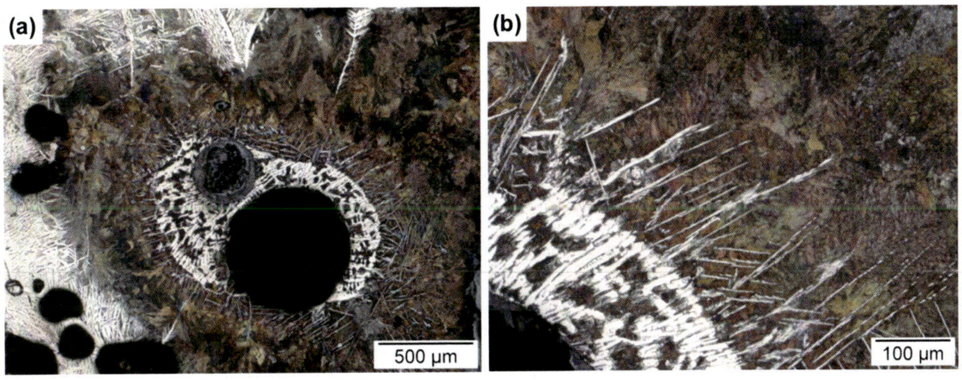

Abb. 136: Pore mit ledeburitischem Saum in Probe 67108.007-033; (a) Überblick, (b) Übergang ledeburitischer Saum zu perlitischem Gefüge; (Ätzung: nach Klemm, 40 s).

Schlacke), welche von übereutektoidem Stahl umgeben sind. Dieses Gefüge ist durch lange gröbere Zementitnadeln und einem sehr feinen Perlit gekennzeichnet. Beides deutet darauf hin, dass das heiße Eisen aus großen Austenitkörnern bestand, welches rasch abgekühlt wurde. Abb. 137d zeigt wieder eine Randzone der Probe, wobei hier die eingelagerten Bereiche aus übereutektoidem Stahl im Verhältnis zum Ledeburit größer sind als in Abb. 137b. Der mittlere Kohlenstoffgehalt in dieser Zone wird auf etwa 3 % geschätzt.

In Abb. 138 sind Detailaufnahmen der Gefüge in höherer Vergrößerung zusammengestellt. In der Mitte der Probe sind die langen Zementitnadeln und der feine Perlit zu sehen (Abb. 138a). Es sind auch einzelne Oxideinschlüsse zu erkennen. Ein typisches Ledeburitgefüge mit kleineren Bereichen aus feinem Perlit zeigt (Abb. 138b).

Probe 67108.007-034.2

Beim Zerschneiden dieser Probe wurde ein großer länglicher Hohlraum im Inneren sichtbar (Abb. 139b). Auch diese Probe zeigt ein heterogenes Gefüge aus Stahl und Gusseisen (Abb. 140a). Da bei dieser Probe die Bereiche aus übereutektoidem Stahl überwiegen, wird der mittlere Kohlenstoffgehalt der gesamten Probe auf etwa 1,5 wt.% C geschätzt. Dies entspricht dem Kohlenstoffgehalt von Stahl und deu-

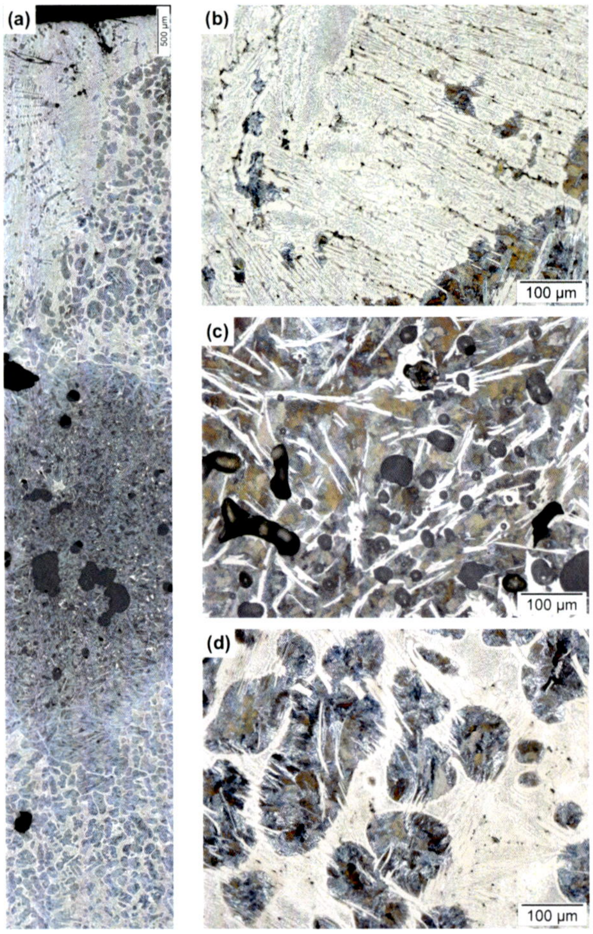

Abb. 137: Probe: 67108.007-034.1; (a) Panoramaaufnahme, (b) Ledeburit mit etwas Perlit, (c) übereutektoider Stahl und Oxide, (d) Ledeburit Netzwerk mit eingelagertem übereutektoidem Stahl; (Ätzung: Nital, 15 s).

tet darauf hin, dass der Herstellungsprozess (Reduktion und Aufkohlung) frühzeitig unterbrochen wurde.

Abb. 140b zeigt ein überwiegend feinperlitisches Gefüge, wobei einzelne Zementitnadeln zu erkennen sind. Diese langen geraden Zementitnadeln werden beobachtet, wenn sehr grobkörniger Austenit rasch abgekühlt wird. Es handelt sich bei dieser Zone um einen leicht übereutektoiden Stahl mit einem geschätzten Kohlenstoffgehalt von 0,9 wt.% C.

Ein Bereich mit etwas mehr Kohlenstoff zeigt Abb. 140c. Hier handelt es sich aber wiederum um übereutektoiden Stahl mit langen Zementitnadeln. Abb. 140d zeigt einen Übergangsbereich von bereutektoidem Stahl zu weißem Gusseisen (Ledeburit mit größeren Perliteinlagerungen). Interessant ist hier der scharfe Übergang zwischen Stahl und Gusseisen.

Ein übereutektisches weißes Gusseisen ist in Abb. 140e zu sehen. Lange breite Zementitnadeln sind zwischen dem ledeburitischen Gefüge eingelagert. Der Kohlenstoffgehalt in dieser Zone wird auf 4,5 wt.% C geschätzt. Dieses Gefüge kann dadurch erklärt werden, dass an dieser Stelle entsprechend viel Kohlenstoff aufgenommen wurde.

Probe 67108.007-046

In dieser Probe wurden gleichfalls die unterschiedlichen Gefüge von Stahl und Gusseisen beobachtet, wobei in den Randzonen die Gefüge mit höheren Kohlenstoffgehalten zu finden sind (Abb. 141a). Es überwiegen hier die Bereiche mit Stahlgefüge, der Ledeburitanteil ist eher gering.

In Abb. 141b ist ein geringfügig übereutektoides Stahlgefüge zu sehen, wobei neben langen Zemen-

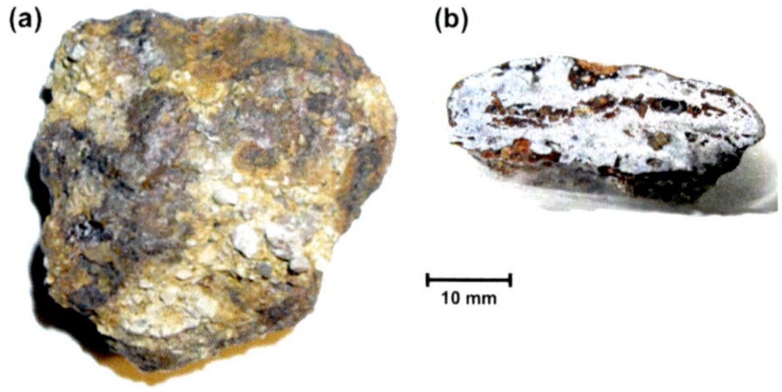

Abb. 139: Übersichtsaufnahme der Probe 67108.007-034.2; (a) Original, (b) Schnittfläche (eingebettet zur metallographischen Präparation).

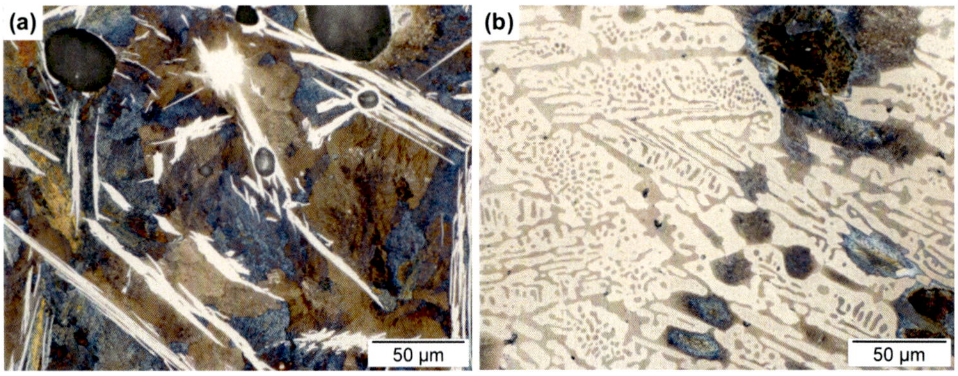

Abb. 138: Probe: 67108.007-034.1; (a) übereutektoider Stahl mit langen Zementitnadeln, (b) Ledeburit mit Perlitinseln; (Ätzung: nach Klemm, 30 s).

titnadeln auch Zementitauscheidungen an den ehemaligen Austenitkorngrenzen vorliegen. Mit steigendem Kohlenstoffgehalt treten lange dickere Zementitnadeln auf, wobei auch noch feine gerade Zementitnadeln im Perlitgefüge zu beobachten sind (Abb. 141c). Die Anzahl sowohl der großen als auch der feinen Zementitnadeln nehmen mit steigendem Kohlenstoffgehalt zu (Abb. 141d).

Wenn der Kohlenstoffgehalt in den Bereich von weißem Gusseisen ansteigt, so wird Ledeburit mit eingelagerten Perlitinseln beobachtet (Abb. 141e). Im hier vorliegenden Gefüge ist zu sehen, dass in den Perlitinseln noch lange Zementitnadeln ausgebildet wurden. Dies kann wiederum dadurch erklärt werden, dass das ursprüngliche Austenitkorn sehr groß war und bei der raschen Abkühlung der Kohlenstoff nicht bis zu den Korngrenzen diffundieren konnte.

Probe 67108.007-097

Die vorliegende Luppe hat einen Durchmesser zwischen 15 – 20 cm (Abb. 142) und zeigte eine eher unregelmäßige Form. Die Unterseite erscheint schalenförmig und eher glatt, die Oberseite und die Ränder sind sehr ungleichmäßig und es sind viele Einschlüsse zu erkennen. Einige rostrote Flecken deuten darauf hin, dass oberflächlich bereits Korrosion des Eisens und somit Rückumwandlung in Eisenoxid/Eisenhydroxide begonnen hat. Die Proben wurden von dem ab-

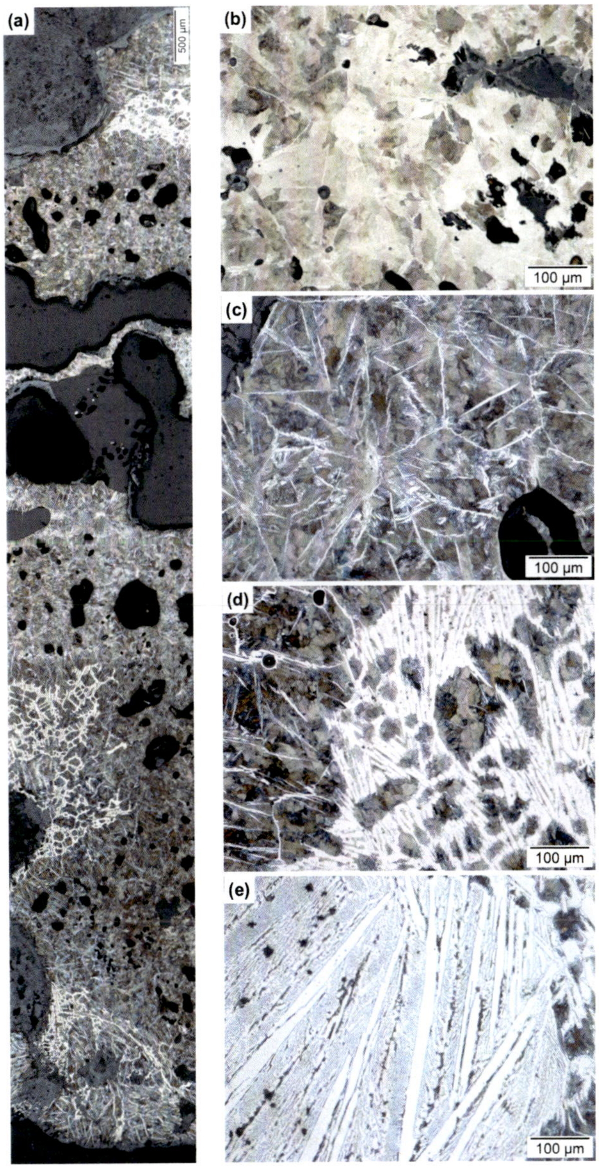

Abb. 140: Probe: 67108.007-034.2; (a) Panoramaaufnahme, (b) leicht übereutektoider Stahl, (c) übereutektoider Stahl mit Zementitnadeln, (d) Übergang übereutektoider Stahl zu ledeburitischem Netzwerk mit Perlitinseln, (e) Ledeburit mit breiten Zementitnadeln; (Ätzung: Nital, 25 s).

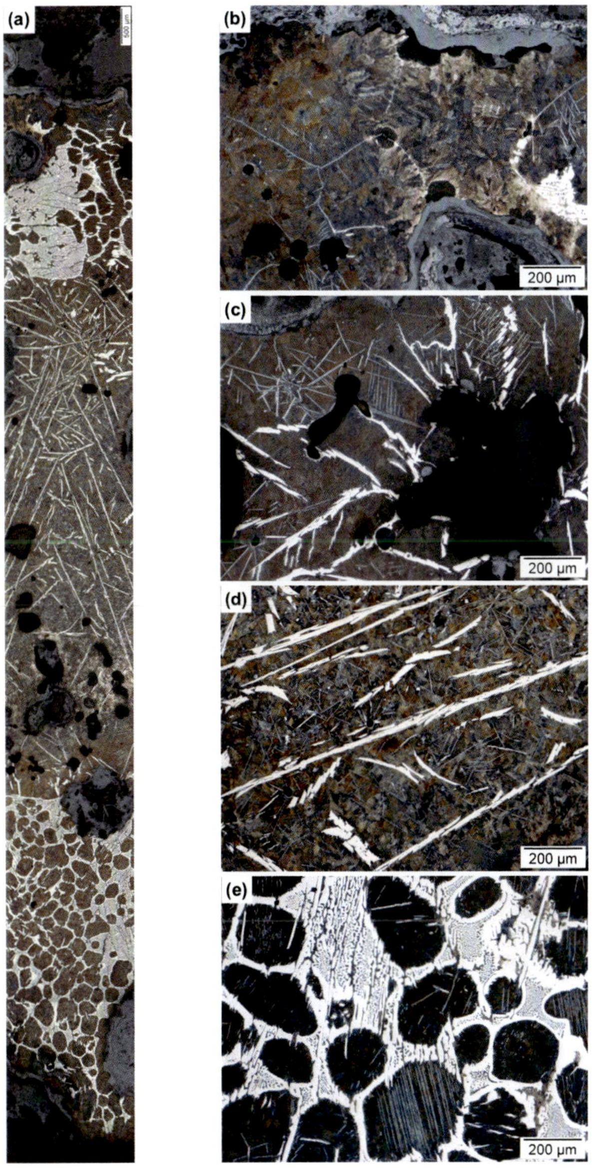

Abb. 141: Probe: 67108.007-046; (a) Panoramaaufnahme, (b) (c) (d) übereutektoide Stahlgefüge mit zunehmendem Kohlenstoffgehalt, (e) ledeburitisches Netzwerk mit Einlagerungen aus übereutektoidem Stahl (Ätzung: Nital, 30 s).

Abb. 142: Luppe Probe 67108.007-097; Gesamtansicht (a) von oben, (b) Unterseite, (c) (d) Seitenansichten.

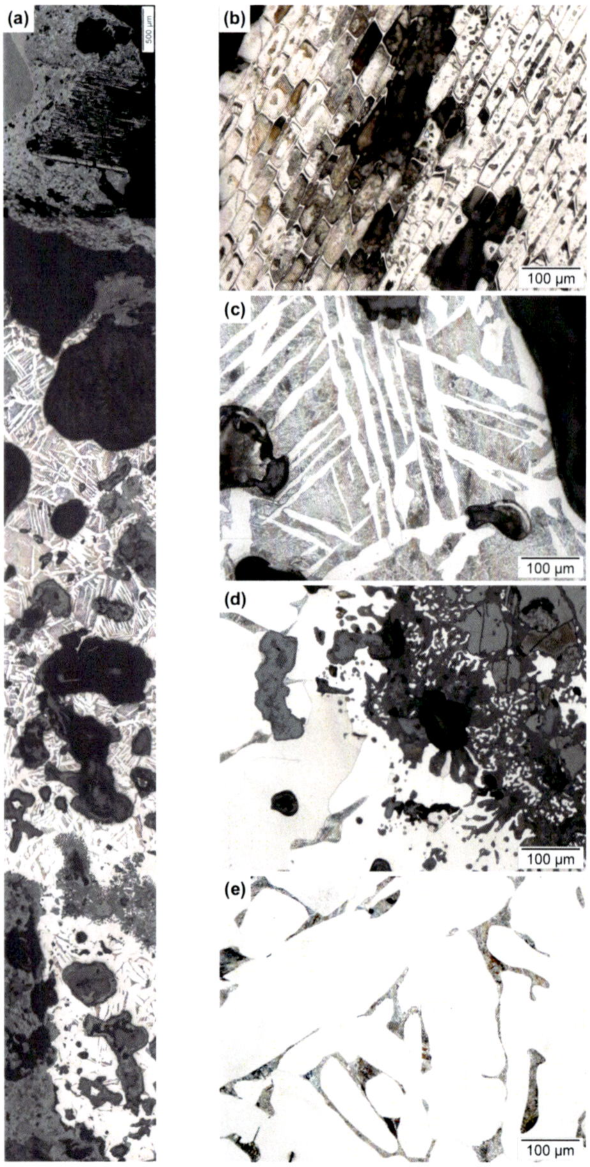

Abb. 143: Probe: 67108.007-097; (a) Panoramaaufnahme, (b) Holzkohle, (c) untereutektoider Stahl mit langen Ferritkörnern, (d) Oxidanhäufung umgeben von Ferrit, (e) Ferrit mit wenig Perlit (Ätzung: Nital, 30 s).

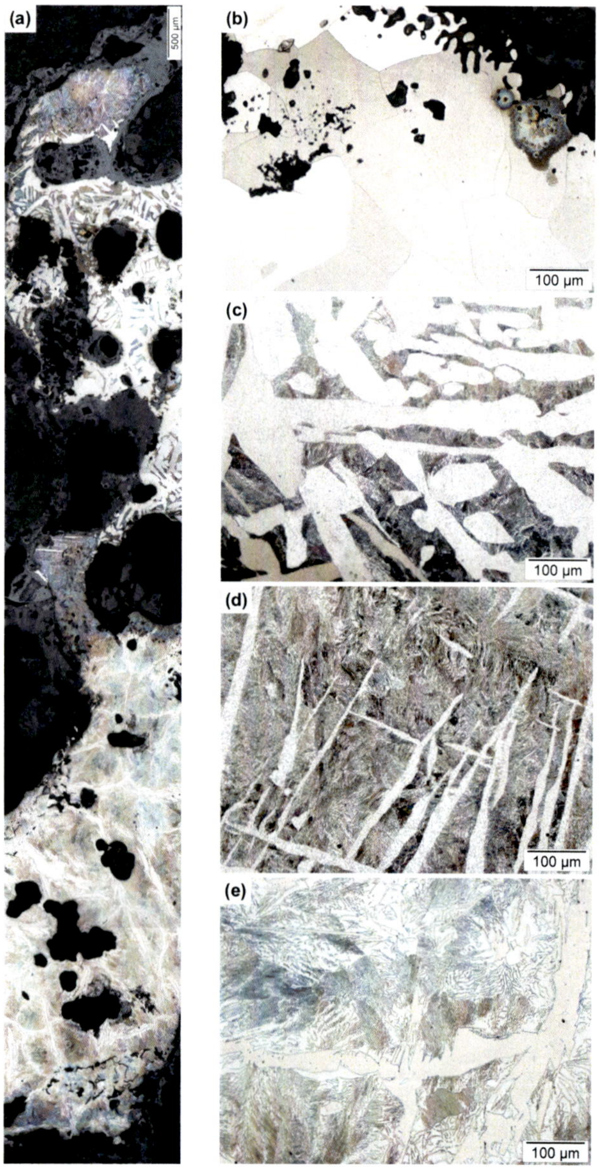

Abb. 144: Probe: 67108.007-097; (a) Panoramaaufnahme, (b) Ferrit neben Oxiden, (c) untereutektoider Stahl mit großen Ferritkörnern, (d) untereutektoider Stahl mit schmalen Ferritkörnern, (e) übereutektoider Stahl mit breitem Korngrenzenzementit; (Ätzung: Nital, 30 bis 60 s).

gebrochenen Teilstück vom Rand der Luppe entnommen und metallographisch untersucht.

Um die regionalen Inhomogenitäten zu dokumentieren, wurden drei unterschiedliche Schnitte dargestellt (Abb. 143–145). In den Randzonen der Proben wurden auch korrodierte Bereiche beobachtet, welche jedoch hier nicht diskutiert werden.

Der Gradient, welcher in Abb. 143a dargestellt ist, weist nebeneinander Holzkohle, Oxide und Stahl auf. Abb. 143b zeigt das Gefüge eines Stücks Holzkohle. Diese Holzkohle (Abb. 143a oben) steht nicht in direktem Kontakt mit dem Metall, sondern es ist durch Oxide und/oder Schlacke sowie durch Poren von diesem getrennt. Die in diesem Schnitt vorherrschenden Metallgefüge sind untereutektoider Stahl mit < 0,8 wt.% C. In Abb. 143c ist ein typisches widmannstättsches Gefüge zu sehen, wo lange Ferritnadeln in Perlit eingebettet sind[296].

In Abb. 143d sieht man einen Übergangsbereich von Oxid/Schlacke zu metallischem Eisen. Da in dieser Zone der Kohlenstoff vermutlich mit dem Oxid reagiert hat, findet man fast reinen Ferrit und nur sehr

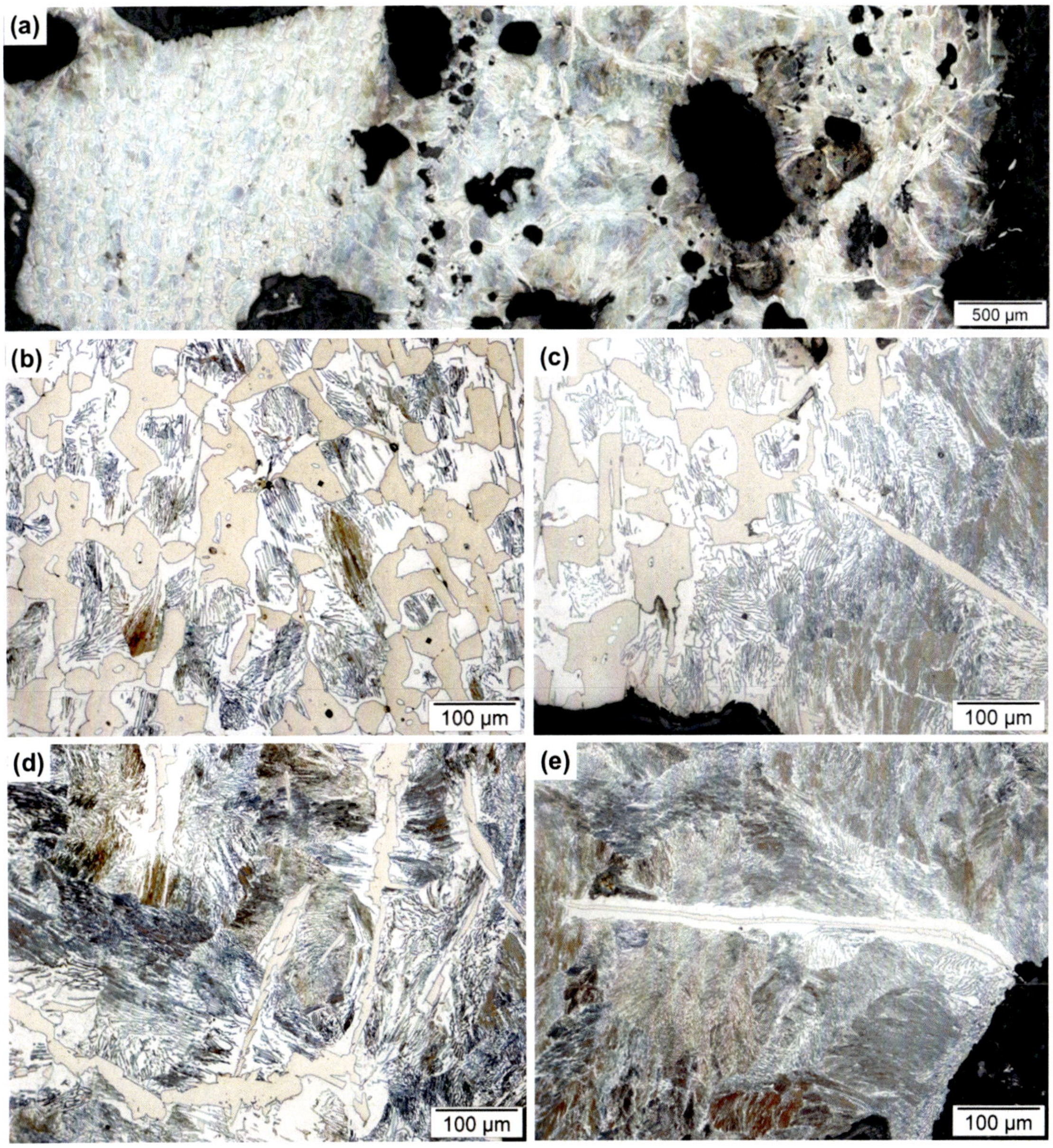

Abb. 145: Probe: 67108.007-097; (a) Panoramaaufnahme, (b) übereutektoider Stahl mit hoher Kohlenstoffkonzentration und großen Zementitkristallen, (c) Übergang zu übereutektoidem Stahl mit weniger Kohlenstoff, (d) übereutektoider Stahl mit Korngrenzenzementit, (e) eutektoider Stahl mit einzelner Zementitnadel; (Ätzung: Nital, 30 s).

296 Klemm 1973. – Schumann 1967. – Houdremont 1956.

wenig Perlit. An diese Zone grenzt ein Bereich mit geringfügig höherem Kohlenstoffgehalt, was an dem etwas höheren Perlitgehalt zu erkennen ist (Abb. 143e).

Die Kohlenstoffgehalte der Metallgefüge im Schnitt Abb. 144a liegen zwischen reinem Ferrit und übereutektoidem Stahl. Angrenzend an Oxideinlagerungen ist reiner Ferrit mit relativ großer Korngröße zu erkennen. Perlit ist hier nicht zu sehen (Abb. 144b). Daran anschließend findet man untereutektoide Stahlgefüge mit widmannstättscher Struktur. In Abb. 144c sind die Ferritnadeln dicker und die Perlitbereiche kleiner als in Abb. 144d. Der vorliegende Perlit zeigt schöne Lamellenstruktur, was auf eine langsamere Abkühlung hindeutet.

Abb. 144e zeigt das Gefüge eines übereutektoiden Stahls mit sehr breiten Zementitausscheidungen an den ehemaligen Austenitkorngrenzen.

In Abb. 145a ist ein Gradient von übereutektoidem Stahl zu sehen. Der Kohlenstoffgehalt des Bereichs in Abb. 145b wird auf etwa 2 wt.% C geschätzt, wohingegen der Bereich in Abb. 145e bei etwa 0,9 wt.% C liegt.

In Abb. 145b sind Perlit und sehr grobe, breite Zementitkörner, die von Ferrithöfen umgeben sind, zu beobachten.

Abb. 145c zeigt den relativ scharfen Übergang zwischen den beiden Bereichen. Ein übereutektoides Stahlgefüge mit Zementit an den ehemaligen Austenitkorngrenzen zeigt Abb. 145d. Eine einzelne Zementitnadel im Perlit ist in Abb. 145e zu sehen. Der weiße Ferritsaum kann durch die relativ langsame Abkühlungsgeschwindigkeit bei der Perlitbildung erklärt werden.

Diskussion der Ergebnisse

Proben 67108.007-033, 034.1, 034.2, 046

Die Mikrostrukturen der Proben 67108.007-033, 034.1, 034.2, 046:
Die Proben sind oberflächlich korrodiert, zeigen aber alle einen metallischen Kern. Sie sind nicht kompakt, sondern weisen auch Hohlräume und Oxideinschlüsse auf. Das Gefüge ist sehr inhomogen, was vor allem auf die ungleichmäßige Kohlenstoffverteilung zurückzuführen ist. Entsprechend den lokalen Kohlenstoffkonzentrationen (0 bis > 4 wt.%) wurden in den Proben verschiedene Eisen-, Stahl- und Gusseisengefüge (Ledeburit) gefunden, welche häufig in widmannstättscher Anordnung auftreten. Graphit (aufgrund der Bildung von grauem Gusseisen GG) wurde in keiner Probe beobachtet. Aufgrund der starken Inhomogenitäten in den einzelnen Proben können die mittleren Kohlenstoffgehalte der gesamten Proben nur geschätzt werden. Bei manchen Proben treten überwiegend Stahlgefüge, bei anderen Proben Gusseisengefüge (weißes Gusseisen) auf.

In den Beschreibungen zu den Verfahren der historischen Eisenproduktion existieren unterschiedliche Angaben, wie neben dem eigentlichen Hauptprodukt – der „Maß" –, weitere Eisensorten (so genannte Abfalleisen) entstanden. Zu letzteren zählt das Graglach[297], das folgendermaßen beschrieben wird:

- Graglach entsteht bei der Eisenproduktion im Stückofen.
- Graglach wird aus dem Stückofen entfernt, bevor die „Maß" (oder Luppe) herausgezogen wird.
- Graglach enthält hohe Kohlenstoffgehalte (Gusseisen – Roheisen), wodurch es nicht schmiedbar ist.

Entsprechend dieser unterschiedlichen Beschreibungen[298] über die Entstehung von Graglach könnte dieses in drei Gruppen eingeteilt werden:

Gruppe 1: Graglach, welches mit der Schlacke während dem Prozess ausgetragen wird (eher niedriger Kohlenstoffgehalt)

Gruppe 2: Graglach, das bei Prozessende mit der Kohle ausgetragen wird (breite Streuung des Kohlenstoffgehalts, je nach Reduktionsgrad bei Beendigung des Prozesses)

Gruppe 3: Graglach, das flüssig bei Prozessende oder bei der Bearbeitung der „Maß" anfällt (hoher Kohlenstoffgehalt)

Bewertung der Proben 67108.007-033, 034.1, 034.2, 046:
Aufgrund dieser Beschreibungen und aufgrund der Tatsache, dass der Stückofenprozess in der Steiermark bis 1760 eingesetzt wurde, können die Proben 67108.007-033, 67108.007-034, 67108.007-046 als Graglach bezeichnet werden. Aus der Gefügestruktur ist erkennbar, dass dieses Graglach nicht vollständig aufgeschmolzen war. Daraus folgt, dass es nicht aus flüssigem Roheisen entstanden war, das zu Prozessende gemeinsam mit der Schlacke aus dem Ofen geronnen war. Es ist vielmehr anzunehmen, dass es sich um Graglach handelt, welches mit der Schlacke oder der Kohle ausgetragen wurde.

---

297 Johannsen 1925. – Weissmaier 1988. – Sperl 1984a und 1984b. – Köstler 1984.

298 Jars 1777.

Probe 67108.007-097

Die Mikrostrukturen der Probe 67108.007-097:
Die Luppe ist oberflächlich korrodiert, zeigt aber einen metallischen Kern. Sie ist nicht kompakt, sondern enthält auch Hohlräume, Oxideinschlüsse und Holzkohlestücke. Das Gefüge der metallischen Anteile der Luppe ist sehr inhomogen, was vor allem auf die ungleichmäßige Kohlenstoffverteilung zurückzuführen ist. Um größere Oxideinschlüsse wurde eher Eisen mit sehr geringen Kohlenstoffgehalten gefunden (Ferrit), wohingegen in den Randzonen und in der Nähe von Holzkohle mehr Kohlenstoff im Eisengefüge zu finden ist.

Im Mittel entsprechen die vorliegenden metallischen Gefüge einem untereutektoiden Stahl, es wurden aber auch Bereiche mit höheren Kohlenstoffgehalten beobachtet (0 – etwa 2 wt.% C).

Bewertung der Probe 67108.007-097:
Die metallographischen Untersuchungen haben gezeigt, dass die vorliegende Probe überwiegend aus Stahl besteht. Der Kohlenstoffgehalt im Gefüge variiert lokal zwischen 0 und 2,1 wt.% C. Damit kann bestätigt werden, dass es sich hier um eine in einem Rennfeuer hergestellte Luppe handelt.

Aus den Beschreibungen der Weiterentwicklung des Rennfeuerprozesses geht hervor, dass zuletzt Luppen mit bis zu 55 cm Durchmesser hergestellt wurden. Die hier gefundene Luppe entspricht aufgrund ihrer Größe somit nicht dem Entwicklungsstand des 18. Jahrhunderts. Dies bedeutet, dass sie entweder wesentlich älter ist, oder dass sie in einem kleinen Rennfeuer hergestellt wurde.[299]

299 Vgl. dazu auch Strobl/Haubner/Klemm 2010a.

10.3 Linienführung und Bauweise der Dreimärktestraße

Wie an zahlreichen Stellen im Gemeindegebiet von Palfau und in einem Fall in der Gemeinde Gams bei Hieflau dokumentiert, entsprach die Linienführung der späteren Bundesstraße und heutigen Landstraße B 25 Erlauftalstraße im Großen und Ganzen dem Verlauf der Altstraße. Die Altstraße folgte den Bachläufen der Mendling und der Salza bzw. führte prinzipiell am Fuße der Abhänge entlang, so vor allem im Abschnitt Mendling im Osten des Gemeindegebietes. Im Bereich der Wagnerbrücke, wo die Salza besonders tief in den anstehenden Konglomerat eingeschnitten ist – bei allen Wassersportlern heute bekannt als „Schlucht von Palfau" –, waren steile und kurvige Zufahrten zur Brücke von beiden Seiten unvermeidlich. Die Brücke wurde mehrfach erneuert, wie dies alleine aus dem Kartenblatt Nr. 13 des Franziszeischen Katasters[300] aus 1824 (Abb. 106) hervorgeht, wo bereits zwei Brücken, die in unterschiedlicher Weise schräg übersetzen, eingezeichnet sind. Es ist durchaus möglich, dass auf dem Franziszeischen Kataster keineswegs die älteste Brücke dargestellt ist, sondern dass noch eine ältere Brücke bestanden hat, die kürzer und daher eher im rechten Winkel über den Fluss führte. Am rechten Salzaufer sind noch heute die Gruben im Konglomerat für die Piloten von Pfosten mit mindestens 0,30 oder 0,40 m Durchmesser sichtbar.[301] Auch legt die Form der Grundstücke am rechten Salzaufer eine solche Interpretation nahe. Nach der Wagnerbrücke führte die Altstraße am linken Salzaufer Richtung Eschau über die Hochebene, bis sie nach der Eschau wieder näher ans Ufer heranrückt.

Die Linienführung wurde bei Bauarbeiten seit den 1950er Jahren nach und nach, wie beim Ausbau von Engstellen in der Mendling (z. B. Fundstellen 1 und 3) oder beim Raffelgraben, abschnittsweise verändert. So wurden die beiden Brücken über die Mendling bei Fundstelle 1 im Jahr 1968 fertiggestellt.[302] Bauliche Veränderungen dienten vor allem Verbreiterungen wie beim Ausbau der Engstelle „An der Wacht" 1951 oder dem Ausgleich von gefährlichen Steilstücken, wie zuletzt 1999 beiderseits der Wagnerbrücke.

Durch den Ausbau des Abschnittes Palfau/An der Wacht im Jahr 1951, ungefähr bei km 74,4 der B 25 Erlauftalstraße (Abb. 146, 147) wurde das Straßenniveau stark angehoben. Der Eingang zum alten Gasthaus „Wacht" lag nun einen Stock tiefer als das

300 Katastermappenarchiv, Bundesamt für Eich- und Vermessungswesen Wien.

301 Freundl. Mitt. W. Scheiblechner, Palfau.

302 Freundl. Mitt. W. Scheiblechner und J. Hirtenlehner, Palfau.

Abb. 146: B 25 Erlauftalstraße. Palfau, An der Wacht.

1 Vor dem Ausbau der Bundesstraße 1951.

2 Im Zuge des Straßenausbaus 1951.

Abb. 147: B 25 Erlauftalstraße. Palfau, An der Wacht.

1 Im Zuge des Straßenausbaus 1951.

2 Nach dem Ausbau 1951.

neue Straßenniveau. Im Zuge einer späteren Ausbauphase 1968 (Brückenausbau, Straßengabelung) wurde es schließlich geschliffen, heute sind nur mehr die Grundmauern am Abfall zur Salza erkennbar.[303] Die alte B 25 verlief bis zu diesem Ausbau auf der Trasse der archäologisch dokumentierten Altstraße. Mittlerweile ist die alte Trasse in diesem Bereich stark überwachsen. Die alten Stützmauern sind großteils in gutem Zustand.

Eine Revitalisierung der alten Trasse in diesem Abschnitt zwischen Palfau/An der Wacht und Arzleiten/Salzabrücke zur B 24 Hochschwabstraße zur Nutzung als Fuß- und Radweg würde den Bewohnern in Palfau ebenso dienen wie einem sanften Tourismus in der Region.

Die Straße durch die Mendling war noch in den 1950er Jahren eine schmale, einspurige Schotterstraße, wie dies der Befund von Fundstelle 2 in der Mendling bezeugt, mit zahlreichen Steigungen und rechtwinkeligen Kurven, wie zum Beispiel bei Fundstelle 1 in der Mendling oder beim Raffelgraben. Ausweichen waren daher erforderlich, wie dies noch aus der Darstellung des Franziszeischen Katasters (vgl. Abb. 106) deutlich hervorgeht.

Die archäologischen Befunde der Altstraße in Palfau und Gams bei Hieflau zeigten in der angewandten Bauweise mehrfach Übereinstimmungen mit den Ergebnissen der Ausgrabungen der Kommerzialstraße über den Präbichl sowie dem Erzweg in Vordernberg in den Jahren 1997–1999 (Kap. 6), sei es die Methode der Steinpflasterung, die beabsichtigte Neigung der Fahrbahnoberfläche oder die Randbefestigung durch senkrecht gestellte Steine, wie sie der Erzweg aufwies.

Bei den Aufschlüssen Profil 1–4 von Palfau war kein Unterbau feststellbar, wie dies später im Straßenbau allgemein üblich wurde. Im Profil 1 von Palfau war ersichtlich, dass an dieser Stelle selbst auf eine Abtragung des Oberflächenhumus verzichtet wurde. Als Untergrund diente der anstehende Boden, meist Lehmschichten bzw. der Verwitterungshorizont des Konglomerats. Lediglich aus dem Querprofil 3 von Schnitt 3 geht hervor, dass für die Anlage des Straßenkörpers Material abgetragen und ein entsprechendes, bereits der künftigen Straßenneigung angepasstes Bett hergerichtet wurde. Die Pflastersteine wurden in einen möglicherweise eigens aufgebrachten sandigen Untergrund eingesetzt, die Lücken zwischen den Steinen mit einem gröberen, steinigen und lehmigen Material verfüllt und so die Fahrbahn gefestigt.

Die Form der Fahrbahn war bei Schnitt 1 leicht gewölbt, in Schnitt 2 nahezu eben, in Schnitt 3 seitlich abfallend. Die Fahrbahn war durchwegs dicht mit Steinen gepflastert, die beim Setzen sehr gut miteinander verkeilt wurden. Die Pflastersteine bestanden vielfach aus kleinen bis mittelgroßen Blöcken, die im Laufe der Benutzung der Straße durch äußerliche Einwirkungen wie Frost oder starke Belastung in mehrere Teile gesprungen waren. Sie waren an der Oberfläche glatt abgerieben und an den Längskanten bzw. insgesamt stark abgerundet.

Der verwendete Kalk dürfte einer höheren Abnützung ausgesetzt gewesen sein, d.h. dass sich die Höhe der Steine leichter verringerte und die Oberfläche glatt gescheuert wurde. Die an einigen Pflastersteinen deutlichen Spurrillen zeugen gleichfalls von der hohen Belastung durch die häufige Befahrung der Straße. Spurweiten in Schnitt 1/1999 zeigten Werte von 0,80, 0,95, 1,20 und 1,45 m, in Schnitt 2 war dies 1,20 m, im Nordwestteil von Schnitt 3 ca. 1,05 m, jeweils gemessen von der Mitte der Spurrillen. Wie aus dem Befund von Schnitt 2 und 3 hervorgeht, ist anzunehmen, dass allzu tiefe Spurrillen mit Sand und Schotter ausgefüllt wurden. Gerölle mit einer Korngröße von bis zu 80 mm, eingelagert in sandiges Material, füllten die Zwischenräume der Pflastersteine.

Bei der Freilegung des Steinpflasters fiel auf, dass das durchwegs sehr steinige Material direkt über dem Pflaster sehr hart zusammengepresst war. Reste von diesem Materialauftrag war in den Schichten (7)–(9) im Querprofil 3 von Schnitt 3 noch vorhanden. Bemerkenswert war ferner, dass das Material von Schicht (6) sich nicht nur zwischen den Pflastersteinen befand sondern auch das Steinpflaster teilweise bedeckte und somit ursächlich mit diesem in Zusammenhang stehen musste.

Die Breite der Altstraße wurde nur in Schnitt 3 westlich der Wagnerbrücke mit einer inneren lichten Weite von 3,70–3,85 m erfasst. Inkludiert man die Randsteine, erhält man eine Gesamtbreite der Altstraße von 4,25–4,40 m. Die seitliche Neigung der Fahrbahn in den Schnitten 1 und 3 betrug 1,7 bzw. 5,8 %. Das Längsgefälle der Straße zeigte die höchsten Werte bei Profil 2/Schnitt 1 von bis zu 21,7 %. Im Straßenabschnitt im Bereich von Schnitt 2 und 3 verlief die Straße auf relativ ebenem Niveau, um erst östlich von Schnitt 2 zur Salza hin stark abzufallen, westlich von Schnitt 3 Richtung Westen begann die Straße hingegen erneut stark anzusteigen.

Am talseitigen – nördlichen – Straßenrand von Schnitt 3 verhinderten große unförmige Steinblöcke ein Abrutschen des Straßenkörpers. Der hangseitige – südliche – Straßenrand war mit wesentlich kleineren Steinen befestigt, wie dies auch bei Schnitt 2 der Fall war. Die hochkant gestellten Randsteine ragten deutlich über das Pflaster hinaus.

303 Die Verf. dankt Petra Scheiblechner für den Hinweis auf diese Fotos und W. Scheiblechner zum Straßenausbau selbst.

10.4 Historischer Hintergrund und Zeitstellung

Das Alter der in Palfau gefundenen zahlreichen Eisenobjekte, der Hufnägel, Nägel und Eisenstücke, letztere nachweislich aus weißem Gusseisen bestehend und als Graglach zu bezeichnen, umspannt einen Zeitraum vom späten Mittelalter bzw. von der frühen Neuzeit bis in die mittlere Neuzeit. Eine mäßig erhaltene Kupfermünze (Fnr. 20), ein Kreuzer aus der 2. Hälfte des 18. Jahrhunderts, zwischen den Pflastersteinen gefunden, ist ein Hinweis für eine Nutzung in der mittleren Neuzeit.[304] Die Keramik datiert zum Teil nur allgemein in die Neuzeit, Keramik aus dem Aushub und nachweislich aus jüngeren Schichten in das 19. und 20. Jahrhundert.

Der Baubefund der Altstraße in Palfau lässt sich mit den Befunden der Altstraßengrabungen in Vordernberg vergleichen und bestätigt damit eine Benützung, ev. auch einen Ausbau, spätestens im 18. Jahrhundert.

Historische Quellen beschreiben einen Straßenzug, in den Quellen des 16. Jahrhunderts der „neue Weg" genannt, von Lainbach über Gams und Palfau durch die Mendling nach Niederösterreich, der als Verlängerung der nach den Märkten Scheibbs, Purgstall und Gresten in Niederösterreich benannten „Dreimärkte-Eisenstraße", kurz „Dreimärktestraße" oder „Proviantstraße", im steirischen Gebiet dem Eisenhandel vom Steirischen Erzberg in Eisenerz nach Niederösterreich und Wien dienen sollte.[305]

Heute zweigt in Landl die B 25 Erlauftalstraße von der B 115 Eisenstraße nach Nordosten ab. Eine moderne Brücke über die Enns ermöglicht dies. Ursprünglich jedoch begann die spätere B 25 Erlauftalstraße bereits bei der Brücke über die Enns bei Lainbach nördlich von Hieflau an der B 115 Eisenstraße und führte über Mooslandl, Gams und Palfau über den Mendlingpass nach Göstling in Niederösterreich und weiter über Scheibbs zur damaligen Poststraße an der Donau.

Bereits gegen Ende des 15. Jahrhunderts ließen die drei Märkte Scheibbs, Purgstall und Gresten eine fahrbare Straße, die den bisherigen Saumweg ablösen sollte, über den Grubberg bis Lunz anlegen, um den Transport des Eisens vom Erzberg in Eisenerz zu erleichtern.[306] Bis in die Mitte des 16. Jahrhunderts befand sich am Übergang der Salza in der Palfau allerdings noch ein Saumpfad. 1544 wurde der Ausbau des „neuen Weges" beratschlagt und die erforderlichen Kosten für die einzelnen Wegstrecken berechnet. Eine teilweise neue Linienführung unter Einbeziehung von Abschnitten des alten „Säumersteigs" wurde vorgeschlagen und ein Kostenvoranschlag erhoben. Der Text enthält eine detaillierte Beschreibung, mit Ortsangaben und was in den einzelnen Abschnitten zu tun wäre. So sollte der *Rafholzgraben* (Raffelgraben) in der Mendling umfahren und eine Brücke gebaut werden. Die ausgezeichnete Beschreibung des Abschnittes beiderseits der *Salzapruggn* (heute Wagnerbrücke) soll hier wiedergegeben werden:[307]

> *(Seite 10 r:)*
> [...] *Darnach ziecht man durch die Clausen, da ist böse Pein vnd ein ganzer vester stain fels in der leng 20 claffter. Von der Clauße bis an die Salzapruggn. Die claffter mag vnter 5 tl d nit aufgeschlagen werden, darnach hin von der Clausen ist der weg stigkhl, und geet hoch hineben der Salzaw, dez es vast schuechlich ist, da mueß man den weg abgraben, vnd der strassen Nider helfen, in die 40 claffter Lanng, darnach khumbt man Aber an ain stigkhl, die helt 20 claffter, Von dannen Aber hinab gegen der salza,*
> *(Seite 10 v:)*
> *prugknm ist die Stigkhl neben ainer furt, hinder leng 40 Claffter, daselbs mues man den weg zu weitnen. Vnd vil der furt wegkhprechen, damit der weg weit genug und gelags werde, man mag es Aber, Alles guet verzichten, das di Arbait daran beständig sein khan dan es an der prugkhen, vber di Salzaw gannz geferlich von ainer Stainwandt zu anderen vber dez wass, het sie khain gewise stergkh, sie ist schmal vnd schwangh, hat vndten khain besunder Joch dez sie gar mitnichtig den wagen weg mag nuzlich sein, vnd mueg deshalbn uberschlagen, vnd auf yeder seyten der Salzaw, Auf di furten zu End der pruggen, die Khösch mit Jochern, vnd stemplen bewart sein, die selben muessen, die Ennßpaum tragen, dez sie nit so lang sein, so haben si Imer stergkh, Doch den Pin, soll an der salzaw, ab gleich dz lang oder khurz holz. sol pinen nicht nachthaillig sein,*
>
> *Auff prugkhen den pösen stain, in der Claußen auch den and(ere)n weg, vnd die dreÿ Stigkhl guet zemachen per angeschlagen facit 370 tl d*[308]
>
> *Von der Salzaw prugkhen, Also dan hinauf in ain stigkhl, ist der Säumersteig, gar enng, und daselb ain gannze hert gar pöse zu prechen, der soll*

304 Herzlichen Dank sei Herrn Dr. O. Burböck, Steiermärkisches Landesmuseum Joanneum, für die Restaurierung und Bestimmung im Jahr 1999 gesagt.

305 Kristen 1937, 16. – Scheiblechner u. a. 1999, 95.

306 Kristen 1937, 14.

307 StLA, OBA Leoben Sch. 65, Nr. 18 v. 12. Juli 1544 (Seite 9ff.). – Vgl. Muchar Bd. 8, 488 und Pirchegger 1937, 112, Anm. 100.

308 Der Geldeinheit tl (Talent) entsprechen 240 Pfund oder 1 fl (Gulden).

mit sonder vleis zuegeweittert werden, vnd helt sein leng zwo schnuer ist 40 claffter, darnach zu seits aus vnten her ist es außplascht nach der geläg helt aine schnuer dez ist 20 claffter woran, hat es ain Clain eben, darnach stöst An widerumb ein (Seite 11 r.:)
Hoch bei dem Marxn, Auf der Salzawleiten, da mueßt auch der weg etwen abgenommen werden.

Also ziecht man hin gegen dem wirtshaus, haißt auf der Eschau, Am Vaschang Hof, da hat es etlich graben, sein doch zu geweltigen, das sÿ mag guet gemacht werden, Aber di gassen zwischen den zeinen, sein enng khotig und pöß, dez deshalben die allt Säumerstrassen, mueß zuegeweitert vnd di zein mueßß versezt werden, darauf ist nicht zuerhalten, wo man den selbigen weg nit will fleÿssig vnnd weit genug machen, darnach ist ain pöse Peid und ain Stigkhl eben für, da khumbt man hinaus gar zu der Salzaw, hoch auf aine furt, do get der weg neben den Agkhern auf der furt herumb, do selb sein yezo stangen zu handthaben angeschlagen, vnd der sämerweg ist darneben seer Lagkhig, und wol pöser tieffer statschn so die Saumroß haben austreten,

Auff disen orttn, so man die guet, vnd wie es di not erfordern wirt wil machen mög ungeferlichen aufgen wie es ist vberschlagen facit 500 tl d [...]

Der neue *fart. und wagen weeg* durch die Mendling wurde von Ferdinand I. am 2. August 1544 in Auftrag gegeben.[309] Der Bau der Straße von Gaming durch die Mendling nach Lainbach benötigte einen Kostenaufwand von 28.000 Gulden, eine überaus hohe Summe für eine 6 Meilen (45,516 km)[310] messende Straße. Gehölz und Stauden sollten bis zu einer Entfernung von 8 Klaftern (15,171872 m) zu beiden Seiten der Straße beseitigt werden. Alleine für den Abschnitt mit der Brücke über die Salza war eine Summe von 370 Gulden veranschlagt.

Wiederholt wurde für die einzelnen Abschnitte beschrieben, dass der *Säumersteig*, auch *sämbersteig*, *Alte saumbweg* oder *alte Saumerstrassen* genannt, zu schmal war und erweitert werden bzw. *pesser* gemacht, also verbessert werden sollte. Wie die Verbesserung bewerkstelligt wurde, wird folgendermaßen beschrieben: [...] *der weg vol lakhen, die soll man ausfüllen, vnd stain abgleichen* [...], also Löcher ausfüllen und Felsen abarbeiten oder *den selbigen zu prechen*. Auch ist der alte Weg mehrfach – insbesondere beiderseits der Salzabrücke – *zu weitnen*, zu verbreitern, das Erdreich abzugraben, um *der strassen Nider helfen*. Gemäß diesem Text entstand somit bereits im 16. Jahrhundert eine deutlich breitere Straße, die nur durch umfassende Erdarbeiten zu bewältigen waren. Die Brücke über die Schlucht war gefährlich, schmal und schwankte, und sollte daher abgestützt werden.

Im Abschnitt von der Eschau über die Gamsbrücke (Gams bei Hieflau) nach Lainbach wird zweimal eine Formulierung verwendet, die auf eine Steinpflasterung schließen lässt: *damit er* [der Weg, Anm. der Verfasserin] *aber peständig vnd langwirig seÿ, mueß er vleissig ausgesetzt vnd beschut werden* und an der zweiten Stelle lautet diese: *mit stain ausgesetzt vnd beschut werden*, also mit Steinen gepflastert und mit Sand oder Schotter überschüttet. Diese Formulierung erinnert an die Beschreibungen in den Dokumenten zur Präbichlstraße aus 1563 und 1755.[311] Die Straße führte wie auch im 18. Jahrhundert über die Radstatthöhe, die 1544 *die höch des Rasstat* genannt wird.[312] Über das heutige Landl führte die Straße nach Lainbach zur Eisenstraße. Die Straße wurde so gut ausgebaut, dass „Kobelwagen" (Federkutschen) fahren konnten.[313]

Die eigentliche Bauzeit lässt sich aus den Quellen nicht erschließen, der Bau soll nach Pirchegger 1546 begonnen haben.[314] 1563 war der neue Weg noch nicht fertig, hingegen muss die Fertigstellung bereits vor 1568 erfolgt sein[315], ev. erst 1567, da in einem Bericht[316] die letztendlich erheblich höheren Baukosten mit 28.000 Gulden genannt werden; 1544 waren die Kosten mit 9280 Gulden berechnet worden. Um die Sicherheit der Fuhrleute zu gewährleisten wurde am 18. Mai 1559 unter Androhung der Grundeinziehung angeordnet, das Gehölz bis auf 12 Klafter (22,757808 m) auf beiden Straßenseiten zu entfernen. Starke Wassergüsse hatten 1572 die Wege und Brücken durch die Mendling stark beschädigt.[317]

Die Erhaltung der Straße, die Frage der Verantwortlichkeit wie die Finanzierung dieser Reparaturen fand in den Akten immer wieder ihren Niederschlag. In der Mitte des 18. Jahrhunderts, 1756, wird der Zustand der Dreimärktestraße als sehr bedenk-

309 Schmidt 1839, 257ff., Nr. 68. – Bereits ein Jahrhundert zuvor hatte der Abt von Admont eine Straße über die Mendling an die obere Ybbs bauen lassen, doch dies wurde 1443 von Friedrich IV. untersagt (Bittner 1901, 499, Anm. 1). – Pirchegger 1937, 46. – Bittner 1901, Anm.1.

310 Eine Österreichische Postmeile = 7585,9344 m. – Rottleuthner 1985, 32.

311 Vgl. Kap. 6.5.2. – StLA, OBA Leoben, Sch. 79, Nr. 107 und in der Legende bei Mrkah 1755.

312 StLA, OBA Leoben, Sch. 65, Nr. 18 v. 12. Juli 1544, S. 12 r. Auf Seite 12 v wird der *Rasstathoff* genannt, der sich im heutigen Landl befindet. Seit dem 15. Jahrhundert wird in den Urbaren der „Mayr im Rastatt", auch „Rastattmayr" genannt, erst ab dem 18. Jahrhundert der „Radstatthof" (Freundl. Mitt. Dr. J. Tomaschek, Admont).

313 Kristen 1937, 16.

314 Pirchegger 1937, 112, Anm. 100.

315 Bittner 1901, 499, Anm. 3.

316 Kugler 1999, 95, Anm. 187.

317 Kristen 1937, 16f., Anm. 1 (S. 17).

lich beschrieben. Zahlreiche Akten, die die Historikerin R. Kristen eingehend zitiert, betreffen vor allem den niederösterreichischen Abschnitt.[318] Außerdem wurde gefordert, dass die Straße so ausgebaut werden sollte, dass zwei Wagen einander ausweichen konnten. Auch wurde diskutiert, ob die Straße *nach Land Art practicable hergestellet oder nach Art der chausseen.* Die Entscheidung fiel auf die Erneuerung nach Art der Landstraßen, da die Kosten für eine Chaussee unerschwinglich waren.[319]

Es dauerte mehrere Jahre bis die Arbeiten schließlich in Angriff genommen wurden. So wurden am 22. und 23. Juni 1767 die für die Ausbesserungsarbeiten benötigten Steinmaterialien besichtigt. Auch der Transport der Steinmaterialien über fremden Grund musste berechnet werden. Ein Kostenvoranschlag von 8000 Gulden schloss die Kosten für Grundablöse und die Erlaubnis, Steinmaterialien über fremden Grund zu führen, mit ein.[320]

Im Jahr 1769 hatte man begonnen, den Weg von Gaming über den „Rastattberg“ (Radstatthöhe zwischen Gams und Mooslandl) bis zur Lainbacher-Brücke mit Steinen auszubauen, und ihn bereits bis zur Hälfte fertig gestellt.[321] Die Kosten hatten sich jedoch so gesteigert, dass die Bauherrn – die Eisen- und Provianthändler – sich an die k.k. Hofkammer in Wien um finanzielle Hilfe wandten.

Aus den derzeit zugänglichen Akten geht die weitere Vorgangsweise nicht hervor. 1776 wird zudem von schweren Schäden durch „Wassergüsse“ berichtet. Der Straßenausbau dürfte 1777 bzw. 1779 abgeschlossen worden sein.[322]

Über technische Fragen geben die Akten allerdings nur wenig Aufschluss. Die Betonung, dass 1769 der Abschnitt über die Radstatthöhe zwischen Gams und Mooslandl mit Steinen auszubauen und bereits zum Teil fertig gestellt war, dürfte ev. darauf hinweisen, dass die Straße in diesem Abschnitt erstmals mit Steinen gepflastert wurde. Ob die archäologisch dokumentierten Altstraßenabschnitte in Palfau gleichfalls in den 1760er bzw. 1770er Jahren in dieser Form ausgebaut bzw. erweitert wurden, muss offen bleiben, wenngleich dies anzunehmen ist. Ziel des Ausbaus war ja die Straßenverbreiterung, damit zwei Wägen einander ausweichen konnten. Der Befund von Schnitt 3 entspricht dieser Forderung, dennoch bleibt zu bedenken, dass ältere Fahrbahnteile möglicherweise in die verbreitete Fahrbahn integriert wurden und auch Ausweichen zum gleichzeitigen Passierern zweier Fuhrwerke bereits in der frühen Neuzeit üblich waren. Ob die archäologisch dokumentierten Straßenabschnitte von Schnitt 1–3 dem Ausbau im 18. Jahrhundert zugeordnet werden können, muss daher letztendlich offen bleiben.

Die Ausbesserung der Wege umfasste das Verfüllen von Gruben und Löchern mit Steinen oder Schutt und die Beseitigung der Bäume oder Stauden am Straßenrand, damit die Wege besser austrocknen konnten. Außerdem kam es oft vor, dass die so genannten „Leisten“ – die Randbefestigung der Fahrbahn, die senkrecht gestellten Steine wie in Schnitt 2 und 3 südwestlich der Wagnerbrücke dokumentiert – durch die Haltung von Schafen und Schweinen ruiniert wurden.[323]

Auf dem Franziszeischen Kataster von 1824 ist die Brücke über die Salza, heute Wagnerbrücke genannt, als Holzbrücke eingezeichnet. Eine Verlegung der Brücke und damit eine Verlängerung derselben dürfte nach 1824 erneut erfolgt sein (Abb. 106).

1866 war die Dreimärkte-Eisenstraße oder Dreimärktestraße Landstraße geworden, frühestens 1921 wurde sie Bundesstraße. Seit 1949 gibt es eine Durchnummerierung der Bundesstraßen, seit 2002 sind diese den Ländern unterstellt und daher Landesstraßen.

318 Kristen 1937, insbes. 32ff.

319 Kristen 1937, 35f.

320 Kristen 1937, 48.

321 Kristen 1937, 48 und M. u B. W. Akt Nr. 1179 Fasz. 8, Wien.

322 Kristen 1937, 56ff. mit Quellenangaben.

323 Kristen 1937, 26ff.

11. Altstraße B 24 Hochschwabstraße

Die B 24 Hochschwabstraße ist eine West-Ost gerichtete Straße und stellt einen wichtigen Teil der Verkehrsverbindung vom Ennstal mit Mariazell dar. Sie beginnt in Palfau im Bereich der Einmündung der Mendling in die Salza, schließt somit an die B 25 Erlauftalstraße an und führt entlang der Salza über Wildalpen und Weichselboden nach Gußwerk, wo sie auf die B 20 Mariazeller Straße trifft. (Abb. 148)

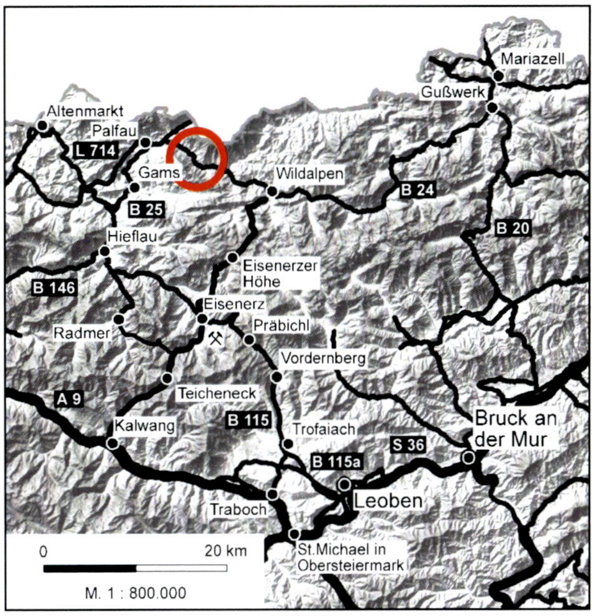

Abb. 148: Altstraße B 24 Hochschwabstraße. Ausschnitt der Höhen- und Reliefkarte Steiermark (Datengrundlage GIS-Steiermark). M. 1 : 800.000.

11.1 Der archäologische Befund von der Altstraße Hochschwabstraße B 24

Im Sommer 2001 wurden im Zuge von Kabelverlegungsarbeiten der STEWEAG im Bereich der Hochschwabstraße B 24 Baubeobachtungen im Gemeindegebiet von Palfau durchgeführt. (Abb. 149)[324]

Von der Trafo-Station Palfau/Hochschwabstraße[325] bis zur Wasserlochschenke und dem gegenüberliegenden Haus Nachbagauer wurden die Kabel des Ortsnetzes Palfau/Hochschwabstraße in den Boden neu verlegt. Allerdings konnte nur der letzte Teil der Künette kurz vor der Wasserlochschenke begutachtet werden. Bei Fundstelle 1 (Abb. 150), bei Straßen-km 47,6, wurde die Altstraße unter der B 24 am 26. Juli 2001 dokumentiert (Abb. 150, 151). Die Tiefe der Künette betrug 0,85 m. Die geringe Breite von maximal 0,40 m erschwerte das Freilegen des Steinpflasters und die Dokumentation erheblich. Auf ca. 5 m Länge wurde an der Sohle der Künette die alte Straßenpflasterung freigeputzt und fotografiert.

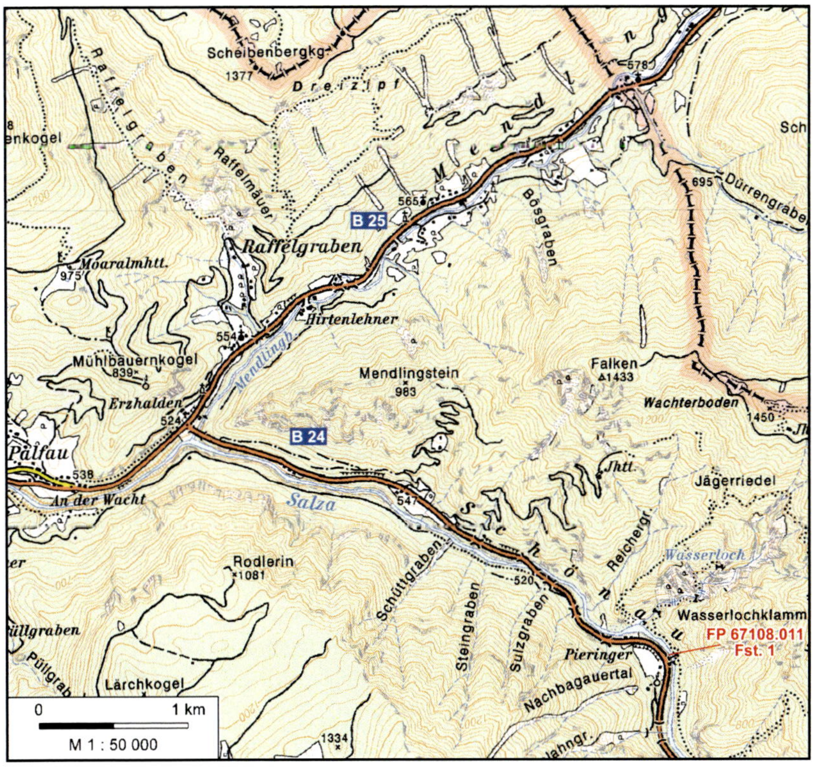

Abb. 149: Altstraße B 24 Hochschwabstraße. Palfau. Baubeobachtung 2001. Übersichtskarte (Plangrundlage ÖK 50 © BEV). M. 1 : 50.000.

324 Angaben zur Fundstelle FP 67108.011: Land: Steiermark; VB Liezen; OG und KG Palfau; Grst.-Nr.: 1111/2.

325 Die Projektbeschreibung der STEWEAG benützte die Bezeichnung „Wildalpenstraße“ für die B 24 Hochschwabstraße.

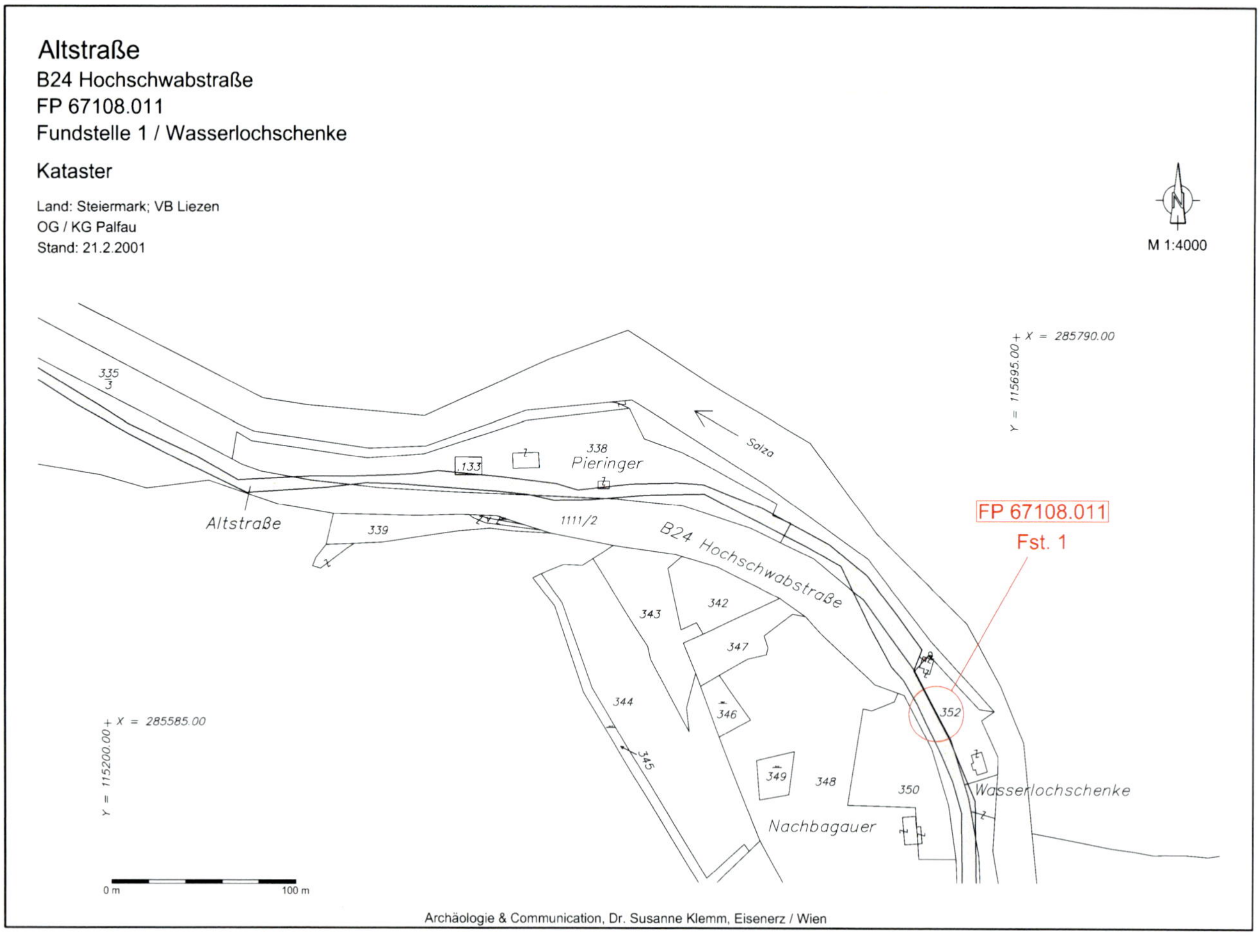

Abb. 150: Altstraße B 24 Hochschwabstraße. Palfau, Wasserlochschenke. Baubeobachtung 2001. Kataster. M. 1 : 4000.

Das Profil maß insgesamt 0,85 m. Die Oberfläche der Altstraße bestand aus einem locker gesetzten Steinpflaster aus einigen größeren und meist kleineren Steinen. Die Zwischenräume wurden mit sehr vielen kleinen Steinen aufgefüllt. Darüber befand sich ein insgesamt 0,30 m mächtiges Schichtpaket aus zumindest drei unterschiedlichen, braunen Schotterschichten mit eher rundem Schotter, Korngröße von 0 bis 100 mm. Es folgten bis 0,48 m über dem Straßenpflaster zuerst eine dunkelgraue, dann eine hellgraue Schicht, welche an dieser Stelle von der folgenden 12 cm starken, bräunlichen Schicht mit scharfkantigem Schotter durch ein Holzkohleband getrennt wurde. Bei 0,68 m von der Sohle der Künette begann die moderne Straßenaufschüttung aus hellgrauem, weißlichem, sehr lockerem Schotter. Den Profilabschluss bildete eine sehr dünne Humusauflage mit einer Grasnarbe von maximal 4 cm. (Abb. 151)

Die Schichten über der Altstraße waren insgesamt hart zusammengepresst, wie dies bereits bei der Altstraße der B 25 beobachtet wurde. An einer weiteren Stelle des Aufschlusses war im Profil in einer Höhe von 0,40 m über der Sohle der Künette die Asphaltoberkante der alten Bundesstraße zu sehen. An dieser Stelle wurde die Oberkante der Altstraße nicht erreicht.

Beim Hausanschluss des Hauses Wasserlochschenke wurde das Profil fotografisch dokumentiert, doch lag auch hier die Sohle der Künette höher als das historische Straßenpflaster. Bei ca. 3,50 m vom vorderen bzw. nordwestlichen Eck des Hauses begann die Straßenaufschüttung, die sich deutlich vom angrenzenden Erdreich abhob. Eine durchgehende Asphaltschicht war, in einer Tiefe von ca. 0,60 m von der Humusoberkante gemessen, deutlich sichtbar. Es wurden nur die obersten Schichten für die Kabelverlegung freigelegt. Die Altstraße oder die älteste Fahrbahn dürfte sicher noch 0,10 – 0,20 m tiefer liegen.

Funde von FP 67108.011

- Fnr. 1: Tierknochen, 1 Stück: Rind?, Vertebra lumb., FG 4.

Abb. 151: Altstraße B 24 Hochschwabstraße. Palfau, Wasserlochschenke. Baubeobachtung 2001.

1 Ansicht von Nordwesten.

2, 3 Historisches Straßenpflaster in situ.

11.2 Historischer Hintergrund und Zeitstellung

Im 16. Jahrhundert, wie bereits mehrfach geschildert, wurde das Verkehrsnetz im weiteren Umfeld des Steirischen Erzberges stark verdichtet. Der Bedarf an Verbindungswegen, für den Transport von Roheisen und Eisenprodukten und insbesondere von Holzkohle und deren Gewinnung, aber auch für den Transport von alltäglichen Gütern war stark gewachsen. Das Gebiet um Wildalpen an der B 24 Hochschwabstraße gehörte im Mittelalter zur Herrschaft Gallenstein und damit zu Stift Admont, das den Nutzen aus Holzwirtschaft, Jagd und Fischerei zuerkannt bekommen hatte.[326]

Der archäologische Befund bei der Wasserlochschenke ist zugegebenermaßen sehr bescheiden, doch ist er Zeugnis für die verkehrstechnische Erschließung dieses Gebietes. Nachdem das Gebiet des heutigen Hinterwildalpen durch den Bau der Straße über die Eisenerzer Höhe 1554 (vgl. Kap. 9) von Süden her erschlossen wurde, wurde 25 Jahre später, 1579, die Notwendigkeit eines Weges erkannt, der den 1544 von Ferdinand I. in Auftrag gegebenen *Neuen Weg* durch die Mendling – die spätere Dreimärktestraße oder B 25 Erlauftalstraße – mit dem waldreichen Gebiet um Wildalpen und dem nahen Mariazell verbinden sollte. Im Jahr 1579 fand eine Kommissionsberatung[327] über diesen Weg statt, von dem man sich eine Versorgung mit Holzkohle *gleichsam auf Ewigkeit* erhoffte. Es ist anzunehmen, dass die Straße bald danach gebaut wurde.[328]

326 Grabner 1960, bes. 10ff.

327 Pirchegger 1939, 13, Anm. 25: Kommissionsberatung, 1579, I.Ö.A, Sachabt. 82 (heute StLA, OBA Leoben). Bedauerlicherweise konnte das Original dieser historischen Quelle im Frühjahr 2009 nicht aufgefunden werden.

328 Vgl. dazu auch die Ausführungen im Kapitel zum Altweg über die Eisenerzer Höhe. Weitere archäologische und historische Recherchen bleiben zukünftigen Forschungen vorbehalten.

12. Altstraße L 714 Salzastraße

Die Landesstraße L 714 Salzastraße verbindet das Ennstal mit dem Mendlingtal und führt nördlich der Salza von Großreifling im Ennstal in das zentrale Ortsgebiet von Palfau. Die Landesstraße L 714 verbindet somit die B 115 Eisenstraße und die B 25 Erlauftalstraße. (Abb. 152)

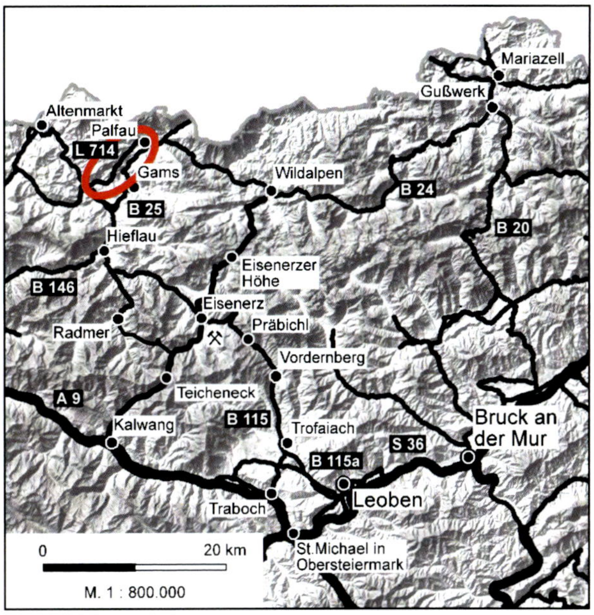

Abb. 152: Altstraße L 714 Salzastraße.
Ausschnitt der Höhen- und Reliefkarte Steiermark (Datengrundlage GIS-Steiermark). M. 1 : 800.000.

12.1 Die archäologischen Befunde der Altstraße L 714 Salzastraße

Begehungen im Zuge der Bauarbeiten der STEWEAG (vgl. Kap. 10.1) erfolgten am 4. September und 3. Oktober 2001. Es wurden drei Aufschlüsse beobachtet, zwei von diesen, Fundstelle 1/Hämmerl und Fundstelle 2/altes Feuerwehrhaus zeigten Befunde einer Altstraße (Abb. 104, 153).[329]

Westlich des Ortskernes von Palfau, beim „Hämmerl" (Fundstelle 1), wurde die alte Landesstraße Großreifling-Palfau bei den Bauarbeiten gequert (Abb. 154). 1953 soll hier mit dem Bau eines neuen Straßenstückes Richtung Großreifling begonnen worden sein.[330] Vermutlich kam es damals zum Bau der neuen Brücke, die nun südlich der alten, noch erhaltenen und begehbaren Brücke liegt (Abb. 155). Die Altstraße verlief knapp südlich am Haus in einem kleinen Bogen über die Brücke Richtung Großreifling vorbei. Im Profil waren ab einer Tiefe von ca. 0,75 m von der Humusoberkante mehrere Schotterschichten als künstliche Aufschüttungen erkennbar (Tabelle 9). Schicht (2) kann als älteste Schicht der Altstraße bezeichnet werden, das Schichtpaket (4) diente dann auch als Unterbau für die Asphalt- oder Bitumenspritzdecke. Über letzterer befand sich ein 0,40 m mächtiges Schichtpaket aus Schotterschichten.

Die älteste Straßenbreite betrug ca. 2,10 m, die Straße wurde in der Folge auf ca. 2,30 m bis zu einer maximalen Breite von ca. 3,20 m erweitert. Die Verbreiterung erfolgte nach Süden hin. Ein Straßengraben war an keinem Fahrbahnrand erkennbar. Nach den Schichten an der Südseite dürfte es hier eine Straßenböschung gegeben haben, die sukzessive durch die Aufschüttungen verschwand. Nach Norden schloss humusreiches Material an (Abb. 155).

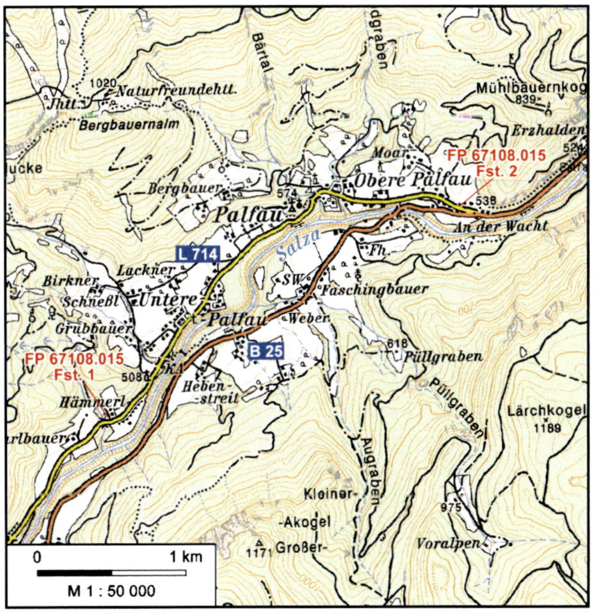

Abb. 153: Altstraße L 714 Salzastraße. Palfau. Baubeobachtung, Oktober 2001. Übersichtskarte (Plangrundlage ÖK 50 © BEV). M. 1 : 50.000.

---

329 Angaben zur Fundstelle FP 67108.015: Land: Steiermark; VB Liezen, OG und KG Palfau; Fundstelle 1: Grst.-Nr. 902/2; Fundstelle 2: Grst.-Nr. 423/1, 1107/1.

330 Scheiblechner u. a. 1999, 196.

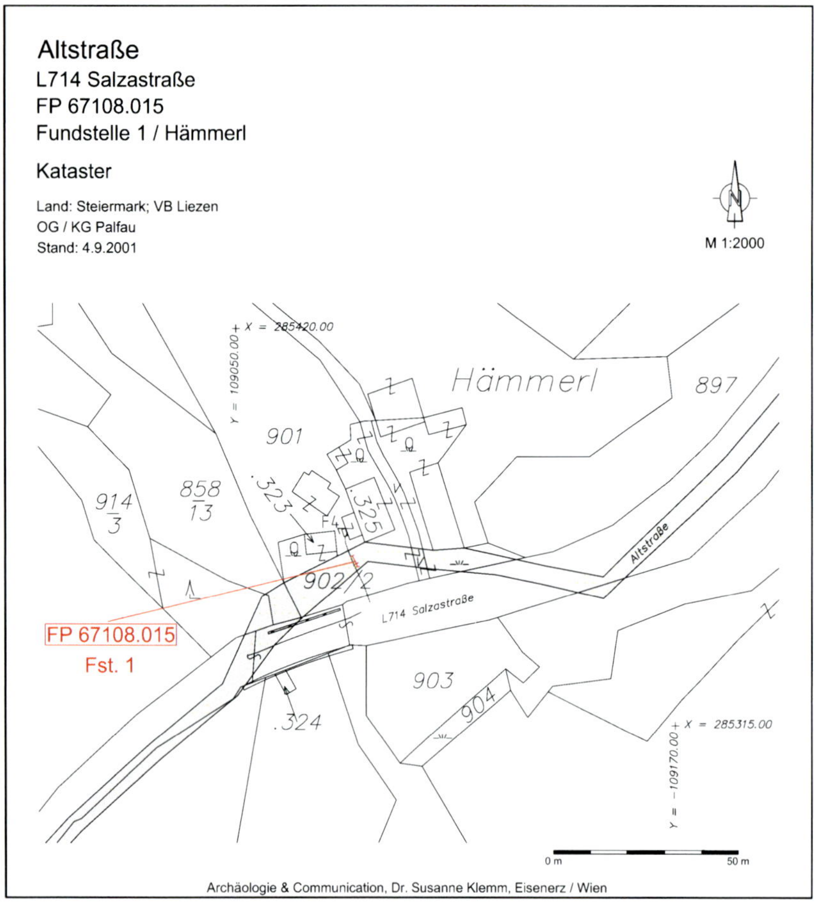

Abb. 154: Altstraße L 714 Salzastraße. Palfau, Hämmerl. Baubeobachtung Oktober 2001. Kataster. M. 1 : 2000.

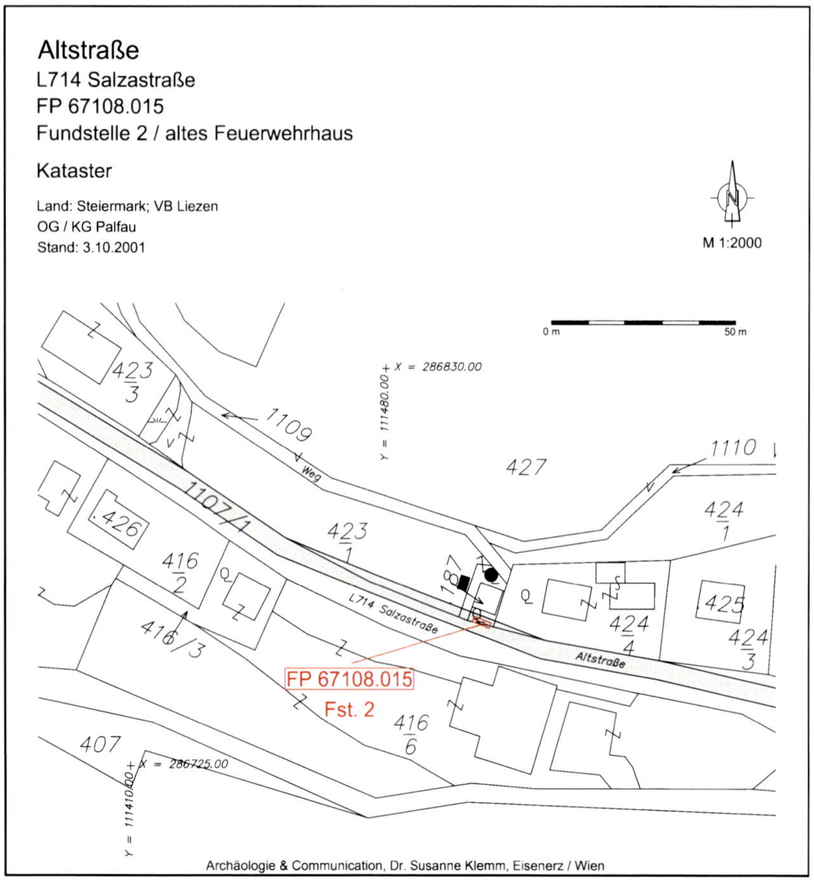

Abb. 155: Altstraße L 714 Salzastraße. Palfau, altes Feuerwehrhaus. Baubeobachtung Oktober 2001. Kataster. M. 1 : 2000.

Abb. 156: Altstraße L 714 Salzastraße. Palfau, Hämmerl.

1 Ansicht von Westen.

2 Aufschluss der Altstraße.

3 Ansicht der alten Straßentrasse von Nordosten.

Abb. 157: Altstraße L 714 Salzastraße. Palfau, altes Feuerwehrhaus.

1 Ansicht von Südosten.

2 Aufschluss der Altstraße.

Am 3. Oktober 2001 wurde die alte Landesstraße nochmals beim alten Feuerwehrhaus von Palfau gegenüber vom Gasthaus Thalhuber dokumentiert (Fundstelle 2, Abb. 156, 157). Die Tiefe der Künette betrug ca. 1 m, die künstlichen Aufschüttungen begannen ab ca. 0,50 m unter der heutigen Asphaltoberkante, bestehend aus mehreren Schotterschichten und einer Asphaltdecke.

Am 9. Oktober wurden bei dem Haus Taverne an der Rinn die geöffneten Bereiche geprüft. Das Straßenniveau dürfte bei diversen Sanierungsmaßnahmen im Vorplatz und Straßenbereich nicht wesentlich geändert und älteren Schichten somit durch diese Arbeiten entfernt worden sein.

12.2 Historischer Hintergrund und Zeitstellung

Das Alter der Altstraße kann aus dem archäologischen Befund an sich nicht erschlossen werden. Die Altstraße ist im Franziszeischen Kataster sowie auf der Karte der Josephinischen Landesaufnahme eingezeichnet und die Linienführung der Altstraße im dokumentierten Bereich entspricht jener des Katasters von 1824. Ihre Bedeutung als Verbindung der B 25 Erlauftalstraße mit der B 115 Eisenstraße besteht bis heute. Informationen zum Bau der Altstraße und späteren Landesstraße liegen zurzeit nicht vor. Die Schotterung von Fahrbahnen wurde verstärkt ab dem frühen 19. Jahrhundert eingeführt.

Tabelle 9: Profil der Altstraße Salzastraße L 714 bei der Fundstelle 1, Hämmerl in Palfau. Die Maße stellen jeweils die Oberkante der Schicht dar. Schichtnummern in Klammer (), Maßangaben in Meter, ohne Maßstab.

1,0	(8) Oberflächenhumus
0,95	(7) mittelbrauner bis hellbrauner Schotter, sehr gemischt, inhomogen, aus mehreren Aufschüttungen bestehend, auch eckiger, kantiger Schotter (Korngröße bis 40 mm und mehr)
0,65	(6) hellgraubraune Schotterschicht (Korngröße bis 10-30 mm)
0,55	(5) Asphalt- oder Bitumenspritzdecke
0,54	(4) Schichtpaket aus mehreren, nicht durchlaufenden Schichten, insbes. eine hellgraubraune, gröbere Schotterschicht mit runden Steinen (Korngrößen bis 20 mm) und eine sehr mächtige und kompakte Schicht mit mittelgraubraunem Schotter (Korngröße bis 30-80 mm)
0,35	(3) mittelbraune Schotterschicht mit runden Steinen (Korngröße 40-60 mm)
0,27	(2) hellgraue, feine Kiesschicht mit Eisenoxidausfällungen (Korngröße max. 10 mm)
0,25	(1) hellgraubrauner Letten (Sand), anstehender Boden mit einzelnen Steinen
0,0	Sohle der Künette

13. Ergebnisse: Straßen für den Steirischen Erzberg

Im Umfeld des Steirischen Erzberges wurden seit 1997 mehrere Altwege und Altstraßen mittels archäologischer Ausgrabung und Geländebegehungen dokumentiert und ihr historischer Hintergrund recherchiert. Unterschiedliche Wegformen einerseits und unterschiedliche Bauweisen andererseits wurden beobachtet, ebenso Veränderungen im Wegverlauf. Die regionale Entwicklung der Verkehrswege war nicht nur eng mit den geographischen Gegebenheiten und der regionalen wirtschaftlichen Entwicklung verbunden, sondern auch in die Entwicklung des überregionalen Verkehrsnetzes eingebunden und den Erfordernissen der überregionalen Wirtschaft unterworfen. Unterschiedliche Funktionen der Altwege und Altstraßen, aber auch Veränderungen in Nutzung und Frequenz wurden erkennbar.

In der Folge sollen die Wegformen und die Bauweisen der Altstraßen zusammengefasst und in einem regionalen und überregionalen Vergleich mit ähnlichen Befunden diskutiert werden. Besonderes Augenmerk wird auf die historische Entwicklung des Straßenbaus in den relevanten Zeithorizonten, dem 16. und dem 18. Jahrhundert, gewidmet werden.

Die historische Entstehung des regionalen Verkehrsnetzes, die Funktion und die Wandlung desselben, wird gleichfalls Gegenstand der folgenden Ausführungen sein.

13.1 Wegformen und Weggenerationen

Als Wegformen unterscheidet man grundsätzlich Wege mit Böschungen, Wege mit freistehender Begrenzung, Wege mit einer Kombination der letzteren und solche ohne Begrenzung oder Böschung.[331] Hohlwege, als Wegform mit beidseitiger, aufragender Böschung zu beschreiben, wurden wiederholt dokumentiert, so als Abschnitte der Altwege beiderseits des Präbichls, in der Weidau, Vordernberg, sowie im Gerichtsgraben, Eisenerz, ebenso ein kleiner Abschnitt des Erzweges/Laurentistraße in Vordernberg, kurze Abschnitte der Altstraße über die Eisenerzer Höhe und jener über das Teichenegg sowie der Altstraße in die Eisenerzer Ramsau. Hohlwegbündel, also mehrere parallele Hohlwege, wie sie andernorts vielfach bekannt sind, sind nur für die Gemeindealm in der Eisenerzer Ramsau in der klassischen Form beschrieben, weniger typisch ist die Situation in der Weidau, Vordernberg. Während für die Hohlwege auf der Gemeindealm in der Eisenerzer Ramsau eine Entstehung durch kontinuierliche Nutzung einer Wegspur angenommen werden kann, die sich im Zuge der Nutzung immer mehr eingetieft bzw. verbreitert hat, ist eine Beurteilung der als Hohlweg ausgeprägten Abschnitte der anderen untersuchten Altstraßen nicht so einfach. Vielmehr ist wiederholt anzunehmen, dass für einen Ausgleich bzw. die Verringerung des Gefälles ein Materialabtrag erfolgte. Dies ist für den Abschnitt über die Peres (Altstraße in die Eisenerzer Ramsau) denkbar, da hier mit Sicherheit der Fels teilweise abgetragen werden musste, ebenso für kurvige Bereiche der Altstraße über das Teichenegg.

Aus den zitierten historischen Quellen des 16. Jahrhunderts geht eindeutig hervor, dass Materialabtrag, der Abbau von Fels zum Ausgleich von Gefälle und Unebenheiten der Fahrbahn, in dieser Zeit durchaus üblich war. Die Tatsache, dass durch eine Geländebegehung der Oberfläche alleine nicht bestimmt werden kann, ob ein „gebauter" Weg und somit ev. auch ein mit Absicht befestigter Weg (z. B. Pflasterung, Prügelweg) vorliegt, erschwert die Beurteilung zusehends.

Die Wegform des Hohlweges ist sehr weit verbreitet und eine charakteristische Wegform für ältere historische Wege, vor allem auch des Mittelalters.[332]

Von den Wegen mit Böschung kommt der Typ des Hangweges in seinen unterschiedlichen Ausprägungen, einseitig oder beidseitig ausgebildet, am häufigsten bei den hier untersuchten Altstraßen vor. Diese Wegform ist nachgewiesen bei den älteren Altstraßen, wie jener über das Teichenegg und über die Eisenerzer Höhe, bei dem Grabenweg vom Präbichl Richtung Eisenerz und den Altwegresten in Hieflau (Fundstelle 1 und 2) sowie bei den nachweislich jüngeren Altstraßen, der Eisenstraße/Kommerzialstraße beiderseits des Präbichls und der Dreimärktestraße in Palfau.

Das beeindruckendste Beispiel eines bergseitigen Materialabtrags der im 16. Jahrhundert gebauten Straßen ist der Abschnitt entlang der Rohrmauer, der so genannte „Römerweg", der Altstraße über die Eisenerzer Höhe, wo der anstehende Fels bis zu mindestens 5 m Höhe abgetragen wurde. Die Spu-

331 Doswald 2000, 11, Abb. 4. – Eine umfassende Diskussion zur Entstehung und den Arten von Hohlwegen bei Denecke 1969, bes. 40ff.

332 Denecke 1969, bes. 40ff. – Vgl. z. B. auch Simon/Hauswald 1995.

ren der Schlägel und Eisen-Arbeit sind bestens erhalten. Ganz ähnlich in Hieflau, wo ein kurzer Abschnitt der Eisenstraße an der Eckstallkurve (Fundstellen 1 und 2), in vergleichbarer Technik abgebaut wurde, um knapp am Ufer der Enns eine Fahrbahn zu schaffen.

Die Altstraße über die Eisenerzer Höhe und große Teile des dokumentierten Abschnittes der Altstraße über das Teichenegg sind durchwegs als Hangweg ausgebildet. Hangseitige Stützmauern fehlen, talseitig sind Stützmauern nur jeweils in einem kurzen Abschnitt gesichert; ähnlich beim Grabenweg, wo Trockensteinmauern in einem Abschnitt vorhanden waren.

Offen bleibt, inwiefern talseitig eine freistehende Begrenzung, zum Beispiel in Form eines Holzgeländers, ursprünglich vorhanden war; dies soll es entlang der Rohrmauer im 19. Jahrhundert gegeben haben.

Der Abschnitt der Eisenstraße über den Präbichl, der Kommerzialstraße und späteren, mittlerweile „alten" B 115 Eisenstraße, wurde im gesamten Verlauf von der Weidau (Vordernberg) bis in die Trofeng (Eisenerz) in der Mitte des 18. Jahrhunderts als beidseitig ausgebildeter Hangweg gebaut. Die nach dem Ausbau hergestellte Karte von Joseph Mrakh 1755, ein detaillierter Vermessungsplan, beschreibt in der Legende eindrücklich die Seitenmauern und andere Kunstbauten wie Brücken und Kanäle, die insbesondere auf der Eisenerzer Seite des Passes aufgrund des steilen Geländes und der zahlreichen Gräben erforderlich waren. Mit der so genannten *unter=mauerung* dürften talseitige Stützmauern gemeint sein, diese wurden aufgrund der Geländesituation mehrfach notwendig. Auf der Eisenerzer Seite gab es zumindest im Bereich der Brücken niedrige Mauern als seitliche Begrenzung und im frühen 20. Jahrhundert talseitig ein Holzgeländer, später Leitschienen aus Metall.

Die Breite der Kommerzialstraße, inklusive Erzwegtrasse und Sommerweg, von ca. 11 m an der Vordernberger Seite des Präbichls entlang des Polsters war als Hangweg ausgeführt. Ein bergseitiger Materialabtrag war mit Sicherheit erforderlich. Ein Materialauftrag auf der Straßentrasse als Unterbau für das Steinpflaster war nur in Schnitt 4/1999 zu erkennen.

Die archäologisch dokumentierten Abschnitte der Dreimärktestraße in Palfau sind den Wegen mit Böschung, gleichfalls dem Typ des Hangweges, zuzuordnen, so insbesondere Schnitt 1/1999, wo sich die alte Fahrbahn knapp an der Böschung zur Salza befunden hatte und diese zumindest in späterer Zeit talseitig mit einer Mauer abgestützt wurde. Bei Schnitt 2 befand sich die Fahrbahn noch in relativ ebenem Gelände, wäre also hier eher den Wegen ohne Böschung zuzuordnen, doch kurz danach fiel die Fahrbahn steil Richtung Salza in Form eines charakteristischen Hangweges ab. Ein umfassender Materialabtrag war bereits im 16. Jahrhundert erforderlich. Offen bleibt, ob für die Anlage der Fahrbahn bei Schnitt 3 ein Materialabtrag des Hanges ursprünglich notwendig gewesen war. Man hatte eher den Eindruck, dass sich die Linienführung der Altstraße an den Geländeverlauf anpasste und es zwischen Schnitt 2 und 3 zu keinen massiven Veränderungen der Oberfläche kam. Die Linienführung der Dreimärktestraße im dokumentierten Streckenabschnitt zeigte wiederholt beide Wegformen; auch ein Felsdurchbruch, wie beim Hirtenlehner, Mendling Fundstelle 1, zur Umfahrung einer kleinen Schlaufe der Salza war notwendig.

Wege ohne Böschung oder ohne freistehende Begrenzung wurden archäologisch in der Weidau, Grabung 1979, und in der Laurentistraße, Erzweg, Schnitt 1/1999, beide Vordernberg, nachgewiesen. Der Grabungsschnitt 1979 in der Weidau brachte eine Steinlage auf der Fahrbahn zur Fleischhackeralm ans Tageslicht, die als Beispiel für diese Wegform anzuführen ist; die Wegspuren im anstehenden Lehm, die sich parallel zur eigentlichen Trasse der Altstraße durch die Weidau auf den Präbichl befand, kann nur als Ausweiche in der Wiese interpretiert werden.

Der archäologisch untersuchte Abschnitt des Erzweges in der Laurentistraße nördlich der Laurentikirche, Schnitt 1/1997, ist eindeutig als Weg ohne Böschung zu bezeichnen, auch wenn er weiter nördlich bzw. auch südlich in kurzen Abschnitten als Hohlweg geführt wurde.

Zur Beschreibung von Weggenerationen einer Strecke oder eines Abschnittes können zwei der dokumentierten Altstraßen herangezogen werden, zum einen der Abschnitt der Eisenstraße oder B 115 Eisenstraße über den Präbichl, zum anderen zwei Abschnitte der Altstraße vom Krumpental in die Eisenerzer Ramsau, der Abschnitt auf der Peres und jener auf der Gemeindealm.

Während die älteste Straße, zumindest seit dem Mittelalter und bis in die Mitte des 18. Jahrhunderts, über den Präbichl durch den Talboden der Weidau und auf der Eisenerzer Seite am nördlichen Abhang des Erzberges nach Eisenerz führte, die genaue Trassenführung des letztgenannten Abschnittes ist nicht im Einzelnen bekannt, wurde die Trasse auf der Vordernberger Seite um 1750 an den Fuß des Polsters verlegt, die Trasse auf der Eisenerzer Seite verblieb am nördlichen Abhang des Erzberges. In der zweiten Hälfte des 20. Jahrhunderts schließlich wurde die Trassenführung durch den großzügigen Ausbau der „Nordrampe" auf der Eisenerzer Seite entlang dem Fuß des Polsters und durch den Gsollgraben und die „Südrampe" zwischen den beiden älteren Trassen in der Weidau und am Fuß des Polsters verlegt; zahlreiche, großzügige Brücken wurden für die neue breite Fahrbahn erforderlich.

Der Abschnitt der Altstraße vom Krumpental in die Eisenerzer Ramsau auf der Peres zeigt drei Weggenerationen, so den ältesten Weg, näher zum Erzbach gelegen und vermutlich im Mittelalter entstanden, die im Franziszeischen Kataster von 1824 eingetragene ältere Straße und die heutige Trasse der Straße in die Eisenerzer Ramsau. Ähnlich die Situation auf der Gemeindealm, wo es parallel zur heutigen Forststraße mehrere Hohlwegtrassen gibt, deren zeitliche Abfolge nur mittels horizontalstratigraphischer Überlegungen interpretiert werden konnte.

13.2 Straßenbau im 16. und 18. Jahrhundert

Große Höhenunterschiede, steile Hänge, Felswände, tiefe Gräben, wechselnder Untergrund – Fels, durch Hang- und Oberflächenwässer aufgeweichte Böden, lehmiger Untergrund, Steinschlag, Schneelawinen und starke Regengüsse – sind nur einige der Herausforderungen, die die Errichtung und Unterhaltung von Straßen im Gebirge erschwerten.

Die Linienführung der untersuchten Altstraßen wurde im Detail bereits eingehend beschrieben. Für den Neubau von Straßen im 16. Jahrhundert wurde nachgewiesen, dass für die Festlegung der Linienführung der Straßen Geländebegehungen stattfanden und die Trassenführung von Commissionen beratschlagt wurde. Dies gilt für alle im 16. Jahrhundert neu gebauten Strecken, wie jene der Dreimärktestraße, der Eisenstraße an der Nordseite des Präbichls, der Straße über die Eisenerzer Höhe wie auch den Vorläufer der B 24 Hochschwabstraße. Im Fall der Eisenstraße auf der Nordseite des Präbichls wurden 1563 zudem mehrere Varianten der Trassenführung diskutiert. Noch im 18. Jahrhundert bestanden die Vorarbeiten in Besichtigungen zu Fuß oder zu Pferd der in Betracht kommenden neuen Abschnitte.[333] Birk erwähnt für das 18. Jahrhundert auch eine Höhenaufnahme schwieriger Abschnitte. Bedauerlicherweise sind die Pläne zum Bau der *Neuen Comercial Strassen* über den Präbichl nicht mehr in dem Akt enthalten, umso erfreulicher ist, dass nach Abschluss der Bauarbeiten eine genaue Vermessung des neu errichteten Abschnittes Eisenerz–Trofaiach der Eisenstraße von Joseph Mrakh durchgeführt wurde und auch erhalten blieb.

Die Linienführung richtete sich grundsätzlich nach dem Geländeverlauf. Die Bewältigung von großen Höhenunterschieden an steilen Hängen erfolgte durch die Anlage der Wegtrasse im *Zickzack*[334], heute würde man sagen – in kurzen Serpentinen; als Beispiele seien die Überwindung des ersten Steilhanges auf der Wildalpener Seite unterhalb des Graskogels Richtung Eisenerzer Höhe oder der letzte Abschnitt auf der Eisenerzer Seite zum Teichenegg genannt. Ein sehr schönes Beispiel für eine im Zickzack angelegte Straße ist die jüngere Trasse der Altstraße über den Sölkpass, die neun Kehren aufweist. Der Weg wird als Dammweg mit seitlichen Trockensteinmauern und einer unregelmäßigen Steinpflasterung und mit feinerem Material angeschüttet beschrieben. Von archäologischer Seite ist eine Datierung nur allgemein in die Neuzeit möglich.[335] Der Saumhandel über den Sölkpass kann bis in das 12. Jahrhundert zurückverfolgt werden und war in der frühen bis mittleren Neuzeit auch sehr intensiv. Bedauerlicherweise liegen keine historischen Quellen vor, die über den Zeitpunkt des Baus der erhaltenen Altstraßenreste über den Sölkpass Aufschluss geben.[336]

Für einige der untersuchten Altstraßen konnte die Befestigung der Straßentrasse mit ein- oder beidseitigen Stützmauern, der Aufbau des Straßenkörpers und die Gestaltung der Fahrbahnoberfläche beschrieben werden. Von den aufwändigen Kunstbauten wie Brücken von der Eisenstraße/*Neuen Comercial Strassen* ist heute nur mehr eine Brücke auf der Eisenerzer Seite des Passes erhalten.

Anstehender Fels wurde abgearbeitet oder gesprengt. Das schönste Beispiel für die Abarbeitung des anstehenden Gesteins ist der Weg entlang der Rohrmauer südlich der Eisenerzer Höhe. Die Schrämspuren, die von der für den Bergbau typischen Schlägel und Eisen-Arbeit stammen, zeugen von mühseliger Handarbeit. Senkrechte, schräge oder auch waagrechte Schrämspuren sind an der aufgehenden Felswand der Rohrmauer erhalten. Auf der Fahrbahn sind heute nur mehr Schrämspuren in Form schmaler Querstreifen auf den Trittstufen zu erkennen. Spuren des Felsabtrags mittels Schlägel und Eisen-Arbeit wurden auch wiederholt auf der Wildalpener Seite der Altstraße über die Eisenerzer Höhe, wenn auch auf weniger spektakuläre Art, auf den Seitenwänden, oftmals stark verwittert, auch mit Moos überwachsen, und ebenso auf den Trittstufen, festgestellt.

Sehr gute Entsprechungen stellen die Befunde von Hieflau/Eckstall dar, wo die Felswand gleichfalls senkrecht abgearbeitet wurde. Diese Technik der Felsbearbeitung wurde seit dem Mittelalter und bis in die mittlere Neuzeit im Bergbau angewandt und ist in historischen Stollen, oft auch „Römerstollen" genannt, wiederholt anzutreffen.[337] (Abb. 158)

---

333 Birk 1924, 173.

334 Schemerl 1807, Tab. 7, Darstellung eines über einen steilen Berg anzulegenden *Zik=Zak*.

335 Hebert 2003, 51f., Abb. 1, 80ff.

336 Fraydenegg-Monzello/Ziegerhofer 1997, 66ff., vgl. auch Anm. 249 und 250. Von der Ortschaft Faista wird eine alte Wegtrasse genannt, die noch mit einer Breite von 1 m und einer Länge von 20 m erhalten ist und aus dem Fels gemeißelt wurde.

337 Z. B. in den Eisenerzer Alpen: historische Stollen am Steirischen Erzberg (Kloepfer/Riehl 1937, 26, Abb. 5), im

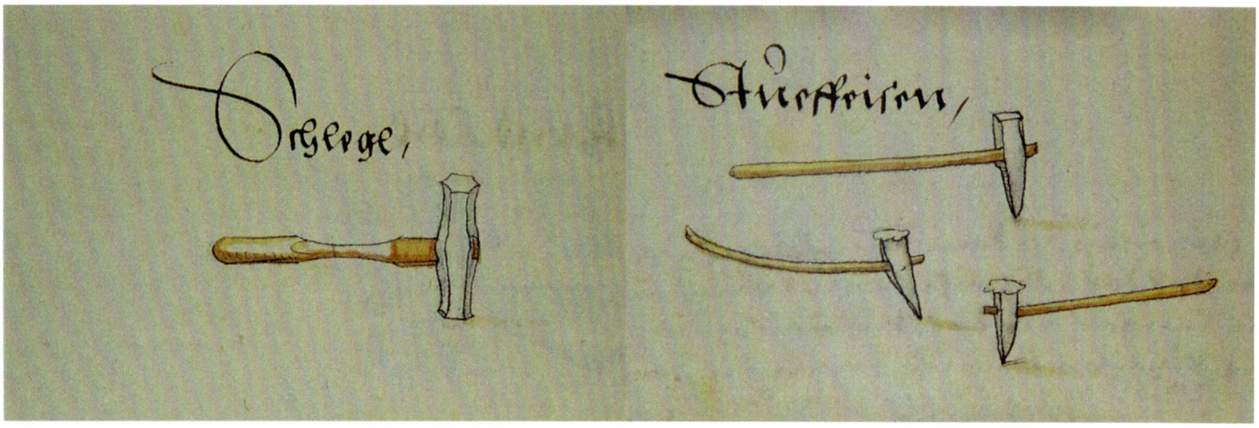

Abb. 158: Gerätschaften für die Schlägel und Eisen-Arbeit im Bergbau im 16. Jahrhundert, *Schlegel und Stueffeisen*. Schwazer Bergbuch 1556. (Faksimile-Ausgabe, CODEX 10.852, Winkelmann 1989)

Hervorzuheben sind noch die winzigen Spuren im Fels der Fahrbahn von der Altstraße über die Eisenerzer Höhe, spitz zulaufende, max. 10 mm tiefe Grübchen, mit einem Durchmesser von 20–25 mm, vermutlich Meißelspuren. Entsprechungen für diese Arbeitsspuren sind der Verfasserin nicht bekannt.

Weitere Beispiele für die Anlage von Wegen im felsigen Bereich können aus dem Dachsteingebiet und von Wörschach im Ennstal angeführt werden: der steile Landfriedalmsteig, Gemeinde Obertraun, im Dachsteingebiet, dessen Stufen gleichfalls aus dem Fels gemeißelt wurden[338]. Die Stufen eines Altweges im Bereich des Wurzkars, ebenfalls Dachsteingebiet, waren aus Steinplatten erbaut[339]. Nicht gesichert ist, mit welcher Technik ein Altweg bei Wörschach im Ennstal aus dem Fels herausgearbeitet wurde.[340] Eindeutige Hinweise, wann diese Altwege gebaut wurden, liegen nicht vor.

Stellvertretend für andere Altstraßenbefunde aus den österreichischen Alpen sollen noch die Reste von der Altstraße über den Pass Lueg in Salzburg, über den heute die B 51 Salzachtalstraße führt, zitiert werden, zumal der bekannte Abschnitt gleichfalls, teilweise auch beidseitig, aus dem Fels herausgearbeitet wurde.[341] Die ursprüngliche Datierung in die Römische Kaiserzeit ist jedoch fraglich, ein Ausbau der Strecke über den Radstätter Tauern im 16. Jahrhundert ist gesichert.[342]

Als Beispiel stellvertretend für die Schweizer Befunde von spätmittelalter-/frühneuzeitlichen Altstraßen sei die Straße mit „Karrgeleisen“ von Vuitebœuf/Ste-Croix genannt, wo ähnlich wie bei der Altstraße auf die Eisenerzer Höhe Trittstufen (oder „Treppenstufen“) für die Zugtiere aus dem Fels herausgearbeitet waren.[343] Eine sehr gute Entsprechung für die Bauweise des Vordernberger Erzweges ist der Befund aus dem 18. Jahrhundert von der Eschelbacher Steige in Deutschland.[344]

Ein einziger Hinweis über eine Befestigung eines Abschnitts der Altstraße über das Teichenegg mit Holz (so genannter Prügel- oder Knüppelweg) müsste noch archäologisch geprüft werden. Die Wegbefestigung mit Holz in Feuchtgebieten war in Europa bis in die Neuzeit weit verbreitet. 1965 wurde zwischen Trieben und Hohentauern 1,8 m unter der damaligen Straße vom Hochwasser ein Prügelweg freigelegt.[345] Bei diesem archäologischen Befund vom Vorläufer der B 114 Tauernstraße über den Rottenmanner Tauern (oder Triebener Tauern) dürfte es sich um einen Abschnitt der frühneuzeitlichen Straße handeln; 1570 wurde der zuvor viele Jahre lang im Raum Eisenerz tätige Wegmeister Leonhard Prandtstetter beauftragt, den *Neuen Wagenweeg* zu bauen.[346]

Die Straßenbreite im Mittelalter und in der frühen Neuzeit von rund 2–2,5 m, selten bis 3 m erlaubte das Passieren eines Fuhrwerkes, Ausweichen waren daher in regelmäßigen Abständen erforderlich. Dies wird zum Beispiel in der Beauftragung zum Bau der neuen Straße von Eisenerz auf den Präbichl 1565

Paradeisstollen in der Radmer oder in Stollen in Johnsbach (persönliche Begehungen). Ein Stollen des frühneuzeitlichen Zinnoberbergbaus in der Krumpen bei Trofaiach mit vergleichbaren Schrämspuren wird auch als „Römerstollen“ bezeichnet (Friml 2008, 72f., Abb. 1, 2).

338 Mandl 2003, 189f.

339 Mandl 1996, 123.

340 Mandl 2006a, 184f.

341 Hell 1972a, 97ff., Abb. 2–4.

342 Klein 1959, 81. – Vgl. auch Klein 1961 für das 15. Jahrhundert. – Gruber 1993, 280f., bes. 292.

343 Schneider/Vogel 1997, 118 und 128 mit Abb. 4.

344 Freundl. Mitt. Dieter Müller, Esslingen am Neckar.

345 Leitner 1990a, 21.

346 Hilzensauer 2004, 725ff., bes. 730f. – Die von Leitner (1990a, 21) vorgeschlagene Datierung in die Römische Kaiserzeit ist nicht gesichert. Vielmehr ist mit einer Datierung in das späte Mittelalter oder die frühe Neuzeit zu rechnen.

ausdrücklich betont.[347] Diese Straßenbreite wurde bei sämtlichen untersuchten Altstraßen im Umfeld des Steirischen Erzberges, die in diese Zeit datieren, dokumentiert.

Zusätzliche Information über den Straßenbau im 16. Jahrhundert geben wie bereits angeführt schriftliche Quellen, im Allgemeinen die Berichte der Commissionen, die neu zu bauende Wegtrassen beschrieben und Angaben über die erforderlichen Arbeiten für den Straßenbau gaben. Sie geben nicht nur Aufschluss über die geplante Linienführung, sondern auch über die Bauweise selbst. Zwei solcher Berichte, der Bericht von 1563 für den Ausbau eines Abschnittes der Eisenstraße – der nördlichen oder Eisenerzer Seite des Präbichls – und jener von 1544 für den Ausbau der Dreimärktestraße, geben Aufschluss über den Bau zahlreicher Brücken, über notwendigen Materialabtrag, auch von anstehendem Fels, zur Verringerung des Gefälles wie zur Verbreiterung der Fahrbahn oder das Pflastern der Fahrbahn mit Steinen und eine Beschüttung der Steinpflasterung mit feinkörnigem Material wie Sand, Kies oder Schotter.

Über den Straßenbau im 18. Jahrhundert liegen weitaus zahlreichere und sehr detaillierte Informationen vor, nicht nur die bereits ausführlich zitierte und diskutierte Beschreibung in der Legende der Karte von Joseph Mrakh 1755 für die *Neue Comercial Strassen* über den Präbichl, sondern umfangreiche Werke zur Technik des Straßenbaus, insbesondere die Arbeiten von Schemerl 1807 und Wiebeking 1804 und 1808 und andere.[348] Sie enthalten ausführliche Anleitungen zum Straßenbau, zur Unterhaltung der Straßen, über Vorkehrungen zur Schonung von Zugvieh und Fuhrwerken, über den Bau von Gebirgsstraßen, über die für den Straßenbau benötigten Materialien und vieles mehr. Die umfassendste Studie zur Geschichte des Straßenbaus schrieb zweifelsohne Birk 1934.[349] Archäologische Befunde von Kommerzialstraßen, die mit den Untersuchungen 1998 und 1999 der *Neuen Comercial Strassen* über den Präbichl verglichen werden können, gibt es aus Österreich nicht. Für die Schweiz kann ein Befund aus der Nähe von Schwarzenburg, heute Teil des Jakobsweges in der Schweiz, angeführt werden.[350]

Im 18. Jahrhundert erfuhr der Straßenbau in Europa einen massiven Aufschwung, der sich auch in der Entwicklung der Straßenbautechnik und in der Intensivierung des überregionalen Verkehrsnetzes widerspiegelte.[351] Nachdem unter Kaiser Maximilian I. und seinen Nachfolgern der Straßenbau im 16. Jahrhundert stark gefördert wurde, vor allem auch im Gebiet des Steirischen Erzberges, erfolgte der erste systematisch geplante große Ausbau des österreichischen Straßennetzes unter Karl VI., den man auch den Begründer des modernen Straßenbaus in Österreich nennen kann. Einen zweiten starken Impuls erhielt das Straßenwesen durch die Reformen Maria Theresias und Josephs II. Unter Karl VI. begann der Ausbau der großen Handels- oder Kommerzialstraßen.[352]

Den Beginn des neuzeitlichen Straßenwesens im 18. Jahrhundert bildete die Nord-Süd-Verbindung zwischen Wien und Triest über den Semmering, Venediger- oder Italienstraße genannt, deren Bau 1728 in Angriff genommen wurde. Um das Jahr 1730 war diese wichtige Fernstraße vollendet. Motivation für den Ausbau des Verkehrsnetzes war, den Fernhandel zu fördern, im Fall der neuen Straße über den Semmering den Handel mit den Häfen an der Adria, namentlich Triest.[353] Unter Karl VI. wurden nicht nur die Straßen verbessert sondern auch die Flüsse reguliert und Kanäle gebaut.[354]

Der mährische Straßenbauingenieur Groß wendete in der 2. Hälfte des 18. Jahrhunderts in Mähren eine Straßenbauweise an, die seit Anfang des 19. Jahrhunderts durch den Schotten Mac Adam bekannt wurde: der Straßenkörper bestand aus mehreren Schotterschichten, die durch mehrmaliges Befahren mit Fuhrwerken verdichtet wurde.[355] Groß baute in Galizien 250 Meilen fast ausschließlich in der von ihm entwickelten Straßenbauweise. Auch in Niederösterreich wurden Straßen nach seiner Methode gebaut. *Schotterstraßen* sind nach Wiebeking Straßen, deren Fahrbahnoberfläche mit klein zerschlagenen Bruchsteinen oder Flusskieseln bedeckt sind.[356]

Eine weite Verbreitung fand allerdings in Europa jene Bauweise, die als Unterbau eine Reihe senkrecht stehender großer Steine mit unebener Oberfläche oder auch flach liegender Bruchsteine aufwiesen, deren Zwischenräume mit kleinen Steinen gefüllt und zusätzlichen Schotterschichten überschüttet wurden, so genannte *Bruchsteinstraßen*.[357] Diese Straßenbauweise hängt eng mit dem im 18. Jahr-

347 Vgl. Kap. 6. – StLA, OBA Leoben, Sch. 81, Nr. 103 v. 11. Sept. 1565.

348 Gautier 1712 (1759). – Schemerl 1807. – Wiebeking 1804 und 1808. – Voch 1776. – Reisigl 1791.

349 Birk 1934. – Vgl. auch die Werke von Hitzer 1971 und Schreiber 1959.

350 Schneider 1997, 149, Abb. 4.

351 Birk 1924 und 1934, 301ff. – Klein 1959, 81ff.

352 Bidermann 1972, 72, 319ff. – Arnberger 1966, 128. – Birk 1934, 307ff.

353 Birk 1934, 304. – Pickl 1989, 63ff.

354 Bidermann 1889, 72f., 319ff. – Birk 1924, 171f.

355 Birk 1924, 176.

356 Wiebeking 1804, 4, Fig. 3a und 154f.

357 Wiebeking 1804, 4, Fig. 2 und 133ff. – Birk 1924, 174ff.

hundert in Frankreich entwickelten Chausseenbau zusammen, im ursprünglichen Sinne Dammstraßen. Wiebeking verwehrt sich 1804 jedoch dagegen, dass der Begriff „Chaussee" nur Straßen mit einem Fahrdamm oder einen Dammweg bezeichnet, da gerade im Gebirge die Fahrbahn auch in das Gelände bzw. den Fels eingeschnitten sein kann. Er versteht unter Chaussee „eine mit Hülfe der Straßen= und Brücken=Baukunst bequem angelegte und gut unterhaltene Straße, das ist, eine K u n s t - s t r a ß e".[358]

Diese als „Kunststraßen" bezeichneten neuen Straßen sind gekennzeichnet durch ihre neue, sorgfältig projektierte Linienführung in einer möglichst geraden Anlage und mit möglichst geringer Steigung. Sie durchschneiden daher auch Geländeerhebungen und führen über speziell angelegte Dämme. Ein wichtiges Ziel war die rasche Entwässerung der Straßenoberfläche, welche durch eine gewölbte Fahrbahn erzielt wurde.[359] Für die Anlage von Straßengräben mit Stützmauern und eine flache Abdachung oder Wölbung des Straßenkörpers sprach sich bereits 1712 der französische Straßenbau-Ingenieur Hubert Gautier in seinem Lehrbuch zum Straßenbau aus.[360]

Die neuen Chausseen oder Kunststraßen wiesen nicht nur eine Reihe von Kunstbauten, wie Schutz- und Stützmauern, Wasserabzüge, Durchlässe, Bankette und Straßengräben auf; sie hatten auch eine größere Fahrbahnbreite. Die Fahrbahnbreite von 6,70 m bis 6,90 m der *Neuen Comercial Strassen* über den Präbichl wie sie 1926 und 1998 in den Schnitten 2 und 3 festgestellt wurde, entspricht der von Maria Theresia im Patent vom 9. April 1776 auf 6,65–7,60 m (3,5–4 Klafter) festgesetzten Fahrbahnbreite, ebenso der Straßengraben von Schnitt 4/1999 der Breite von 0,95 m (3 Schuh).[361]

Schemerl betont auch die Bedeutung von *Sommerwegen*, Seitenwege längs der Chausseen, die bei trockener Witterung befahren wurden.[362] Wiebeking beschreibt noch, dass Sommerwege wegen des Abfließens des Wassers niedriger als der Hauptfahrweg und insbesondere längs von gepflasterten Straßen, am günstigsten zwischen Hauptfahrbahn und Straßengraben, vorhanden sein sollten. Sommerwege wären auch für Fußgänger und das Zugvieh besser.[363] Es bleibt offen, ob die talseitige Steinpackung aus mehreren Lagen kleiner Steine neben dem Erzweg, wie sie in Schnitt 3/1999 am Polster dokumentiert wurde, als Sommerweg anzusprechen ist oder vielmehr nur der Befestigung des gesamten Straßenkörpers oder eben auch beidem diente.

Der Kunststraßenbau – und damit auch der Ausbau des Kommerzialstraßennetzes – ging Anfang des 18. Jahrhunderts von Frankreich aus, Österreich und andere europäische Länder folgten bald, und fand im 19. Jahrhundert seine besondere Blütezeit. Dies bezeugt gerade der Ausbau zahlreicher Alpenpässe in Österreich und der Schweiz vor allem Anfang des 19. Jahrhunderts.[364] Nach der Definition von Wiebeking ist der Ausbau des Abschnittes Eisenerz–Trofaiach mit Sicherheit als Kunststraße anzusehen. Doch bleibt zu diskutieren, ob man nicht auch ältere Straßen, wie solche des 16. Jahrhunderts als Kunststraßen ansprechen müsste.[365]

Die dritte und weltweit verbreitete Form der Wegbefestigung ist die Pflasterung mit großen Steinen, Steinplatten oder Steinblöcken, die so genannte *Steinpflasterstraße*.[366] Die Pflasterung von Straßen in Städten ist seit dem Mittelalter in Europa bekannt, doch erst Ende des 17. Jahrhunderts geläufiger geworden.[367] Die flächige Pflasterung von Landstraßen lässt sich zeitlich noch nicht weiter eingrenzen; um 1700 begann man in Frankreich, Landstraßen mit einem Steinpflaster zu befestigen. Birk beschreibt drei Arten von Pflastersteinen: Steine in Würfelform und so genannte Kiesel- und Feldsteine. Als Kieselsteine werden rundliche Steine bezeichnet; Feldsteine sind auf eine Höhe von 20–25 cm zugerichtete Steine, die mit der Breitseite nach oben und der Spitze nach unten in ein Bett aus Flusssand gerammt wurden.[368] Diese zuletzt beschriebene Bauweise mit Feldsteinen ent-

358 Wiebeking 1804, 3.

359 Birk 1934. – Barraud Wiener/Simonett 1990, 416ff. – Schiedt 1998, bes. 12ff. – Siehe dazu auch die zeitgenössischen Darstellungen bei Schemerl 1807, 75ff., Tab. 1 und Wiebeking 1804, 3.

360 Gautier 1712, zitiert bei Hitzer 1971, 243. – Schemerl 1807, 90. – Birk 1934, 289ff. bes. 292f.

361 Schemerl 1807, 3. Theil, 375 und 379: Der eigentliche Fahrweg sollte 4 Klafter breit sein, die beiderseitigen Bermen je 3 Schuh, desgleichen die Seitengräben je 3 Schuh oder 0,95 m (S. 375). Der Abstand von Bäumen vom Straßenrand sollte 3 Klafter betragen oder 2 Klafter vom Rand des Straßengrabens. Nur „lebendige" Zäune oder Hecken dürfen näher den Gräben stehen, aber nicht höher als 8 Schuh sein (S. 379). Siehe dazu Birk 1934, 320 und Pendl 1941, 129. – Für Deutschland siehe Wiebeking 1804, 50f.

362 Schemerl 1807, 3. Theil, 64ff.

363 Wiebeking 1804, 52f., 66 und 155f, Fig. 6.

364 Birk 1924171; ders. 1934, 289ff. – Baumgartner 1834. – Barraud Wiener/Simonett 1990. – Schiedt 1998. – Schüpbach 1997.

365 Herzig/Cranach 1997, 113 beurteilen es als reine Forschungslücke, dass keine älteren Kunststraßen, z. B. des Mittelalters, bekannt sind.

366 Wiebeking 1804, 4, Fig. 1 und 125ff. – Über Steinpflaster und Pflasterstraßen ausführlich bei Krünitz 1809, Bd. 111, Stichwort Pflaster (http://www.kruenitz.uni-trier.de).

367 Hitzer 1971, Anm. 57, 188, 191, Abb. 230 und 194, Abb. 235–237. – Vgl. dazu eine Zustandsbeschreibung der Straßen in Wien und Paris bei Wiebeking 1804, 126f.

368 Birk 1934, Anm. 8, 293. – Gautier 1712.

spricht den Befunden der Eisenstraße in Vordernberg. Das Steinpflaster der Dreimärktestraße bestand aus Kieselsteinen.[369]

Schemerl beschäftigt sich in seiner „Ausführlichen Anweisung zur Entwerfung, Erbauung und Erhaltung dauerhafter und bequemer Straßen“ 1807 umfassend mit gepflasterten Straßen, nennt sie auch „gepflasterte Chausseen“, und führt die Bauweise auf die Römer zurück. „Pflasterstraßen nenne ich jene, deren oberste Lage (*summum dorsum*) mit gehörig an einander gefügten und geschlossenen Steinen ausgemauert und ausgelegt sind, dass die Oberfläche der Steine selbst jene Convexität bildet, welche man der Straße geben will.“[370]

Bei dem Bau von Pflasterstraßen spielte der Untergrund eine wichtige Rolle. Ein Unterbau aus einer Steinlage wäre nur dann nötig, wenn der Untergrund weich wäre. Beim Setzen der Pflastersteine wäre besonders zu achten, dass die Steine möglichst eng und ohne Zwischenräume aneinander gesetzt werden, damit der Straßenkörper fest genug und die konvexe, d.h. in der Mitte gleichmäßig gewölbte Fahrbahn auch bei intensiver Nutzung intakt bliebe. Bei der Auswahl des Baumaterials war ebenfalls Sorgfalt angebracht, nach Möglichkeit sollte man Steine aus der nahen Umgebung der zu bauenden Straße verwenden, um die Kosten niedrig zu halten. Was die Größe der Steine betraf, so schlug Wiebeking vor, Steine mit 7–10 Zoll Breite und Dicke zu verwenden, da man die Steine, wenn sie an der Oberfläche abgeschliffen waren, noch wenden und mehrmals verwenden konnte und die Zugtiere auf Steinen dieser Größe besseren Halt hatten als auf größeren.[371]

An den seitlichen Rändern waren die Straßen mit *Straßenleisten* oder *Leistenmauern* eingefasst, die aus senkrecht gestellten Steinen, wie dies mehrfach in Vordernberg (Erzweg Schnitt 1/1997, Kommerzialstraße Schnitt 4/1999) und in Palfau (Schnitt 2 und 3, 1999) nachgewiesen wurde, bestanden. Zu den Leistensteinen zählen auch die zum Verkeilen der hochkant gestellten Steine nötigen kleineren Steine (vgl. Vordernberg Schnitt 4/1999).[372]

Als Baumaterial für gepflasterte Straßen wurden harte Gesteine empfohlen, wie Granit, Jaspise, Basalte, Marmor oder harte Kalksteine.[373] Bei der Pflasterung der Dreimärktestraße in Palfau verwendete man vorzugsweise Kalk aus dem anstehenden Konglomerat. Für die Eisenstraße in Vordernberg verwendete man Porphyroid, ein hartes Gestein, das gleichfalls in der näheren Umgebung vorkam. Der Vorteil war die geringe Abnützung der Steine, d.h. dass sich die Höhe der Steine weniger verringerte. Als Nachteil der harten Gesteine wurde jedoch die Glätte der Oberfläche angesehen. Für die Auswahl eines Gesteins als Pflasterstein waren neben der Härte der Gesteine Eigenschaften wie Druckfestigkeit, Frostbeständigkeit, Bearbeitungsfähigkeit, Abnützbarkeit und Politurfähigkeit zu beachten.[374]

Insbesondere sind Abnützbarkeit und Politurfähigkeit in Zusammenhang mit den Spurrillen oder „Geleisen“, wie sie der Erzweg so beeindruckend zeigte, aber auch die Altstraße über die Eisenerzer Höhe aufwies, von Interesse. Durch die hohe Gewichtsbelastung verstärkte sich die abschleifende Wirkung der Wagenräder. Dem versuchte man mit Vorschriften über die Felgenbreite entgegenzukommen. Schmale Räder beschädigten die Straße weit mehr als breite, ebenso zu schwer beladene Fuhrwerke. Gemäß einer Hofverordnung vom 14. Dezember 1744 durfte kein Fuhrmann mehr als 60 Zentner auf seinen Wagen laden. Die Räder sollten 6, 8 oder mehr Zoll breit sein.[375]

Ähnliches wird im Patent vom 9. April 1776 von Kaiserin Maria Theresia, „Das neue Straßen=Normale für das Herzogthum Steyermark betreffend“[376] über das Gewicht der Ladung von Fuhrwerken und die Nutzung von Radschuhen bei der Befahrung der Kommerzialstraßen in der Steiermark vorgeschrieben.

Das Verhältnis Radbreite und Gewicht des Wagens spielte jedenfalls für die Entstehung der Geleise eine große Rolle, die in einer Reihe von wissenschaftlichen Studien und Gesetzen bzw. Verordnungen in vielen Ländern Europas ihren Niederschlag erfuhr. Die Diskussion fand erst Anfang des 20. Jahrhunderts mit der Einführung des Kraftwagens ein Ende.[377]

369 Eine sehr gute Entsprechung ist dem Foto zufolge die bei Schneider 1997, 149, Abb. 4 vorgestellte Altstraße in der Nähe von Schwarzenburg, heute Teil des Jakobsweges in der Schweiz.

370 Schemerl 1807, 191ff.

371 Schemerl 1807, 194ff. – Wiebeking 1804, 125ff.

372 Schemerl 1807, 1. Theil, 74ff., Tab. 1/Fig. 1. – Wiebeking 1804, 130f., 155. – Auch die Altstraße auf der Nordseite des Sölkpasses sind mit Leistensteinen eingefasst (Hebert 2003, 80, Abb. 72–74). – Vgl. den ehemals als römerzeitlich datierten, wohl aber neuzeitlich zu datierenden Befund einer Altstraße in Wiener Neustadt, Niederösterreich: In Vetters 1953, 111, Abb. 2 (vgl. 3. Straßenkörper „z“).

373 Schemerl 1807, 1. Theil, 198.

374 Birk 1923, 187ff.

375 Schemerl 1807, 3. Theil, 359ff. – Der Autor nennt auch die Möglichkeit einer konvexen Form der Räder, sodass sie bei trockenem Wetter nur mit einer Breite von 2 oder 3 Zoll die Straße berührten, bei schlechtem Wetter hingegen mit der gesamten Breite aufsetzten und somit die Fahrbahn weniger beschädigten. Auch Radschuhe wurden für steile Straßen vorgeschrieben (S. 362).

376 Abgedruckt bei Schemerl 1807, 3. Theil, 371ff.

377 Vgl. dazu Birk 1934, Anm. 41, 98, 107, 142 mit Argumenten für die unterschiedlichen Positionen zu „Geleisen“ von antiken Straßen; ebenso 407ff. – Zu Geleisen, Geleisestraßen siehe auch Pauli 1981, 240ff. mit Anm. 68–71. – Schreiber 1959, 133ff., mit Abb. zwischen S. 80–81.

Die eingefahrenen Spurrillen oder „Geleise" waren unerwünscht und sollten ebenso wie Löcher durch heraus gefallene Pflastersteine sobald als möglich wieder mit Schotter, aber nicht mit Erde oder Schlamm, ausgefüllt werden. In Palfau Schnitt 3/1999 wurde an einer Stelle eine Wiederverfüllung eines Loches mit Erde nachgewiesen. Dies war Aufgabe der Wegmacher. In regelmäßigen Abständen waren dafür entlang der Straße Haufen mit Schotter anzulegen.[378] Für den Straßenbau und die Wegunterhaltung Anfang des 19. Jahrhunderts verzeichnete Schemerl 1807 eine ganze Reihe von Gerätschaften (Abb. 159). Die vielfach geäußerte Vermutung, dass die „Geleise" absichtlich in das Gestein eingemeißelt wurden, kann anhand der zugänglichen Quellen bzw. der zeitgenössischen Fachliteratur nicht bestätigt werden.[379]

Spurrillen oder Geleise in Pflastersteinen sind weit verbreitete, typische Kennzeichen von Altstraßen. Wie bereits mehrfach erwähnt, wurden sie als d a s Charakteristikum von „Römerstraßen" definiert. Eines der wichtigsten Ergebnisse des IVS, des Inventars historischer Verkehrswege der Schweiz, ist, dass in den anstehenden Fels oder in Pflastersteinen eingetiefte Spurrillen oder „Karrgeleise" keineswegs den Römerstraßen vorbehalten sind, sondern eine Vielzahl der bekannten Altstraßen in der Schweiz der Neuzeit bzw. frühestens dem Mittelalter angehören.[380] Die große Schwierigkeit der Altersbestimmung dieser Altstraßen besteht auch in der Tatsache, dass gerade bei offen liegenden Fahrbahnen von Altstraßen archäologisch verlässlich datierbare Objekte selten gefunden werden bzw. eine intensive Recherche in Archiven nötig ist, um jene historischen Quellen zu finden, die eine Identifikation mit dem Geländebefund erlauben.[381]

Wiederholt wurden die Spurweiten als Argument für die Datierung von Altstraßen in die Römerzeit herangezogen, doch sind Spurweiten durchaus auch regionalspezifische Elemente. Selbst die als gesichert in die Römische Kaiserzeit datierten Spurweiten von Altstraßen weisen unterschiedliche Werte auf, in der Schweiz z.B. rund 140, 143, rund 160 oder auch nur rund 100 cm.[382] Hingegen sind durchaus auch überregional Übereinstimmungen von Spurweiten zu beobachten. Denecke stellte fest, dass Spurweiten über 100 cm insbesondere bei Straßen, die dem Fernverkehr dienten, Spurweiten von 80 bis 100 cm bei Straßen, die dem Nahverkehr oder örtlichen Wirtschaftsverkehr dienten, gegenüberstehen. Erzwege im Leinebergland, Deutschland, wiesen vor allem eine Spurweite von 100 cm, Kohlwege eine Spurweite von 80 cm auf.[383]

Die Spurweiten vom Vordernberger Erzweg und von der Eisenerzer Seite der Altstraße über die Eisenerzer Höhe mit einem Wert von rund 93 cm (Erzweg 90–96 cm, bzw. 93 cm in Schnitt 3/1999, Eisenerzer Höhe, Weg entlang der Rohrmauer rund 93 cm) sowie von 80 cm auf der Wildalpener Seite der Altstraße über die Eisenerzer Höhe stimmen bestens mit den Ergebnissen über die Spurweiten von Wirtschaftswegen in Deutschland nach Denecke überein. Der Vordernberger Erzweg wurde nachweislich mit den einspännigen, so genannten Anzenwägen befahren. Die Spurweiten der Landstraße in Palfau, der Dreimärktestraße, die 80, 95, 105, 120 (letzterer jeweils Schnitt 1 und 2) und 145 cm betrugen, oder die Spurweiten der Eisenstraße in Vordernberg (Kommerzialstraße), die in Schnitt 3/1998 Maße von etwa 127 cm, in Schnitt 4/1999 100–110 cm bzw. 110 cm aufwiesen, sind auch in Deutschland nachweisbar. Die geringen Spurweiten unter 100 cm bzw. von 105 cm sind auf die Nutzung der Dreimärktestraße durch den örtlichen Verkehr zurückzuführen. Dies stellte Denecke auch in Deutschland fest.

In Widerspruch mit den Darstellungen Schemerls 1807 und Wiebeking 1804 von Steinpflasterstraßen steht der Nachweis aus den historischen Quellen des 16. und 18. Jahrhunderts, die von einer Aufschüttung mit Schotter, Kies und Sand über der Steinpflasterung berichten, welche somit integrativer Bestandteil des Straßenaufbaus war und auch durch den archäologischen Befund bestätigt wurde. Die Abdeckung einer Lage von senkrecht gesetzten Steinblöcken mit Schotter ist eigentlich ein Merkmal der bereits beschriebenen Bruchsteinstraßen, wie dies im Schnitt 3/1998 von Vordernberg – allerdings über der gepflasterten Kommerzialstraße – als so genannte „Packlage" dokumentiert wurde. Die Straßenbautechnik der Bruchsteinstraße fand ihren Ausgang im 18. Jahrhundert in Frankreich und wurde bis in die Zeit nach dem 2. Weltkrieg in Österreich angewandt.[384] Eine Beurteilung oder Interpretation des vorliegenden Befundes ist der Verfasserin derzeit nicht möglich. Die über den gepflasterten Altstraßen in Vordernberg aufgebrach-

378 Schemerl 1807, 3. Theil, 29ff. – Wiebeking 1804, 9, 38, 65f., 72, 141f.

379 Vgl. Schneider 2002; ders. 2002/2003. – Schneider/Vogel 1997. – Guy Schneider spricht sich für die künstliche Anlage der „Karrgeleise" aus.

380 Herzig 1995; ders. 1997, 108. – Herzig/Cranach 1997, 111ff.

381 Siehe dazu auch Schneider/Vogel 1997, bes. 123.

382 Schneider/Vogel 1997, 123. – Zum Thema siehe noch: Fleischer/Moucka-Weitzel 1998, 51. – Pauli 1981. – Zwahlen 1990.

383 Denecke 1969, 86ff, bes. 93f. mit Tab. 5.

384 Birk 1923, 155f. und Abb. 130; ders. 1924 und 1934, Anm. 8, 318ff. – Hitzer 1971, Anm. 57, 244. – Mehrfach erzählten auch ältere Bauarbeiter von der sogenannten Packlage, die zur Zeit der Besatzung nach dem 2. Weltkrieg noch Anwendung fand.

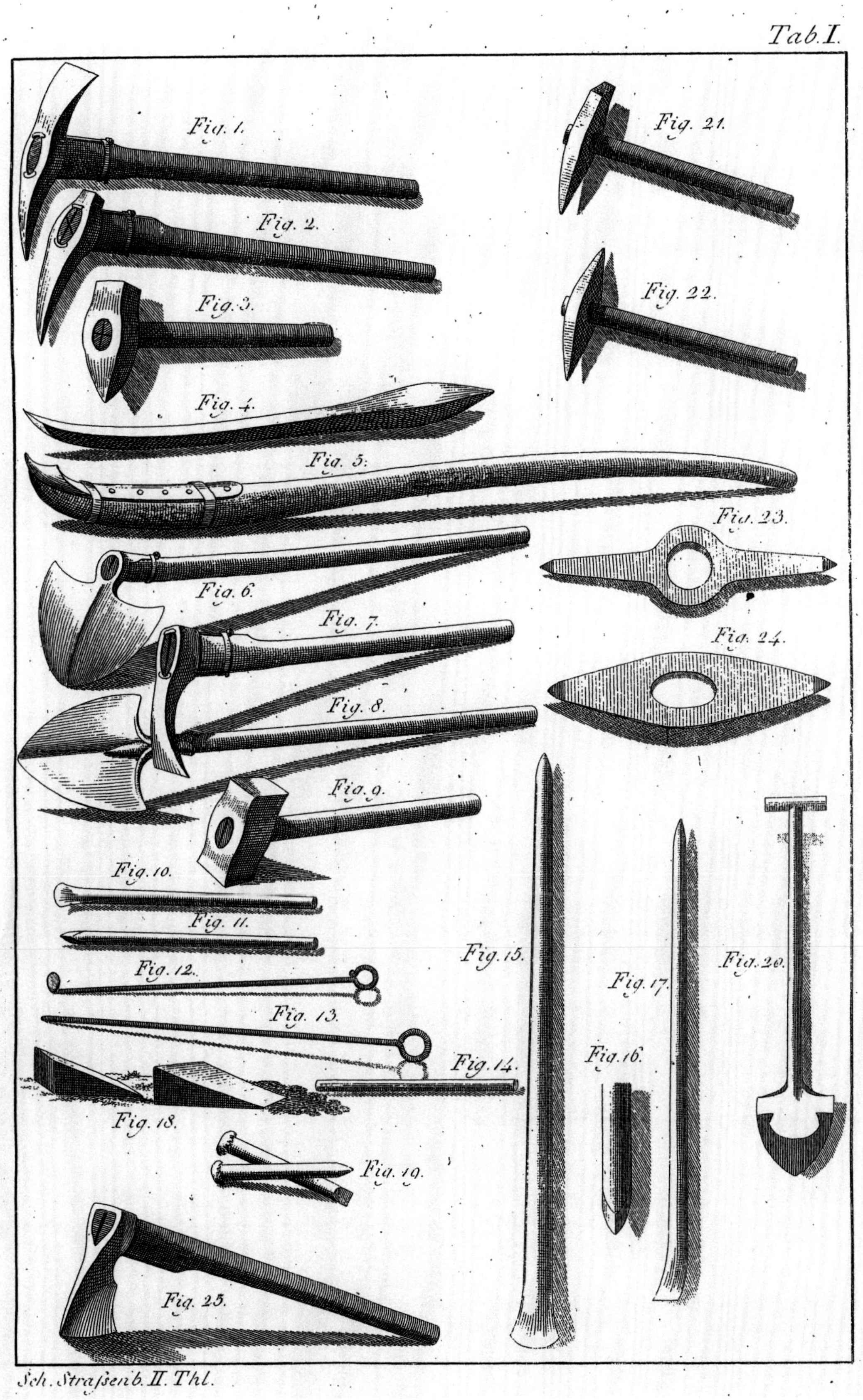

Abb. 159: Gerätschaften für den Straßenbau. *Schanz= Werk= und Sprengzeugsgattungen. Tab. 1: 1 Krampe, 2 Spitzkrampe, 3 gestählter Spitzhammer, 4, 5 Rennstange, 6 Haue, 7 Keilhaue, 8 Faßschaufel, 9 Steinbucher, 10 Steinbohrer, 11 Seitenansicht des Steinbohrers, 12 Raumlöffel, 13 Ladspitz, 14 Ladstock, 15 Rennbohrer, 16 Seitenansicht des Bohrers, 17 Brechstange, 18 Keile, 19 Schroteisen, 20 Stichschaufel, 21 Maurerspitzhammer, 22 Maurerzweyspitz, 23 Maurerzweyspitz, 24 Zweyspitz, 25 Holzhacke.* (Nach Schemerl 1807, 2. Theil, 28ff., Tab. 1)

ten Schotterschichten erzählen letztendlich rund 250 Jahre, jene in Palfau aufgebrachten Schichten möglicherweise rund 450 Jahre Straßenbaugeschichte der Steiermark bzw. Österreichs.

13.3 Verkehrsnetz und Funktion der Straßen

Die untersuchten Altstraßen dienten dem Fern-, dem Nah- sowie dem örtlichen Verkehr; sie entstanden sukzessive seit dem Mittelalter. Ihre Entstehung und sich durch die Jahrhunderte wandelnde Funktion beruht auf den geographischen Voraussetzungen des nächsten Umfeldes des Steirischen Erzberges.

Der Zugang zum Steirischen Erzberg über den Präbichl von Südosten (Becken von Trofaiach, Liesingtal, Leoben und Murtal) blieb seit dem Mittelalter bis heute die Hauptstrecke, wie die Ausbauphasen im 16., 18. und 20. Jahrhundert bezeugen. Als überregionale Verkehrsverbindung hat sie jedoch ihre Bedeutung durch den Ausbau der Strecke über den Phyrn-Pass und den Rottenmanner Tauern um 1800 und der A 9 Phyrn-Autobahn im 20. Jahrhundert sukzessive verloren.[385] Heute ist sie allerdings teilweise Ausweichroute für LKWs, die damit die Mautgebühren für die Autobahn umgehen.

Der Zugang zum Steirischen Erzberg von Westen bzw. Norden war nur über das Ennstal bis Hieflau, vor dort durch das enge Tal des Erzbaches her möglich. Während das äußerst enge Tal der Enns von Westen kommend, das Gesäuse, erst ab dem 19. Jahrhundert befahrbar war, stellte der Weg von Norden entlang der Enns flussaufwärts bis Hieflau und weiter entlang des Erzbaches bis Eisenerz den einzigen Zugang dar. Eine Straße entlang der Enns von Norden bis Hieflau ist seit dem Mittelalter bezeugt. Der Ausbau verschiedener Teilabschnitte spiegelt sich in den Quellen, vor allem seit dem 16. Jahrhunderts, wider.[386] Die Eisenstraße und spätere B 115 Eisenstraße blieb die Nord-Süd gerichtete Hauptverbindung von Oberösterreich zum Steirischen Erzberg.

Die zweite Verbindung nach Norden führt von Eisenerz über einen Abschnitt der Eisenstraße, ab Lainbach, heute ab Landl, nach Niederösterreich. Die B 25 Erlauftalstraße oder Dreimärktestraße, seit dem Mittelalter ein Saumweg, ab dem 16. Jahrhundert zur Fahrstrasse ausgebaut, erfuhr ähnlich wie die Eisenstraße oder B 115 Eisenstraße einen weiteren Ausbau in der 2. Hälfte des 18. Jahrhunderts. Während die Eisenstraße im 18. Jahrhundert offiziell zur Kommerzial- und Poststraße erhoben wurde, blieb die Dreimärktestraße Landstraße. Die B 25 Erlauftalstraße ist heute der B 115 Eisenstraße gleichgestellt.

Der Zugang vom Liesingtal (Kalwang) über das Teichenegg zur Eisenerzer Ramsau und Eisenerz geht zumindest auf das Mittelalter zurück, doch war die Geländesituation nicht für den Ausbau zu einer Hauptverkehrsstrecke der jüngeren Neuzeit geeignet. Nachdem sie im Mittelalter und der frühen Neuzeit eine viel befahrene Strecke und eine wichtige Verbindung von Eisenerz und der Eisenstraße mit dem Liesingtal und der West-Ost gerichteten Salzstraße durch das Palten- und Liesingtal war, wird sie heute nur lokal als Forststraße bzw. als Wanderweg genutzt.

Die Strecke Eisenerz-Wildalpen über die Eisenerzer Höhe wurde in der Mitte des 16. Jahrhunderts als lokale Straße für die Gewinnung und den Transport von Holzkohle für die Schmelzanlagen in Eisenerz erbaut. Durch den Bau der Straße entlang der Salza von Palfau nach Mariazell um 1580, die heutige B 24 Hochschwabstraße, ergab sich auch eine Verbindung zur Dreimärktestraße oder späteren B 25 Erlauftalstraße. Dennoch blieb die Straße über die Eisenerzer Höhe eine lokale Verbindung von Wildalpen mit Eisenerz, auch wenn sie im 19. Jahrhundert nicht nur für den Transport von Erz und Holzkohle sondern ebenso von Reisenden genutzt wurde.[387] Heute dient sie der Forst- und Almwirtschaft sowie als Wanderweg.

Die im 16. Jahrhundert ausgebaute Strecke der heutigen B 24 Hochschwabstraße hatte zu Beginn die Funktion, das waldreiche Gebiet bis Mariazell für die Forstwirtschaft zu erschließen. Sie ist heute ein Teil des regionalen Verkehrsnetzes.

Der erste Abschnitt der Straße vom Krumpental (Eisenerz) in die Eisenerzer Ramsau war ident mit dem ersten Abschnitt der Straße über das Teichenegg und hatte somit in Mittelalter und früher Neuzeit auch Bedeutung als Teil des überregionalen Wegenetzes. Der zweite Abschnitt vom Lasitzenbach zur Gemeindealm hatte ausschließlich lokale Bedeutung, in erster Linie für Forstwirtschaft und Holzkohleproduktion. Zudem ist sie Teil des Weges über den Radmerhals in das benachbarte Tal der Radmer.

385 Die Strecke über den Phyrn-Pass und die Rottenmanner Tauern wurde erst Ende des 18. Jahrhunderts ausgebaut, also um einiges später als die Präbichl-Straße. Als Begründung gab man für den Ausbau der Präbichl-Straße 1750 an, dass die Strecke über Wels „zahlreicheren Wasser=Güssen unterliege" und über den Rottenmanner Tauern „öfftere Vorspann" benötigen würde. Österr. Staatsarchiv, Finanz- und Hofkammerarchiv, M & Bw r. Nr. 55.

386 StLA, OBA Leoben, Sch. 98, Nr. 5; Sch. 101, Nr. 52; Sch. 70, Nr. 80.

387 Im Sept. 1820 reiste Erzherzog Johann von Hieflau über die Eisenerzer Höhe nach Wildalpen (Koschatzky 1959, 116). – Zu nennen wären auch noch die Eisenerzer Wallfahrer, die alljährlich nach Mariazell pilgern.

Die Landesstraße L 714 Salzastraße ist ebenso Teil des regionalen Straßennetzes und verbindet die B 115 Eisenstraße mit der B 25 Erlauftalstraße.
Das Straßennetz der heutigen Steiermark um 1510 wurde bereits von Tremel 1954 beschrieben.[388] Die Eisenstraße, die Salzastraße und jene über den Phyrn-Pass und Hohentauern sind eingetragen. Aufgrund des intensives Ausbaus von Straßen in der Mitte und in der 2. Hälfte des 16. Jahrhunderts im Untersuchungsgebiet kann die Straßenkarte der 2. Hälfte des 16. Jahrhunderts um die Dreimärktestraße als überregionale Straße, die Vorläuferstraße der B 24 Hochschwabstraße und die Straße über die Eisenerzer Höhe, die beiden letzteren als örtlich bzw. regional bedeutsame Straßen, erweitert werden. Es verwundert, dass die Straße über das Teichenegg bei Tremel nicht als Nebenstraße eingetragen ist, da sie bereits in spätmittelalterlichen Quellen mehrfach genannt wird, obwohl sie nicht nur regionale sondern auch überregionale Bedeutung als Verbindungsstrecke zwischen zwei Fernstraßen hatte, während die Straße über die Buchau und die Kaiserau als Verbindung zwischen der Eisenstraße und der Salzstraße (Großreifling-Admont-Trieben) in die Karte aufgenommen wurde.

388 Tremel 1954, Beilage.

Eine Verdichtung des örtlichen Straßennetzes im Gebiet des Steirischen Erzberges fand nach dem 16. Jahrhundert nicht mehr statt, im Gegenteil, es veränderte sich die Funktion einiger Straßen, sodass diese mittlerweile zu örtlichen Wirtschafts- und Wanderwegen wurden.

Mit dem verstärkten Ausbau des Straßennetzes ab dem 16. Jahrhundert nahm gleichfalls die kartographische Darstellung von Karten an Bedeutung zu.[389] Die älteste Karte das Untersuchungsgebiet betreffend ist die Landesaufnahme Innerösterreichs von Johannes Clobucciarich 1601–1605, die eine kartographische Darstellung der Umgebung von Eisenerz, Hieflau, Großreifling, des Gebietes von Palfau mit der Mendling und dem unteren Salzatal darstellt.[390] Spätere Karten des 18. Jahrhunderts beschreiben vor allem das Straßennetz der Poststraßen; sie würdigen mit ihrer Eintragung der Eisenstraße über den Präbichl die Erhebung derselben zur Post- und Kommerzialstraße nach dem Ausbau um 1750.[391]

389 Arnberger 1966, 127.

390 Popelka 1924, Taf. 3/7, 4/10, 11 und 6/14.

391 Mezberg 1782. – Müller 1786 – Reilly 1799. – Schütz/Müller 1787. – Vgl. auch die jüngeren Karten von de Castro 1812 und die Spezial-Karte 1842.

14. Literatur- und Quellenverzeichnis

14.1 Quellenverzeichnis

Archive

OESTA Österreichisches Staatsarchiv, Hofkammerarchiv, Wien

M u BW	Münz- und Bergwesen,
r Nr	rote Nummer (die Beschriftung der Akten)
IÖHF	Innerösterreichische Hoffinanz

StLA Steiermärkisches Landesarchiv, Graz

OBA Leoben	Oberbergamtsarchiv Leoben
HK	Niederösterreichische Hofkammer

Karten

Josephinische Landesaufnahme (oder Erste Landesaufnahme), 1764–1787 (Digitaler Atlas Steiermark, GIS-Steiermark)

Fanziszeischer Kataster 1824, Bundesamt für Eich- und Vermessungswesen, Wien

Aktueller Kataster, Bundesamt für Eich- und Vermessungswesen, Wien

Österreich-Karte im Maßstab 1 : 50.000, Bundesamt für Eich- und Vermessungswesen, Wien

de Castro 1812
J. de Castro, Carte von Innerösterreich nach den neuesten astronomischen Ortsbestimmungen und anderen Hilfsquellen gezeichnet von Joseph de Castro. Verlegt in Wien bey T. Mollo (1812).

General Quartiermeisterstabskarte 1834
Karte des Königreiches Illyrien und des Herzogthums Steyermark nebst dem Königlich Ungarischen Littorale (1834).

Mezberg 1782
Abbé F. I. Mezberg, Post Charte der Kaiserl. Königl. Erblande (gestochen von Mansfeld 1782).

Mrakh 1755
J. Mrakh, PLAN, PROFIL, und PROSPECT MAPPA der Neuen Comercial Strassen von Eisenarzt bis Trofeÿ (1755).

Müller 1786
F. Müller, Postkarte des Herzogthums Steiermark. Herausgegeben u. zu haben bey C. Torricella in Wien, 1786.

Reilly 1799
F. J. J. v. Reilly, Postkarte von dem Österr. Kreise 1799. In: Desciptio Austriae, hg. v. Dörlinger/Wagner/Waurik (Wien 1977), Taf. 68.

Schütz/Müller 1787
C. S. Schütz/F. Müller, Mappa von dem Land ob der Enns. Im Jahr 1781 reducirt und gestochen von C. S. Schütz und geschrieben von F. Müller 1787 (1787).

Spezial-Karte 1842
Spezial-Karte der Herzogthümer Steiermark, Kärnten und Krain, der gefürsteten Grafschaft Corz und Cradiska, der Markgrafschaft Istrien, der reichsunmittelbaren Stadt Triest sammt ihrem Gebiete und des königlich ungarischen Küstenlandes (Wien 1842).

14.2 Literaturverzeichnis

Arnberger 1966

E. Arnberger, Handbuch der thematischen Kartographie (Wien 1966).

Barraud Wiener/Simonett 1990

C. Barraud Wiener/J. Simonett, Zum Bau der „Kunststrassen" im 18. und 19. Jahrhundert: die Disziplinierung von Landschaft und Bevölkerung. In: Zeitschrift für Schweizerische Archäologie und Kunstgeschichte 40 (Zürich 1990), 415–433.

Bauer/Endres 1987

I. Bauer/W. Endres/B. Kerkhoff-Hader/R. Koch/H.-G. Stephan, Leitfaden zur Keramikbeschreibung (Mittelalter – Neuzeit). Terminologie – Typologie – Technologie (Kataloge der Prähistorischen Staatssammlung München Beiheft 2, Kallmünz/Opf. 1987).

Baumgartner 1834

J. Baumgartner, Die neuesten und vorzüglichsten Kunst-Straßen über die Alpen (Wien 1834).

Bidermann 1873

H. I. Bidermann, Die Verkehrsbeziehungen der Stadt Leoben zu den westlichen Alpenländern vom 16. bis zum 19. Jahrhundert. Festschrift aus Anlass der ersten Wanderversammlung des historischen Vereines für Steiermark (Graz 1873), 1–26.

Bidermann 1972

H. I. Bidermann, Geschichte der österreichischen Gesammt-Staats-Idee 1526–1804. Nachdruck von 1889. II. Abtheilung 1705–1740 (Wien 1972).

Birk 1923

A. Birk, Erdbau und Straßenbau. In: Der Wegebau. In seinen Grundzügen dargestellt für Lernende und Ausübende (Leipzig/Wien 1923).

Birk 1924

A. Birk, Straßenbau in Österreich im 18. Jahrhundert. In: Zeitschrift des Österr. Ingenieur- u. Architekten-Vereines, H. 19/20 (Wien, 16. Mai 1924), 171–177.

Birk 1934

A. Birk, Die Straße. Ihre verkehrs- und bautechnische Entwicklung im Rahmen der Menschheitsgeschichte (Karlsbad-Drahowitz 1934).

Bittner 1901

L. Bittner, Das Eisenwesen in Innerberg-Eisenerz bis zur Gründung der Innerberger Hauptgewerkschaft im Jahre 1625. In: Archiv für österreichische Geschichte 89 (1901), 451–646.

Blumer 1977a

M. Blumer, Praktischer Straßenbau Bd. 1, Unterbau, 2. überarb. u. erw. Auflage, (Zürich 1977).

Böhnki o.J.

E. Böhnki, Technologie des Straßenbaus (Berlin o.J.).

Bracher 1975

K. Bracher, Beiträge zur mittelalterlichen Geschichte Leobens und seiner Umgebung. In: Der Leobener Strauß 2 (1975), 11–124.

Brandl 1979

E. Brandl, Kalwang. Kulturbilder aus der Vergangenheit und Beiträge zur Ortsgeschichte (Leoben 1979).

Cech/Presslinger u. a. 2004

B. Cech/H. Presslinger/G. Walach/G. K. Walach, Interdisziplinäre Untersuchung eines mittelalterlichen Eisenschmelzplatzes auf der Kreuztratte auf dem Hüttenberger Erzberg, Kärnten. In: Archaeologia Austriaca 88 (2004), 183–204.

Croy 1900

F. Croy, Forstliche Baukunde. Vorträge über Hoch-, Weg-, Brücken- und Wasser-Bau (Böhm. Leipa 1900).

CSENDES 1971
P. CSENDES, Historischer Bergbau III. Widmungsbezirke, Straßen, Fuhr- und Handelswesen von 1500 bis 1600. In: Österreichischer Volkskundeatlas, Kommentar, 4. Lieferung, Bl. 35, hg. v. R. WOLFRAM (Wien 1971), 1–44.

CSENDES 1989
P. CSENDES, Mittelalterliche Straßen in Österreich. In: Verkehrswege und Eisenbahnen. Beiträge zur Verkehrsgeschichte Österreichs aus Anlaß des Jubiläums „150 Jahre Dampfeisenbahn in Österreich". Schriften des Instituts für Österreichkunde (Wien 1989), 19–22.

DEISSL 2009
G. DEISSL, Die Vordernberger Radmeisterkommunität von den anfängen bis zu den josefinischen Reformen. Darstellung einer Organisationsform im steirischen Montanwesen. Bergbau, Hüttenwesen, Verkehr, Pfennwerthandel und Vertriebswege des Eisens. Phil. Diss, Graz 2009.

DENECKE 1969
D. DENECKE, Methodische Untersuchungen zur historisch-geographischen Wegeforschung im Raum zwischen Solling und Harz (Göttinger Geographische Abhandlungen 54, Göttingen 1969).

DÖRFLINGER/WAGNER/WAURIK 1977
J. DÖRFLINGER/R. WAGNER/F. WAURIK, Descriptio Austriae (Wien 1977).

DOSWALD 1996
C. DOSWALD, „Erzwege". Eisenerztransport in der vorindustriellen Schweiz (Bergbau, Verhüttung und Waldnutzung im Mittelalter. Auswirkungen auf Mensch und Umwelt. Ergebnisse eines internationalen Workshops (Dillenburg, 11.–15. Mai 1994 Wirtschaftshistorisches Museum „Villa Grün"), hg. A. JOCKENHÖVEL, Vierteljahrschrift für Sozial- und Wirtschaftsgeschichte Beihefte, Nr. 121, Stuttgart 1996), 151–172.

DOSWALD 2000
C. DOSWALD, Bestandsaufnahme historischer Verkehrswege am Beispiel der Schweiz – Auftrag, Methode und Forschungsergebnisse des Inventars historischer Verkehrswege der Schweiz. In: Mensch–Wirtschaft–Kulturlandschaft. Mitteilungen zur Geographie, Landes- und Volkskunde, Bd. 3: Räume–Wege–Verkehr – historisch-geographische Aspekte ländlicher Verkehrswege und Transportmittel. Agrar- und Freilichtmuseum Schloss Blankenhain, 2000. Siehe auch: http://www.viastoria.ch/D/Forschung/Literatur.htm

DRACK 1990
W. DRACK, Hufeisen – entdeckt in, auf und über der römischen Straße in Oberwinterthur (Vitudurum). Ein Beitrag zur Geschichte des Hufeisens. In: Bayrische Vorgeschichtsblätter 55 (1990), 191–239.

DUHM 1947
J. DUHM, Technische Handbücher für Baupraktiker. Bd. 1 Straßen- und Wegebau, 2. Teil Linienführung, Planung, Bau und Unterhaltung der Straßen und Wege, einschließlich verfestigter Erdwege (Wien 1947).

EIN UNGENANNTER 1780
EIN UNGENANNTER, Beschreibung des Steirischen Eisenschmelzens und Stahlmachens, hg. v. F. NICOLAI (Berlin und Stettin 1780), 273–328.

ENGELS 1939
W. ENGELS, Mittelalterliche Verkehrswege und neuzeitlicher Straßenbau im Remscheider Gebiet und seiner weitern Umgebung. In: Beiträge zur Geschichte Remscheids 4 (1939), 1–121.

EYMANN 1979
H. EYMANN, Geschichte des Straßenbaus. In: Handbuch des Straßenbaus Bd. 1, Grundlagen und Entwurf, hg. v. B. WEHNER †/P. SIEDEK/K.-H. SCHULZE † Bd. 1 (Berlin/Heidelberg/New York 1979), 1–23.

FARKA 1999a
C. FARKA, Die Abteilung für Bodendenkmale des Bundesdenkmalamtes. Jahresbericht 1999. KG Vordernberg. In: Fundberichte aus Österreich 38 (2000), 54.

FARKA 1999b
C. FARKA, Die Abteilung für Bodendenkmale des Bundesdenkmalamtes. Jahresbericht 1999. KG Palfau. In: Fundberichte aus Österreich 38 (2000), 52.

Fleischer/Moucka-Weitzel 1998
R. Fleischer/V. Moucka-Weitzel, Die Römische Straßenstation Immurium-Moosham im Salzburger Lungau (Archäologie in Salzburg 4, Salzburg 1998).

Fraydenegg-Monzello/Ziegerhofer 1997
O. Fraydenegg-Monzello/A. Ziegerhofer, Der Sölkpass. Vom Saumpfad zur Erzherzog-Johann-Straße (Schöder 1997).

Freudenthaler 1936
J. Freudenthaler, Eisen auf immerdar! Geschichte der Stadt und des Bezirkes Leoben in Kulturbildern (Leoben 1936).

Friml 2008
J. Friml, Der Zinnober-Bergbau in der Krumpen bei Trofaiach, Steiermark. Eine Literaturzusammenstellung. In: res montanarum 45 (2008), 72–87.

Gautier 1712
H. Gautier, Traité de la construction des chemins. Des Herren Gautier ehemaligen königl. französ. Ingenieurs und Aufsehers über die Brücken, Dämme, Land- und Stadtstraßen Tractat von der Anlage und dem Bau der Wege und Stadtstraßen. Aus dem französischen übersetzt von einem herzogl. braunschweig. u. lüneburg. Offizier und Ingenieur (zitiert nach Birk 1934, 289.) (1. Aufl. Paris 1712, dt. Auflage 1759).

Göth 1841
G. Göth, Herzogtum Steiermark (Graz 1941).

Göth 1874
G. Göth, Alphabetisches Register der in Muchar's Geschichte der Steiermark Band I–VIII vorkommenden Namen von Personen, Orten und Sachen. Auf Veranlassung und unter Mitwirkung des historischen Vereines für Steiermark (Graz 1874).

Grabherr 2001
G. Grabherr, Michlhallberg. Die Ausgrabungen in der römischen Siedlung 1997–1999 und die Untersuchungen an der zugehörigen Straßentrasse. In: Schriftenreihe des Kammerhofmuseums Bad Aussee 22 (Bad Aussee 2001).

Grabner 1960
A. Grabner, Geschichte der Gemeinde Wildalpen (Wildalpen – Bruck an der Mur 1960).

Grimm/Grimm 1854–1960
J. u. W. Grimm, Das Deutsche Wörterbuch (Leipzig 1854–1969).

Gruber 1993
F. Gruber, Die hochalpinen Straßenreste aus mittelalterlicher und frühneuzeitlicher Sicht. In: Hochalpine Altstraßen im Raum Badgastein-Mallnitz, Böcksteiner Montana 10 (Wien 1993), 277–312.

Günther 1991
S. Günther, Von Fuhrleuten, Säumern und Schwärzern. Ein Beitrag zur Transportgeschichte rund um den Steirischen Erzberg. In: Innerberger Schriften, Begleitheft zur Sonderausstellung im Stadtmuseum Eisenerz, hg. v. d.Stadtgemeinde Eisenerz (Eisenerz 1991).

Günther 2008
S. Günther, Die Rennöfen von der Feistawiese. In: Eisenerz. Ein heimatkundliches Lesebuch, hg. v. d. Stadtgemeinde Eisenerz (Eisenerz 2008), 51.

Gutjahr 2000
C. Gutjahr, Vier frühmittelalterliche Körpergräber in Trofaiach, Steiermark. In: Fundberichte aus Österreich 39 (Wien 2000), 109–136.

Gutkas/Bruckmüller 1989
K. Gutkas/E. Bruckmüller (Hg.), Verkehrswege und Eisenbahnen. Beiträge zur Verkehrsgeschichte Österreichs aus Anlaß des Jubiläums „150 Jahre Dampfeisenbahn in Österreich". In: Schriften des Institutes für Österreichkunde 53 (Wien 1989).

Haarich/Münch 1993
H. Haarich/U. Münch, Die Kupferstraße, eine frühneuzeitliche Fernhandelsstraße im Hohen Venn. In: Archäologie im Rheinland, Jg. 1993 (Köln/Bonn), 162–164.

HAID 1971
W. HAID, Tätigkeitsbericht über „Die römerzeitliche Landstraße durch das Liesingtal". In: Mitteilungsblatt der Historischen Landeskommission für Steiermark für Ihre Korrespondenten 2/1 (1971), 5–6.

HALFMANN u. a. 1977a
U. HALFMANN/F. O. SCHUSTER/P. SIEDEK/A. TOUSSAINT, Selten oder nicht mehr angewendete Bauweisen. In: Handbuch des Straßenbaus Bd. 2, Baustoffe. Bauweisen. Baudurchführung, hg. v. B. WEHNER †/P. SIEDEK/K.-H. SCHULZE † (Berlin/Heidelberg/New York 1977), 485–491.

HALFMANN u. a. 1977b
U. HALFMANN/F. O. SCHUSTER/P. SIEDEK/A. TOUSSAINT, Randeinfassungen und Befestigungen von Nebenanlagen. In: Handbuch des Straßenbaus Bd. 3: Bemessungsverfahren und besondere Bauweisen, hg. v. B. WEHNER †/P. SIEDEK/K.-H. SCHULZE † (Berlin/Heidelberg/New York 1977), 382–393.

HASITSCHKA 1994
J. HASITSCHKA, Die Straße über die Kaiserau. Teil I: Vom Saumpfad zur Handelsstraße. In: Da schau her 2 (1994), 10–14.

HASITSCHKA 2008
J. HASITSCHKA, Die Hartelsgrabenstraße – die erste Gebirgsstraße des Herzogtums Steiermark. In: Da schau her 1 (2008), 2–15.

HEBERT 1998a
B. HEBERT, KG Vordernberg, MG Vordernberg, VB Leoben. In: Beiträge zur Mittelalterarchäologie in Österreich 14 (1998), 265.

HEBERT 1998b
B. HEBERT, Ein römerzeitlicher Knüppelweg im Ausseerland. Ansätze zur Altwegforschung im Salzkammergut. In: Via Claudia, Neue Forschungen, hg. v. E. WALDE (Telfs 1998), 333ff.

HEBERT 2003
B. HEBERT, Archäologische Untersuchungen auf dem Sölkpass. Altweg, ein hochalpiner Brandopferplatz und weitere Funde von der Steinzeit bis in die Moderne. In: Sölkpass. Ein 6000 Jahre alter Saumpfad über die Alpen. Mitteilungen der ANISA, hg. v. F. MANDL (Gröbming – Haus i. E. 2003), 49–88.

HEBERT 2004a
B. HEBERT, Archäologische Untersuchungen eines Altwegesystems bei Trieben. Ein Beitrag zur Infrastruktur in den steirischen Alpen. In: res montanarum 33 (2004), 49–52.

HEBERT 2004b
B. HEBERT, Archäologische Untersuchungen eines Altwegesystems zwischen Kreuzbergalm und Hölleralm in Schwarzenbach, Steiermark. Mit einem Fundkatalog von M. Windholz-Konrad. In: Fundberichte aus Österreich 43 (2004), 701–723.

HEBERT 2005a
B. HEBERT, Nicht alle Wege führen nach Rom. Römisches Glockenspiel und barocker Römerweg. In: Vis imaginum. Festschrift für Elisabeth Walde zum 65. Geburtstag, hg. v. G. GRABHERR, B. KAINRATH, A. LARCHER, B. WELTE (Innsbruck 2005), 120–125.

HEBERT 2005b
B. HEBERT, Archäologische Untersuchungen eines Altwegesystems zwischen Kreuzbergalm und Hölleralm in Schwarzenbach, Steiermark. In: Fundberichte aus Österreich 43 (2005), 701–724.

HEBERT 2006a
B. HEBERT, Römerstraßen in der Steiermark: Neuberwertung und Neufunde. In: IKARUS 1 (2006), 426–438.

HEBERT 2006b
B. HEBERT, Archäologie im Salzkammergut. Bilanz und Resümee. In: Schild von Steier 19 (2006), 149ff.

HEBERT/LEHNER 1995
B. HEBERT/M. LEHNER, Frühneuzeitliches Fundmaterial von der Burg Strechau, Steiermark. In: Fundberichte aus Österreich 34 (1995), 305–327.

Held/Klengel/Schlenther 1984
W. Held/H. Klengel/U. Schlenther, Straßen. In: Lexikon früher Kulturen, hg. v. Joachim Herrmann, Bd. 1 (Köln 1984), 297–298.

Hell 1964
M. Hell, Römerstraße am Paß Lueg. In: Pro Austria Romana 14 (1964), 27 und 35.

Hell 1972
M. Hell, Spuren von Altstraßen am Paß Lueg in Salzburg. In: Archaeologia Austriaca 51 (1972), 97–103.

Herzig 1995
H. E. Herzig, Altstraßenforschung zwischen Geschichte, Geographie und Archäologie dargestellt am Beispiel der Römerstraßen des schweizerischen Mittellandes. In: Archäologisches Korrespondenzblatt 25 (Mainz 1995), 209–216.

Herzig 1997
H. E. Herzig, Ein *opus magnum*: das Inventar historischer Verkehrswege der Schweiz (IVS). In: Jahrbuch der Geographischen Gesellschaft Bern 60 (1997), 107–108.

Herzig/Cranach 1997
H. E. Herzig/P. v. Cranach, Das IVS – wissenschaftlich weder Fisch noch Vogel? Einige Überlegungen zur Wissenschaftlichkeit eines Inventars aus dem Blickwinkel des Historikers. In: Jahrbuch der Geographischen Gesellschaft Bern 60 (1997), 109–115.

Hilzensauer 2004
E. Hilzensauer, Die Straße vom Rottenmanner Tauern nach Trieben und der Weg über die Höller- und die Kreuzbergalm im Lichte archivalischer Quellen. In: Fundberichte aus Österreich 43 (2004), 725–740.

Hitzer 1971
H. Hitzer, Die Straße. Vom Trampelpfad zur Autobahn. Lebensadern von der Urzeit bis heute. In: Kulturgeschichte in Einzeldarstellungen (München 1971).

Hofer 1965
F. Hofer, Eisenerzer Höhe. In: Obersteirische Zeitung (Leoben 14. Aug. 1965).

Hofer, 1979
F. Hofer, Die Steirische Eisenstraße. In: Montangeschichte des Erzberggebietes. Vorträge der Arbeitstagung 17.–19. November 1978 in Vordernberg, hg. v. Montanhistorischer Verein für Österreich, Leoben (Leoben 1979), 23–35.

Hörtner 1996
H. Hörtner, Häuserbuch der Marktgemeinde Vordernberg (1996).

Hörtner o. J.
H. Hörtner, Auf den Spuren der Erzbringung nach Vordernberg. Unpublizierter Bericht (o. J.).

Houdremont 1956
E. Houdremont, Handbuch der Sonderstahlkunde (Düsseldorf ^{3}1956).

Huemer/Kragl 2000
S. Huemer/A. Kragl, Projektbericht: Wahrnehmungsvariationen von Landschaften. Eine Annäherung an ganzheitliches Lernen? Projektwoche des BRG Linz, September 2000 (2000).

Jandaurek 1954
H. Jandaurek, Die Altstraßen an der unteren Enns und im Raume von Steyr. In: Mitteilungen des Oberösterreichischen Landesarchivs (1954), 104–139.

Jars 1777
G. Jars, Beschreibung der Eisengruben und Eisen- und Stahlhütten im Herzogthum Steyermark. 1758. In: Metallurgische Reisen zur Untersuchung und Beobachtung der vornehmsten Eisen- Stahl- Blech- und Steinkohlenwerke in Deutschland, Schweden, Norwegen, England, und Schottland, vom Jahre 1757 bis 1769, hg. v. C. F. Himburg (1777).

Johannsen 1925
O. Johannsen, Geschichte des Eisens (Düsseldorf ^{2}1925).

Jontes 1975
G. Jontes, Fund eines Römersteines in Kraubath. In: Der Leobener Strauß 3 (1975), 9–11.

Jontes 1978
G. Jontes, Leoben als Station fürstlicher Reisender. In: Der Leobener Strauß 6 (1978), 111–157.

Jugoviz 1894
A. Jugoviz, Illustrierter Führer auf der Bahnlinie Eisenerz-Vordernberg, den Steirischen Erzberg und Umgebung (3. Auflage 1894).

Karmarsch 1834
K. Karmarsch, Eisen – Feuerschwamm. In: Technologische Encyklopadie: oder, alphabetisches Handbuch der Technologie, der technischen Chemie und des Machinenwesens, 5. Bd., hg. v. J. J. Prechtl (Stuttgart 1834).

Kaser 1932
K. Kaser, Eisenverarbeitung und Eisenhandel. Die staatlichen und wirtschaftlichen Grundlagen des innerösterreichischen Eisenwesens. In: Beiträge zur Geschichte des österreichischen Eisenwesens, hg. v. M. Loehr/A. Mell/H. Riehl (Wien/Düsseldorf 1932).

Khevenhüller/Mitsche u. a. 1961
G. Khevenhüller/R. Mitsche/F. Trojer, Aufbau dreier römischer Eisenluppen und der damit verbundenen Schlackenbestandteile vom Magdalensberg, Kärnten. In: Carinthia II, 71/151 (1961), 81–87.

Kirnbauer 1968
F. Kirnbauer, Historischer Bergbau I und II. Bergbaue, Schmelzhütten, Hammerwerke und Salinen, Münz- und Prägestätten in der Zeit von 1500 bis 1600. In: Österreichischer Volkskundeatlas, Kommentar, 3. Lieferung, Bl. 33, 34, hg. v. R. Wolfram (Wien 1968), 3–70.

Klein 1959
H. Klein, Salzburger Straßenbauten im 18. Jahrhundert. In: Mitteilungen der Gesellschaft für Salzburger Landeskunde 99 (1959), 81–110.

Klein 1961
H. Klein, Die Salzburger Alpenstraßen und ihre Bedeutung für den mittelalterlichen und neuzeitlichen Verkehr. In: Veröffentlichungen des Verbandes Österreichischer Geschichtsvereine, Bericht über den sechsten österreichischen Historikertag in Salzburg 14 (1961), 20–35.

Klein 1967
A. A. Klein, Probleme der Verkehrsgeschichte der Steiermark vor dem Eisenbahnbau. In: Beiträge zur Sozial- und Wirtschaftsgeschichte der Steiermark und Kärntens, Festschrift Ferdinand Tremel zum 65. Geburtstag, Zeitschrift des historischen Vereins für Steiermark, Sonderband 14 (1967), 107–119.

Klemm 1973
H. Klemm, Die Gefüge des Eisen-Kohlenstoff-Systems (Leipzig [5]1973).

Klemm 1997a
S. Klemm, KG Vordernberg, VB Leoben. In: C. Farka, Die Abteilung für Bodendenkmale des Bundesdenkmalamtes. Jahresbericht 1997. In: Fundberichte aus Österreich 36 (1997), 43, Abb. 56.

Klemm 1998a
S. Klemm, KG Vordernberg, OG Vordernberg, VB Leoben (Neuzeit). In: Fundberichte aus Österreich 37 (1998), 901–902.

Klemm 1999a
S. Klemm, Altstraßenforschung in der Obersteiermark. Neueste archäologische Untersuchungen von Altstraßen in den Bezirken Leoben und Liezen. In: Da schau her 4 (1999), 26–29.

Klemm 1999b
S. Klemm, Altstraßenforschung in der Steiermark. Neueste archäologische Untersuchungen von Altstraßen in den Bezirken Leoben und Liezen in den Jahren 1997–1999. VOTIS XX Solutis. Jubiläumsschrift der Archäologischen Gesellschaft Steiermark. In: AGST-Nachrichtenblatt 1–2 (1999), 145–176.

Klemm 1999c

S. Klemm, KG und OG Hieflau, Bez. Leoben. In: Beiträge zur Mittelalterarchäologie in Österreich 15 (1999), 312–313.

Klemm 1999d

S. Klemm, KG Vordernberg, OG Vordernberg, VB Leoben (Neuzeit). In: Fundberichte aus Österreich 38 (2000), 947.

Klemm 1999e

S. Klemm, KG Palfau, OG Palfau, VB Liezen (Neuzeit). In: Fundberichte aus Österreich 38 (2000), 945–947.

Klemm 1999f

S. Klemm, Archäologische Untersuchungen Altstraße Palfau/B 25 Erlauftalstraße. Baubeobachtung und Rettungsgrabung Mai/Juni 1999. Im Auftrag des Bundesdenkmalamtes und des Amtes der Steiermärkischen Landesregierung (unpubl. Bericht) (1999).

Klemm 2000a

S. Klemm, Neue Comercialstraße und Arzt=fuhr=weeg. Untersuchungen von Altstraßen im Gemeindegebiet von Vordernberg, Bez. Leoben, Steiermark, 1997–1998. In: Fundberichte aus Österreich 39 (2000), 145–170.

Klemm 2000b

S. Klemm, Zu Wasser und zu Land. Archäologie an der Eisenstraße. Schulprojekt der Hauptschule Weißenbach/Enns, IBF-Gruppe/6. Schulstufe, 10. und 11. Mai 2000. Unpublizierter Bericht im Auftrag der Hauptschule Weißenbach/Enns (2000).

Klemm 2000c

S. Klemm, Kurzberichte zur Mittelalterarchäologie in Österreich 1999. KG Vordernberg, OG Vordernberg, VB Leoben. In: Beiträge zur Mittelalterarchäologie in Österreich 16 (2000), 235.

Klemm 2000d

S. Klemm, KG Palfau, OG Palfau, VB Liezen (Neuzeit). In: Fundberichte aus Österreich 39 (2000), 754–755.

Klemm 2000e

S. Klemm, Kurzberichte zur Mittelalterarchäologie in Österreich 1999. KG Münichtal, OG Eisenerz, VB Leoben. In: Beiträge zur Mittelalterarchäologie in Österreich 16 (2000), 232.

Klemm 2000f

S. Klemm, Kurzberichte zur Mittelalterarchäologie in Österreich 1999. KG Palfau, OG Palfau, VB Liezen. In: Beiträge zur Mittelalterarchäologie in Österreich 16 (2000), 233.

Klemm 2001a

S. Klemm, KG Gams, OG Gams bei Hieflau, VB Liezen (Neuzeit). In: Fundberichte aus Österreich 40 (2001), 744–745.

Klemm 2001b

S. Klemm, KG Palfau, OG Palfau, VB Liezen (Neuzeit). In: Fundberichte aus Österreich 40 (2001), 747.

Klemm 2001c

S. Klemm, B 115 Eisen Straße. Umfahrung Vordernberg. Archäologisches Gutachten. Im Auftrag der Fachabteilung 2a Straßen Brücken Planung und Bau des Amtes der Steiermärkischen Landesregierung. Unpublizierter Bericht (Juni 2001).

Klemm 2001d

S. Klemm, Gagatbergbau aus dem späten Mittelalter und der frühen Neuzeit in Gams bei Hieflau, VB Liezen, Steiermark. In: Fundberichte aus Österreich 40 (2001), 137–144.

Klemm 2000e

S. Klemm, Neuzeitlicher Feuersteinbergbau auf dem Wickl in Gamsforst, Gemeinde Gams bei Hieflau, VB Liezen, Steiermark. In: Fundberichte aus Österreich 40 (2001), 145–156.

Klemm 2002

S. Klemm, Zum Straßenbau im 18. Jahrhundert rund um den Steirischen Erzberg. In: Mitteilungsblatt der Korrespondenten der Historischen Landeskommission für Steiermark 8 (2002), 106–113.

Klemm 2003
S. Klemm, Montanarchäologie in den Eisenerzer Alpen, Steiermark. Archäologische und naturwissenschaftliche Untersuchungen zum prähistorischen Kupferbergbau in der Eisenerzer Ramsau. Mit Beiträgen von J. Resch †, H. Weinek, H. Proske, B. Emmerer, E. Steinlechner, P. Trinkaus, W. Gössler und R. Drescher-Schneider. In: Mitteilungen der Prähistorischen Kommission 50 (Wien 2003). doi: mpk14355.

Klemm 2004
S. Klemm, KG Krumpental, SG Eisenerz, VB Leoben (Neuzeit). In: Fundberichte aus Österreich 43 (2004), 1009–1010.

Klemm 2006
S. Klemm, Die Erforschung der prähistorischen Kupfergewinnung in den Eisenerzer Alpen 1955–2005. In: res montanarum 38 (2006), 26–36.

Klemm 2009
S. Klemm, Verkehrsinfrastruktur für den Steirischen Erzberg vom 16. bis 18. Jahrhundert. In: Beiträge zur Mittelalterarchäologie in Österreich 25 (2009), 317–336.

Klemm 2010a
S. Klemm, Bronze Age Copper Mining – Landscape Conditions and Land-Use in the Eisenerzer Alps, Styria (Austria). In: Mining in European History and Its Impact on Environment and Human Societies – Proceedings for the 1st Mining in European History-Conference of the SFB-HIMAT, 12. – 15. November 2009, Innsbruck, 271–276.

Klemm 2010b
S. Klemm, Remains of Charcoal Production from the Middle Ages to the Modern Period – New Types of Archaeological Monuments in the Eastern Alps. In: Mining in European History and Its Impact on Environment and Human Societies – Proceedings for the 1st Mining in European History-Conference of the SFB-HIMAT, 12. – 15. November 2009, Innsbruck, 187–192.

Klemm 2010c
S. Klemm, Montanarchäologische Forschung in den Eisenerzer Alpen, Steiermark. Bronzezeit bis Neuzeit. In: Forum Archaeologiae 54/III/2010 (http://farch.net).

Klemm/Nelle u. a. 2005
S. Klemm/O. Nelle/M. Grabner/D. Geihofer/E. Schnepp, Interdisziplinäre Untersuchungen von Kohlstätten aus Mittelalter und Neuzeit in der Eisenerzer Ramsau, Steiermark. In: Archaeologia Austriaca 89 (2005), 269–329.

Klemm/Nitterl 1998
S. Klemm/H. Nitterl, KG Hieflau, OG Hieflau, VB Leoben (Neuzeit). In: Fundberichte aus Österreich 37 (1998), 899–901.

Klemm/Presslinger 2002
S. Klemm/H. Presslinger, Lesefunde aus Urgeschichte, Mittelalter und Neuzeit vom „Forstgarten" und weiteren Fundstellen in St. Lorenzen im Paltental, Gemeinde Trieben, VB Liezen, Steiermark. In: Beiträge zur Mittelalterarchäologie in Österreich 18 (2002), 69–104.

Klemm/Sperl/Scheiblechner 2002
S. Klemm/G. Sperl/W. Scheiblechner, Eisenerzeugung im mittelalterlichen Rennofen. Ein Schmelzversuch beim Museumsfest auf Schloss Trautenfels 2001. In: Da schau her 2 (2002), 16–19.

Klemm/Strobl/Haubner (in Vorbereitung)
S. Klemm/S. Strobl/R. Haubner, Graglach von der Dreimärkte-Eisenstraße, Steiermark. Metallographische Untersuchungen archäologischer Eisenfunde und historische Betrachtungen zur Technologie der Eisengewinnung in der Neuzeit. In: res montanarum (in Vorbereitung).

Kloepfer/Riehl 1937
H. Kloepfer/H. Riehl, Das steirische Eisenbuch. Stätten der Arbeit am steirischen Eisen in alter und neuer Zeit. (Steirisches Eisen, Beiträge zur Geschichte des österreichischen Eisenwesens I, Graz 1937).

Koschatzky 1959
W. Koschatzky, Die Kammermaler um Erzherzog Johann. In: Neue Galerie am Landesmuseum Joanneum Graz. Ausstellung von Ölgemälden, Aquarellen und Graphiken zur Eröffnung der neuen Schauräume (Graz 1959).

Köstler 1980
H. J. Köstler, Johann Dulnig (1802–1873) und die Erzförderanlagen vom Steirischen Erzberg zu den Vordernberger Radwerken. In: Berg- und Hüttenmännische Monatshefte, H. 1, Jg. 125 (Wien/New York 1980), 579–582.

Köstler 1984
H. J. Köstler, Das steirische Eisenhüttenwesen von den Anfängen des Floßofenbetriebes im 16. Jahrhundert bis zur Gegenwart. In: Erz und Eisen in der Grünen Mark. Beiträge zum steirischen Eisenwesen. Beitragsband zur steirischen Landesausstellung 1984, hg. v. P. W. Roth (Graz 1984), 109–155.

Köstler 1986
H. J. Köstler, Der Übergang vom Stuckofen zum Flossofen aus metallurgischer Sicht. In: Ferrum, Nachrichten aus der Eisenbibliothek, Stiftung der Georg Fischer AG Schaffhausen, 57 (Schaffhausen Mai 1986), 28–31.

Köstler 1989
H. J. Köstler, Zum Begriff „Steirische Eisenstraße" als montan- und kulturgeschichtliche Region. In: Berg- und Hüttenmännische Monatshefte 7 (1989), 220–222.

Köstler 1992
H. J. Köstler, Das steirische Eisenhüttenwesen und seine Leistungen für Österreich bis 1918. In: Forschungen zur geschichtlichen Landeskunde der Steiermark 35 (Graz 1992), 443–458.

Köstler/Slezak 1986
H. J. Köstler/J. Slezak, Die Radwerke zu Vordernberg in der Steiermark. Eine Bilddokumentation der vierzehn Hochöfen und ihrer Roheisenerzeugung (Vordernberg 1986).

Köstler/Slesak 1996
H. J. Köstler/J. Slesak, Führer durch Vordernberg. Montangeschichte, Technikgeschichte, Kulturgeschichte (4. Auflage 1996).

Kramer 1996a
D. Kramer, Ein Rätsel der Vergangenheit. Teil I. Archäologisch-historische Untersuchungen in den Niederen Tauern. In: Da schau her 1 (1996), 3–8.

Kramer 1996b
D. Kramer, Die Grabung am Glattjoch (Fortsetzung des Berichtes „Ein Rätsel der Vergangenheit" aus Folge 1/1996). In: Da schau her 2 (1996), 18–21.

Kramer 1996c
D. Kramer, Wissenschaftliche Arbeiten und Projekte der Bereiche Ur- und Frühgeschichte und Mittelalterarchäologie. In: Jahresbericht Landesmuseum Joanneum 26 (1996), 223–260.

Kraus 1899
V. v. Kraus, Itinerarium Maximilian I. 1508–1518, mit einleitenden Bemerkungen über das Kanzleiwesen Maximilians I. In: Archiv für österreichische Geschichte 87 (1899), 299–318.

Krauss 1897
F. Krauss, Die eherne Mark. Eine Wanderung durch das steirische Oberland (Graz 1897).

Kristen 1937
R. Kristen, Die Dreimärkte-Eisenstrasse. Phil. Diss., Wien 1937.

Krünitz 1773–1858
J. G. Krünitz, Oekonomische Encyklopaedie oder allgemeines System der Staats= Stadt= Haus= u. Landwirtschaft, in alphabetischer Ordnung, 242 Bde. (http://www.kruenitz.uni-trier.de/) (Berlin 1773–1858).

Kühtreiber 2003
T. Kühtreiber, Ein spätmittelalterlicher Steigbügel von der „Römerstraße"/Weinfurt, Gem. Schwarzau/Gebirge, Niederösterreich. Ein Beitrag zur interdisziplinären Altwegeforschung. In: Festschrift Sabine Felgenhauer-Schmiedt. Beiträge zur Mittelalterarchäologie in Österreich, Beiheft 6, Wien 2003), 215–246.

Kupelwieser 1893
F. Kupelwieser, Ueber die Entwicklung und Bedeutung des steiermärkischen Erzberges. Vortrag gehalten in der Vollversammlung des Oesterreichischen Ingenieurs- und Architekten-Vereines am 18. März 1893. In: Sonderabdruck aus der Zeitschrift des Oesterr. Ingenieur- und Architekten-Vereines (Wien 1893), 1–9.

Landesmuseum Joanneum 1924–26
Landesmuseum Joanneum: In: Jahresbericht des Landesmuseums Joanneum, H. 113–115, 1924–1926 (Graz 1927), 25.

Leitner 1798
J. F. v. Leitner, Vaterländische Reise von Grätz über Eisenerz nach Steyr, hg. v. H. Fussy (Wien 1983).

Leitner 1989
A. Leitner, Die Tauern-Straße B 114. In: Unsere Heimatgemeinde – unser Zuhause. Beiträge zur Geschichte unseres Heimatortes Hohentauern 6 (1989).

Leitner 1990a
A. Leitner, Der Triebener Tauern im Lichte der Jahrtausendwende I. In: Da schau her 2 (1990), 3–6.

Leitner 1990b
A. Leitner, Der Triebener Tauern im Licht der Jahrtausende. Die „Via Norica“ und das Mautrecht. II. In: Da schau her 3 (1990), 20–22.

Leitner 1990c
A. Leitner, Der Triebener Tauern im Licht der Jahrtausende. III. Vom 14. bis zum 19. Jahrhundert. In: Da schau her 4 (1990), 7–10.

Leitner 1991
A. Leitner, Der Triebener Tauern im Licht der Jahrtausende. IV. Unser 20. Jahrhundert. In: Da schau her 2 (1991), 12–13.

Leroy u. a. 2007
S. Leroy u. a., First examinations of ore, slag and iron artefacts from the iron-making site of castel-minier. In: CD-ROM Proc. 2nd Int. Conf. Archaeometallurgy in Europe 2007, Aquileia, Italy, Beitrag 172.

Loehr 1929
M. Loehr, Eisenerz. Beiträge zur Ortsgeschichte. Sonderabdruck aus der Zeitschrift des Historischen Vereines für Steiermark, 25. Jg (1929).

Mandl 1996
F. Mandl, Das östliche Dachsteinplateau. 4000 Jahre Geschichte der hochalpinen Weide- und Almwirtschaft. In: Dachstein – Vier Jahrtausende Almen im Hochgebirge, Mitteilungen der ANISA 17. Jg, H. 2/3, hg. v. G. Cerwinka/F. Mandl (Gröbming 1996).

Mandl 2003
F. Mandl, Almen im Herzen Österreichs. Dachsteingebirge – Niedere Tauern – Salzkammergut – Totes Gebirge. Mit Beiträgen von H. Mandl-Neumann und G. Patzelt (2. überarb. u. erweit. Auflage, Haus i. E. 2003).

Mandl 2006a
F. Mandl, Altwege in der Gemeinde Wörschach, Steiermark. Mit einer kurzen Einführung in die Geschichte des Transportwesens. In: Alpen. Archäologie, Geschichte, Gletscherforschung. Mitteilungen der ANISA, hg. v. F. Mandl (Gröbming – Haus i. E. 2004/2005), 172–189.

Mandl 2006b
F. Mandl, Die Macht der Wege und Straßen. Römerzeitliche Spuren in Wörschach. In: Da schau her 4 (2006), 3–8.

Mandl-Neumann/Mandl 2003
H. Mandl-Neumann/F. Mandl, Der Sölkpass in Geschichte und Gegenwart. In: Sölkpass. Ein 6000 Jahre alter Saumpfad über die Alpen. Mitteilungen der ANISA, hg. v. F. Mandl (Gröbming – Haus i. E. 2003), 6–43.

Mayer 1880

F. M. Mayer, Leopold Ulrich Schiedelberger's Aufzeichnungen zur Geschichte von Eisenerz. In: Beiträge zur Kunde steiermärkischer Geschichtsquellen 17 (1880), 2–32.

Mayer 1885

F. M. Mayer, Das Eisenwesen zu Eisenerz in den Jahren 1570 bis 1625. In: Mitteilungen des Historischen Vereins für Steiermark 33 (1885), 157–198.

Mihok/Gasaj 2004

L. Mihok/D. Gasaj, Analysis of iron bloom from high bloomery in brzotin, Acta Metallurgica Slovaca 10 (2004), 668–671.

Mittermüller 2001

F. Mittermüller, Arbeitsdisziplin, Unruhen und Aufstände am steirischen Erzberg. Sozialprotest und -kriminalität in einer europäischen Montanlandschaft 1500–1800. Phil. Diss, Graz 2001.

Modrijan 1957

W. Modrijan, Vor- und Frühgeschichtliche Funde aus dem Bezirk Leoben (2. Teil = Schluß). In: Schild von Steier 7 (1957), 5–28.

Modrijan 1961

W. Modrijan, Verkehrswege der Vorgeschichte und Römerzeit. In: Blätter für Heimatkunde 4 (1961), 101–112.

Mottas 1986

F. Mottas, De la plaine de l'Orbe en Franche-Comté: voie romaine et chemin saunier. In: Archäologie der Schweiz 9 (1986), 124–134.

Muchar 1838

A. v. Muchar, Der steiermärkische Eisenberg, vorzugsweise der Erzberg genannt. Von der Urzeit bis zur Bergordnung Kaisers Ferdinand I. im Jahre 1553. In: Steiermärkische Zeitschrift H. 1, Jg. 5 (1838), 3–81.

Muchar 1846

A. v. Muchar, Geschichte des steiermärkischen Eisenwesens am Erzberge vom Jahre 1550 bis 1570. In: Steiermärkische Zeitschrift H. 2, Jg. 8 (1846), 14–81.

Muchar 1944–1874

A. v. Muchar, Geschichte des Herzogthums Steiermark, 8 Bde. (Grätz 1844–1874).

Müller 1991

U. Müller, Gotthard-Saumpfadbrücken. In: Industriearchäologie 14/3 (1991), 6–12.

Niemetz/Vetters 1951–55

G. Niemetz/H. Vetters, Wiener Neustadt, BH Wiener Neustadt. In: Fundberichte aus Österreich 6 (1951–55), 101.

Nowotny 2005

E. Nowotny, Das frühmittelalterliche Gräberfeld von Hohenberg, Steiermark, mit Exkursen zur historischen und archäologischen Situation im Ostalpenraum. In: Archaeologia Austriaca 89 (2005), 177–250.

Ortmeier 1986

M. Ortmeier, Straßenbau in historischer Technik. In: Schönere Heimat – Erbe und Auftrag, hg. v. Bayrischer Landesverein für Heimatpflege e. V. 3/75 (Finsterau 1986), 448–451.

Otruba 1989

G. Otruba, Das Verkehrswesen Österreichs in der Neuzeit (16.–18. Jahrhundert). In: Verkehrswege und Eisenbahnen. Beiträge zur Verkehrsgeschichte Österreichs aus Anlaß des Jubiläums „150 Jahre Dampfeisenbahn in Österreich“. Schriften des Instituts für Österreichkunde, hg. v. K. Gutkas/E. Bruckmüller (Wien 1989), 23–59.

Panitschek 1989

P. Panitschek, Geld und Handel Noricums. In: Katalog, Steirische Landesausstellung 1989 Judenburg, Menschen & Münzen & Märkte, hg. v. G. Schöpfer (1989), 43–54.

PANTZ/ATZL 1814

B. I. PANTZ/A. J. ATZL (Hg.), Versuch einer Beschreibung der vorzüglichen Berg- und Hüttenwerke des Herzogthums Steyermark. Nebst andern vermischten mineralogischen, berg- und hüttenmännischen Abhandlungen (Wien 1814).

PASCHER 1949

G. PASCHER, Römische Siedlungen und Straßen im Limesgebiet zwischen Enns und Leitha. In: Der Römische Limes in Österreich 19 (1949), 60.

PAULI 1980

L. PAULI, Die Alpen in Frühzeit und Mittelalter. Die archäologische Entdeckung einer Kulturlandschaft (München 1980).

PENDL 1941

A. PENDL, Die Entwicklung des Verkehrswesens in der Steiermark. In: Das Joanneum, Beiträge zur Naturkunde, Geschichte, Kunst und Wissenschaft des Ostalpenraumes. 4. Bd. Wirtschaft und Technik, hg. v. J. PAPESCH/W. v. TEPPNER (Graz 1941), 117–150.

PICHLER 1972

F. PICHLER, Fuhrherren. Ein Beitrag zur Geschichte des Transportwesens. In: Blätter für Heimatkunde 46 (1972), 24–32.

PICHLER 1981

F. PICHLER, Die steirischen Hebalmen. Siedlung, Macht und Wirtschaft. Festschrift Fritz Posch zum 70. Geburtstag. In: Veröffentlichungen des Steiermärkischen Landesarchivs 12 (1981), 165–173.

PICKL 1982

O. PICKL, Verkehr und Handel. Erzherzog Johann von Österreich. Beiträge zur Geschichte seiner Zeit. In: Katalog der Landesausstellung in Schloß Stainz v. 8.5.–31.10.1982, hg. v. G. KLINGENSTEIN unter Mitwirkung von P. CORTES (Graz 1982), 343–353.

PICKL 1984

O. PICKL, Der Eisenhandel und seine Wege. In: Erz und Eisen in der Grünen Mark. Beiträge zum steirischen Eisenwesen. Beitragsband zur steirischen Landesausstellung 1984, hg. v. P. W. ROTH (Graz 1984), 345–365.

PICKL 1989

O. PICKL, Handel und Verkehr in der Steiermark im Mittelalter und am Beginn der Neuzeit. In: Ausstellungskatalog Steiermärkische Landesausstellung. „Menschen, Münzen, Märkte – Antwort auf viele Fragen", hg. v. G. SCHÖPFER (Judenburg 1989), 63–72.

PICKL 1992

O. PICKL, Die Stellung der Steiermark im europäischen Fernhandel vom 13. bis zum 17. Jahrhundert. (800 Jahre Steiermark und Österreich 1192–1992. Der Beitrag der Steiermark zu Österreichs Größe. Forschungen zur geschichtlichen Landeskunde der Steiermark 35, hg. v. O. PICKL Graz 1992), 167–212.

PIENN 1978

H. PIENN, Post- und Straßenverkehr auf der Eisenstraße zwischen Leoben und Hieflau bis zum Ende des 19. Jahrhunderts. In: Der Leobener Strauß 6 (1978), 159–183.

PIENN 1981

H. PIENN, Zur Verkehrsgeschichte des Bezirkes Leoben bis zum Ende des 19. Jahrhunderts. In: Der Leobener Strauß 9 (1981), 265–285.

PIRCHEGGER 1937

H. PIRCHEGGER, Das steirische Eisenwesen bis 1564 (Steirisches Eisen. Beiträge zur Geschichte des österreichischen Eisenwesens 2, Graz 1937).

PIRCHEGGER 1939

H. PIRCHEGGER, Das steirische Eisenwesen von 1564 bis 1625 (Steirisches Eisen. Beiträge zur Geschichte des ostmärkischen Eisenwesens 3, Graz 1939).

PIWOWARSKY 1942

E. PIWOWARSKY, Hochwertiges Gusseisen (Berlin 1942).

Popelka 1924
F. Popelka, Die Landesaufnahme von Johannes Clobucciairich 1601–1605 (Graz 1924).

Popelka 1956
F. Popelka, Die Alpenstraßen im Mittelalter. In: Zeitschrift des historischen Vereins für Steiermark 67 (1956), 3–11.

Presslinger 1995
H. Presslinger, Metallkundliche Untersuchung einer Stahlluppe aus Altaussee, Da schau her 1 (1995), 17.

Presslinger/Gahm/Eibner 1983
H. Presslinger/H. Gahm/C. Eibner, Die Eisenverhüttung im steirischen Ennstal zu Beginn des 12. Jahrhunderts. In: Berg- und Hüttenmännische Monatshefte 128/5 (1983), 163–168.

Reisigl 1791
F. A. Reisigl, Ueber den Straßenbau im Fürstenthume Salzburg (Salzburg 1791).

Reukl 2008
J. Reukl, Römische Stadtstraßen in Noricum. In: Römisches Österreich 31 (2008), 41–82.

Rodriguez/de Prada Junquera 1998
S. B. Rodriguez/M. de Prada Junquera, Iberer – Meister im Straßenbau. In: Archäologie in Deutschland 3 (1998), 62–63.

Roth 1984b
P. W. Roth, Die Roheisenproduktion als Maßstab für die Wirtschaftsentwicklung der Steiermark. In: Erz und Eisen in der Grünen Mark. Beiträge zum steirischen Eisenwesen. Beitragsband zur steirischen Landesausstellung 1984, hg. v. P. W. Roth (Graz 1984), 13–21.

Rottleuthner 1985
W. Rottleuthner, Alte lokale und nicht metrische Gewichte und Maße und ihre Größen nach metrischem System (Innsbruck 1985).

Scharrer 1997
G. Scharrer, Das Fundmaterial aus der Grabung im Badegeschoß des Vorderbaches in Braunau am Inn. In: Fundberichte aus Österreich 36 (1997), 633–665.

Scheiblechner 2005
W. Scheiblechner, Nachschmiedung der Spatha von Hohenberg, Steiermark. In: Archaeologia Austriaca 89 (2005), 255–267.

Scheiblechner u. a. 1999
P. Scheiblechner/W. Glatz/A. Kugler/F. Danner, Palfau (Palfau 1999).

Schemerl 1807
J. v. Schemerl, Ausführliche Anweisung zur Entwerfung, Erbauung, und Erhaltung dauerhafter und bequemer Straßen, 3 Bde. (Wien 1807).

Schiedt 1998
U. Schiedt, Die Strassennetze 1750–1850 – Aspekte des Wandels. Fragestellung und Literaturbericht. In: Historicum, Zeitschrift für Geschichte 57 (1998), 10–17.

Schmid 1932
W. Schmid, Norisches Eisen. In: Beiträge zur Geschichte des österreichischen Eisenwesens, hg. v. M. Loehr/A. Mell/H. Riehl (Wien/Düsseldorf 1932), 1–60 (181-188).

Schmidt 1839
F. A. Schmidt, Chronologisch=systematische Sammlung der Berggesetze der österreichischen Monarchie (Wien 1839).

Schneider 2002
G. Schneider, Mythos Karrengeleise. In: Wege und Geschichte 1 (2002), 56–61.

Schneider 1997
H. Schneider, Vom Verhinderungsinstrument zur innovativen Grundlage für die Zukunft. In: Jahrbuch der Geographischen Gesellschaft Bern 60 (1997), 141–154.

Schneider 2002/2003
G. Schneider, Untersuchungen zum römischen Straßennetz in der Schweiz. Geleisestraßen. In: Bonner Jahrbücher 202/203 (2002/2003), 237–266.

Schneider/Vogel 1997
G. Schneider/W. Vogel, Karrgeleise: Römerstrassen oder Trassen der Neuzeit? Zur Frage der zeitlichen Einordnung am Beispiel der Geleiselandschaft von Vuitebœuf/Ste-Croix VD. In: Jahrbuch der Geographischen Gesellschaft Bern 60 (1997), 117–130.

Schreiber 1959
H. Schreiber, Sinfonie der Straße. Der Mensch und seine Wege von den Karawanenpfaden bis zum Super-Highway (Düsseldorf 1959).

Schumann 1967
H. Schumann, Metallographie (Leipzig [6]1967).

Schüpbach 1997
H. Schüpbach, Der „Stockalperweg". In: Jahrbuch der Geographischen Gesellschaft Bern Bd. 60 (1997), 131–140.

Schuster 1926a
W. Schuster, Die Erzbringung zu den alten Radwerken in Vordernberg. In: Werkszeitung, H. 2, Jg. 1 (Leoben 1926), 17–21.

Schuster 1926b
W. Schuster, Die Erzbringung zu den alten Radwerken in Vordernberg. In: Werkszeitung, H. 3, Jg. 1 (Leoben 1926), 34–38.

Schuster 1941
W. Schuster, Auf der Eisenstraße von Leoben nach Steyr (1941), 171–174.

Schuster 1957
W. Schuster, Das österreichische Eisenwesen an seinen Anfängen bis zur Jahrhundertwende. In: Österreichischer Kalender für Berg, Hütte und Energie (Wien 1957).

Senn/Eschenlohr 2006
M. Senn/L. Eschenlohr, Ore – slag – iron: what can we learn from the early medieval smithies discovered in the iron production district of the central Jura, Switzerland. In: CD-ROM Proc. 2nd Int. Conf. Archaeometallurgy in Europe 2007, Aquileia, Italy, Beitrag 76.

Siedek 1977
P. Siedek, Vollgebundener Oberbau. In: Handbuch des Straßenbaus, Asphaltoberbau Bd. 2, Zementoberbau Baustoffe. Bauweisen. Baudurchführung hg. v. B. Wehner †/P. Siedek/K.-H. Schulze † (Berlin/Heidelberg/New York), 473–484.

Simon/Hauswald 1995
K. Simon/K. Hauswald, Der Kulmer Steig vor dem Mittelalter. Zu den ältesten sächsisch-böhmischen Verkehrswegen über das Osterzgebirge. In: Arbeits- und Forschungsberichte zur Sächsischen Bodendenkmalpflege 37 (1995), 9–99.

Sperl 1979
G. Sperl, Römische Eisenmetallurgie auf der Feistawiese. In: Montangeschichte des Erzberggebietes. Vorträge der Arbeitstagung 17.–19. November 1978 in Vordernberg, hg. v. Montanhistorischer Verein für Österreich, Leoben (1979), 37–41.

Sperl 1984a
G. Sperl, Die Entwicklung des steirischen Eisenhüttenwesens vor der Einführung des Hochofens. In: Erz und Eisen in der Grünen Mark, Beiträge zum Steirischen Eisenwesen, Beitragsband zur steirischen Landesausstellung 1984, hg. v. P. W. Roth (Graz 1984), 83–94.

Sperl 1984b
G. Sperl, Die Technologie der direkten Eisenherstellung. In: Erz und Eisen in der Grünen Mark, Beiträge zum Steirischen Eisenwesen, Beitragsband zur steirischen Landesausstellung 1984, hg. v. P. W. Roth (Graz 1984), 95–108.

Sperl 1990
G. Sperl, Römisches Eisenwesen um den Erzberg. In: Obersteirische Zeitung 77 (Leoben 1990), 10.

Stadler 1982
F. Stadler, Saumwege und Salzsteige an der Dachstein-Ostseite. In: Da schau her 5 (1982), 7–10.

Stadler 1983
F. Stadler, Alte Saumwege und Salzkästen im Bezirk Liezen. In: Da schau her 2 (1983), 14–17.

Stadler 1990
F. Stadler, Alte Verkehrswege und Transportgeräte im Ausseerland. In: Da schau her 3 (1990), 8–12.

Stadtgemeinde Eisenerz 2008
Stadtgemeinde Eisenerz (Hg.), Eisenerz. Ein heimatkundliches Lesebuch (2008).

Stain 1982
E. R. Stain, Zu römischen Straßenstationen im Alpenraum mit ausführlicher Quellenanalyse zum römischen Postwesen. Phil. Diss., Wien 1982.

Straube 1986
H. Straube, Kinetische Gegenüberstellung der Theorien über die Metallurgie des Rennfeuers. In: Ferrum 57 (1986), 20–28.

Strobl/Haubner/Klemm 2010a
S. Strobl,/R. Haubner/S. Klemm, Metallographic investigations of a historical bloom found in Styria – Austria. Special Issue 14th International Symposium on Metallography, 'Metallography 2010', ed. by Margita Longauerová, Acta Metallurgica Slovaca Conference, N0. 1, 2010, 655–660.

Strobl/Haubner/Klemm 2010b
S. Strobl/R. Haubner/S. Klemm, Microstructure of a nail from the modern period found in the context of a historical road in Styria/Austria. Special Issue 14th International Symposium on Metallography, 'Metallography 2010', ed. by Margita Longauerová, Acta Metallurgica Slovaca Conference, N0. 1, 2010, 661–664.

Brockhaus 1982
Straße. In: dtv-Brockhaus Lexikon, Bd. 1 (1982), 304–307.

Szameit 1992
E. Szameit, Zur chronologischen Stellung des frühmittelalterlichen Gräberfeldes von Sieghartskirchen, Niederösterreich, und die Grabfunde aus Proleb, Steiermark (Awarenforschungen 2, hg. v. F. Daim, Wien 1992), 824ff.

Toussaint 1977
A. Toussaint, Pflasterdecken. In: Handbuch des Straßenbaus Bd. 3, Bemessungsverfahren und besondere Bauweisen, hg. v. B. B. Wehner †/P. Siedek/K.-H. Schulze † Bd. 3 (Berlin/Heidelberg/New York 1977), 373–381.

Tremel 1954
F. Tremel, Der Frühkapitalismus in Innerösterreich (Graz 1954).

Tremel 1961
F. Tremel, Der Güterverkehr auf der Eisenstraße in Eisenerz im 16. Jahrhundert. In: Blätter für Heimatkunde 35 (1961), 10–15.

Tremel 1968
F. Tremel, Die Salz- und Eisenstraßen in der Steiermark. In: Der Bergmann, Der Hüttenmann, Katalog der 4. Landesausstellung 1968, hg. v. Amt der Steiermärkischen Landesregierung (Graz 1968), 259–271.

Tremel 1969
F. Tremel, Wirtschaft- und Sozialgeschichte Österreichs (Wien 1969).

Ullmann 1985
Ullmann's Encyclopedia of Industrial Chemistry, 5. Auflage (1985).

Umfer 2008
H. Umfer, Die Erzlagerstätte des steirischen Erzberges. In: Eisenerz. Ein heimatkundliches Lesebuch, hg. v. d. Stadtgemeinde Eisenerz (Eisenerz 2008), 48.

v. Ferro 1847
F. R. v. Ferro, Die kaiserlich=königliche Innerberger Hauptgewerkschaft und ihr Eisenwerks=Betrieb in Steiermark und Oesterreich bis zum Jahre 1845. Tunners Jahrbuch der montanistischen Lehranstalt zu Vordernberg 1843–1846 (Leoben 1847).

Valentinitsch 1981
H. Valentinitsch, Die Eisenstraße über den Präbichl und die Mautordnung von 1569. In: Der Leobener Strauß 9 (1981), 251–264.

Vander Voort 2004
G. F. Vander Voort, Metallography – Principles and Practice, ASM International, [3]2004, 642.

Vetters 1953
H. Vetters, Ein römischer Straßenrest in Wiener Neustadt. In: Unsere Heimat 24 (1953), 109–112.

Voch 1782
L. Voch, Abhandlung vom Straßenbau (Augsburg 1776, [2]1782).

Wagenbreth 2004
O. Wagenbreth, Reisen von Studenten der Bergakademie Freiberg und Beamten des Freiberger Montanwesens in die Bergreviere des alten Österreich. In: res montanarum 34 (2004), 74–84.

Walde/Grabherr 2006
E. Walde/G. Grabherr (Hg.), Via Claudia Augusta und Römerstraßenforschung im östlichen Alpenraum. (IKARUS – Innsbrucker klassisch-archäologische Universitätsschriften 1, Innsbruck 2006).

Weinek 1999
H. Weinek, Saumwege, die aus dem Eisenerzertale hinausführen. In: Mitteilungsblatt der Korrespondenten der Historischen Landeskommission für Steiermark 6 (1999), 174–175.

Weinek 2000
H. Weinek, Der Saumweg von Eisenerz nach Kalwang über das Teicheneck. In: res montanarum 25 (2000), 28–31.

Weissmaier 1988
R. Weissmaier, Das Eisenberg- und Hüttenwerk im Wendbachgraben an der Enns von 1530 bis 1886. In: Oberösterreichische Heimatblätter 42 (1988), 23–36.

Wiebeking 1804
C. F. Wiebeking, Praktische Anleitung zur Aufführung, Wiederherstellung und Erhaltung bequemer und das Commerz befördernder Landstraßen (Wien 1804).

Wiebeking 1808
C. F. Wiebeking, Theoretisch=praktische Straßenbaukunde (Sulzbach 1808).

Wilsdorf/Thilo 1984
H. Wilsdorf/T. Thilo, Pflaster. In: Lexikon früher Kulturen, hg. v. J. Herrmann, 1 Bd. (Köln 1984), 146.

Windholz-Konrad 2003
M. Windholz-Konrad, Römerzeitliche und spätere Funde von einem Altweg am Fuß des Grimmings, VB Liezen, Steiermark. In: Fundberichte aus Österreich 42 (2003), 511–524.

Windholz-Konrad 2008
M. Windholz-Konrad, Archäologische Altwegforschung im Salzkammergut. (schätze.gräber. opferplätze.traunkirchen.08. Fundberichte aus Österreich. Materialhefte, hg. v. Bundesdenkmalamt, Wien 2008), 44–47.

Winkelmann 1928
F. Winkelmann, Über das Hufeisen. In: Germania 4 (1928), 135–143.

Winkelmann 1989
H. Winkelmann, Schwazer Bergbuch. Faksimile-Ausgabe im Originalformat der Handschrift CODEX 10.852 aus dem Besitz der Österreichischen Nationalbibliothek, Wien (Graz 1989).

Winnacker/Küchler 2006
K. Winnacker/L. Küchler, WILEY-VCH, In: Chemische Technik, Bd. 6a Metalle, hg. v. R. Dittmeyer (Weinheim u. a. [5]2006).

Zacherl 1984
H. Zacherl, Der Saumweg über die Eisenerzer Höhe. In: Blätter für Heimatkunde 58 (1984), 109–119.

Zahn 1881
J. v. Zahn, IV. Privilegien steierm. Städte und Märkte. In: Steiermärkische Geschichtsblätter, Jg. 2 (Graz 1881), 46f.

Zahn 1883
J. v. Zahn, In: Steiermärkische Geschichtsblätter, Jg. 4 (Graz 1883), 211.

Zwahlen 1990
R. Zwahlen, Römische Straßen im bernischen Seeland. In: Archäologie im Kanton Bern 1. Fundberichte und Aufsätze 1 (1990), 197–218.

15. Abbildungsnachweis

Fotos

Abb. 1, 7, 19–21, 24, 27, 28, 34–36, 42, 44, 46, 47, 51–53, 58, 59, 61, 71, 73, 74, 77–80, 85–87, 91–93, 95, 98–101, 108, 110, 113, 116, 118, 119, 126, 128, 151, 155, 157, 158: Susanne Klemm.

Abb. 11: Clemens Eibner.

Abb. 14–16: Hermann Nitterl.

Abb. 49: Hassan Neinavaie.

Abb. 63–65: Alice Schumacher für Archäologie & Communication, Susanne Klemm. Aufbewahrungsort der Karte: vormals Archiv der VA Erzberg GmbH, heute Stadtmuseum Eisenerz.

Abb. 66: Österreichische Nationalbibliothek, Wien, Sign. C40 - 1.

Abb. 67: Stadtmuseum Eisenerz.

Abb. 134–145: Susanne Strobl, Roland Haubner.

Abb. 146, 147: Multimediale Sammlungen, Universalmuseum Joanneum.

Grafiken

Abb. 22, 29–31, 56, 81, 96, 97, 111, 112, 117, 122–124: Susanne Klemm.

Abb. 32, 40, 41: Helga Steinacher für Archäologie & Communication, Susanne Klemm.

Pläne und Karten

Abb. 2–4, 6, 8, 12, 13, 17, 18, 23, 25, 26, 33, 37–39, 43, 45, 48, 50, 54, 55, 57, 60, 62, 68–70, 72, 75, 76, 82–84, 88–90, 94, 102–107, 109, 114, 115, 120, 121, 125, 127, 129, 148–150, 152–154, 156: Susanne Klemm, unter Mitarbeit von Ulrike Schuh und anderen.

Datengrundlagen für Karten

Abb. 3, 6, 68, 82, 88, 103, 148, 152: Karte der Steiermark © GIS-Steiermark.

Abb. 4, 8, 69, 83, 84, 89, 90, 104, 149, 153: Ausschnitte der ÖK 50 © BEV 2010, Vervielfältigt mit Genehmigung des BEV – Bundesamtes für Eich- und Vermessungswesen in Wien, T2010/68407.

Abb. 62, 106: Franziszeischer Kataster 1824, © BEV, siehe oben.

Nachweis bei Bildunterschrift

Abb. 5, 9, 10, 158, 159.